内蒙古自治区高标准体系建设项目系列图书 1

兴安盟大米标准体系

内蒙古自治区市场监督管理局◎编著

中国质量标准出版传媒有限公司
中 国 标 准 出 版 社

北 京

图书在版编目(CIP)数据

兴安盟大米标准体系/内蒙古自治区市场监督管理局编著.—北京:中国标准出版社,2020.6
(内蒙古自治区高标准体系建设项目系列图书)
ISBN 978-7-5066-9573-2

Ⅰ.①内… Ⅱ.①内… Ⅲ.①大米—质量管理—标准体系—兴安盟 Ⅳ.①S511-65

中国版本图书馆CIP数据核字(2020)第044450号

中国标准出版社出版发行
北京市朝阳区和平里西街甲2号(100029)
北京市西城区三里河北街16号(100045)

网址 www.spc.net.cn
总编室:(010)68533533 发行中心:(010)51780238
读者服务部:(010)68523946

中国标准出版社秦皇岛印刷厂印刷
各地新华书店经销

*

开本 880×1230 1/16 印张 4.75 字数 147 千字
2020年6月第一版 2020年6月第一次印刷

*

定价(全十册) 225.00 元

本书编写组

主　　编　白清元

执行主编　冯　晔

副 主 编　董玉霞　刘保华　贾双文　宋兴鹤　邱　枫

　　　　　高言忠　张福君

成　　员　胡彩虹　朱晓春　侯　敏　牟泽明　杨佳慧

　　　　　王欣亮　刘世栋

序言

“中国将积极实施标准化战略，以标准助力创新发展、协调发展、绿色发展、开放发展、共享发展”“中国高度重视标准化工作，积极推广应用国际标准，以高标准助力高技术创新，促进高水平开放，引领高质量发展”。习近平总书记在庆祝第39届国际标准化组织（ISO）大会、第83届国际电工委员会（IEC）大会开幕的贺信中，对标准及实施标准化战略的重要性作出了精辟阐述，为新形势下推动标准化工作持续健康发展提供了重要指引。实践证明，标准化在支撑产业发展、促进科技进步、推进国家治理能力现代化等方面的基础性、战略性作用越发凸显。

2019年是全面贯彻落实习近平总书记“扎实推动经济高质量发展”承上启下的关键一年，内蒙古自治区市场监管局协调有关行业部门、企事业单位，立足实际，围绕标准引领、质量提升、品牌培育重点工作积极作为，大力实施标准化战略，持续推进标准提升，深化标准化工作改革和创新，聚焦关键、突出重点，努力为全区高质量发展作出更大贡献。针对自治区标准体系建设不完善、高水平标准少的实际，内蒙古自治区市场监督管理局出台《内蒙古自治区标准化提升行动计划（2018—2020年）》，开展第一批锡林郭勒羊肉等11项特色产业高标准体系建设项目，共梳理出各类标准429项，提出立项标准建议156项，开展高标准体系试点示范项目14个，为9个产业的“蒙”字标产品认证要求及团体标准制定提供了技术支撑。经过努力，自治区标准化工作成效显著：截至2019年10月，全区累计建成标准化试点示范项目384个，主导或参与制修订各类标准3 900多项，组织制定了稀土和纺织行业国际标准、大型矿用自卸车国家标准、羊产业团体标准等；全面推进标准国际化，内蒙古标准化院建立了“蒙古国标准化（内蒙古）研究中心”，聚焦“一带一路”建设，加强标准化合作研究；包头市政府开展了“标准国际化创新型城市”创建工作；与中建集团共同推动中国7项标准被蒙古国互认、举办第3届中蒙博览会中蒙经贸活动标准化论坛、承办国际标准化组织ISO/TC 275的2019年全体会议，进一步扩大了自治区对中蒙俄标准化研究的国际影响力。

建设适应高质量发展的标准体系是今后标准化工作的重中之重。围绕自治区优势特色产业，立足高质量高效益，制定全产业链的高标准体系将成为市场监管部门和各行业主管部门、有关企事业单位的重要职责任务。这套《内蒙古自治区高标准体系建设项目系列图书》的编印

是自治区建设高标准体系工作的一个开端。自治区及各盟市市场监督管理部门、标准化工作战线的同志们要锐意进取、开拓创新，以推动高质量发展为动力，积极构建支撑高质量发展的标准体系；要不断挖掘内蒙古优势特色产业，加快制定一批亟需的高水平标准，让高标准成为高质量发展的“引擎”，助推“蒙”字标等质量品牌建设；要瞄准国际国内先进标准，选择重点行业、重点企业开展对标达标活动，推动自治区优势特色技术标准成为国家标准或国际标准；要加强标准实施与监督，建立健全标准评价机制，进一步发挥标准化项目的辐射带动作用，助推内蒙古自治区经济高质量发展。

编著者

2020 年 5 月

前言

2019年是“标准体系建设”之年，加快建设推动高质量发展的标准体系是标准化工作的重中之重。内蒙古自治区市场监督管理局深入开展“标准化提升行动”，不断提升标准水平，完善标准体系，助力高质量发展。

2019年7月，自治区市场监管局与自治区农牧厅、林草局联合下发《关于开展2019年自治区农牧业产业标准体系建设项目的通知》（内市监标准字〔2019〕163号）和《关于开展2019年林草产业标准体系建设项目的通知》（内市监标准字〔2019〕164号），紧紧围绕自治区特色农林牧产业开展标准体系建设。各相关盟市旗县政府、科研机构、高校、龙头企业、专业技术人员等广泛参与，保证了标准体系的科学性、合理性和先进性。

这是自治区第一批高标准体系建设项目，本着“从田间到餐桌”全产业链的标准化要求，覆盖了产品种（养）植的地域、环境要求、品种和种养加工过程控制、产品品质和储运包装等关键环节。立足高质量要求，体现原料天然无污染、种养过程绿色有机、产品品质优质等要素，为促进产业高质量发展、打造“蒙”字标区域公用品牌提供了标准化支撑。

本书将兴安盟大米、呼伦贝尔牛肉、乌兰察布马铃薯、科尔沁牛肉、锡林郭勒羊肉、赤峰小米、呼伦贝尔羊肉、河套小麦、内蒙古大兴安岭黑木耳、通辽黄玉米10个产业标准体系及相关标准集结成册，旨在方便生产、加工、检测、认证人员及广大读者使用，以更好地指导实践。在本丛书编写过程中得到了相关部门、企业和多位专家的大力支持，在此表示衷心感谢！由于编写水平和时间有限，书中内容难免会有错漏，恳请读者提出宝贵意见，以便我们改进和完善。

编著者

2020年5月

目录

 兴安盟大米标准体系框架图 // 1

 兴安盟大米标准体系明细表 // 3

 兴安盟大米标准体系标准统计表 // 5

肆 兴安盟大米标准体系关键标准 // 7

DB15/T 1742—2019 “兴安盟大米”产地环境要求 // 8

DB15/T 1743—2019 “兴安盟大米”原料水稻育种技术规程 // 13

DB15/T 1744—2019 “兴安盟大米”原料水稻品种选择要求 // 20

DB15/T 1745—2019 “兴安盟大米”原料水稻生产技术规程 // 25

DB15/T 1746—2019 “兴安盟大米”原料水稻贮存运输规程 // 33

DB15/T 1747—2019 “兴安盟大米”产品包装规范 // 40

DB15/T 1748—2019 “兴安盟大米”产品储运销售管理规范 // 44

DB15/T 1749—2019 “兴安盟大米”水稻加工企业操作规程 // 50

DB15/T 1750—2019 兴安盟大米 // 59

兴安盟大米标准体系框架图

兴安盟大米
标准体系
01 通用基础
02 产地环境
03 育种
04 生产种植技术
05 生产加工
06 质量控制
07 包装标识
08 仓储运输
09 产品销售
10 产品追溯

兴安盟大米标准体系明细表

序号	标准名称	标准编号	级别	实施日期	执行情况
01 通用基础					
1	粮油检验　一般规则	GB/T 5490—2010	国家标准	2011-01-01	现行
2	粮油检验　大米加工精度检验	GB/T 5502—2018	国家标准	2018-09-01	现行
3	卫星遥感监测技术导则　水稻长势	QX/T 474—2019	行业标准	2019-05-01	现行
02 产地环境					
1	“兴安盟大米”产地环境要求	DB15/T 1742—2019	地方标准	2019-12-05	现行
03 育种					
1	“兴安盟大米”原料水稻育种技术规程	DB15/T 1743—2019	地方标准	2019-12-05	现行
04 生产种植技术					
1	水稻覆土直播机	GB/T 25418—2010	国家标准	2011-03-01	现行
2	北方水稻集中育秧设施建设标准	NY/T 3097—2017	行业标准	2017-10-01	现行
3	水稻联合收割机　作业质量	NY/T 498—2013	行业标准	2014-01-01	现行
4	“兴安盟大米”原料水稻品种选择要求	DB15/T 1744—2019	地方标准	2019-12-05	现行
5	“兴安盟大米”原料水稻生产技术规程	DB15/T 1745—2019	地方标准	2019-12-05	现行
05 生产加工					
1	“兴安盟大米”水稻加工企业操作规程	DB15/T 1749—2019	地方标准	2019-12-05	现行
06 质量控制					
1	水稻种子产地检疫规程	GB 8371—2009	国家标准	2009-10-01	现行
2	兴安盟大米	DB15/T 1750—2019	地方标准	2019-12-05	现行
07 包装标识					
1	“兴安盟大米”产品包装规范	DB15/T 1747—2019	地方标准	2019-12-05	现行
08 仓储运输					
1	“兴安盟大米”原料水稻贮存运输规程	DB15/T 1746—2019	地方标准	2019-12-05	现行
09 产品销售					
1	“兴安盟大米”产品储运销售管理规范	DB15/T 1748—2019	地方标准	2019-12-05	现行
10 产品追溯					
1	农产品质量安全追溯操作规程　通则	NY/T 1761—2009	行业标准	2009-01-01	现行

兴安盟大米标准体系标准统计表

序号	标准类别	标准数量/项			
		国家标准	行业标准	地方标准	总计
1	通用基础	2	1	0	3
2	产地环境	0	0	1	1
3	育种	0	0	1	1
4	生产种植技术	1	2	2	5
5	生产加工	0	0	1	1
6	质量控制	1	0	1	2
7	包装标识	0	0	1	1
8	仓储运输	0	0	1	1
9	产品销售	0	0	1	1
10	产品追溯	0	1	0	1
合计		4	4	9	17

肆

兴安盟大米标准体系关键标准

ICS 67.060
B 22

DB15

内蒙古自治区地方标准

DB15/T 1742—2019

“兴安盟大米”产地环境要求

Environmental quality requirements of Hinggan League rice producing area

2019-11-05 发布　　　　2019-12-05 实施

内蒙古自治区市场监督管理局　发布

前　言

本标准按照 GB/T 1.1—2009 给出的规定起草。

本标准由内蒙古自治区兴安盟市场监督管理局提出。

本标准由内蒙古自治区农业标准化技术委员会(SAM/TC 20)归口。

本标准起草单位:兴安盟农业技术推广站、兴安盟农畜产品质量安全监督管理中心、兴安盟生态环境局。

本标准主要起草人:张喜权、闫庆琦、王伟东、张伊敏、杨艳玲、张永胜。

"兴安盟大米"产地环境要求

1 范围

本标准规定了"兴安盟大米"的地域要求和产地环境质量。

本标准适用于"兴安盟大米"产地环境的界定。

2 规范性引用文件

下列文件对于本文件的应用是必不可少的。凡是注日期的引用文件,仅注日期的版本适用于本文件。凡是不注日期的引用文件,其最新版本(包括所有的修改单)适用于本文件。

GB/T 6920 水质 pH 值的测定 玻璃电极法

GB/T 7467 水质 六价铬的测定 二苯碳酰二肼分光光度法

GB/T 7475 水质 铜、锌、铅、镉的测定 原子吸收分光光度法

GB/T 7484 水质 氟化物的测定 离子选择电极法

GB/T 7485 水质 总砷的测定 二乙基二硫代氨基甲酸银分光光度法

GB/T 15432 环境空气 总悬浮颗粒物的测定 重量法

GB/T 17138 土壤质量 铜、锌的测定 火焰原子吸收分光光度法

GB/T 17141 土壤质量 铅、镉的测定 石墨炉原子吸收分光光度法

GB/T 22105.1 土壤质量 总汞、总砷、总铅的测定 原子荧光法 第1部分:土壤中总汞的测定

GB/T 22105.2 土壤质量 总汞、总砷、总铅的测定 原子荧光法 第1部分:土壤中总砷的测定

HJ 479 环境空气 氮氧化物(一氧化氮和二氧化氮)的测定 盐酸萘乙二胺分光光度法

HJ 480 环境空气 氟化物的测定 滤膜采样氟离子选择电极法

HJ 482 环境空气 二氧化硫的测定 甲醛吸收-副玫瑰苯胺分光光度法

HJ 491 土壤 总铬的测定 火焰原子吸收分光光度法

HJ 597 水质 总汞的测定 冷原子吸收分光光度法

HJ 637 水质 石油类和动植物油类的测定 红外分光光度法

HJ 828 水质 化学需氧量的测定 重铬酸盐法

LY/T 1232 森林土壤有效磷的测定

LY/T 1236 森林土壤速效钾的测定

LY/T 1243 森林土壤阳离子交换量的测定

NY/T 53 土壤全氮测定法(半微量开氏法)

NY/T 1121.6 土壤检测 第6部分:土壤有机质的测定

3 地域要求

3.1 地域

内蒙古自治区兴安盟现辖行政区域内,独具大兴安岭生态圈水稻种植区气候特色的稻作区,主要分布在洮尔河、归流河、洮儿河、蛟流河、霍林河等流域。

3.2 生态环境要求

3.2.1 兴安盟大米原料种植基地应选择环境良好、无污染区的稻作区、远离矿区和公路、铁路,避开污染源。

3.2.2 应在兴安盟大米生产区和常规水稻生产区区域设置有效的缓冲带,以防止兴安盟大米原料生产基地受到污染。

3.2.3 建立生物栖息地,保护基因多样性、物种多样性和生态系统多样性,以维持生态平衡。

3.2.4 应保证兴安盟大米水稻基地具有可持续生产能力,不对环境或周边其他生物产生污染。

3.3 气候

水稻主产区≥10 ℃活动积温 2 300 ℃～2 900 ℃,昼夜温差 10 ℃～20 ℃,无霜期 120 d～145 d;年平均日照时间 2 800 h 左右,年日照率 58%～70%;年降水量平均值 300 mm～500 mm 间。

4 产地环境质量

4.1 空气质量要求

空气质量要求详见表 1。

表 1 "兴安盟大米"空气质量要求(标准状态)

项目	指标		检测方法
	日平均[a]	1 h[b]	
总悬浮颗粒物/(mg/m³)	≤0.25	—	GB/T 15432
二氧化硫/(mg/m³)	≤0.05	≤0.40	HJ 482
二氧化氮/(mg/m³)	≤0.06	≤0.15	HJ 479
氟化物/(μg/m³)	≤3	≤10	HJ 480

[a] 任何一日的平均指标。

[b] 任何一小时的指标。

4.2 灌溉水质要求

灌溉水质详见表 2。

表 2 "兴安盟大米"灌溉水质要求

项目	指标	检测方法
pH	6.5～8.5	GB/T 6920
总汞/(mg/L)	≤0.000 8	HJ 597
总镉/(mg/L)	≤0.002	GB/T 7475
总砷/(mg/L)	≤0.01	GB/T 7485
总铅/(mg/L)	≤0.03	GB/T 7475
六价铬/(mg/L)	≤0.05	GB/T 7467

表 2（续）

项目	指标	检测方法
氟化物/(mg/L)	≤1.5	GB/T 7484
化学需氧量(CODcr)/(mg/L)	≤40	HJ 828
石油类/(mg/L)	≤0.1	HJ 637

4.3 土壤质量要求

4.3.1 土壤环境质量要求

土壤环境质量详见表 3。

表 3 “兴安盟大米”土壤质量要求

项目	指标	检测方法
pH	6.0～7.8	GB/T 6920
总镉/(mg/kg)	≤0.3	GB/T 17141
总汞/(mg/kg)	≤0.3	GB/T 22105.1
总砷/(mg/kg)	≤15	GB/T 22105.2
总铅/(mg/kg)	≤30	GB/T 17141
总铬/(mg/kg)	≤110	HJ 491
总铜/(mg/kg)	≤30	GB/T 17138

4.3.2 土壤肥力要求

土壤肥力详见表 4。

表 4 “兴安盟大米”土壤肥力要求

项目	指标	检测方法
有机质/(g/kg)	＞20	NY/T 1121.6
全氮/(g/kg)	＞1	NY/T 53
有效磷/(mg/kg)	＞10	LY/T 1232
速效钾/(mg/kg)	＞100	LY/T 1236
阳离子交换量/[Cmol(+)/kg]	＞20	LY/T 1243

ICS 67.060
B 22

DB15

内蒙古自治区地方标准

DB15/T 1743—2019

“兴安盟大米”原料水稻育种技术规程

Technical regulation for raw material rice breeding “Hinggan League rice”

2019-11-05 发布 2019-12-05 实施

内蒙古自治区市场监督管理局 发布

前　言

本标准按照 GB/T 1.1—2009 给出的规则起草。

本标准由内蒙古自治区兴安盟农牧业局提出。

本标准由内蒙古自治区农业标准化技术委员会(SAM/TC 20)归口。

本标准起草单位:兴安盟农牧业科学研究所、兴安盟隆华农业科技有限公司。

本标准主要起草人:田淑华、刘文明、海日汗、郑红霞、孙乌日娜、徐兴健、刘建兵、裴又良、付百科、韩磊、薛海楠、梁爽、闫庆琦、赵炳营、高雅文。

"兴安盟大米"原料水稻育种技术规程

1 范围

本标准规定了"兴安盟大米"原料水稻育种技术的术语和定义、育种目标、系统选育技术、杂交育种技术、育种程序、品种审定步骤等技术要求。

本标准适用于"兴安盟大米"的育种。

2 规范性引用文件

下列文件对于本文件的应用是必不可少的。凡是注日期的引用文件，仅注日期的版本适用于本文件。凡是不注日期的引用文件，其最新版本(包括所有的修改单)适用于本文件。

GB 4404.1 粮食作物种子 禾谷类

GB/T 15790 稻瘟病测报调查规范

GB/T 17316 水稻原种生产技术操作规范

GB/T 17891 优质稻谷

NY/T 83 米质测定方法

NY/T 1090 农作物品种审定规范

NY/T 1300 农作物品种区域试验技术规范 水稻

3 术语和定义

下列术语和定义适用于本文件。

3.1

常规水稻 conventional rice

遗传特性稳定、当代和后代性状一致的品种，正常情况下可以留种，生产上不需要每年制种的水稻。

3.2

系统育种 system breeding

根据育种目标要求对原始常规品种群体中出现的自然变异的单株或单穗进行性状鉴定、选择并通过对其后代株系或穗系进行品系比较试验、区域试验和生产试验培育农作物新品种的育种途径。

3.3

杂交育种 cross breeding

通过人工杂交将两个或两个以上亲本的优良性状综合到一个个体中，继而从分离的后代群体中，通过人工选择、培育和比较鉴定，获得遗传性相对稳定、有栽培利用价值的定型新品种的育种方法。

3.4

育种目标 breeding objectives

在一定的自然、栽培和经济条件下，对计划选育的新品种提出应具备的优良特征特性，即对育成品种在生物学和经济学性状上的具体要求。

4 系统选育技术

4.1 选择原则

具体如下：

——对大面积推广品种中进行选择；

——在相对一致环境下种植的品种当中选择；

——选择适宜的单株数量。一般一个品种选择 50 株～100 株，进行田间调查、室内考种、鉴定。

4.2 选择程序

4.2.1 优良优异单株的选择

选择出一定数量的优良单株(穗)，按单株(穗)的后代分系，种植并鉴定。

4.2.2 分系鉴定

按穗行进行播种，并设置对照(原品种或当地推广品种)，通过田间观察，室内考种，鉴定和选择。当株系或穗系内植株的目标性状表现一致时，可作为定型的品系参与之后的产量试验。如不稳定可淘汰或再进行单次或多次的系统选育。

一般 3 年～4 年可以完成一个品种的选育程序。

5 育种方法

5.1 根据育种目标选择亲本进行配组

一个育种单位应当选定几个当地推广的优良品种或一般配合力好的品种作为核心亲本，并要有几套具有不同目标性状的常用亲本，同时注意引进新的种质资源，扩大拥有的遗传材料数目，根据一定的育种目标制定如下配组方案：

——杂交亲本双方应具有较多的优点，较少的缺点，且双亲的优缺点互补，不能有共同缺点；

——亲本之一宜为适应当地条件的推广良种；

——亲本具有良好的配合力；

——选用生态类型或亲缘关系或地理距离相差较大的品种配组；

——亲本之一的目标性状应有足够的强度。

5.2 去雄

5.2.1 剪颖法：花期柱头存活时间为 5 d 左右，在一株母本上选一穗前一天午后剪除上部已开花的穗粒和最下短的穗粒，留中间部的 10 个～20 个穗粒，每个穗粒剪去外颖上端的三分之一，然后用镊子摘除 6 根雄蕊，待所留之粒全部去雄完毕并套袋。

5.2.2 温汤去雄法：先将母本种在盆钵内，杂交时用热水瓶灌满温水，其温度一般在 43 ℃～45 ℃，43 ℃水浸泡稻穗 5 min，45 ℃水浸泡稻穗 3 min～4 min，套袋等待授粉。

5.2.3 真空吸雄法：将剪掉 1/3 颖壳后的穗粒用电动吸引机将花粉吸出，套袋后等待授粉。该方法虽然效率非常高，但适宜用在盆栽上，也可将发电机放在地头，将真空吸引机抬入稻田里放在架子上用防水的电线拉入电源进行大量去雄工作。

5.3 授粉

5.3.1 将待开花的稻穗父本放入清水中,放在母本植株旁边等待其开花。

5.3.2 将花粉撒入授粉袋中进行授粉,袋子标明亲本名称、授粉日期。

6 育种流程

6.1 要求

在整个水稻选种过程中,从原始材料研究开始到育成新品种为止,一般需要采用的试验程序,有以下几个试验圃,符合 GB/T 17316 的规定。

6.2 原始材料圃

主要是种植国内外搜集来的原始材料。每年不断地引入新种子,丰富基因库。通过系统观察、细致研究,筛选符合育种目标要求的具有单一的或综合的优良性状的亲本。种植的方法按类型种植。每份种 20 株～30 株,重点材料应每年种植,严防机械混杂,严格保纯,一般材料室内贮藏能保持其发芽力的情况下,每年分批轮流种植。每年从原始材料圃选出若干材料作亲本的种植成亲本圃,亲本圃应根据需要分期播种调节花期,加大行距,便于操作。

6.3 选种圃

种植杂交后代为选种圃。

6.4 杂交一代(F_1)

6.4.1 F_1 的播种:由于杂交所得种子数量少,为了便于每粒种子都能长成苗一般将杂交所得种子放在发芽皿进行室内发芽,待苗长到 1 寸左右,在移植试验棚育秧盘内进行育苗,然后插于试验田。每一组合栽成一区,一般 F_1 种 20 株～100 株以上。在每一个杂交种附近应种亲本和对照品种,以便根据育种目标淘汰有严重缺陷的组合和去除伪杂种。

6.4.2 观察记载:记载各重要性状,特殊性状以及有无杂种优势。

6.4.3 去杂收获:F_1 代一般不作单株选择,在去杂的基础上,混收种子。但如因亲本不纯,F_1 株间有差异,可以分类型收种或选单株留种。从 F_1 开始应对各杂交组合编排系统号。F_1 杂交种在浸种催芽和播种、出苗期应细心管理,保证成苗率。

6.5 杂交二代(F_2)

6.5.1 F_2 的种植规模:F_2 是分离最严重的世代,群体要大。品种间杂交、双亲遗传差异(表型和系谱来看)和生态型差异较小的情况下,F_2 一般宜种植 2 000 株左右;如果双亲遗传差异和生态差别较大或是亚种间杂交,F_2 群体可适当提高到 5 000 株～10 000 株。以组合为单位种植,种植行数依组合要求总株数而定。每 20 行或 50 行加入两个亲本或对照品种。一律采用单株插秧。

6.5.2 观察记载:F_2 的分离现象是必然存在的,如某一组合没有出现分离现象则可能是假杂种应淘汰。对株型、生育期、穗部性状、抗病性等重要性状的分离进行描述和评价,作为组合取舍和个体选择的依据。

6.5.3 选择:对 F_2 进行个体选择时,应与亲本和对照品种比较鉴定,对遗传力高的性状如穗型、株高、抗病性、株型和子粒大小与形状等可较严格地选择。而对一些遗传力较低的性状如穗数,每穗粒数等受环境条件影响大。选择标准适当放宽,当选单株需作标志,一般每个组合入选率约为种植株数的 5%,

不超过10%，视组合优劣而定。不良组合全部淘汰，当选单株或单穗分别脱粒。

6.6 杂交三代(F_3)

6.6.1 F_3 的种植：F_3 入选的各株系一般种植20株～100株(视土地面积允许情况而定)，称为一个系统(或株系)。如 F_2 入选100株，则 F_3 成为100个株系。每系统栽培植20株～50株，栽成单行或多行区，都应单株插秧，所有系统按成熟期分类后顺序排列。每隔20行～50行加入亲本或对照种各一行，作为比较和选择标准。

6.6.2 选择：F_3 以上的世代是由分离到逐步稳定的世代，从 F_3 开始除对质量性状进行选择外，要逐步加强对数量性状，特别是产量性状的选择。从低世代至高世代，选择由松到严，以系为基础，首先选优良株系，然后在优良株系中选优良个体，即选择出优良个体较多的系统，再从中选择2个～5个优良单株。

6.7 杂交四代(F_4)及以后各代

由 F_3 各当选系统中选出的2个～5个单株，每株的后代又各成一个系统，称系统群或称姊妹系。种植方法同 F_3，选择以系统群为基础，群间相互比较。在优良群内选择优系，所有选择应以田间目测综合评判为主，室内考种为辅，性状基本一致的株系，而且表现优良的系统，可以上升到鉴定圃。

6.8 鉴定圃

选种圃中入选的优良一致的株系进入鉴定圃。参加鉴定的系统或株系可改称品系。其任务是对这些材料进行产量比较，并鉴定其一致性及各种性状的表现。

种植方法采用间比法，即每五行或十行设一个对照品种，计算产量，每个品系试验1年～2年。优良品系升入品种比较试验，劣系淘汰。

6.9 抗性鉴定和品质分析

在申请参加自治区级生态测试试验前，可由育种单位自行进行抗性鉴定和品质分析，稻瘟病鉴定所涉及指标符合GB/T 15790要求；品质分析所涉指标符合NY/T 83要求，以确保参试品系达到育种目标要求。

6.10 品种比较试验

可采用随机区组试验设计(组合较少，设重复)，以生产推广种子为对照品种，栽插规格与大田生产一致。比对照增产显著的可先参加自治区级生态测试试验。

7 品种的审定步骤

7.1 总体要求

应符合NY/T 1090所涉要求或按照自治区方案要求执行。

按照农业自然区划，选择自然栽培条件具有代表性的点，对选育的新品系(通过品系比较试验2年～3年)，对丰产性、抗病性、适应性，品质和熟期等进行多点多年试验，试验区较大，重复次数多，常采用随机区组排列。对参加试验品系的利用价值做出客观的科学的评价。区域较优的品系还要进行生产示范。经品种审定委员会审定后才能推广。

7.2 生态测试试验

育成的品系经过品种比较试验后，表现优良可进行多点生态测试，确定其抗逆性、稳定性及适应性。

7.3 品种区域试验

7.3.1 符合 NY/T 1300 所涉要求或按照内蒙古自治区品种试验要求执行。

7.3.2 在生态测试试验当中表现突出的品种可以申报翌年的区域试验，区域试验一般为两年。

7.3.3 试验目的：根据《中华人民共和国种子法》和《主要农作物品种审定办法》有关规定，客观、科学、公正地鉴定评价参试新品种的丰产性、稳产性、适应性、抗逆性、品质及其他重要特征特性表现，为自治区水稻品种审定提供科学依据。

7.3.4 试验设计方法及要求：按照国家及自治区水稻品种试验实施方案严格要求执行。

7.4 品种生产试验

在品种区域试验当中表现突出的品种可以申报翌年的品种生产试验，同一试验组应在同一田块进行。严格按照生产试验方案执行。

7.5 品种区域试验及生产试验栽培管理要求

7.5.1 播种：种子催芽前应进行消毒处理，秧田播种量按当地生产习惯。参试所有品种同期播种。

7.5.2 移栽：同组试验所有品种同期移栽，每穴插秧苗数按当地生产习惯。定植株行距为 13 cm×30 cm 左右。

7.5.3 其他要求：施肥水平略高于当地生产水平；不使用植物生长调节剂；及时防虫；因地制宜采取有效措施防止鸟、鼠、禽、畜等对试验的危害，以保证试验安全有效；其他栽培管理措施按当地大田生产习惯；每一项田间管理技术措施和测定在同一天内完成。

7.6 品种鉴定、审定

按照国家或自治区品种试验要求，育成的品系要进行转基因检测方可参加自治区级及以上区域试验，进入区域试验的品系要经过三年及以上的 DUS 检测，进入生产试验的品系要到指定单位进行抗性鉴定和品质分析，综合表现优的品系方可在区级以上品种审定委员会进行审定。

ICS 67.060
B 22

DB15

内蒙古自治区地方标准

DB15/T 1744—2019

“兴安盟大米”原料水稻品种选择要求

Requirements for selection of raw rice varieties for “Hinggan League rice”

2019-11-05 发布 2019-12-05 实施

内蒙古自治区市场监督管理局 发布

前　言

本标准按照 GB/T 1.1—2009 给出的规则起草。

本标准由内蒙古自治区兴安盟市场监督管理局提出。

本标准由内蒙古自治区农业标准化技术委员会(SAM/TC 20)归口。

本标准起草单位:兴安盟农业技术推广站。

本标准主要起草人:张喜权、闫庆琦、王伟东、周莉娜、金雁花、张海英。

“兴安盟大米”原料水稻品种选择要求

1 范围

本标准规定了“兴安盟大米”原料水稻品种选择要求、品种质量。

本标准适用于“兴安盟大米”生产种植原料水稻品种选择。

2 规范性引用

下列文件对于本文件的应用是必不可少的。凡是注日期的引用文件，仅注日期的版本适用于本文件。凡是不注日期的引用文件，其最新版本(包括所有的修改单)适用于本文件。

GB/T 1354 大米

GB 4404.1 粮食作物种子 第1部分:禾谷类

GB 5009.3 食品安全国家标准 食品中水分的测定

GB/T 5492 粮油检验 粮食、油料的色泽、气味、口味鉴定

GB/T 5493 粮油检验 类型及互混检验

GB/T 5494 粮油检验 粮食、油料的杂质、不完善粒检验

GB/T 5496 粮食、油料检验 黄粒米及裂纹粒检验法

GB/T 5502 粮食检验 大米加工精度检验

GB/T 5503 粮食检验 碎米检验法

GB/T 15682 粮食检验 稻谷、大米蒸煮食用品质感官评价方法

GB/T 15683 大米 直链淀粉含量的测定

GB/T 22294 粮油检验 大米胶稠度的测定

NY/T 593 食用稻品种品质

DB15/T 1743 “兴安盟大米”原料水稻育种技术规程

3 品种选择要求

3.1 生态区域

“兴安盟大米”种植生态区域位于大兴安岭南麓，大兴安岭向松嫩平原过渡带，属于东北松嫩平原西部，地处北纬46°，是国家公认的寒地水稻黄金种植带，具有空气湿度小、昼夜温差大(10 ℃～20 ℃)等独有生态气候特点。生态区域内地表水资源丰富，水稻主产区主要分布在绰尔河、归流河、洮儿河、蛟流河、霍林河等流域。

3.2 品种要求

3.2.1 品种经过省级以上审定，符合DB15/T 1743的育种目标。

3.2.2 种植品种种子质量达到GB 4404.1中稻常规种(大田用种)标准。

3.2.3 品种整精米率不低于63%，品质达到GB/T 1354大米中二级优质粳米以上的粳稻品种。

3.2.4 品种选择

3.2.4.1 品种指向

大于等于10 ℃活动积温2 300 ℃～2 500 ℃的地区，选择主茎11片～12片叶，生育期在122 d～130 d的品种，种植品种主要有绥粳18、绥粳26等。

大于等于10 ℃活动积温2 500 ℃～2 700 ℃的地区，选择主茎12片～13片叶，生育期在130 d～138 d的品种，种植品种主要有龙洋16、苗稻2、北稻7等。

大于等于10 ℃活动积温2 700 ℃～2 900 ℃的地区，选择主茎13片～14片叶，生育期在138 d～145 d的品种，种植品种主要有龙洋16、五优稻4号、苗香粳1号、松粳22等。

3.2.4.2 品种抗性

抗病、抗倒、耐寒、灌浆快，活秆成熟。

3.2.4.3 品种稳产丰产性

引进、培育品种示范种植2年～3年，品种经济性状稳定，每667 m^2(1亩)产500 kg～650 kg。

4 品种质量

4.1 感官指标

4.1.1 形态

米粒饱满，米粒半透明或透明，色泽青白有光泽。

4.1.2 气味

应有大米固有的气味，没有异味。蒸熟时应有特有的米香味，饭粒表面有油光。

4.1.3 口感

蒸煮时大米绵软略黏、微甜、略有韧性，冷却后仍能保持优良口感。

4.2 质量指标

品种质量中胶稠度符合NY/T 593食用稻品种品质中一、二级粳米品质指标，直链淀粉含量比GB/T 1354大米中二级优质粳米直链淀粉含量范围值下限高1%，其他指标项符合GB/T 1354大米中二级优质粳米品种质量指标。详见表1。

表1 品种质量要求

项目		质量标准	检测方法
碎米	总量/%	≤7.5	GB/T 5503
	其中：小碎米含量/%	≤0.3	GB/T 5503
加工精度		精碾	GB/T 5502
垩白度/%		≤4.0	GB/T 1354
不完善粒含量/%		≤3.0	GB/T 5494

表 1（续）

项目		质量标准	检测方法
杂质限量	总量/%	≤0.25	GB/T 5494
	其中：无机杂质/%	≤0.02	GB/T 5494
黄粒米含量/%		≤0.5	GB/T 5496
水分含量/%		≤15.5	GB 5009.3
互混率/%		≤5.0	GB/T 5493
直链淀粉含量/%		14.0～20.0	GB/T 15683
品尝评分值(分)		≥80	GB/T 15682、GB/T 1354
胶稠度/mm		≥70	GB/T 22294
色泽、气味		正常	GB/T 5492

ICS 67.060
B 22

DB15

内蒙古自治区地方标准

DB15/T 1745—2019

“兴安盟大米”原料水稻生产技术规程

Technical specification for production of raw material rice in “Xinggan League rice”

2019-11-05 发布

2019-12-05 实施

内蒙古自治区市场监督管理局 发布

前　言

本标准按照GB/T 1.1—2009给出的规则起草。

本标准由内蒙古自治区兴安盟市场监督管理局提出。

本标准由内蒙古自治区农业标准化技术委员会(SAM/TC 20)归口。

本标准起草单位:兴安盟农牧业科学研究所、兴安盟农业技术推广站、科右前旗农业技术推广站、兴安盟产品质量计量检测所、兴安盟种子管理站、兴安盟隆华农业科技有限公司、兴安盟食品药品检验检测中心。

本标准主要起草人:田淑华、郑红霞、孙乌日娜、海日汗、张喜权、田向阳、史梅生、高欣梅、其格其、高前慧、朴永基、姜畔、张志军、王淑霞、王鸿雁。

“兴安盟大米”原料水稻生产技术规程

1 范围

本标准规定了“兴安盟大米”原料水稻产地环境条件、品种选择、育苗技术、插秧技术、田间管理、收获、脱粒、建立档案等技术要求。

本标准适用于“兴安盟大米”原料水稻生产。

2 规范性引用文件

下列文件对于本文件的应用是必不可少的。凡是注日期的引用文件，仅注日期的版本适用于本文件。凡是不注日期的引用文件，其最新版本(包括所有的修改单)适用于本文件。

GB 4404.1 粮食作物种子 第1部分：禾谷类

GB/T 8321 农药合理使用准则

GB/T 17891 优质稻谷

GB/T 15790 稻瘟病测报调查规范

NY/T 391 绿色食品产地环境质量标准

NY/T 393 绿色食品 农药使用准则

NY/T 394 绿色食品 肥料使用准则

NY/T 419 绿色食品稻米

3 产地环境条件

产地环境条件应符合NY/T 391的规定。

4 育苗技术

4.1 壮苗标准

秧龄30 d～35 d；叶龄3.5片～4片；苗高12 cm～14 cm；根数9条～10条。苗形敦实，叶身挺，叶色正，根系发达，无弱小病苗，生长整齐，大小均匀一致，百株苗干重3 g以上。

4.2 育苗前准备

4.2.1 秧田地选择

选择无污染、地势平坦、背风向阳、排水良好、水源方便、土质肥沃的中性、偏酸性旱田地做秧田，秧田长期固定，连年培肥、耕整地表平整，无残茬，消灭杂草。

4.2.2 营养床土配制

选用疏松、肥沃、富含有机质、偏酸、无草籽的腐殖土或旱田土，风干过筛，最好加15%～20%草碳土，按照每平方米苗床需要20 kg原土(每钵盘需要4 kg)计算，用壮秧调理剂与过筛细土按照说明和比例进行一次性配制，pH 达到 5.5 左右，制成营养土后备用。也可用育秧基质土按说明使用直接育苗。

4.2.3 整地作床

4.2.3.1 苗床规格。可采用大、中棚及地棚育苗，可根据条件确定苗床的长度及宽度。一般大棚育苗以喷灌设施为准和管理方便为宜。

4.2.3.2 秧、本田比例。1∶60～1∶70，每公顷本田需育秧 120 m^2～150 m^2。

4.2.3.3 整地做床施肥。育苗前整地做床，秋整地秋打床，秋施农肥。春打床的要早春浅耕 10 cm～15 cm，清除茬根，打碎土块，每平方米施过筛腐熟有机肥 5 kg，也可按说明用育秧基质土，平整压实床面，提前扣膜升温。

4.2.3.4 浇足苗床底水。播种前 3 d 先将置床浇透水，待水渗下后，用敌克松 800 倍液或用精甲恶霉灵按说明使用进行床土消毒，消毒后使床土达到饱和状态。摆放秧盘，装满盘土，浇透清水。

4.3 种子及种子处理

4.3.1 品种选择

4.3.1.1 选用审(认)定推广的熟期适宜的优质、安全成熟、抗逆性强的高产品种，严防越区种植。禁止使用转基因品种。

4.3.1.2 种子质量符合 GB 4404.1 规定标准，纯度≥99%，净度≥98%，发芽率≥90%；水分≤14%。

4.3.1.3 稳产性：在 70%以上种植区域产量稳定。

4.3.1.4 品质：达到 GB/T 17891 所涉优质稻谷品种品质指标 2 级(含)以上的水稻品种。

4.3.1.5 抗病性：选择抗稻瘟病(包括苗瘟、叶瘟、穗瘟)的品种。

4.3.1.6 熟期适中：在种植区内能够安全成熟的品种。

4.3.1.7 抗倒伏：倒伏率≤10 %。

4.3.2 种子处理

浸种前 3 d～5 d，选择晴朗无风的天气，在背阴通风处摊开种子，晒种 1 d～3 d，每天翻动 3 次～4 次。筛选出种子中掺杂的草籽和杂质，然后利用盐水清选，去除瘪粒和杂质，捞出剩余种子用清水冲洗干净。

4.3.3 浸种消毒

把选好的种子在室温下药剂浸种，可选用氰烯菌酯，每天搅拌 1 次～2 次，浸种天数与水温的乘积约等于 100。

4.3.4 催芽

将浸泡好的种子，在温度 30 ℃～32 ℃条件下破胸，当破胸种子达到 80%左右时，将温度降低到 25 ℃时催芽，并经常翻动，当芽长超过 0.5 mm 时，降温 15 ℃～20 ℃晾芽，6 h 左右即可播种。

催芽器催芽：晒种 2 d～3 d 天，定时翻动，不需要浸种，直接放入具有臭氧和紫外线杀菌功能的催芽器中杀菌催芽 42 h，可预防苗期立枯病、恶苗病等，种芽露白即可播种。

4.4 播种

4.4.1 播期

日平均气温稳定通过 5 ℃～6 ℃时即可播种，一般在 4 月 10 日至 20 日播种。

4.4.2 播量

每盘播芽种 100 g～125 g，播种要均匀。播后压一遍，使种子三面入地，然后覆土 0.5 cm，再进行苗床封闭，扣棚覆膜。

4.5 封闭灭草

全棚播种摆盘结束后，用 19 %丁·扑可湿性粉剂进行封闭除草。

4.6 平铺地膜

在封闭后的床面上平铺地膜，压实盖严。也可用水稻育秧专用无纺布铺盖秧盘上，均起到保温保湿的作用。

4.7 秧田管理

4.7.1 温度管理

播种到出苗期，要密封保温，防止冻害，晚上可用防寒帘覆盖。出苗率达到 80%时揭去地膜或无纺布。出苗后开始通风练苗，一叶一心前棚内温度不超过 28 ℃，严防烧苗和秧苗过长。秧苗 1.5 叶期～2.5 叶期，逐渐增加通风量，棚温降到 25 ℃。秧苗 2.5 叶期～3 叶期，棚温控制到 20 ℃。通风炼苗要视天气情况，循序渐进，温度高时大口通风，温度低时小口通风或不通风。移栽前不全撤膜，把大棚膜卷在大棚顶上，炼苗 5 d～6 d。移栽前棚内温度控制在 20 ℃。遇到低温冷害可覆膜或加防寒帘。

4.7.2 水分管理

水分管理原则上不干不浇水，保持土壤湿润，当早晨叶尖无水珠时或床面干裂应及时补水至湿润即可。床面有积水可晾床。秧苗 2 叶后，若床土干旱要早、晚浇水，一次浇足浇透，揭膜后，可适当增加浇水次数，但不能灌水上床。基质土育苗缺水即浇透水。

4.7.3 苗床灭草

在苗床封闭灭草基础上，进行人工灭草，封闭灭草效果不好的，可在稗草 1.5 叶期用“敌稗”或“千金”按说明进行灭草。

4.7.4 预防立枯病

秧苗 1.5 叶期，用 30%恶霉灵 200 mL 和 35%甲霜灵 40 g 兑水 1000 倍液喷施 200 m^2 苗床，如果苗床土 pH 高于 5.5 时，可浇酸化水或均匀撒施壮秧剂后浇水清洗降低 pH 到 5.5，达到要求标准。

4.7.5 苗床追肥

秧苗 1.5 叶期用水稻壮秧剂撒施后立即浇水清洗。秧苗 2.5 叶期若发现脱肥，用水稻苗床专用肥追施，喷施后清水冲洗。移栽前 1 d～2 d 施送嫁肥，带肥下地，随秧苗一起栽到本田里。

4.7.6 防治潜叶蝇

为了防止插秧后发生潜叶蝇，可在起秧前 1 d～2 d，用 10%吡虫啉粉剂按说明使用防治潜叶蝇。

5 插秧技术

5.1 本田整地

5.1.1 整地前清理好排灌水渠。

5.1.2 春翻地或秋翻地,最好实行秋翻地,二至三年深翻一次,翻深 15 cm～18 cm。

5.1.3 旱整地。秋翻地块,四月中下旬,开始进行旱耙地,整平耙细,平好垡沟,打好池埂,旋耕地块直接进水耙地。

5.1.4 放水泡田。要用好头茬水,早放水,早泡田,每年 5 月上旬开始放水泡田。

5.1.5 水整地。在插秧前 5 d～7 d,进行水整地,一个池子内,高低不过寸,寸水不露泥,做到肥水不排出,达到单排单灌的要求。

5.1.6 本田施肥。坚持增施农家肥,少施化肥的原则,每亩需施用发酵腐熟的农家肥 1 000 kg,结合旱耕一次施入;或结合水整地,根据地力按要求施用有机肥配合水稻专用复合肥做底肥,均匀撒施。

5.1.7 整地除草。三泡两耙整地除草法:插秧前 12 d～15 d,一般 5 月 1 日至 2 日,进行第一次浅水泡田,不排不进,晒田提温,促进杂草萌发,5 d～7 d 杂草出芽后,一般 5 月 8 日至 9 日进行第二次浅水泡田,耙地除草,然后排水保持田间湿润状态,继续促进杂草萌发,插秧前 1 d～2 d 进行第三次泡田和第二次水耙地。

5.1.8 封闭灭草法:耙地结束后插秧前 5 d～7 d 利用水稻封闭灭草药剂,按说明进行封闭灭草。

5.2 插秧

5.2.1 插秧期。日平均温度稳定通过 12 ℃时开始插秧。一般 5 月中旬开始至 5 月末结束,不插六月秧。

5.2.2 插秧规格:插秧行距 30 cm,穴距 10 cm～12 cm,每穴 4 株～6 株,每 667 m^2 1.8 万穴～2.2 万穴。

5.2.3 插秧方式:插秧深度不超过 2 cm,深浅一致,行直穴匀,不伤苗,不窝根。插后及时查缺,人工补苗,扶立倒苗。人工手插秧,插秧深度不超过 1.5 cm,有条件的要拉线插秧,做到行直,穴匀,棵准,以灌浅水不漂秧为准。

6 本田管理

6.1 科学罐水

严禁工厂排放的污水及未处理的生活用水不应进入稻田。采用浅水灌溉技术,提高地温促进生长。因此,水稻插秧时灌花达水,水层 1 cm～3 cm;返青至有效分蘖期,浅水灌溉 3 cm～5 cm;有效分蘖期末,撤水晒田控制无效分蘖,至田面有龟裂见白根复水;拔节孕穗至抽穗扬花期,深水 5 cm～10 cm 灌溉;灌浆蜡熟期,间歇灌水,干湿交替,以湿为主。蜡熟末期撤水,洼地适当早排水。

6.2 追肥

返青后追施返青分蘖肥,每亩追施尿素 5 kg,硫酸钾 5 kg。抽穗期追施穗肥,每 667 m^2 追施尿素 4 kg,硫酸钾 4 kg。部分脱肥地块可喷施叶面肥进行调节。

6.3 水稻病害防治

6.3.1 首先选用抗病水稻品种,发挥品种自身免疫抗病能力,减少个体感染发病几率,控制病害发生。

6.3.2 稻瘟病的防治。防治稻瘟病依据 GB/T 15790 的规定。水稻稻瘟病应以预防为主,坚持始穗、齐穗期两次用药。选用符合国家标准、绿色食品技术规范附录中所列允许使用的药剂如春雷霉素、枯草芽孢杆菌等按说明喷雾防治。

6.3.3 细菌性褐斑病的防治。在出穗前的 7 d～10 d 用宁南霉素等生物制剂按说明书推荐方法施药。

6.4 水稻虫害防治

6.4.1 水稻虫害生物防治

用符合 NY/T 393 中所列允许使用的药剂苏云金杆菌、苦参碱等防治潜叶蝇和负泥虫。按标签说明使用喷雾处理,防虫害药剂用药时期应在害虫孵化高峰期。

6.4.2 虫害物理防控技术

6.4.2.1 频振式杀虫灯诱杀

用频振式杀虫灯诱杀潜叶蝇、负泥虫等害虫。使用方法是将杀虫灯吊挂在牢固的物体上,距地面 1.3 m～1.5 m,灯罩固定,在田中成棋盘状布局,单灯辐射半径 50 m,在害虫发生前安装使用,每日开灯时间为 20:00 至次日凌晨 6:00。每天上午收集诱杀的昆虫,并进行分类鉴定,记载种类和数量。

6.4.2.2 诱虫板诱杀

用诱虫板防治水稻潜叶蝇成虫等,使用方法是用细棍支撑固定,棋盘式分布,每亩插挂 20 块～25 块色板,高度高出水稻 20 cm～30 cm,板面悬挂方向以东西为宜。

6.4.2.3 性诱剂诱杀

根据防治对象选择相应的专用诱芯和配套诱捕器;根据防治对象的习性选择成虫活动场所进行释放,一般放置在稻田或周边害虫栖息场所。

6.5 草害防控技术

6.5.1 水整地除草

“三泡两耙”水整地除草。方法同 5.1.7。

6.5.2 药剂除草

本田除草依据 GB/T 8321(所有部分)的规定。水稻本田除草宜选用安全性好的除草剂。插秧前封闭除草,在水耙地结束后,用恶草酮或丁草胺按剂量要求施用,用药后保持水层 3 cm～5 cm,5 d～7 d 后插秧。后期防治稗草宜选用二氯喹啉酸、稻杰等,兑水均匀喷雾,防治阔叶杂草和莎草科杂草宜选用吡嘧磺隆、灭草松等。

6.5.3 人工除草

育秧期及时清除杂草。分蘖后期、抽穗后期分别进行人工拔除大草,灌浆期对稗草等杂草进行人工掐穗带出本田处理。

7 收获、脱粒

完熟达90%即可收获。做到单品种收获、单品种拉运、单品种脱谷、单品种保管和单品种销售,使产品达到国家农业行业农产品二级以上标准。

8 建立档案

基地农户要对水稻种植的全过程建立档案,全面记载种、肥、药的使用种类、使用时间、使用数量以及在育苗和本田管理上采取的技术措施,存档备查。

ICS 67.060
B 22

DB15

内蒙古自治区地方标准

DB15/T 1746—2019

“兴安盟大米”原料水稻贮存运输规程

Specification for storage and transportation of “Hinggan League rice” raw material rice

2019-11-05 发布　　　　2019-12-05 实施

内蒙古自治区市场监督管理局　发布

前　言

本标准按照 GB/T 1.1—2009 给出的规则起草。

本标准由内蒙古自治区兴安盟市场监督管理局提出。

本标准由内蒙古自治区农业标准化技术委员会(SAM/TC 20)归口。

本标准起草单位:扎赉特旗绰勒银珠米业有限公司。

本标准主要起草人:朴成奎、朴哲君、宝宏、吴菲、高妍、宋艳杰、隋维茹、何红梅、张瑞。

“兴安盟大米”原料水稻贮存运输规程

1 范围

本标准规定了“兴安盟大米”原料水稻贮存运输的基本要求、储藏期间的粮情检测与品质检验。

本标准适用于“兴安盟大米”原料水稻贮存和运输。

2 规范性引用文件

下列文件对于本文件的应用是必不可少的。凡是注日期的引用文件，仅注日期的版本适用于本文件。凡是不注日期的引用文件，其最新版本（包括所有的修改单）适用于本文件。

GB 1350 稻谷

GB 2715 食品安全国家标准 粮食

GB/T 26882 粮油储藏 粮情测控系统

GB/T 29890 粮油储藏技术规范

GB/T 17109 粮食销售包装

GB/T 20569 稻谷储存品质判定规则

LS/T 1202 储粮机械通风技术规范

3 术语和定义

下列术语和定义适用于本文件。

3.1

“兴安盟大米”生产原料 raw materials for production of “Hinggan League rice”

兴安盟区域内所生产的稻谷。

3.2

收货运输 receiving and transportation

水稻生产基地收割中运往加工储藏地点待处理稻谷的短途运输。

3.3

采购运输 procurement and transportation

收购地点到加工储藏地点的短途运输。

4 基本要求

4.1 基本内容

4.1.1 田间收割运输：收割运输注意事项，散装和罐装车辆要进行异味污染检查。对运具如车斗、车厢四周夹角易残留处认真检查害虫及虫卵，运具启用前应在阳光下晾晒 1 d～2 d，确保运具无污染、异味、害虫等。

4.1.2 从生产单位采购，应检验品种纯度、水分、杂质、害虫等，把出米率作为原稻定级主要指标。

4.1.3 收割应确保同品种、同地块、相同成熟度来进行，为运输晾晒储藏前做好基础工作。

4.1.4　稻谷宜采用低温储藏技术,以延缓其品质劣变。

4.1.5　根据储粮生态区域的特点和储藏条件,控制安全水分,防止霉变发生。

4.1.6　应加强谷蠹等稻谷易患害虫的防治。

4.2　包装

4.2.1　粮食的包装、运输和储存应符合 GB/T 17109 的规定。

4.2.2　原稻运输储存所使用的袋装类应采用新品或原始用于粮食包装的包装,用于工业及化学原料等带有异味、易污染的包装物不应使用。

4.2.3　包装材料应清洁、卫生,不应与粮食发生化学作用而产生变化,符合国家有关食品卫生标准和管理办法的规定。

4.2.4　包装器具的生产应取得食品包装卫生许可证,对于已纳入包装生产许可管理范围的,启用单位要严格把关。

4.2.5　运输过程中的包装应牢固、无破损,缝口严密、结实,不应造成产品撒漏,并要求不应给粮油产品带来污染和异常气味。

4.3　粮仓

4.3.1　在砖混高大平房仓、浅圆仓和立筒仓等大型粮仓中长期储藏稻谷时,应配备符合规定的粮情检测系统,符合规定的机械通风系统,符合采样设备。单层铁皮仓、无双层隔湿仓不宜做长期储存用。粮情检测系统应符合 GB/T 26882 的规定。

4.3.2　粮仓的维护结构应能够安全承载粮堆及环境的动、静荷载。其性能能够满足储粮通风、气密、隔热、防潮的要求。

4.3.3　仓内地坪应完好平整具有一定的承载动静负荷能力和良好的防潮性能。

4.3.4　仓房墙体无裂缝和孔洞:内侧墙面应完好、光滑并设防潮层,应按设计仓容量标明装粮线和设置密封槽,外表面应为浅色。

4.3.5　仓盖应完好,有隔热层和防水层,外表面应为浅色(或用高反射率的材料),仓内尽量避免使用支撑柱。仓内宜设隔热吊顶,吊顶与仓盖的间距应在 0.3 m 以上。仓体仓盖传热系数应符合 GB/T 29890 的规定。

4.3.6　门窗、通风口结构要严紧并有隔热、密封措施。门窗、孔洞处应设防虫线和防灭鼠、雀设施。

4.3.7　立筒仓、浅圆仓配备的除尘、防爆设施应符合国家的相关规定。

5　入仓前的准备

5.1　对仓房、设备、器材和用具进行检查。

5.2　粮仓应清扫干净,清除仓内的残留粮粒、灰尘和杂物,填堵孔、洞、缝隙。

5.3　仓房、包装器材、装粮用具和输送设备等感染有害虫时,应施用空仓杀虫剂或熏蒸剂进行杀虫处理并做好隔离防护工作。

5.4　包装粮用的麻袋应符合国家规定的质量要求。

6　入仓稻谷的质量要求

6.1　粳稻谷的杂质≤1.0%;水分≤14.5%。把好稻谷入库质量关,确保入库稻谷达到"干、饱、净"要求。籽粒干燥,籽粒饱满,无病害、无未成熟粒,干净、无杂质。

6.2　各类稻谷、各等级稻谷的其他质量要求应高于 GB 1350 的规定标准。

6.3 储备稻谷的质量应符合 GB/T 20569 规定的宜存要求。

6.4 稻谷的卫生质量应符合 GB 2715 的规定。

6.5 对不符合入仓质量要求的稻谷须进行整理,达到要求后方可入仓储藏。

7 储存要求

7.1 做好储藏管理,保持仓内干燥、采取有效降水、降温等保粮措施,确保储藏安全。合理安置粮食测温、测湿检测设备,害虫检测合理布置检测点,做好粮情检测记录,并做好检测对比分析,建立一囤一货位一卡制。

7.2 应按品种、等级、生产年份分开储藏,安全水分、半安全水分、危险水分的稻谷应分开储藏。严格填写品种、质量、数量标签、标签与保管账一致。

7.3 已感染害虫的稻谷应单独存放,发现稻谷带有我国进境植物检疫性病虫或杂草种子时,应立即向当地粮食行政管理部门和检验检疫部门报告,按国家有关规定处理。

7.4 入仓过程中应采取有效措施减少破损、降低自动分级,避免杂质聚集。

7.5 散装储藏时,粮面应平整,粮堆高度不应超过设计装粮线。

7.6 包装储藏时,堆码要合理交错,整齐、牢靠,避免歪斜;围垛应距墙、柱 0.6 m 以上;高水分稻谷堆码高度不应超过 3 m,并应尽快进行降水处理。

8 储藏期间的粮情检测与品质检验

8.1 采用粮情测控系统时,房式仓、筒式仓测温点的设置应符合国家的规定;人工检测时,测温点的设置应符合 GB/T 29890 的规定。处于后熟期、水分和杂质分布不均匀、局部有害虫的稻谷,应设置机动检测点。仓温检测点应设在粮堆表面中部、距粮面 1 m 处的空间;机动检测要随机变更检测点,做好记录和比对。

8.2 温度检测的时间间隔按照国家 GB/T 29890 的规定执行。新收获的稻谷入仓后,3 个月内要适当增加检测次数。对易堆聚杂质部位要做为重点检测点。

8.3 温度检测结束后,应立即对检测结果进行分析,发现有粮温异常升高或发热现象时应及时采取相应的降温措施。粮堆局部发热,应按 LS/T 1202 的规定执行,可采取局部机械通风;整仓发热,可采取整仓机械通风、机械倒仓或用谷物冷却机冷却等措施降低粮温。因害虫活动引起的粮堆局部发热,应先熏蒸杀灭害虫,再通风降温。若因整仓粮温条件限制无法进行熏蒸时,应先采用机械通风或谷物冷却机等措施将粮温降至 15 ℃以下,以控制害虫的发展,待条件适合时再行熏蒸杀虫。捣仓机械降温要与清杂同时进行。

9 相对湿度检测

9.1 采用湿度传感器、干湿球温度计或其他湿度计检测仓内空间和仓外空气的相对湿度。粮堆内的检测点可按需设置,宜设在距粮堆表层 0.3 m 处和距阴面墙壁 0.3 m 处,检测点应勤更变。

9.2 仓内空间相对湿度检测点应设在粮堆表面中部,距粮面 1 m 处的空间。当外界相对湿度较大时,应及时关闭仓房的门、窗。

10 粮食水分检测

10.1 检测点的设置

粮堆水分检测采样点参照粮堆体型来设定，中间部位检测点可适当减少。锥形体从上至下分1∶2∶3比例采样，方体、长方形按3∶3∶3、3∶3∶4比例采样。

10.2 检测时间间隔

水分检测的时间间隔按照GB/T 29890的规定执行，发现温度异常点应及时采样检测，粮食散堆深采样要以行业标准或高于行业标准设置采样点。

10.3 分析与处理

水分检测结束后，应立即对检测结果进行分析，发现有粮食水分异常升高现象应及时查明原因，并采取相应的降水措施。宜先采用机械通风降低粮食水分，若粮食水分超过当地安全储藏水分3个百分点以上时，应及时晾晒或烘干降水。

11 害虫检测

11.1 检测时间间隔

不同粮温时检查害虫的时间间隔按标准要求执行，危险虫粮处理后的3个月内，每7 d至少检测1次。

11.2 采样方法

散装粮和包装粮的采样方法按GB/T 29890的规定执行，每一采样点的粮食数量不少于国家标准或行业标准的规定。

11.3 检测方法

将各采样点的粮食样品1 kg分别过筛，检查筛下物中活虫的种类和数量，必要时应检测粮粒内部害虫。也可辅以诱捕检测方法按国家粮食储存的规定执行。器材和场所害虫检测方法按国家检测办法的规定执行。

11.4 分析与处理

按各采样点分别计算害虫密度(检测内部害虫时，计算粮粒内部和外部活的害虫数之和)，以每千克粮样中活的害虫头数表示，以数值最大点的害虫密度代表全仓(囤，垛)的害虫密度，确定虫粮等级。根据虫粮等级，确定害虫处理时机。可采用低温控制，气调控制和熏蒸杀虫等技术处理害虫。

11.5 微生物检测

结合粮温和水分的检测，监测储粮中微生物的活动情况。及时发现粮堆的结露、发热现象。若粮堆出现结露或局部粮食发热现象时，应采取通风、降温、均温、气调等措施消除。当储粮出现发霉发热迹象或粮食不能及时干燥时，可采用向粮堆通入较高浓度的臭氧或高浓度磷化氢熏蒸处理的应急措施(主要用于普通稻谷)。

12 出仓要求

12.1 出仓应合理使用输送设备，减少破损、降低扬尘。

12.2 平房仓出仓时，应均匀出仓，相邻廊间无伸缩缝的隔墙要保持两侧压力平衡，以免损坏仓房；浅圆仓出仓时，应注意从出粮口均衡出仓，避免从一侧出仓，同时应保持仓储设施完好。

12.3 出仓粮食应进行质量检验，出具检验报告，及时更改标签信息内容，及时冲减保管账。

12.4 配备专职商品保管员，建立相应的规章制度，健全完善的商品保管账目，严格执行商品进出库制度，严密进出库手续，及时增加冲减商品库存账目，确保账物相符。做到商品流转的依据性和可追溯性。

ICS 67.060
B 22

DB15

内蒙古自治区地方标准

DB15/T 1747—2019

“兴安盟大米”产品包装规范

Packaging specification for rice products of “Hinggan League rice”

2019-11-05 发布 2019-12-05 实施

内蒙古自治区市场监督管理局 发布

前　言

本标准按照 GB/T 1.1—2009 给出的规则起草。

本标准由内蒙古自治区兴安盟市场监督管理局提出。

本标准由内蒙古自治区农业标准化技术委员会(SAM/TC 20)归口。

本标准起草单位:兴安盟市场监督管理局、兴安盟食品药品检验检测中心。

本标准主要起草人:胡军、张文胜、曹艳秋、白筱、武晶明、温清松、张春明。

“兴安盟大米”产品包装规范

1 范围

本标准规定了“兴安盟大米”的包装和标识、标志的要求。

本标准适用于“兴安盟大米”的包装、标识、标志。

2 规范性引用文件

下列文件对于本文件的应用是必不可少的。凡是注日期的引用文件，仅注日期的版本适用于本文件。凡是不注日期的引用文件，其最新版本(包括所有的修改单)适用于本文件。

GB/T 191 包装储运图示标志

GB 7718 食品安全国家标准 预包装食品标签通则

GB 9683 复合食品包装袋卫生标准

GB 9685 食品安全国家标准 食品接触材料及制品用添加剂使用标准

GB 14881 食品安全国家标准 食品生产通用卫生规范

GB/T 17109 粮食销售包装

GB 28050 食品安全国家标准 预包装食品营养标签通则

3 术语和定义

GB 14881、GB/T 17109 界定的术语和定义适用于本文件。

4 要求

4.1 包装

4.1.1 包装环境

4.1.1.1 包装车间应是独立的车间，建立在无有害气体、烟尘、灰尘、放射性物质及其他扩散性污染源的地区，设计合理，满足包装工艺流程要求，并保持洁净卫生。

4.1.1.2 包装车间与包装设备严格防止鼠、蝇及其他害虫的侵入和隐匿，应完全达到国家规定的大米包装车间和包装设备要求。

4.1.1.3 包装时应在良好的环境状况下进行，防止带入异物。

4.1.2 管理和工作人员

4.1.2.1 包装车间应建立安全卫生管理制度，工作人员应遵守安全卫生操作规定，建立健全包装车间的生产档案记录、安全记录。

4.1.2.2 包装车间工作人员应熟悉相应的食品安全知识，保持良好的个人卫生，上岗前应进行卫生培训和食品安全知识培训。

4.1.2.3 工作人员进入包装车间应穿着符合国家规定的工作服，并进行定期卫生清洁，包装车间不应带入或存放个人生活用品，闲杂人等不得进入。

4.1.3 包装材料

4.1.3.1 包装材料应符合 GB/T 17109 的规定和食品安全要求，并经过验收合格后方可使用。

4.1.3.2 大米的包装袋应符合 GB 9683 的规定，安全、卫生、无毒、无污染；有足够的强度，不易破损；不与大米发生任何的物理和化学反应；并具有防潮、防霉、防虫的作用。

4.1.3.3 包装容器应便于消费者开启、使用、搬运、储存，应能保护产品安全、卫生，符合相应包装容器的卫生标准。

4.1.3.4 其他规定如下：

——与食品接触的包装容器、材料用添加剂应符合 GB 9685 及相关规定；

——产品包装完毕后按批次入库，保存包装过程中的各项原始记录。

4.1.4 包装方式

可以采用不同的包装方式，如袋装、桶装等。为保证“兴安盟大米”在销售过程中的品质不受影响，本标准建议优先采用真空包装方式。

4.2 标识和标志

4.2.1 包装大米的标签应符合 GB 7718 的规定，营养标签应符合 GB 28050 的规定，并获得“兴安盟大米”商标的使用许可，具体标志应符合“兴安盟大米”专用标志规定的要求。

4.2.2 外包装物包装储运标识应符合 GB/T 191 的要求。

4.2.3 标注的净含量应为产品最大允许水分状况下的质量。

4.2.4 优质大米建议标注最佳食用期(品尝评分值为最佳食用期内数值)。

4.2.5 大米外包装标识应标注：净含量、配料表、产品名称、执行标准号、食品生产许可证编号、质量等级、生产者(或经销者)名称、地址、联系方式、商标、生产日期、保质期、营养标签、存放注意事项及专用大米的食用方法说明、标明应在保质期内食用、特殊说明、条形码及必要的防伪标识。

4.2.6 大米外包装的图案、文字或符号的印刷应清晰、端正、不褪色。图案符号应直观、规范，颜色与背景或底色为对比色。外包装所用的胶水、胶带和染料等应符合国家相关卫生标准要求，不应对所包装的大米产生任何的物理或化学的污染。

4.2.7 标识的文字应使用国家规定的规范汉字，可同时使用相应的汉语拼音、外文或少数民族文字，但汉语拼音、外文或少数民族文字的字体大小应不大于相应的汉字。

4.2.8 包装上有关认证标志(有机食品、绿色食品、地理标志等)和商标等的印刷、加贴应符合有关法规及标准要求。

4.2.9 包装容器表面装潢与印刷应符合《中华人民共和国商标法》的规定。

ICS 67.060
B 22

DB15

内蒙古自治区地方标准

DB15/T 1748—2019

“兴安盟大米”产品储运销售管理规范

Management standard for storage, transportation and sales of
“Hinggan League rice”

2019-11-05 发布　　2019-12-05 实施

内蒙古自治区市场监督管理局　发布

前　言

本标准按照GB/T 1.1—2009给出的规则起草。

本标准由内蒙古自治区兴安盟市场监督管理局提出。

本标准由内蒙古自治区农业标准化技术委员会(SAM/TC 20)归口。

本标准起草单位:内蒙古自治区兴安盟市场监督管理局、兴安盟食品药品检验检测中心。

本标准主要起草人:胡军、张文胜、曹艳秋、白筱、武晶明、温清松、张春明。

“兴安盟大米”产品储运销售管理规范

1 范围

本标准规定了“兴安盟大米”储藏运输要求、销售要求。

本标准适用于“兴安盟大米”的储藏、运输和销售。

2 规范性引用文件

下列文件对于本文件的应用是必不可少的。凡是注日期的引用文件，仅注日期的版本适用于本文件。凡是不注日期的引用文件，其最新版本(包括所有的修改单)适用于本文件。

GB/T 1354 大米

GB 2715 食品安全国家标准 粮食

GB 2761 食品安全国家标准 食品中真菌毒素限量

GB 14881 食品安全国家标准 食品生产通用卫生规范

GB/T 17891 优质稻谷

NY/T 419 绿色食品 稻米

NY/T 1056 绿色食品 贮藏运输准则

JJF 1070 定量包装商品净含量计量检验规则

DB15/T 1747 “兴安盟大米”产品包装规范

3 储藏和运输要求

3.1 储藏

3.1.1 储藏设施的设计、建造、建筑材料

用于储存兴安盟大米的仓库，其设施结构和质量应符合本产品的贮藏设施设计规范的规定。对产品产生污染或潜在污染的建筑材料与物品不应使用。仓库应设置防鼠板或捕鼠笼，应安装纱窗，悬挂蚊蝇捕捉器，通风口应有防雀纱网等，保证其具有防虫、防鼠、防雀的功能，并能保证库房的阴凉干燥。成品库房其容量应与其生产能力相适应。

3.1.2 贮藏设施周围环境

周围环境应清洁和卫生，并远离污染源。

3.1.3 贮藏设施的卫生要求

贮藏设施及其四周应定期进行卫生清洁，贮藏设备及使用工具在使用前后均应进行清理。

3.1.4 出入库

经检验合格的原料及产品才能出入库，并保存出入库记录，以便于产品追溯。

3.1.5 堆放

3.1.5.1 按产品的种类、等级的要求选择相应的贮藏设施存放，存放产品应整齐、分区存放，标识清楚，留出运输通道，保证产品的“先入先出”。贮存的物品还应与墙壁、地面保持相当距离。

3.1.5.2 堆放方式应保证产品质量不受影响。

3.1.5.3 不应和有毒、有害、有异味、易污染的物品同库存放。

3.1.5.4 保证产品批次清楚，不应超期积压，并及时剔除不符合质量和卫生标准的产品。

3.1.6 贮藏条件

应符合本产品的温度、湿度和通风等贮藏要求。

3.1.7 保质处理

应优先采用紫外线消毒等物理与机械的方法和措施。

3.1.8 管理和工作人员

管理和工作人员要求如下：

a) 仓库应设专人管理，定期检查产品质量和库房卫生，定期清理、消毒和通风换气，保持洁净卫生；
b) 工作人员应保持良好的个人卫生；
c) 应建立适当的仓储贮藏制度和卫生管理制度，管理人员应当遵守并执行有关制度，发现异常及时处理。

3.1.9 记录

建立贮藏设施管理记录程序：

a) 应保留所有搬运设备、贮藏设施和容器的使用登记表或核查记录；
b) 应保留贮藏记录。详细记载进入库产品的名称、入库日期、种类、等级、批次、数量、质量、包装情况、运输方式，并保留相应的记录。

3.2 运输

3.2.1 运输工具

运输工具要求如下：

a) 应使用符合食品安全要求的运输工具和容器运输产品，运输工具的铺垫物、遮盖物等应清洁、无毒、无害；
b) 应使用专用运输工具，如果使用非专用的运输工具，应在装载产品前对其进行清洁，避免常规产品混杂和禁用物质污染。必要时进行灭菌消毒，防止虫害感染。

3.2.2 运输销售

运输销售要求如下：

a) 装运前应对产品进行检查，在产品、标签与单据三者相符合的情况下，才能装运；
b) 应防止产品受到不良影响。运输过程中应轻装、轻卸，防止挤压和剧烈震动。桶状容器在运输中应避免碰撞和滚动，袋类容器应防止日晒、雨淋和污染；
c) 在运输、装卸过程中，外包装及产品标签等有关“兴安盟大米”的标志，不得被玷污和损毁；

d) 在产品出厂销售时，应当查验出厂产品的检验合格证和安全状况，记录产品名称、规格、数量、生产日期或者生产批号、销售日期以及购货者名称、地址、联系方式等信息，保存相关记录和凭证，以便能够及时追溯。

4 售后服务

4.1 质量

承诺向消费者销售的本产品质量，在保证其达到本标准的贮存条件下，符合兴安盟大米标准及国家颁布的相应标准、条例及规定。

4.2 原料

4.2.1 原粮

保证产品生产加工所使用的原粮水稻为符合 GB/T 17891 规定的兴安盟地产优质水稻。

4.2.2 包装材料

包装材料等相关产品应符合 DB15/T 1747 的相关规定，并经过验收合格后方可使用。

4.3 产品召回管理

4.3.1 应进行市场调查并及时收集食品安全信息，调查顾客满意度。

4.3.2 应建立食品安全事故处置预案，根据国家有关规定建立产品召回制度或管理规程。

4.3.3 当发现生产的产品不符合产品标准或存在其他不适于食用的情况时，应当立即停止生产，及时发布召回公告，召回已经上市销售的产品，通知相关生产经营者和消费者，并记录召回和通知情况。

4.3.4 对被召回的产品，应当进行无害化处理或者予以销毁，防止其再次流入市场。对因标签、标识或者说明书不符合产品安全标准而被召回的产品，应采取能保证食品安全、且便于重新销售时向消费者明示的补救措施。

4.4 产品质量检验

4.4.1 原粮检验

原粮检验按 GB/T 17891 的规定进行。

4.4.2 产品出厂检验

4.4.2.1 出厂检验项目

产品出厂前需进行质量检验，出厂检验项目为：色泽气味、加工精度、杂质总量、无机杂质含量、水分。

4.4.2.2 检验要求

4.4.2.2.1 应设置一定规模的检验室和必备的出厂检验设备，满足出厂检验的要求。

4.4.2.2.2 检验由经过专业培训考核合格的检验员从事检验检测工作。检验用仪器设备，应按期检定校准，及时维护，使其处于正常状态下，保证检验数据的准确。

4.4.2.2.3 在检验过程中，严格按国家规定的检验方法进行检验，出具检验报告单。

4.4.3 真菌毒素、农药残留、污染物及卫生指标要求

卫生指标应符合 GB 2715 的规定,真菌毒素应符合 GB 2761 的规定,污染物、农药残留限量应符合 NY/T 419 的规定。如食品安全国家标准及相关国家规定中污染物和农药残留限量的指标有调整,且严于 NY/T 419 的规定,则按最新国家标准及相关规定执行。

4.4.4 净含量

净含量应符合《定量包装商品计量监督管理办法》的规定,检验方法按 JJF 1070 的规定执行。

4.5 严禁以次充好

4.5.1 原料

兴安盟大米加工所使用的原粮必须是源自兴安盟境内的优质水稻,应符合 GB/T 17891 的标准规定。

4.5.2 生产过程

加工过程应严格执行生产规范要求,具体实施参照 GB 14881 的相关内容执行。

4.5.3 出厂质量把关

工厂质量管理部门应严把产品出厂质量关,做到产品出厂要批批检验,出厂检验合格后方允许出厂销售,不合格产品禁止放行。产品等级分明,严禁以次充好。应确保“兴安盟大米”的质量,维护“兴安盟大米”的声誉。

ICS 67.060
B 22

DB15

内 蒙 古 自 治 区 地 方 标 准

DB15/T 1749—2019

“兴安盟大米”水稻加工企业操作规程

Operating procedures for “Hinggan League rice” processing enterprise

2019-11-05 发布 2019-12-05 实施

内蒙古自治区市场监督管理局 发 布

前 言

本标准按照GB/T 1.1—2009给出的规则起草。

本标准由内蒙古自治区兴安盟市场监督管理局提出。

本标准由内蒙古自治区农业标准化技术委员会(SAM/TC 20)归口。

本标准起草单位:兴安盟市场监督管理局、兴安盟产品质量计量检测所。

本标准主要起草人:史梅生、高雅文、王淑霞、王欣亮、曾庆发、白海宝、张立志、李霞、司兴旺、张治军、张明智、胡岩松、赵丽萍、李晓红、张玉辉、张洪生、宋红霞、孙书铭、陈昕。

“兴安盟大米”水稻加工企业操作规程

1 范围

本标准规定了“兴安盟大米”加工的通则，选址及厂区环境与厂房车间、设备与设施、工艺与设备、卫生管理、生产过程管理、原料与食品相关产品、包装、检验、储存、运输及管理体系的要求。

本标准适用于“兴安盟大米”的加工。

2 规范性引用文件

下列文件对于本文件的应用是必不可少的。凡是注日期的引用文件，仅注日期的版本适用于本文件。凡是不注日期的引用文件，其最新版本(包括所有的修改单)适用于本文件。

GB 5749 生活饮用水卫生标准

GB 13122 食品安全国家标准 谷物加工卫生规范

GB 14881 食品安全国家标准 食品生产通用卫生规范

GB/T 19630.1 有机产品 第1部分 生产

GB/T 19630.2 有机产品 第2部分 加工

GB/T 19630.3 有机产品 第3部分 标识与销售

GB/T 19630.4 有机产品 第4部分 管理体系

GB/T 26630 大米加工企业良好操作规范

NY/T 419 绿色食品 稻米

DB15/T 1744 “兴安盟大米”原料水稻品种选择要求

DB15/T 1746 “兴安盟大米”原料水稻贮存运输规程

DB15/T 1747 “兴安盟大米”产品包装规范

DB15/T 1748 “兴安盟大米”产品储运销售管理规范

3 术语和定义

GB 14881、GB/T 19630.1、GB/T 19630.2、GB/T 19630.3、GB/T 19630.4、NY/T 419 界定的术语和定义适用于本文件。

4 要求

4.1 通则

4.1.1 “兴安盟大米”加工应符合国家法律法规及 GB 14881、GB 13122 要求。

4.1.2 加工企业应获得食品生产许可证。

4.1.3 加工过程应该保持产品的营养成分和原有属性。

4.1.4 “兴安盟大米”加工及其后续过程和非“兴安盟大米”加工及后续过程相互间在时间上或空间上分开。

4.2 选址及厂区环境与厂房和车间、设备与设施

4.2.1 应符合 GB 14881 及 GB 13122 的规定。
4.2.2 厂区内不应饲养动物。
4.2.3 厂区内不应吸烟。
4.2.4 应建立检验室，并配备相应的检验仪器设备，检验室与生产区应分隔。
4.2.5 用于堆放、晾晒水稻、半成品、成品的地面不应用含有沥青等有害物质的材料铺设。

5 工艺与设备

5.1 工艺

应采用清理、砻谷、碾米、白米分级、抛光、色选、包装工艺。

5.2 加工用水

“兴安盟大米”生产加工用水的水质应符合 GB 5749 的规定。

5.3 设备

5.3.1 应配备与大米生产和加工工艺设计规模(能力)相适应的生产设备。其中清理设备包括清理筛、去石机、磁选器、金属检查器等。
5.3.2 生产设备布局应符合稻谷加工工艺要求，保证生产顺畅有序进行。
5.3.3 用于监测、控制、记录、检验的设备应定期校准维护。
5.3.4 应有通风设施，并满足干燥、输送、冷却和吹扫等工序的正常用风，且通风设施应装有防止虫害侵入措施。

6 卫生管理

6.1 管理制度

应符合 GB 13122 的规定。

6.2 厂区环境卫生管理

应符合 GB 13122 的规定。

6.3 厂房及设施卫生管理

应符合 GB 13122 的规定。

6.4 食品加工人员健康与卫生

6.4.1 应符合 GB 13122 的规定。
6.4.2 大米生产操作人员应勤理发、勤剪指甲、勤洗澡、勤换衣服。
6.4.3 进入生产车间前应穿戴干净的工作服、工作帽、工作鞋靴。工作服应盖住外衣，头发不应露在工作帽外，必要时需戴口罩。不应穿工作服、鞋靴进入厕所或离开车间。
6.4.4 进入车间前要洗手，上厕所后、处理被污染的原料和物品之后、从事与生产无关的其他活动之后应洗手。

6.4.5 生产车间员工不应使用指甲油、口红、粉饼等化妆品，不应佩戴手表、戒指、项链、耳环等饰物。

6.4.6 员工上班前不得酗酒。生产场所不得吸烟，工作中不应做有碍产品卫生的行为。

6.4.7 操作人员手部受到外伤，不应直接接触成品或原料。

6.4.8 员工个人衣物与工作服应分开存放。个人衣物(鞋、包、帽)应存放在更衣室个人更衣柜内，其他物品不应带入车间。

6.4.9 参观人员出入生产作业场所应符合现场工作人员的卫生要求。

6.5 虫害控制

6.5.1 除虫灭害管理应符合 GB 13122 和 GB/T 9630.2 的规定。

6.5.2 厂区应定期或在必要时进行除虫灭害工作，应采取有效措施防止鼠类、昆虫等聚集和孳生。对已有有害动物产生的场所，应采取紧急措施加以控制和消灭，防止蔓延和对大米污染。

6.5.3 企业应设置捕鼠图，配备相应的捕鼠设施，每天有专人进行检查并记录。捕鼠应使用粘鼠贴、捕鼠笼、捕鼠夹，不应使用鼠药。

6.5.4 生产车间及仓库应采取有效措施(如加纱帘、纱网、防鼠板)防止鼠类昆虫等侵入。可使用机械类、信息素类、气味类、黏着性的捕害工具、物理障碍、硅藻土、声光电器具，作为防治有害生物的设施或材料。

6.6 废弃物处理

应符合 GB 13122 的规定。

6.7 工作服

6.7.1 应符合 GB 13122 的规定。

6.7.2 工作服的设计和面料材质应符合卫生要求。工作服包括工作衣、裤、帽、鞋靴等。某些工序(种)还应配备口罩、套袖等防护用品。

6.7.3 直接接触产品的工作人员应每日更换工作服，其他人员也应定期更换，保持清洁。

6.7.4 清理车间与加工车间及免淘米包装车间工作服、帽应区分开来。

6.7.5 严管作业区与其他作业区工作服分开清洗，清理车间工作服单独清洗。

6.8 作业区划分与更衣洗手设施

6.8.1 大米包装车间管理要严于一般作业区。

6.8.2 车间门口应设有洗手设施，应设更衣室，换衣、换鞋设施。

7 原料和食品相关产品、食品添加剂

7.1 一般要求

应符合 GB 13122 的规定。

7.2 原料

7.2.1 应符合 DB15/T 1744 的品种要求。

7.2.2 应为兴安盟境内生产的兴安盟大米原料。

7.2.3 原料应有记录，记录的内容包括：基地名称、品种、数量、收获日期、收获方式、生产批号等。

7.2.4 原料稻谷整精米率应达到 63%。

7.2.5 应使用当年原料。

7.2.6 应制定原料水稻采购制度，包括供应商评价、认证类型、品种、质量规格、检验项目、验收标准及检验方法，制定过磅、取样、检验、判定、审核、处理、领用等作业程序。

7.2.7 每批原料需经验收合格后方可使用。经验收不合格的原料应在指定区域与合格品分开放置并明显标记，并应及时进行退货等处理。

7.2.8 原料加工前进行感官检验，必要时应进行实验室检验；检验发现涉及食品安全指标异常的，不应使用。

7.2.9 对储存时间较长，质量有可能发生变化的原辅料，在使用前应抽样检验，不符合质量要求的不应投入生产。

7.2.10 经判定合格的原料，应按“先进先出”的原则使用。

7.2.11 原料进厂后应根据其品种类型、生产基地、生产日期等编制批号，并一直沿用至生产记录表，以便于事后追溯。

7.2.12 原料运输贮存应执行 DB15/T 1746 的规定。

7.3 食品相关产品

应符合 GB 13122 的规定。

7.4 食品添加剂

不应使用食品添加剂。

8 生产过程管理

8.1 总体要求

8.1.1 应通过危害分析方法明确大米生产过程的食品安全关键环节的控制措施。在关键环节所在区域应配备相关的文件以落实控制措施，如投料表、岗位操作规程等。

8.1.2 鼓励采用危害分析与关键控制点体系(HACCP)对生产过程进行食品安全控制。

8.1.3 应采取必要措施，防止“兴安盟大米”与非“兴安盟大米”混合或被禁用物质污染。

8.2 生产操作规程

8.2.1 企业应制定《生产操作规程》。

8.2.2 《生产操作规程》应包括如下内容：

a) 生产作业程序；
b) 生产管理制度，包括生产作业流程、管理对象、监控项目、监控限值、监控标准及注意事项等；
c) 原料采购程序和要求；
d) 机器设备操作与维护程序和要求。

8.3 生产过程

8.3.1 生产操作应符合安全、卫生原则，应严格控制生产条件，避免大米污染。

8.3.2 应采取有效措施，防止在生产过程或储存时产生二次污染。

8.3.3 输送、装载和储存的设备、设施、容器具应避免在加工、运输或储存过程中造成污染。

8.3.4 应采取有效措施防止金属或其他外来杂质混入大米中。原料清理应除去杂质及霉变粒。

8.3.5 不应在生产过程中进行生产设备的维修。

8.3.6 不应在生产过程中进行除虫灭害工作。

8.3.7 在生产时，免淘米包装车间不应打开窗户。

8.3.8 所有生产设备应建立日常维护和保养制度，定期进行检修并做好维修记录。应保持设备清洁卫生。生产前应检查设备是否处于正常状态，出现故障应及时排除，防止影响产品质量卫生。

8.4 生产过程的食品安全控制

8.4.1 严格执行生产操作规程，其配方及工艺条件不经过批准不应随意更改。生产中如发现质量问题应迅速追查并纠正。

8.4.2 企业应在生产过程控制点抽检在制品，并做好质量记录，掌握生产过程的质量情况及便于事后追溯。

8.4.3 不合格在制品不得进入下一道工序，应予以适当处理，并做好处理记录。

8.4.4 每批成品入库前有检验记录，不合格的应予以适当处理，并做好处理记录。

9 包装、标识、标志

应符合 GB 13122 和 DB15/T 1747 的规定。

10 检验

应符合 GB 13122 和 DB15/T 1748 的规定。

11 产品储存和运输

应符合 GB 13122 和 DB15/T 1748 的规定。

12 质量手册

应编制兴安盟大米生产、加工、经营质量管理手册，应至少包含下列内容：

a) 生产、加工、经营者简介；
b) 管理方针和目标；
c) 组织机构图及其相关岗位的责任和权限；
d) 标识管理；
e) 可追溯体系与产品召回；
f) 内部检查；
g) 文件和记录管理；
h) 客户投诉的处理；
i) 持续改进体系。

12.1 人员及机构

12.1.1 人员

12.1.1.1 企业负责人应了解《中华人民共和国食品安全法》《中华人民共和国产品质量法》、绿色食品有机产品等方面的法律法规以及相关要求，具有一定的食品安全卫生和生产加工等专业知识。

12.1.1.2 生产管理负责人应具有相应的工艺及生产技术与卫生知识。具有绿色有机生产、加工方面的专业知识。

12.1.1.3 质量管理负责人应具有发现、鉴别各生产环节、产品中不良状况的能力，具有绿色、有机生产、加工方面的专业知识。

12.1.1.4 企业负责人、有机产品内部检查员应熟悉并掌握 GB/T 19630.1、GB/T 19630.2、GB/T 19630.3、GB/T 19630.4 的要求；具备农业生产（或）加工、经营的技术知识或经验；熟悉本单位的有机生产、加工或经营管理体系及生产和（或）加工、经营过程。

12.1.1.5 检验人员应经专业培训后，取得相关专业检验资格方可上岗。

12.1.2 机构及职责

12.1.2.1 企业负责人对企业质量管理全面负责。

12.1.2.2 企业应设立质量管理部门负责质量管理、卫生管理、绿色食品、有机产品管理。

12.1.2.3 企业应设立内部检查员负责本标准规定的体系的内部检查工作。一般应由质量管理负责人兼任。

12.1.2.4 质量管理部门设检验室，负责原料、在制品、成品的质量、卫生检验分析工作。

12.1.2.5 质量管理部门应根据检验结果，有执行临时停止生产和产品出厂的权力。

12.1.3 教育培训

企业应制定培训计划，组织各部门负责人和从业人员参加各种职前、在职培训和学习，以增加员工的相关知识与技能。

12.2 文件与记录

12.2.1 应符合 GB 13122 的规定。

12.2.2 加工企业应具备有害生物防治记录和加工、贮存、运输设施清洁记录。

12.2.3 加工企业应具备原料水稻收获记录，包括品种、数量、收获日期、收获方式、生产批号等。原料水稻采购数量、绿色、有机认证证书。

12.2.4 绿色食品标识印制、使用记录，有机产品标识接收使用记录。

12.3 内部检查

12.3.1 应建立内部检查制度，以保证兴安盟大米生产、加工、经营管理体系及生产过程符合本标准的规定。

12.3.2 内部检查应由内部检查员来承担。

12.3.3 内部检查员的职责是：

a) 对本企业管理体系进行检查；

b) 对本企业生产、加工过程实施内部检查，并形成记录；

c) 配合认证机构的检查和认证。

12.4 可追溯体系与产品召回

12.4.1 产品召回按 GB 13122 的规定执行。

12.4.2 建立完善的可追溯体系，保持可追溯的生产全过程的详细记录（如地块图、农事活动记录、加工记录、仓储记录、出入库记录、销售记录等）以及可跟踪的生产批号系统。

12.5 投诉

应建立和保持有效的处理客户投诉的程序，并保留投诉处理全过程的记录，包括投诉的接受、登记、确认、调查、跟踪、反馈。

12.6 持续改进

应持续改进生产、加工、经营管理体系的有效性，促进生产、加工和经营的健康发展以消除不符合或潜在不符合生产、加工和经营的因素。应符合如下要求：

a) 确定不符合原因；

b) 评价确保不符合不再发生的措施的需求；

c) 确定和实施所需的措施；

d) 记录所采取措施的结果；

e) 评审所采取的制度或预防措施。

ICS 67.060
B 22

DB15

内蒙古自治区地方标准

DB15/T 1750—2019

兴安盟大米

Hinggan League rice

2019-11-05 发布　　2019-12-05 实施

内蒙古自治区市场监督管理局　发布

前　言

本标准按照GB/T 1.1—2009给出的规则起草。

本标准由内蒙古自治区兴安盟市场监督管理局提出。

本标准由内蒙古自治区农业标准化技术委员会(SAM/TC 20)归口。

本标准起草单位:兴安盟产品质量计量检测所、兴安盟市场监督管理局、兴安盟农牧业局。

本标准主要起草人:史梅生、王欣亮、赵炳营、张立志、贾向春、朱晓春、包岩峰、包德勇、王松杰、王化明、郭克明、冯晔、刘保华、刘亚光、宋兴鹤、邱枫、张福君、高言忠、李秀芳、牟泽明。

兴 安 盟 大 米

1 范围

本标准规定了“兴安盟大米”的术语和定义、产地环境、原料、加工、质量要求、检验方法、检验规则、标签标识、包装、储存和运输要求。

本标准适用于“兴安盟大米”的生产。

2 规范性引用文件

下列文件对于本文件的应用是必不可少的。凡是注日期的引用文件，仅注日期的版本适用于本文件。凡是不注日期的引用文件，其最新版本(包括所有的修改单)适用于本文件。

GB 2715 食品安全国家标准 粮食

GB 2761 食品安全国家标准 食品中真菌毒素限量

GB 2762 食品安全国家标准 食品中污染物限量

GB 2763 食品安全国家标准 食品中农药最大残留限量

GB 5009.3 食品安全国家标准 食品中水分的测定

GB 7718 食品安全国家标准 预包装食品标签通则

GB 14881 食品安全国家标准 食品生产通用卫生规范

GB 28050 食品安全国家标准 预包装食品营养标签通则

GB/T 191 包装储运图示标志

GB/T 1354 大米

GB/T 5490 粮油检验 一般规则

GB/T 5491 粮食、油料检验 扦样、分样法

GB/T 5492 粮油检验 粮食、油料的色泽、气味、口味鉴定

GB/T 5493 粮油检验 类型及互混检验

GB/T 5494 粮油检验 粮食、油料的杂质、不完善粒检验

GB/T 5496 粮食、油料检验 黄粒米及裂纹粒检验法

GB/T 5502 粮食检验 大米加工精度检验

GB/T 5503 粮食检验 碎米检验法

GB/T 15682 粮食检验 稻谷、大米蒸煮食用品质感官评价方法

GB/T 15683 大米 直链淀粉含量的测定

GB/T 17891 优质稻谷

GB/T 21719 稻谷整精米率检验法

GB/T 22294 粮油检验 大米胶稠度的测定

JJF 1070 定量包装商品净含量计量检验规则

NY/T 419 绿色食品 稻米

DB15/T 1742 “兴安盟大米”产地环境要求

DB15/T 1744 “兴安盟大米”原料水稻品种选择要求

DB15/T 1745 “兴安盟大米”原料水稻生产技术规程

DB15/T 1746 “兴安盟大米”原料水稻贮存运输规程
DB15/T 1747 “兴安盟大米”产品包装规范
DB15/T 1748 “兴安盟大米”产品储运销售管理规范
DB15/T 1749 “兴安盟大米”水稻加工企业操作规程

3 术语和定义

GB/T 1354、GB 2761、GB 2762、GB 2763 界定的以及下列术语和定义适用于本文件。

3.1

兴安盟大米

原料种植地位于兴安盟境内，按本标准组织生产加工并符合本标准规定要求的大米。

4 产地环境

“兴安盟大米”原料水稻产地环境符合 DB15/T 1742。

5 要求

5.1 原料稻谷

5.1.1 “兴安盟大米”原料水稻品种和种子质量应符合 DB15/T 1744。
5.1.2 “兴安盟大米”应使用当年稻谷加工。原料稻谷整精米率应达到 63%。
5.1.3 “兴安盟大米”原料水稻生产应执行 DB15/T 1745 的规定。

5.2 加工

“兴安盟大米”加工企业应取得食品生产许可证。卫生环境应符合 GB 14881 要求。加工过程应符合 DB15/T 1749 的规定。

5.3 质量要求

5.3.1 感官指标

5.3.1.1 形态

米粒饱满，米粒半透明或透明，色泽青白有光泽。

5.3.1.2 气味

应有大米固有的气味，没有异味。蒸熟时应有特有的米香味，饭粒表面有油光。

5.3.1.3 口感

蒸煮时大米绵软略粘、微甜、略有韧性，冷却后仍能保持优良口感。

5.3.2 质量指标

质量指标应符合下表 1 的规定。

表1 质量指标

项目		要求
碎米	总量/%	≤7.5
	其中:小碎米含量/%	≤0.3
加工精度		精碾
垩白度/%		≤4.0
不完善粒含量/%		≤3.0
杂质限量	总量/%	≤0.25
	其中:无机杂质含量/%	≤0.02
黄粒米含量/%		≤0.5
水分含量/%		≤15.5
互混率/%		≤5.0
直链淀粉含量/%		14.0—20.0
品尝评分值/分		≥80
胶稠度/mm		≥70
色泽、气味		正常

5.3.3 卫生要求

5.3.3.1 按食品安全标准和法律法规要求规定执行。污染物、农药残留限量还应符合 NY/T 419 的规定。

5.3.3.2 植物检疫按有关标准和国家有关规定执行。

5.3.4 净含量

应符合《定量包装商品计量监督管理办法》的规定,为产品最大允许水分状况下的质量。

6 检验方法

6.1 碎米含量检验

按 GB/T 5503、GB/T 1354 规定的方法执行。

6.2 加工精度检验

按 GB/T 5502、GB/T 1354 规定的方法执行。

6.3 品尝评分值检验

按 GB/T 15682、GB/T 1354 规定的方法执行。

6.4 杂质、不完善粒含量检验

按 GB/T 5494 规定的方法执行。

6.5 互混率检验

按 GB/T 5493 规定的方法执行。

6.6 水分含量检验

按 GB 5009.3 规定的方法执行。

6.7 黄粒米含量检验

按 GB/T 5496 规定的方法执行。

6.8 垩白度检验

按 GB/T 1354 规定的方法执行。

6.9 色泽、气味检验

按 GB/T 5492 规定的方法执行。

6.10 直链淀粉含量检验

按 GB/T 15683 规定的方法执行。

6.11 稻谷整精米率检验

按 GB/T 21719 规定的方法执行。

6.12 胶稠度检验

按 GB/T 22294 的方法执行。

6.13 真菌毒素、污染物、农药残留、霉变粒、麦角安全指标检验

按 GB 2761、GB 2762、GB 2763、GB 2715 规定的方法执行。

6.14 净含量检验

按 JJF 1070 规定的方法执行。

7 检验规则

7.1 一般规则

按 GB/T 5490 的规定执行,相同基地、相同品种、同期收获、同期加工的产品为一个批次。

7.2 扦样、分样

按 GB/T 5491 的规定执行。

7.3 出厂检验

7.3.1 每批产品出厂时,均应由企业质量检验部门检验合格并签发合格证后,方可出厂。

7.3.2 出厂检验项目包括:加工精度、杂质总量、无机杂质含量、水分含量、色泽、气味。

7.4 型式检验

按第5章的规定检验。有下列情况之一的应进行型式检验：

——新产品投产；

——正常生产时每年应进行一次型式检验；

——当原料、工艺、设备有较大变化，可能影响产品质量时；

——国家有关质量管理部门提出检验要求。

7.5 判定规则

检验结果不符合5.3.3的规定则判定该批产品为不合格。检验结果有不符合5.3.1、5.3.2规定的，可以从同批产品中加倍随机抽样进行复检，复检合格则判合格，仍不合格的则判不合格。

8 标签标识

应符合GB/T 191、GB 7718、GB 28050和DB15/T 1747的规定。

9 包装、储存和运输

按GB/T 1354规定执行，同时应符合DB15/T 1748的规定。

内蒙古自治区高标准体系建设项目系列图书 2

呼伦贝尔牛肉标准体系

内蒙古自治区市场监督管理局◎编著

中国质量标准出版传媒有限公司
中国标准出版社

北京

图书在版编目(CIP)数据

内蒙古呼伦贝尔牛肉标准体系/内蒙古自治区市场监督管理局编著.—北京:中国标准出版社,2020.6
(内蒙古自治区高标准体系建设项目系列图书)
ISBN 978-7-5066-9573-2

Ⅰ.①内… Ⅱ.①内… Ⅲ.①牛肉—质量管理—标准体系—呼伦贝尔市 Ⅳ.①TS251.5-65

中国版本图书馆 CIP 数据核字(2020)第 044451 号

中国标准出版社出版发行
北京市朝阳区和平里西街甲 2 号(100029)
北京市西城区三里河北街 16 号(100045)
网址 www.spc.net.cn
总编室:(010)68533533 发行中心:(010)51780238
读者服务部:(010)68523946
中国标准出版社秦皇岛印刷厂印刷
各地新华书店经销
*
开本 880×1230 1/16 印张 4.5 字数 132 千字
2020 年 6 月第一版 2020 年 6 月第一次印刷
*
定价(全十册) 225.00 元

图书编委会

本书编写组

主　　编　白清元

执行主编　冯　晔

副 主 编　董玉霞　刘保华　贾双文　崔　健　李伟旭
　　　　　那日苏　郭振梅

成　　员　胡彩虹　朱晓春　贾向春　牛　琳　李秀梅
　　　　　刘　洋

序言

“中国将积极实施标准化战略，以标准助力创新发展、协调发展、绿色发展、开放发展、共享发展”“中国高度重视标准化工作，积极推广应用国际标准，以高标准助力高技术创新，促进高水平开放，引领高质量发展”。习近平总书记在庆祝第39届国际标准化组织（ISO）大会、第83届国际电工委员会（IEC）大会开幕的贺信中，对标准及实施标准化战略的重要性作出了精辟阐述，为新形势下推动标准化工作持续健康发展提供了重要指引。实践证明，标准化在支撑产业发展、促进科技进步、推进国家治理能力现代化等方面的基础性、战略性作用越发凸显。

2019年是全面贯彻落实习近平总书记“扎实推动经济高质量发展”承上启下的关键一年，内蒙古自治区市场监管局协调有关行业部门、企事业单位，立足实际，围绕标准引领、质量提升、品牌培育重点工作积极作为，大力实施标准化战略，持续推进标准提升，深化标准化工作改革和创新，聚焦关键、突出重点，努力为全区高质量发展作出更大贡献。针对自治区标准体系建设不完善、高水平标准少的实际，内蒙古自治区市场监督管理局出台《内蒙古自治区标准化提升行动计划（2018—2020年）》，开展第一批锡林郭勒羊肉等11项特色产业高标准体系建设项目，共梳理出各类标准429项，提出立项标准建议156项，开展高标准体系试点示范项目14个，为9个产业的“蒙”字标产品认证要求及团体标准制定提供了技术支撑。经过努力，自治区标准化工作成效显著：截至2019年10月，全区累计建成标准化试点示范项目384个，主导或参与制修订各类标准3 900多项，组织制定了稀土和纺织行业国际标准、大型矿用自卸车国家标准、羊产业团体标准等；全面推进标准国际化，内蒙古标准化院建立了“蒙古国标准化（内蒙古）研究中心”，聚焦“一带一路”建设，加强标准化合作研究；包头市政府开展了“标准国际化创新型城市”创建工作；与中建集团共同推动中国7项标准被蒙古国互认、举办第3届中蒙博览会中蒙经贸活动标准化论坛、承办国际标准化组织ISO/TC 275的2019年全体会议，进一步扩大了自治区对中蒙俄标准化研究的国际影响力。

建设适应高质量发展的标准体系是今后标准化工作的重中之重。围绕自治区优势特色产业，立足高质量高效益，制定全产业链的高标准体系将成为市场监管部门和各行业主管部门、有关企事业单位的重要职责任务。这套《内蒙古自治区高标准体系建设项目系列图书》的编印

是自治区建设高标准体系工作的一个开端。自治区及各盟市市场监督管理部门、标准化工作战线的同志们要锐意进取、开拓创新，以推动高质量发展为动力，积极构建支撑高质量发展的标准体系；要不断挖掘内蒙古优势特色产业，加快制定一批亟需的高水平标准，让高标准成为高质量发展的“引擎”，助推“蒙”字标等质量品牌建设；要瞄准国际国内先进标准，选择重点行业、重点企业开展对标达标活动，推动自治区优势特色技术标准成为国家标准或国际标准；要加强标准实施与监督，建立健全标准评价机制，进一步发挥标准化项目的辐射带动作用，助推内蒙古自治区经济高质量发展。

编著者

2020 年 5 月

前言

2019年是“标准体系建设”之年，加快建设推动高质量发展的标准体系是标准化工作的重中之重。内蒙古自治区市场监督管理局深入开展“标准化提升行动”，不断提升标准水平，完善标准体系，助力高质量发展。

2019年7月，自治区市场监管局与自治区农牧厅、林草局联合下发《关于开展2019年自治区农牧业产业标准体系建设项目的通知》（内市监标准字〔2019〕163号）和《关于开展2019年林草产业标准体系建设项目的通知》（内市监标准字〔2019〕164号），紧紧围绕自治区特色农林牧产业开展标准体系建设。各相关盟市旗县政府、科研机构、高校、龙头企业、专业技术人员等广泛参与，保证了标准体系的科学性、合理性和先进性。

这是自治区第一批高标准体系建设项目，本着“从田间到餐桌”全产业链的标准化要求，覆盖了产品种（养）植的地域、环境要求、品种和种养加工过程控制、产品品质和储运包装等关键环节。立足高质量要求，体现原料天然无污染、种养过程绿色有机、产品品质优质等要素，为促进产业高质量发展、打造“蒙”字标区域公用品牌提供了标准化支撑。

本书将兴安盟大米、呼伦贝尔牛肉、乌兰察布马铃薯、科尔沁牛肉、锡林郭勒羊肉、赤峰小米、呼伦贝尔羊肉、河套小麦、内蒙古大兴安岭黑木耳、通辽黄玉米10个产业标准体系及相关标准集结成册，旨在方便生产、加工、检测、认证人员及广大读者使用，以更好地指导实践。在本丛书编写过程中得到了相关部门、企业和多位专家的大力支持，在此表示衷心感谢！由于编写水平和时间有限，书中内容难免会有错漏，恳请读者提出宝贵意见，以便我们改进和完善。

编著者

2020年5月

目录

 呼伦贝尔牛肉标准体系框架图 // 1

 呼伦贝尔牛肉标准体系明细表 // 3

 呼伦贝尔牛肉标准体系标准统计表 // 7

 呼伦贝尔牛肉标准体系关键标准 // 9

DB15/T 1731—2019 “呼伦贝尔牛肉”品种选择要求 // 10

NY/T 473—2016 绿色食品 畜禽卫生防疫准则 // 13

DB15/T 1730—2019 “呼伦贝尔牛肉”产地环境要求 // 21

DB15/T 1732—2019 “呼伦贝尔牛肉”育肥牛养殖规范 // 27

GB/T 19477—2018 畜禽屠宰操作规程 牛 // 32

DB15/T 1729—2019 呼伦贝尔牛肉 // 39

GB 18393—2001 牛羊屠宰产品品质检验规程 // 47

GB/T 28640—2012 畜禽肉冷链运输管理技术规范 // 55

呼伦贝尔牛肉标准体系框架图

呼伦贝尔牛肉标准体系
01 品种选择
02 生物安全
0201 免疫
0202 防疫
0203 检疫
03 产地环境
04 饲养
0401 育肥饲料
0402 饲养管理
05 屠宰加工
0501 设备
0502 包装、标识
0503 工艺流程
06 产品与质量检测
0601 产品标准
0602 质量检测
07 冷链物流
08 产品销售
09 产品追溯

呼伦贝尔牛肉标准体系明细表

序号	标准名称	标准编号	级别	实施日期	状态
01 品种选择					
1	“呼伦贝尔牛肉”品种选择要求	DB15/T 1731—2019	地方标准	2019-12-05	现行
2	三河牛	GB/T 5946—2010	国家标准	2011-06-01	现行
02 生物安全					
1	口蹄疫免疫接种技术规范	NY/T 1955—2010	行业标准	2010-12-01	现行
2	绿色食品 畜禽卫生防疫准则	NY/T 473—2016	行业标准	2017-04-01	现行
3	口蹄疫消毒技术规范	NY/T 1956—2010	行业标准	2012-12-01	现行
4	口蹄疫检疫技术规范	SN/T 1181—2010	行业标准	2011-05-01	现行
5	畜禽屠宰卫生检疫规范	NY 467—2001	行业标准	2001-10-01	现行
03 产地环境					
1	“呼伦贝尔牛肉”产地环境要求	DB15/T 1730—2019	地方标准	2019-12-05	现行
04 饲养					
1	肉牛饲养标准	NY/T 815—2004	行业标准	2004-09-01	现行
2	标准化养殖场 肉牛	NY/T 2663—2014	行业标准	2015-01-01	现行
3	“呼伦贝尔牛肉”育肥牛养殖规范	DB15/T 1732—2019	地方标准	2019-12-05	现行
05 屠宰加工					
0501 设备					
1	食品安全国家标准 畜禽屠宰加工卫生规范	GB 12694—2016	国家标准	2017-12-23	现行
2	畜类屠宰加工通用技术条件	GB/T 17237—2008	国家标准	2008-10-01	现行
3	牛羊屠宰与分割车间设计规范	GB 51225—2017	国家标准	2017-11-01	现行
0502 包装、标识					
1	畜禽产品包装与标识	NY/T 3383—2018	行业标准	2019-01-01	现行
0503 工艺流程					
1	畜禽屠宰操作规程 牛	GB/T 19477—2018	国家标准	2019-07-01	现行
2	肉牛胴体分割规范	NY/T 2836—2015	行业标准	2015-12-01	现行
06 产品与质量检测					
0601 产品标准					
1	牛肉等级规格	NY/T 676—2010	行业标准	2010-09-01	现行
2	呼伦贝尔牛肉	DB15/T 1729—2019	地方标准	2019-12-05	现行
0602 质量检测					
1	食品卫生微生物学检测 肉与肉制品检验	GB/T 4789.17—2003	国家标准	2004-01-01	现行
2	牛羊屠宰产品品质检验规则	GB 18393—2001	国家标准	2001-12-01	现行

序号	标准名称	标准编号	级别	实施日期	状态
07　冷链物流					
1	畜禽肉冷链运输管理技术规范	GB/T 28640—2012	国家标准	2012-11-01	现行
08　产品销售					
1	食品安全国家标准　肉和肉制品经营卫生规范	GB 20799—2016	国家标准	2017-12-23	现行
09　产品追溯					
1	农产品质量安全追溯操作规程　通则	NY/T 1761—2009	行业标准	2009-05-20	现行
2	农产品质量安全追溯操作规程　畜肉	NY/T 1764—2009	行业标准	2009-05-20	现行

呼伦贝尔牛肉标准体系标准统计表

序号	标准类别	标准数量/项			
		国家标准	行业标准	地方标准	总计
1	品种选择	1	0	1	2
2	生物安全	0	5	0	5
3	产地环境	0	0	1	1
4	饲养	0	2	1	3
5	屠宰加工	4	1	0	5
6	产品与质量检测	2	1	1	4
7	冷链物流	1	0	0	1
8	产品销售	1	0	0	1
9	产品追溯	0	2	0	2
合计		9	11	4	24

肆

呼伦贝尔牛肉标准体系关键标准

ICS 65.020.30
B 45

DB15

内蒙古自治区地方标准

DB15/T 1731—2019

“呼伦贝尔牛肉”品种选择要求

Selection of Hulunbuir beef breed

2019-11-05 发布

2019-12-05 实施

内蒙古自治区市场监督管理局 发布

前　　言

本标准按照 GB/T 1.1—2009 给出的规则起草。

本标准由呼伦贝尔市市场监督管理局提出。

本标准由内蒙古自治区畜牧业标准化技术委员会(SAM/TC 19)归口。

本标准起草单位:阿荣旗农牧局、阿荣旗霍尔奇镇畜牧兽医站、阿荣旗兽医局、阿荣旗农牧业产业化发展中心、呼伦贝尔学院、呼伦贝尔市畜牧科学研究所、内蒙古扎兰屯职业学院。

本标准主要起草人:刘树文、李宏亮、沈为明、宋彬、刘及东、董淑霞、李明。

“呼伦贝尔牛肉”品种选择要求

1 范围

本标准规定了“呼伦贝尔牛肉”的品种选择、品种特征。

本标准适用于“呼伦贝尔牛肉”品种选择。

2 规范性引用文件

下列文件对于本文件的应用是必不可少的。凡是注日期的引用文件，仅注日期的版本适用于本文件。凡是不注日期的引用文件，其最新版本(包括所有的修改单)适用于本文件。

GB/T 5946　三河牛

GB 19166　中国西门塔尔牛

3 品种选择

“呼伦贝尔牛肉”选择内蒙古自治区呼伦贝尔市的三河牛纯繁及其与西门塔尔牛和安格斯牛为父本杂交后代。

4 品种特征

4.1 三河牛

三河牛品种应符合 GB/T 5946 的规定。

4.2 西门塔尔牛

西门塔尔牛品种应符合 GB 19166 中公牛的规定。

4.3 安格斯牛

4.3.1 外貌特征

安格斯牛以被毛黑色和无角为其重要特征。该牛体躯低翻、结实、头小而方，额宽，体躯宽深，呈圆筒形，四肢短而直，前后档较宽，全身肌肉丰满，具有现代肉牛的典型体型。安格斯牛成年公牛平均活重 700 kg～900 kg，母牛 500 kg～600 kg，犊牛平均初生重 25 kg～32 kg。

4.3.2 生产性能

安格斯牛具有良好的肉用性能。早熟，胴体品质高，出肉多。屠宰率一般为 60%～65%，哺乳期日增重 0.9 kg～1 kg，育肥期平均日增重(1.5 岁以内)1.4 kg～1.6 kg。该牛适应性强，耐寒抗病。

ICS 65.020.30
B 43

中华人民共和国农业行业标准

NY/T 473—2016
代替 NY/T 473—2001,NY/T 1892—2010

绿色食品　畜禽卫生防疫准则

Green food—Guideline for health and disease prevention of livestock and poultry

2016-10-26 发布　　2017-04-01 实施

中华人民共和国农业部　发布

前 言

本标准按照 GB/T 1.1—2009 给出的规则起草。

本标准代替 NY/T 473—2001《绿色食品　动物卫生准则》和 NY/T 1892—2010《畜禽饲养防疫准则》。与 NY/T 473—2001 和 NY/T 1892—2010 相比，除编辑性修改外主要技术变化如下：

——增加了畜禽饲养场、屠宰场应配备满足生产需要的兽医场所，并具备常规的化验检验条件；

——增加了畜禽饲养场免疫程序的制定应由执业兽医认可；

——增加了畜禽饲养场应制定畜禽疾病定期监测及早期疫情预报预警制度，并定期对其进行监测；

——增加了畜禽饲养场应具有 1 名以上执业兽医提供稳定的兽医技术服务；

——增加了猪不应患病种类——高致病性猪繁殖与呼吸综合征；

——增加了对有绿色食品畜禽饲养基地和无绿色食品畜禽饲养基地 2 种类别的畜禽屠宰场的卫生防疫要求。

本标准由农业部农产品质量安全监管局提出。

本标准由中国绿色食品发展中心归口。

本标准起草单位：农业部动物及动物产品卫生质量监督检验测试中心、中国绿色食品发展中心、天津农学院、青岛农业大学、黑龙江五方种猪场。

本标准主要起草人：赵思俊、王玉东、宋建德、张志华、张启迪、李雪莲、曹旭敏、陈倩、王恒强、曲志娜、王娟、李存、洪军、王君玮。

本标准的历次版本发布情况为：

——NY/T 473—2001；

——NY/T 1892—2010。

绿色食品　畜禽卫生防疫准则

1　范围

本标准规定了绿色食品畜禽饲养场、屠宰场的动物卫生防疫要求。

本标准适用于绿色食品畜禽饲养、屠宰。

2　规范性引用文件

下列文件对于本文件的应用是必不可少的。凡是注日期的引用文件，仅注日期的版本适用于本文件。凡是不注日期的引用文件，其最新版本(包括所有的修改单)适用于本文件。

GB 16548　病害动物和病害动物产品生物安全处理规程

GB 16549　畜禽产地检疫规范

GB 18596　畜禽养殖业污染物排放标准

GB/T 22569　生猪人道屠宰技术规范

NY/T 388　畜禽场环境质量标准

NY/T 391　绿色食品　产地环境质量

NY 467　畜禽屠宰卫生检疫规范

NY/T 471　绿色食品　畜禽饲料及饲料添加剂使用准则

NY/T 472　绿色食品　兽药使用准则

NY/T 1167　畜禽场环境质量及卫生控制规范

NY/T 1168　畜禽粪便无害化处理技术规范

NY/T 1169　畜禽场环境污染控制技术规范

NY/T 1340　家禽屠宰质量管理规范

NY/T 1341　家畜屠宰质量管理规范

NY/T 1569　畜禽养殖场质量管理体系建设通则

NY/T 2076　生猪屠宰加工场(厂)动物卫生条件

NY/T 2661　标准化养殖场　生猪

NY/T 2662　标准化养殖场　奶牛

NY/T 2663　标准化养殖场　肉牛

NY/T 2664　标准化养殖场　蛋鸡

NY/T 2665　标准化养殖场　肉羊

NY/T 2666　标准化养殖场　肉鸡

3　术语和定义

下列术语和定义适用于本文件。

3.1

动物卫生 animal health

为确保动物的卫生、健康以及人对动物产品消费的安全，在动物生产、屠宰中应采取的条件和措施。

3.2

动物防疫 animal disease prevention

动物疫病的预防、控制、扑灭，以及动物及动物产品的检疫。

3.3

执业兽医 licensed veterinarian

具备兽医相关技能，取得国家执业兽医统一考试或授权具有兽医执业资格，依法从事动物诊疗和动物保健等经营活动的人员，包括执业兽医师、执业助理兽医师和乡村兽医。

4 畜禽饲养场卫生防疫要求

4.1 场址选择、建设条件、规划布局要求

4.1.1 家畜饲养场场址选择、建设条件、规划布局要求应符合 NY/T 2661、NY/T 2662、NY/T 2663、NY/T 2665 的要求；蛋用、肉用家禽的建设条件、规划布局要求应分别符合 NY/T 2664 和 NY/T 2666 的要求。

4.1.2 饲养场周围应具备就地存放粪污的足够场地和排污条件，且应设立无害化处理设施设备。

4.1.3 场区入口应设置能够满足运输工具消毒的设施，人员入口设消毒池，并设置紫外消毒间、喷淋室和淋浴更衣间等。

4.1.4 饲养人员、畜禽和其他生产资料的运转应分别采取不交叉的单一流向，减少污染和动物疫病传播。

4.1.5 畜禽饲养场所环境质量及卫生控制应符合 NY/T 1167 的相关要求。

4.1.6 绿色食品畜禽饲养场还应满足以下要求：

a) 应选择水源充足、无污染和生态条件良好的地区，且应距离交通要道、城镇、居民区、医疗机构、公共场所、工矿企业 2 km 以上，距离垃圾处理场、垃圾填埋场、风景旅游区、点污染源 5 km 以上，污染场所或地区应处于场址常年主导风向的下风向；

b) 应有足够畜禽自由活动的场所、设施设备，以充分保障动物福利；

c) 生态、大气环境和畜禽饮用水水质应符合 NY/T 391 的要求；

d) 应配备满足生产需要的兽医场所，并具备常规的化验检验条件。

4.2 畜禽饲养场饲养管理、防疫要求

4.2.1 畜禽饲养场卫生防疫，宜加强畜禽饲养管理，提高畜禽机体的抗病能力，减少动物应激反应；控制和杜绝传染病的发生、传播和蔓延，建立"预防为主"的策略，不用或少用防疫用兽药。

4.2.2 畜禽养殖场应建立质量管理体系，并按照 NY/T 1569 的规定执行；建立畜禽饲养场卫生防疫管理制度。

4.2.3 同一饲养场所内不应混养不同种类的畜禽。畜禽的饲养密度、通风设施、采光等条件宜满足动物福利的要求。不同畜禽饲养密度应符合表 1 的规定。

表 1 不同畜禽饲养密度要求

畜禽种类	饲养密度	
蛋禽	后备家禽	10 只/m² ～20 只/m²
	产蛋家禽	10 只/m² ～20 只/m²(平养)
		10 只/m² ～15 只/m²(笼养)
肉禽	商品肉禽舍	20 kg/m² ～30 kg/m²
猪	育肥猪	0.7 m²/头～0.9 m²/头(≤50 kg)
		1 m²/头～1.2 m²/头(>50 kg,≤85 kg)
		1.3 m²/头～1.5 m²/头(>85 kg)
	仔猪(40 日龄或≤30 kg)	0.5 m²/头～0.8 m²/头
牛	奶牛	4 m²/头～7 m²/头(拴系式)
		3 m²/头～5 m²/头(散栏式)
	肉牛	1.2 m²/头～1.6 m²/头(≤100 kg)
		2.3 m²/头～2.7 m²/头(>100 kg,≤200 kg)
		3.8 m²/头～4.2 m²/头(>200 kg,≤350 kg)
		5.0 m²/头～5.5 m²/头(>350 kg)
	公牛	7 m²/头～10 m²/头
羊	绵羊、山羊	1 m²/头～1.5 m²/头
	羔羊	0.3 m²/头～0.5 m²/头

4.2.4 畜禽饲养场应建立健全整体防疫体系,各项防疫措施应完整、配套、实用。畜禽疫病监测和控制方案应遵照《中华人民共和国动物防疫法》及其配套法规的规定执行。

4.2.5 应制定合理的饲养管理、防疫消毒、兽药和饲料使用技术规程;免疫程序的制定应由执业兽医认可,国家强制免疫的动物疫病应按照国家的相关制度执行。

4.2.6 病死畜禽尸体的无害化处理和处置应符合 GB 16548 的要求;畜禽饲养场粪便、污水、污物及固体废弃物的处理应符合 NY/T 1168 及国家环保的要求,处理后饲养场污物排放标准应符合 GB 18596 的要求;环境卫生质量应达到 NY/T 388、NY/T 1169 的要求。

4.2.7 绿色食品畜禽饲养场的饲养管理和防疫还应满足以下要求:

a) 宜建立无规定疫病区或生物安全隔离区;
b) 畜禽圈舍中空气质量应定期进行监测,并符合 NY/T 388 的要求;
c) 饲料、饲料添加剂的使用应符合 NY/T 471 的要求;
d) 应制定畜禽圈舍、运动场所清洗消毒规程,粪便及废弃物的清理、消毒规程和畜禽体外消毒规程,以提高畜禽饲养场卫生条件水平;消毒剂的使用应符合 NY/T 472 的要求;
e) 加强畜禽饲养管理水平,并确保畜禽不应患有附录 A 所列的各种疾病;
f) 应制定畜禽疾病定期监测及早期疫情预报预警制度,并定期对其进行监测;在产品申报绿色食品或绿色食品年度抽检时,应提供对附录 A 所列疾病的病原学检测报告;
g) 当发生国家规定无须扑杀的动物疫病或其他非传染性疾病时,要开展积极的治疗;必须用药时,应按照 NY/T 472 的规定使用治疗性药物;
h) 应具有 1 名以上执业兽医提供稳定的兽医技术服务。

4.3 畜禽繁育或引进的要求

4.3.1 宜“自繁自养”，自养的种畜禽应定期检验检疫。

4.3.2 引进畜禽应来自具有种畜禽生产经营许可证的种畜禽场，按照 GB 16549 的要求实施产地检疫，并取得动物检疫合格证明或无特定动物疫病的证明。对新引进的畜禽，应进行隔离饲养观察，确认健康方可进场饲养。

4.4 记录

畜禽饲养场应对畜禽饲养、清污、消毒、免疫接种、疫病诊断、治疗等做好详细记录；对饲料、兽药等投入品的购买、使用、存储等做好详细记录；对畜禽疾病尤其是附录 A 所列疾病的监测情况应做好记录并妥善保管。相关记录至少应在清群后保存 3 年以上。

5 畜禽屠宰场卫生防疫要求

5.1 畜禽屠宰场场址选择、建设条件要求

5.1.1 畜禽屠宰场的场址选择、卫生条件、屠宰设施设备应符合 NY/T 2076、NY/T 1340、NY/T 1341 的要求。

5.1.2 绿色食品畜禽屠宰场还应满足以下要求：

a) 应选择水源充足、无污染和生态条件良好的地区，距离垃圾处理场、垃圾填埋场、点污染源等污染场所 5 km 以上；污染场所或地区应处于场址常年主导风向的下风向；

b) 畜禽待宰圈(区)、可疑病畜观察圈(区)应有充足的活动场所及相关的设施设备，以充分保障动物福利。

5.2 屠宰过程中的卫生防疫要求

5.2.1 对有绿色食品畜禽饲养基地的屠宰场，应对待宰畜禽进行查验并进行检验检疫。

5.2.2 对实施代宰的畜禽屠宰场，应与绿色食品畜禽饲养场签订委托屠宰或购销合同，并应对绿色食品畜禽饲养场进行定期评估和监控，对来自绿色食品畜禽饲养场的畜禽在出栏前进行随机抽样检验，检验不合格批次的畜禽不能进场接收。

5.2.3 只有出具准宰通知书的畜禽才可进入屠宰线。

5.2.4 畜禽屠宰应按照 GB/T 22569 的要求实施人道屠宰，宜满足动物福利要求。

5.3 畜禽屠宰场检验检疫要求

5.3.1 宰前检验

待宰畜禽应来自非疫区，健康状况良好。待宰畜禽入场前应进行相关资料查验。查验内容包括：相关检疫证明；饲料添加剂类型；兽药类型、施用期和休药期；疫苗种类和接种日期。生猪、肉牛、肉羊等进入屠宰场前，还应进行 β-受体激动剂自检；检测合格的方可进场。

5.3.2 宰前检疫

宰前检疫发现可疑病畜禽，应隔离观察，并按照 GB 16549 的规定进行详细的个体临床检查，必要时进行实验室检查。健康畜禽在留养待宰期间应随时进行临床观察，送宰前再进行一次群体检疫，剔除患病畜禽。

5.3.3 宰前检疫后的处理

5.3.3.1 发现疑似附录A所列疫病时,应按照NY 467的规定执行。畜禽待宰圈(区)、可疑病畜观察圈(区)、屠宰场所应严格消毒,采取防疫措施,并立即向当地兽医行政管理部门报告疫情,并按照国家相关规定进行处置。

5.3.3.2 发现疑似狂犬病、炭疽、布鲁氏菌病、弓形虫病、结核病、日本血吸虫病、囊尾蚴病、马鼻疽、兔黏液瘤病等疫病时,应实施生物安全处置,按照GB 16548的规定执行。畜禽待宰圈(区)、可疑病畜观察圈(区)、屠宰场所应严格消毒,采取防疫措施,并立即向当地兽医行政管理部门报告疫情。

5.3.3.3 发现除上述所列疫病外,患有其他疫病的畜禽,实行急宰,将病变部分剔除并销毁,其余部分按照GB 16548的规定进行生物安全处理。

5.3.3.4 对判为健康的畜禽,送宰前应由宰前检疫人员出具准宰通知书。

5.3.4 宰后检验检疫

5.3.4.1 畜禽屠宰后应立即进行宰后检验检疫,宰后检疫应在适宜的光照条件下进行。

5.3.4.2 头、蹄爪、内脏、胴体应按照NY 467的规定实施同步检疫,综合判定。必要时进行实验室检验。

5.3.5 宰后检验检疫后的处理

5.3.5.1 通过对内脏、胴体的检疫,做出综合判断和处理意见;检疫合格的畜禽产品,按照NY 467的规定进行分割和储存。

5.3.5.2 检疫不合格的胴体和肉品,应按照GB 16548的规定进行生物安全处理。

5.3.5.3 检疫合格的胴体和肉品,应加盖统一的检疫合格印章,签发检疫合格证。

5.4 记录

所有畜禽屠宰场的生产、销售和相应的检验检疫、处理记录,应保存3年以上。

附　录　A
（规范性附录）
畜禽不应患病种类名录

A.1　人畜共患病

口蹄疫、结核病、布鲁氏菌病、炭疽、狂犬病、钩端螺旋体病。

A.2　不同种属畜禽不应患病种类

A.2.1　猪：猪瘟、猪水泡病、高致病性猪繁殖与呼吸综合征、非洲猪瘟、猪丹毒、猪囊尾蚴病、旋毛虫病。
A.2.2　牛：牛瘟、牛传染性胸膜肺炎、牛海绵状脑病、日本血吸虫病。
A.2.3　羊：绵羊痘和山羊痘、小反刍兽疫、痒病、蓝舌病。
A.2.4　马属动物：非洲马瘟、马传染性贫血、马鼻疽、马流行性淋巴管炎。
A.2.5　兔：兔出血病、野兔热、兔黏液瘤病。
A.2.6　禽：高致病性禽流感、鸡新城疫、鸭瘟、小鹅瘟、禽衣原体病。

ICS 65.020.30
B 45

DB15

内蒙古自治区地方标准

DB15/T 1730—2019

“呼伦贝尔牛肉”产地环境要求

Environmental requirements for producing area of Hulunbuir beef

2019-11-05 发布　　2019-12-05 实施

内蒙古自治区市场监督管理局　发布

前　言

本标准按照 GB/T 1.1—2009 给出的规则起草。

本标准由呼伦贝尔市市场监督管理局提出。

本标准由内蒙古自治区畜牧业标准化技术委员会(SAM/TC 19)归口。

本标准起草单位:呼伦贝尔市中荣食品有限公司、呼伦贝尔市畜牧研究所、呼伦贝尔学院、呼伦贝尔市绿色食品发展中心、阿荣旗农牧局、阿荣旗兽医局、阿荣旗畜牧工作站、呼伦贝尔市牛羊技术研究院有限公司。

本标准主要起草人:程学新、崔久新、贾义、管延江、李胜超、罗旭、刘树文。

“呼伦贝尔牛肉”产地环境要求

1 范围

本标准规定了“呼伦贝尔牛肉”的地域、空气质量、水质、土壤质量、放牧草原区、育肥养殖环境和屠宰环境要求。

本标准适用于“呼伦贝尔牛肉”肉牛养殖与加工的产地环境。

2 规范性引用文件

下列文件对于本文件的应用是必不可少的。凡是注日期的引用文件，仅注日期的版本适用于本文件。凡是不注日期的引用文件，其最新版本(包括所有的修改单)适用于本文件。

GB 5749 生活饮用水卫生标准

GB/T 5750.4 生活饮用水标准检验方法 感官性状和物理指标

GB/T 5750.5 生活饮用水标准检验方法 无机非金属指标

GB/T 5750.6 生活饮用水标准检验方法 金属指标

GB/T 5750.12 生活饮用水标准检验方法 微生物指标

GB 12694 食品安全国家标准 畜禽屠宰加工卫生规范

GB 13457 肉类加工工业水污染物排放标准

GB/T 15432 环境空气 总悬浮颗粒物的测定 重量法

GB/T 17141 土壤质量 铅、镉的测定 石墨炉原子吸收分光光度法

GB/T 22105.1 土壤质量 总汞、总砷、总铅的测定 原子荧光法 第1部分:土壤中总汞的测定

GB/T 22105.2 土壤质量 总汞、总砷、总铅的测定 原子荧光法 第2部分:土壤中总砷的测定

HJ 479 环境空气 氮氧化物(一氧化氮和二氧化氮)的测定 盐酸萘乙二胺分光光度法

HJ 482 环境空气 二氧化硫的测定 甲醛吸收-副玫瑰苯胺分光光度法

HJ 491 土壤和沉积物 铜、锌、铅、镍、铬的测定 火焰原子吸收分光光度法

HJ 568 畜禽养殖产地环境评价规范

HJ 955 环境空气 氟化物的测定 滤膜采样/氟离子选择电极法

NY/T 1377 土壤 pH 的测定

3 地域要求

内蒙古自治区呼伦贝尔市肉牛养殖区域。

4 空气质量要求

应符合表1的要求。

表 1　空气质量

项目	指标		检测方法
	日平均	小时平均	
总悬浮颗粒物质/(mg/m³)	≤0.20	—	GB/T 15432
二氧化硫/(mg/m³)	≤0.1	≤0.40	HJ 482
二氧化氮/(mg/m³)	≤0.07	≤0.10	HJ 479
氟化物/(μg/m³)	≤6	≤15	HJ 955

5　水质要求

5.1　养殖用水

5.1.1　草原放牧补饲持续育肥养殖用水要求应符合表 2 的要求。

表 2　草原放牧补饲持续育肥养殖用水要求

项目	指标	检测方法
臭和味	不应有异臭、异味	GB/T 5750.4
pH	6.5～8.5	GB/T 5750.4
氟化物/(mg/L)	≤0.9	GB/T 5750.5
氰化物/(mg/L)	≤0.04	GB/T 5750.5
总砷/(mg/L)	≤0.04	GB/T 5750.6
总汞/(mg/L)	≤0.001	GB/T 5750.6
总镉/(mg/L)	≤0.005	GB/T 5750.6
六价铬/(mg/L)	≤0.04	GB/T 5750.6
总铅/(mg/L)	≤0.04	GB/T 5750.6
总大肠菌数/(MPN/100 mL)	不得检出	GB/T 5750.12

5.1.2　草原放牧舍饲阶段育肥养殖用水应符合 GB 5749 的规定。

5.2　屠宰加工用水

应符合表 3 的要求。

表 3　屠宰加工用水

项目	指标	检测方法
pH	6.5～8.5	GB/T 5750.4
总汞/(mg/L)	≤0.000 5	GB/T 5750.6
总砷/(mg/L)	≤0.005	GB/T 5750.6
总镉/(mg/L)	≤0.001	GB/T 5750.6

表 3（续）

项目	指标	检测方法
总铅/(mg/L)	≤0.005	GB/T 5750.6
六价铬/(mg/L)	≤0.001	GB/T 5750.6
氰化物/(mg/L)	≤0.001	GB/T 5750.5
氟化物/(mg/L)	≤1.0	GB/T 5750.5
菌落总数/(CFU/mL)	≤50	GB/T 5750.12
总大肠菌群/(MPN/100 mL)	不得检出	GB/T 5750.12

6 土壤质量要求

土壤质量要求应符合表 4。

表 4 土壤质量

项目	指标	检测方法
pH	≥6.5	NY/T 1377
总镉/(mg/kg)	≤0.20	GB/T 17141
总汞/(mg/kg)	≤0.20	GB/T 22105.1
总砷/(mg/kg)	≤15	GB/T 22105.2
总铅/(mg/kg)	≤25	GB/T 17141
总铬/(mg/kg)	≤60	HJ 491
总铜/(mg/kg)	≤25	HJ 491
总镍/(mg/kg)	≤190	HJ 491
总锌/(mg/kg)	≤300	HJ 491

7 放牧草原区要求

放牧草原区应为无污染、水草丰美的草原，草原植被有禾本科牧草（如羊草、贝加尔针茅）、菊科牧草（如线叶菊）、豆科牧草（如蒙古黄芪、山野豌豆、草木樨、黄花苜蓿）、百合科牧草（如野韭菜、野葱）。

8 育肥养殖环境要求

应符合 HJ 568 的要求。

9 屠宰环境要求

9.1 场址选择要求

屠宰场应选在常年主导风向的下风侧，远离水源保护区和饮用水取水口，距居民住宅区、公共场所以及畜禽饲养场不少于 500 m。场区应位于交通运输方便，电源稳定，水源充足，水质符合 GB 5749 的规定，环境卫生条件良好，符合 GB 12694 的规定，无有害气体、粉尘、污浊水及其他污染源的地区。

9.2 车间设置要求

应设置验收间、隔离间、待宰间、屠宰加工间、副产品整理间、冷藏库、冷却间、分割肉加工间、包装间、冻结间和发货间。

9.3 车间环境温度要求

分割间环境温度控制在 12 ℃以下；冷却间环境温度控制在 0 ℃～4 ℃；冻结间环境温度控制在 －35 ℃以下；冷冻库环境温度控制在－18 ℃以下。

9.4 非清洁区设置

应设置非清洁区，分设产品和人员出入口，要求原料、产品走专用通道，杜绝交叉污染。

9.5 车间照明要求

屠宰和分割车间工作场所照度不宜小于 200 lx；屠宰和分割剔骨操作面的照度不宜小于 300 lx；生产线上检验位置处的照度不宜小于 500 lx；检验检疫岗位及旋毛虫检验室操作台面上的照度不宜小于 750 lx。

9.6 污水处理和排放

场区应设置污水处理设施，污水排放应符合 GB 13457 的规定。

ICS 65.020.30
B 45

DB15

内蒙古自治区地方标准

DB15/T 1732—2019

“呼伦贝尔牛肉”育肥牛养殖规范

Specifications for fattening Hulunbuir cattle

2019-11-05 发布 2019-12-05 实施

内蒙古自治区市场监督管理局 发布

前　言

本标准按照 GB/T 1.1—2009 给出的规则起草。

本标准由呼伦贝尔市市场监督管理局提出。

本标准由内蒙古自治区畜牧业标准化技术委员会(SAM/TC 19)归口。

本标准起草单位:阿荣旗兽医局、海拉尔区动物疫病控制中心、呼伦贝尔农垦集团、阿荣旗霍尔奇镇畜牧兽医站、呼伦贝尔学院、内蒙古扎兰屯职业学院、呼伦贝尔市畜牧科学研究所。

本标准主要起草人:沈为明、刘连发、崔久辉、李宏亮、刘及东、李明、董淑霞。

“呼伦贝尔牛肉”育肥牛养殖规范

1 范围

本标准规定了“呼伦贝尔牛肉”育肥牛的术语和定义、育肥牛选择、育肥模式、育肥场建设、育肥牛饲喂、疾病防治和废弃物处理。

本标准适用于“呼伦贝尔牛肉”育肥牛养殖。

2 规范性引用文件

下列文件对于本文件的应用是必不可少的。凡是注日期的引用文件,仅注日期的版本适用于本文件。凡是不注日期的引用文件,其最新版本(包括所有的修改单)适用于本文件。

GB 5749 生活饮用水卫生标准

GB 13078 饲料卫生标准

GB 18596 畜禽养殖业污染物排放标准

NY/T 391 绿色食品 产地环境质量

NY/T 471 绿色食品 饲料及饲料添加剂使用规则

NY/T 472 绿色食品 兽药使用准则

NY/T 473 绿色食品 畜禽卫生防疫准则

NY/T 815 肉牛饲养标准

NY/T 1955 口蹄疫免疫接种技术规范

NY/T 2663 标准化养殖场 肉牛

DB15/T 1715 “科尔沁牛”布鲁氏菌病防控技术规范

DB15/T 1731 “呼伦贝尔牛肉”品种选择要求

3 术语和定义

下列术语和定义适用于本文件。

3.1

育肥牛 fattening cattle

通过集中饲养、科学饲喂,达到屠宰标准的公牛。

4 育肥牛选择

符合 DB15/T 1731 的规定,应选择来自非疫区、身体健康、被毛光亮、精神状态好、无残疾的公牛和阉牛。

5 育肥模式

5.1 草原放牧补饲持续育肥

犊牛断奶后直接转入生长育肥阶段,在草原放牧条件下,利用精饲料补充料进行适当补饲促进肉牛肌肉和脂肪沉积,在 12 月龄～15 月龄体重达到 400 kg 以上屠宰。

5.2 草原放牧舍饲阶段育肥

选择经草原放牧或放牧补饲后的 6 月龄～15 月龄、体重在 150 kg～350 kg 的架子牛,经 6～8 个月集中育肥,体重达到 400 kg～680 kg 屠宰。

6 育肥场建设

符合 NY/T 2663 的规定。

7 育肥牛饲喂

7.1 饲养要求

按照 NY/T 815 的规定,确定不同生长阶段牛的营养需要,配制日粮,科学饲喂,自由饮水。

7.2 饲料原料

7.2.1 粗饲料原料主要由天然草原刈割青干草、苜蓿草、燕麦草和其他杂类草及经过微生物处理的农作物秸秆饲料及二次利用饲料组成。

7.2.2 精饲料原料主要由原粮(玉米、小麦、大麦、高粱等)、加工副产品(麸皮、豆粕、油菜粕、甜菜粕、玉米蛋白粉等)组成。

7.2.3 全混合日粮应根据不同阶段肉牛营养需要,利用粗饲料、精饲料原料、精料补充料为主要原料,在特定设备内进行搅拌,充分混合而得到精粗比例稳定、营养浓度一致、供应肉牛自由采食的营养平衡日粮。

7.2.4 所有饲料原料应符合 NY/T 471 的规定。

7.3 卫生要求

应符合 GB 13078 的规定。

7.4 水质要求

7.4.1 草原放牧补饲持续育肥牛管理应按照 NY/T 391 中畜禽养殖用水要求执行。

7.4.2 草原放牧舍饲阶段育肥牛管理应符合 GB 5749 的规定。

7.5 管理

7.5.1 草原放牧补饲持续育肥牛管理

犊牛 6 个月断奶后,经过驱虫健胃转入放牧育肥期。

7.5.2 草原放牧舍饲阶段育肥牛管理

购入的育肥用的架子牛在隔离区进行检疫,驱虫隔离观察饲养,根据牛的年龄、体重等情况分群饲养,保持圈舍清洁,观察牛群觅食、排粪和精神状况,发现问题及时处理。冬季保温,夏季防暑,做好记录。

8 疾病防治

8.1 疾病防控

8.1.1 免疫

应符合 NY/T 1955 和相关法律、法规的规定。

8.1.2 防疫

应符合 NY/T 473 和 DB15/T 1715 的规定。

8.1.3 检疫

应符合 NY/T 473 的规定。

8.2 兽药使用

8.2.1 符合 NY/T 472 的规定。

8.2.2 有完整的兽药使用记录，包括药品来源、使用对象、使用时间和用量。

8.3 从业人员管理

有 1 名及以上畜牧兽医专业技术人员，或有专业技术人员提供稳定的技术服务。

8.4 档案管理

应建立养殖档案，对日常生产、活动等进行记录。

9 废弃物处理

废弃物排放按照 GB 18596 的规定执行。

ICS 67.120.10
X 22

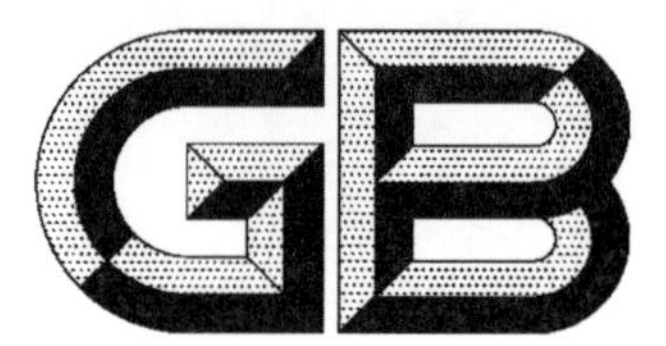

中华人民共和国国家标准

GB/T 19477—2018
代替 GB/T 19477—2004

畜禽屠宰操作规程　牛

Operating procedure of livestock and poultry slaughtering —Cattle

2018-12-28 发布　　2019-07-01 实施

国家市场监督管理总局
中国国家标准化管理委员会　发布

前　言

本标准按照 GB/T 1.1—2009 给出的规则起草。

本标准代替 GB/T 19477—2004《牛屠宰操作规程》，与 GB/T 19477—2004 相比，主要技术变化如下：

——标准名称修改为《畜禽屠宰操作规程　牛》；

——修改了术语和定义(见第 3 章,2004 年版的第 3 章)；

——修改了宰前要求(见第 4 章,2004 年版的第 4 章)；

——修改了屠宰操作程序及要求(见 5.1～5.27,2004 年版的 5.1～5.20)；

——增加了电刺激(见 5.4)、计量与质量分级(见 5.22)、副产品整理(见 5.24)、副产品预冷内容(见 5.25.3～5.25.4)、分割(见 5.26)、冻结(见 5.27)；

——修改了检验检疫要求(见 5.18,2004 年版的 5.19)；

——增加了包装、标签、标志和贮存(见第 6 章)；

——增加了其他要求(见第 7 章)；

——删除了附录 A(规范性附录) 屠宰加工过程的检验(见 2004 年版的附录 A)。

本标准由中华人民共和国农业农村部提出。

本标准由全国屠宰加工标准化技术委员会(SAC/TC 516)归口。

本标准主要起草单位：中国动物疫病预防控制中心(农业农村部屠宰技术中心)、商务部流通产业促进中心、济宁兴隆食品机械制造有限公司。

本标准主要起草人：吴晗、高胜普、尤华、周伟生、龚海岩、王敏、赵箭、王向宏、王传红、张新玲、张朝明。

本标准所代替标准的历次版本发布情况为：

——GB/T 19477—2004。

畜禽屠宰操作规程　牛

1　范围

本标准规定了牛屠宰的术语和定义、宰前要求、屠宰操作程序及要求、包装、标签、标志和贮存以及其他要求。

本标准适用于牛屠宰厂(场)的屠宰操作。

2　规范性引用文件

下列文件对于本文件的应用是必不可少的。凡是注日期的引用文件,仅注日期的版本适用于本文件。凡是不注日期的引用文件,其最新版本(包括所有的修改单)适用于本文件。

GB/T 191　包装储运图示标志

GB 12694　食品安全国家标准　畜禽屠宰加工卫生规范

GB/T 17238　鲜、冻分割牛肉

GB 18393　牛羊屠宰产品品质检验规程

GB/T 19480　肉与肉制品术语

GB/T 27643　牛胴体及鲜肉分割

NY/T 676　牛肉等级规格

牛屠宰检疫规程(农医发〔2010〕27 号　附件 3)

病死及病害动物无害化处理技术规范(农医发〔2017〕25 号)

3　术语和定义

GB/T 19480 界定的以及下列术语和定义适用于本文件。

3.1

牛屠体　cattle body

牛宰杀放血后的躯体。

3.2

牛胴体二分体　half carcass

将牛胴体沿脊椎中线纵向锯(劈)成的两半胴体。

3.3

同步检验　synchronous inspection

与屠宰操作相对应,将畜禽的头、蹄(爪)、内脏与胴体生产线同步运行,由检验人员对照检验和综合判断的一种检验方法。

4　宰前要求

4.1　待宰牛应健康良好,并附有产地动物卫生监督机构出具的《动物检疫合格证明》。

4.2　牛进厂(场)后,应充分休息 12 h～24 h,宰前 3 h 停止喂水。待宰时间超过 24 h 的,宜适量喂食。

4.3 屠宰前应向所在地动物卫生监督机构申报检疫，按照《牛屠宰检疫规程》和 GB 18393 等进行检疫和检验，合格后方可屠宰。

4.4 屠宰前宜使用温水清洗牛体，牛体表应无污物。

4.5 应按“先入栏先屠宰”的原则分栏送宰，送宰牛通过屠宰通道时，应进行编号，按顺序赶送，不应采用硬器击打。

5 屠宰操作程序及要求

5.1 致昏

5.1.1 致昏方法

应采用气动致昏或电致昏：

a) 气动致昏：用气动致昏装置对准牛的两角与两眼对角线交叉点，快速启动，使牛昏迷；

b) 电致昏：用单杆式电昏器击牛体，使牛昏迷。参数宜为：电压不超过 200 V，电流 1 A～1.5 A，作用时间 7 s～30 s。

5.1.2 致昏要求

5.1.2.1 应配置牛固定装置，保证致昏击中部位准确。

5.1.2.2 牛致昏后应心脏跳动，呈昏迷状态，不应致死或反复致昏。

5.2 宰杀放血

5.2.1 可选择卧式或立式放血。从牛喉部下刀，横向切断食管、气管和血管。

5.2.2 放血刀应经不低于 82 ℃的热水一头一消毒，刀具消毒后轮换使用。

5.2.3 沥血时间应不少于 6 min。

5.2.4 从致昏到宰杀放血时间应不超过 1.5 min。

5.3 挂牛

用扣脚链扣紧牛的一只后小腿，启动提升机匀速提升，然后悬挂到轨道上。

5.4 电刺激

5.4.1 在沥血过程中，宜对牛头或颈背部进行电刺激。

5.4.2 电刺激时，应确保牛屠体与电刺激装置的电极有效连接，电刺激工作电压宜 42 V，作用时间宜不少于 15 s。

5.5 去前蹄

从腕关节下刀，割断连接关节的韧带及皮肉，割下前蹄，编号后放入指定容器中。

5.6 结扎食管

5.6.1 剥离气管和食管，宜将气管与食管分离至食道和胃结合处。

5.6.2 将食管顶部结扎牢固，使内容物不致流出。

5.7 剥后腿皮

5.7.1 从跗关节下刀，刀刃沿后腿内侧中线向上挑开牛皮。

5.7.2 沿后腿内侧线向左右两侧剥离跗关节上方至尾根部的牛皮，同时割除生殖器。
5.7.3 割掉尾尖，并放入指定容器中。

5.8 去后蹄

从跗关节下刀，割断连接关节的韧带及皮肉，割下后蹄，编号后放入指定容器中。

5.9 转挂

用提升装置辅助牛屠体转挂，先用一个滑轮吊钩钩住牛的一只后腿将牛屠体送到轨道上，再用另一个滑轮吊钩钩住牛的另一只后腿送到轨道上。

5.10 结扎肛门

5.10.1 人工结扎

5.10.1.1 将橡皮筋套在操作者手臂上，将塑料袋反套在同一手臂上，抓住肛门并提起。另一只手持刀将肛门沿四周割开并剥离，边割边提升，提高约 10 cm。
5.10.1.2 将塑料袋翻转套住肛门，用橡皮筋扎住塑料袋，将结扎好的肛门塞回。

5.10.2 机械结扎

采用专用结扎器结扎肛门。

5.10.3 结扎要求

结扎应准确、牢固，不应使粪便溢出。

5.11 剥胸、腹部皮

5.11.1 用刀将腹部皮沿胸腹中线从胸部挑到裆部。
5.11.2 沿腹中线向左右两侧剥开胸腹部皮至肷窝止。

5.12 剥颈部及前腿皮

5.12.1 从腕关节下刀，沿前腿内侧中线挑开牛皮至胸中线。
5.12.2 沿颈中线自下而上挑开牛皮。
5.12.3 从胸颈中线向两侧进刀，剥开胸颈部皮及前腿皮至两肩止。

5.13 扯皮

5.13.1 分别锁紧两后腿皮，使毛皮面朝外，启动扯皮设备，将牛皮卷扯分离胴体。
5.13.2 扯到尾部时，减慢速度，用刀将牛尾的根部剥开。
5.13.3 在扯皮过程中，边扯边用刀具辅助分离皮与脂肪、皮与肉的粘连处。
5.13.4 扯到腰部时，适当提高速度。
5.13.5 扯到头部时，把不易扯开的地方用刀剥开。
5.13.6 分离后皮上不带脂肪、不带肉，皮张不破损。
5.13.7 对扯下的牛皮编号，并放到指定地方。

5.14 去头

去头工序也可以在 5.13 前进行，操作如下：

a） 将牛头从颈椎第一关节前割下，将喉头附近的甲状腺摘除，放入专用收集容器中。

b） 应将取下的牛头，挂到同步检验挂钩上或专用检验盘中。

c） 采用剪头设备去头时，应设置 82 ℃热水消毒装置，一头一消毒。

5.15 开胸

从胸软骨处下刀，沿胸中线向下贴着气管和食管边缘，割开胸腔及脖部。用开胸锯开胸时，下锯应准确，不破坏胸腔内脏器。

5.16 取白脏

5.16.1 在牛的裆部下刀向两侧进刀，割开肉与骨连接处。

5.16.2 刀尖向外，刀刃向下，由上至下推刀割开肚皮至胸软骨处。

5.16.3 用一只手扯出直肠，另一只手持刀伸入腹腔，从一侧到另一侧割离腹腔内结缔组织。

5.16.4 用力按下牛胃，取出胃肠送入同步检验盘中，然后扒净腰油。

5.16.5 母牛应在取白脏前摘除乳房。

5.17 取红脏

5.17.1 一只手抓住腹肌一边，另一只手持刀沿体腔壁从一侧割到另一侧分离横隔肌。取出心、肺、肝等挂到同步检验挂钩上或专用检验盘中。

5.17.2 冲洗胸腹腔。

5.18 检验检疫

同步检验按照 GB 18393 要求执行；同步检疫按照《牛屠宰检疫规程》要求执行。

5.19 去尾

沿尾根关节处割下牛尾，摘除公牛生殖器，编号后放入指定容器中。

5.20 劈半

5.20.1 将劈半锯插入牛的两后腿之间，从耻骨连接处自上而下匀速地沿着牛的脊柱中线将牛胴体锯（劈）成胴体二分体。

5.20.2 锯（劈）过程中应不断喷淋清水。不宜劈斜、劈偏，锯（劈）断面应整齐，避免损坏牛胴体。

5.21 胴体修整

5.21.1 取出脊髓、内腔残留脂肪放入指定容器中。

5.21.2 修去胴体表面的淤血、残留甲状腺、肾上腺、病变淋巴结、污物和浮毛等，应保持肌膜和胴体的完整。

5.22 计量与质量分级

用称量器具称量胴体的重量。根据需要按照 NY/T 676 进行分级。

5.23 清洗

由上而下冲洗整个牛胴体内外、锯（劈）断面和刀口处。

5.24 副产品整理

5.24.1 副产品整理过程中，不应落地加工。

5.24.2 去除污物、清洗干净。

5.24.3 红脏与白脏、头、蹄等应严格分开，避免交叉污染。

5.25 预冷

5.25.1 按顺序推入牛胴体，胴体应排列整齐、间距应不少于 10 cm。

5.25.2 入预冷间后，胴体预冷间设定温度 0 ℃～4 ℃，相对湿度保持在 85％～90％，预冷时间应不少于 24 h。

5.25.3 入预冷间后，副产品预冷间设定温度 3 ℃以下。

5.25.4 预冷后，胴体中心温度达到 7 ℃以下，副产品温度达到 3 ℃以下。

5.26 分割

分割加工按 GB/T 17238、GB/T 27643 等要求进行。

5.27 冻结

冻结间温度为－28 ℃以下。待产品中心温度降至－15 ℃以下转入冷藏间储存。

6 包装、标签、标志和贮存

6.1 产品包装、标签、标志应符合 GB/T 191、GB 12694 等相关标准要求。

6.2 贮存环境与设施、库温和贮存时间应符合 GB 12694、GB/T 17238 等相关标准要求。

7 其他要求

7.1 屠宰供应少数民族食用的牛产品，应尊重少数民族风俗习惯，按照国家有关规定执行。

7.2 经检验检疫不合格的肉品及副产品，应按 GB 12694 的要求和《病死及病害动物无害化处理技术规范》的规定执行。

7.3 产品追溯与召回应符合 GB 12694 的要求。

7.4 记录和文件应符合 GB 12694 的要求。

ICS 65.020.30
B 45

DB15

内蒙古自治区地方标准

DB15/T 1729—2019

呼伦贝尔牛肉

Hulunbuir beef

2019-11-05 发布　　2019-12-05 实施

内蒙古自治区市场监督管理局　发布

前　言

本标准按照 GB/T 1.1—2009 给出的规则起草。

本标准由呼伦贝尔市市场监督管理局提出。

本标准由内蒙古自治区肉制品标准化技术委员会(SAM/TC 03)归口。

本标准起草单位:呼伦贝尔市中荣食品有限公司、呼伦贝尔市畜牧科学研究所、呼伦贝尔农垦集团有限公司、内蒙古扎兰屯职业学院、呼伦贝尔市绿色食品发展中心、阿荣旗农牧局、阿荣旗兽医局、阿荣旗畜牧工作站。

本标准主要起草人:程学新、李胜超、贾义、刘连发、管延江、罗旭、宋彬。

呼伦贝尔牛肉

1 范围

本标准界定了“呼伦贝尔牛肉”的术语和定义，规定了产品分类、加工、产品质量、包装和标识、贮存、冷链物流、销售和追溯。

本标准适用于“呼伦贝尔牛肉”鲜、冻、带骨牛肉按部位分割、加工的产品。

2 规范性引用文件

下列文件对于本文件的应用是必不可少的。凡是注日期的引用文件，仅注日期的版本适用于本文件。凡是不注日期的引用文件，其最新版本(包括所有的修改单)适用于本文件。

GB 2707 食品安全国家标准 鲜(冻)畜、禽产品

GB 5009.11 食品安全国家标准 食品中总砷及无机砷的测定

GB 5009.12 食品安全国家标准 食品中铅的测定

GB 5009.13 食品安全国家标准 食品中铜的测定

GB 5009.15 食品安全国家标准 食品中镉的测定

GB 5009.17 食品安全国家标准 食品中总汞及有机汞的测定

GB/T 5009.19 食品中有机氯农药多组分残留量的测定

GB 5009.33 食品安全国家标准 食品中亚硝酸盐与硝酸盐的测定

GB/T 5009.116 畜禽肉中土霉素、四环素、金霉素残留量的测定(高效液相色谱法)

GB 5009.123 食品安全国家标准 食品中铬的测定

GB 5009.228 食品安全国家标准 食品中挥发性盐基氮的测定

GB 12694 食品安全国家标准 畜禽屠宰加工卫生规范

GB 18394 畜禽肉水分限量

GB/T 19477 畜禽屠宰操作规程 牛

GB/T 20755 畜禽肉中九种青霉素类药物残留量的测定 液相色谱-串联质谱法

GB/T 20756 可食动物肌肉、肝脏和水产品中氯霉素、甲砜霉素和氟苯尼考残留量的测定 液相色谱-串联质谱法

GB/T 20766 牛猪肝肾和肌肉组织中玉米赤霉醇、玉米赤霉酮、己烯雌酚、己烷雌酚、双烯雌酚残留量的测定 液相色谱-串联质谱法

GB 20799 食品安全国家标准 肉和肉制品经营卫生规范

GB/T 21981 动物源食品中激素多残留检测方法 液相色谱-质谱/质谱法

GB/T 21311 动物源性食品中硝基呋喃类药物代谢物残留量检测方法 高效液相色谱/串联质谱法

GB/T 21312 动物源性食品中 14 种喹诺酮药物残留检测方法 液相色谱-质谱/质谱法

GB/T 21316 动物源性食品中磺胺类药物残留量的测定 液相色谱-质谱/质谱法

GB/T 22286 动物源性食品中多种β-受体激动剂残留量的测定 液相色谱串联质谱法

GB 23200.94 食品安全国家标准 动物源性食品中敌百虫、敌敌畏、蝇毒磷残留量的测定 液相色谱-质谱/质谱法

GB/T 27643　牛胴体及鲜肉分割
GB/T 28640　畜禽肉冷链运输管理技术规范
GB/T 36061　电子商务交易产品可追溯性通用规范
NY/T 473　绿色食品　畜禽卫生防疫准则
NY/T 676　牛肉等级规格
NY/T 1764　农产品质量安全追溯操作规程　畜肉
NY/T 2799　绿色食品　畜肉
NY/T 3383　畜禽产品包装与标识
NY/T 3407　畜禽产品流通卫生操作技术规范
JJF 1070　定量包装商品净含量计量检验规则
DB15/T 642　基于射频识别的肉牛育肥环节关键控制点追溯信息采集指南
中华人民共和国农业部公告第781号

3　术语和定义

GB 2707 中规定的以及下列术语和定义适用于本文件。

3.1

呼伦贝尔牛肉　Hulunbuir beef

来自呼伦贝尔草原的育肥牛，经屠宰加工生产的牛肉。

3.2

草原牛排　grassland beef steak

来自呼伦贝尔草原的放牧育肥牛，屠宰后经冷鲜加工，带有黄色脂肪，肉香浓郁的精选牛排。

4　产品分类

分为鲜分割牛肉、冻分割牛肉，包括草原牛排、上脑、眼肉、西冷、外脊、牛力骨、带骨腹肉、牛净排、肩肉、牛腱子等。

5　加工

5.1　原料

应为呼伦贝尔牛。

5.2　加工

应符合 GB/T 19477 的规定。

5.3　卫生

应符合 GB 12694 的规定。

5.4　工艺流程

应符合 GB/T 19477 和 GB/T 27643 的规定及图1的规定。

1 活牛入厂验收
CCP1-1
1.1 塑料袋、膜片入厂验收
1.2 纸箱入厂验收
宰前检疫
CCP1-2
2 待宰
粪口
22 入库存放
22 入库存放
3 倒挂吊牛
4 穆斯林屠宰放血☆
血液
头蹄同步检疫
CCP2-1
5 截头蹄
6 挂装◇
7 剥皮◇
8 撕皮◇
9 开胸◇
内脏同步检疫
CCP2-2
10 出腔
11 劈半
胴体同步检疫
CCP2-3
12 胴体修整◇
13 胴体冲洗◇☆
毛粪
14 胴体排酸 ☆
CCP3
15 剔骨◇
16 修整◇
17 内包装◇
18 速冻
10.1 内脏整理加工内包
注：
◇ 返工点
□ 废弃物排放点
☆ 废水排放点
虚线框代表选择性步骤
19 金属探测 ◇
CCP4
20 外包装
21 冷藏

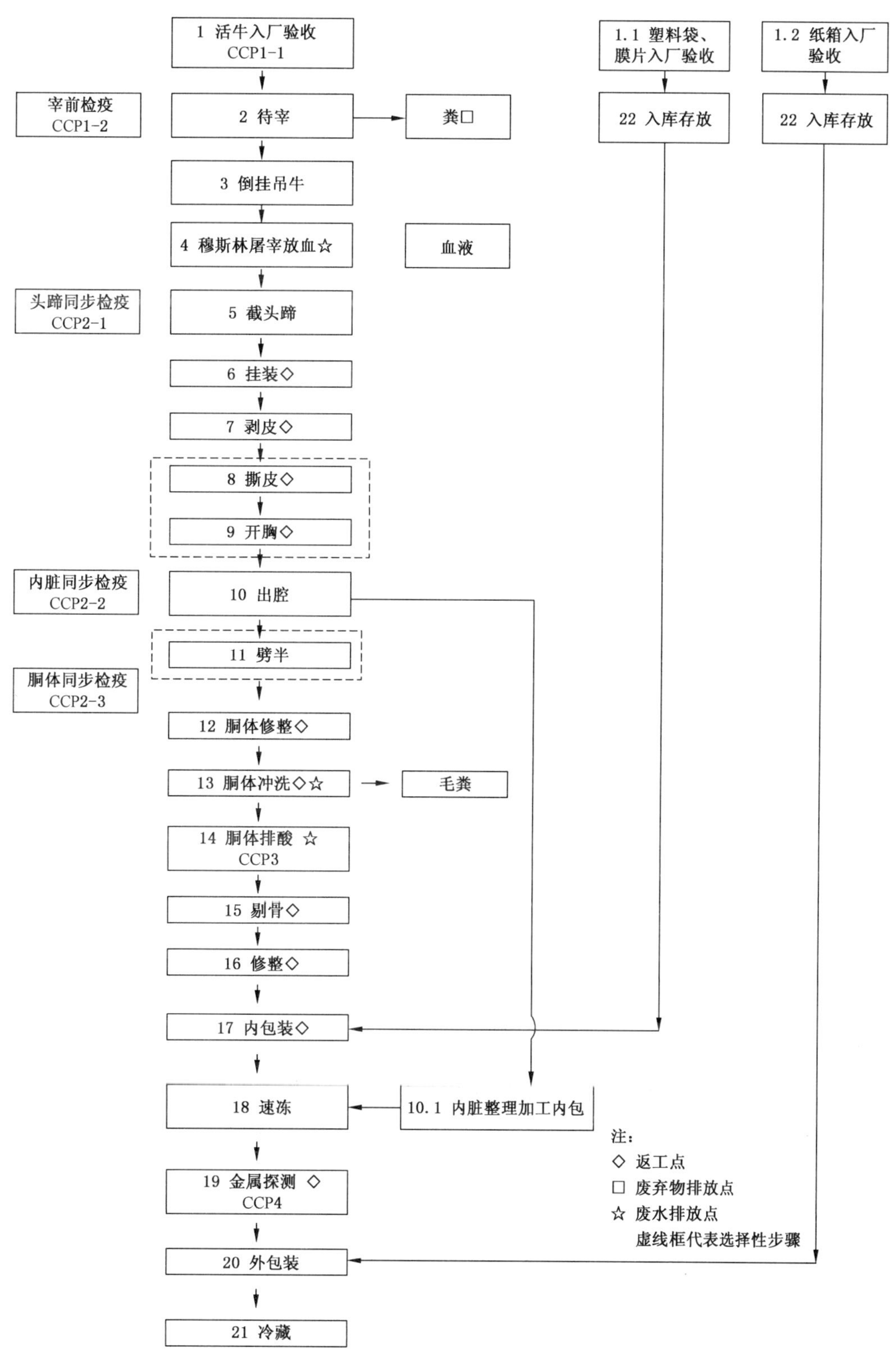

图1 工艺流程

6 产品质量

6.1 质量分级

应符合 NY/T 676 的规定。

6.2 感官指标

应符合 NY/T 2799 的规定。

6.3 理化指标

应符合表 1 的要求。

表 1 理化指标

项目	指标	检测方法
挥发性盐基氮/(mg/100 g)	≤13	GB/T 5009.228
铅/(mg/kg)	≤0.1	GB/T 5009.12
无机砷/(mg/kg)	≤0.05	GB/T 5009.11
镉/(mg/kg)	≤0.1	GB/T 5009.15
总汞(以 Hg 计)/(mg/kg)	≤0.05	GB/T 5009.17
铬/(mg/kg)	≤0.5	GB/T 5009.123
铜/(mg/kg)	≤8	GB/T 5009.13
亚硝酸盐/(mg/kg)	≤3	GB/T 5009.33

6.4 水分要求

应符合 GB 18394 的规定。

6.5 农药、兽药及非法添加物质残留限量

应符合表 2 的要求。

表 2 农药、兽药及其化学物质的限量要求

序号	项目	最高限量/(mg/kg)	检测方法
1	六六六	≤0.05	GB/T 5009.19
2	滴滴滴	≤0.05	GB/T 5009.19
3	蝇毒磷	≤0.5	GB/T 23200.94
4	敌敌畏	≤0.02	GB/T 23200.94
5	青霉素	<0.05	GB/T 20755
6	伊维菌素	≤0.02	参考农业部 781 号公告
7	恩诺沙星	<0.1	GB/T 21312

表 2（续）

序号	项目	最高限量/(mg/kg)	检测方法
8	阿莫西林	<0.05	GB/T 20755
9	磺胺二甲嘧啶	不得检出(检出限<0.05)	GB/T 21316
10	磺胺二甲氧嘧啶	不得检出(检出限<0.05)	GB/T 21316
11	磺胺间甲氧嘧啶	不得检出(检出限<0.05)	GB/T 21316
12	磺胺甲噁唑	不得检出(检出限<0.05)	GB/T 21316
13	磺胺喹噁啉	不得检出(检出限<0.1)	GB/T 21316
14	四环素	不得检出(检出限<0.1)	GB/T 5009.116
15	金霉素	不得检出(检出限<0.1)	GB/T 5009.116
16	土霉素	不得检出(检出限<0.1)	GB/T 5009.116
17	玉米赤霉醇	不得检出(检出限<0.005)	GB/T 20766
18	己烯雌酚	不得检出(检出限<0.05)	GB/T 20766
19	呋喃唑酮	不得检出(检出限<0.01)	GB/T 21311
20	氯霉素	不得检出(检出限<0.001)	GB/T 20756
21	群勃龙	不得检出(检出限<0.001)	GB/T 21981
22	盐酸克伦特罗	不得检出(检出限<0.000 5)	GB/T 22286
23	莱克多巴胺	不得检出(检出限<0.000 5)	GB/T 22286
24	沙丁胺醇	不得检出(检出限<0.000 5)	GB/T 22286

6.6 微生物指标

应符合 NY/T 2799 的规定。

6.7 检疫检验

应符合 NY/T 473 的规定。

6.8 净含量

按照《定量包装商品计量监督管理办法》的规定，检验方法按照 JJF 1070 的规定执行。

7 包装和标识

应符合 NY/T 3383 的规定。

8 贮存

应符合 GB 2707 的规定。

9 冷链物流

应符合 GB/T 28640 和 NY/T 3407 的规定。

10 销售

应符合 GB 20799 的规定。

11 追溯

应符合 DB15/T 642、NY/T 1764 和 GB/T 36061 的规定。

ICS 67.120.10
X 22

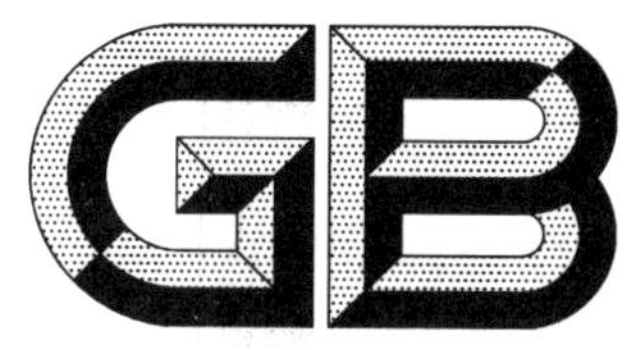

中华人民共和国国家标准

GB 18393—2001

牛羊屠宰产品品质检验规程

Code for product quality inspection for cattle or sheep in slaughtering

2001-07-20 发布　　2001-12-01 实施

中华人民共和国
国家质量监督检验检疫总局　发布

前　　言

本标准的5.5及附录A为强制性条文，其余为推荐性条文。

本标准的4.1.1、4.1.2、4.3.1、4.4.2、第5章、5.4和5.5采用了CAC/RCP12—1976《屠宰牲畜宰前宰后卫生实施法规》的15(a)、16(b)、17(a)、26、34和59(a)。

本标准不涉及传染病和寄生虫病的检验及处理。传染病和寄生虫病按照1959年农业部、卫生部、对外贸易部、商业部联合颁发的《肉品卫生检验试行规程》和GB 16548—1996《畜禽病害肉尸及其产品无害化处理规程》的规定执行。

本标准的附录A是标准的附录。

本标准由国家国内贸易局提出。

本标准起草单位：国家国内贸易局肉禽蛋食品质量检测中心(北京)。

本标准主要起草人：毓厚基、阮炳琪、金社胜、刘志仁、曹贤钦、王贵际。

中华人民共和国国家标准

牛羊屠宰产品品质检验规程

GB 18393—2001

Code for product quality inspection for cattle or sheep in slaughtering

1 范围

本标准规定了牛、羊屠宰加工的宰前检验及处理、宰后检验及处理。

本标准适用于牛、羊屠宰加工厂(场)。

2 引用标准

下列标准所包含的条文,通过在本标准中引用而构成为本标准的条文。本标准出版时,所示版本均为有效。所有标准都会被修订,使用本标准的各方应探讨使用下列标准最新版本的可能性。

CAC/RCP 12—1976《屠宰牲畜宰前宰后卫生实施法规》

3 定义

本标准采用下列定义。

3.1 牛羊屠宰产品 product of cattle or sheep

牛、羊屠宰后的胴体、内脏、头、蹄、尾,以及血、骨、毛、皮。

3.2 牛羊屠宰产品品质 quality of cattle or sheep product

牛、羊屠宰产品的卫生质量和感官性状。

4 宰前检验及处理

宰前检验包括验收检验、待宰检验和送宰检验。宰前检验应采用看、听、摸、检等方法。

4.1 验收检验

4.1.1 卸车前应索取产地动物防疫监督机构开具的检疫合格证明,并临车观察,未见异常,证货相符时准予卸车。

4.1.2 卸车后应观察牛、羊的健康状况,按检查结果进行分圈管理。

a)合格的牛、羊送待宰圈;

b)可疑病畜送隔离圈观察,通过饮水、休息后,恢复正常的,并人待宰圈;

c)病畜和伤残的牛、羊送急宰间处理。

4.2 待宰检验

4.2.1 待宰期间检验人员应定时观察,发现病畜送急宰间处理。

4.2.2 待宰牛、羊送宰前应停食静养 12 h~24 h、宰前 3 h 停止饮水。

4.3 送宰检验

4.3.1 牛、羊送宰前,应进行一次群检。

4.3.2 牛还应赶人测温巷道逐头测量体温(牛的正常体温是 37.5℃~39.5℃)。

中华人民共和国国家质量监督检验检疫总局 2001-07-20 批准　　2001-12-01 实施

4.3.3 羊可以进行抽测(羊的正常体温是38.5℃～40.0℃)。

4.3.4 经检验合格的牛、羊,由宰前检验人员签发《宰前检验合格证》,注明畜种、送宰头(只)数和产地,屠宰车间凭证屠宰。

4.3.5 体温高、无病态的,可最后送宰。

4.3.6 病畜由检验人员签发急宰证明,送急宰间处理。

4.4 急宰牛、羊的处理

4.4.1 急宰间凭宰前检验人员签发的急宰证明,及时屠宰检验。在检验过程中发现难于确诊的病变时,应请检验负责人会诊和处理。

4.4.2 死畜不得屠宰,应送非食用处理间处理。

5 宰后检验和处理

宰后检验包括头部检验、内脏检验、胴体检验和复验盖章。宰后检验采用视、触、嗅等感官检验方法。头、屠体、内脏和皮张应统一编号,对照检验。

5.1 头部检验

5.1.1 牛头部检验

a) 剥皮后,将舌体拉出,角朝下,下颌朝上,置于传送装置上或检验台上备检;

b) 对牛头进行全面观察,并依次检验两侧颌下淋巴结,耳下淋巴结和内外咬肌;

c) 检验咽背内外淋巴结,并触检舌体,观察口腔粘膜和扁桃体;

d) 将甲状腺割除干净;

e) 对患有开放性骨瘤且有脓性分泌物的或在舌体上生有类似肿块的牛头做非食用处理;

f) 对多数淋巴结化脓、干酪变性或有钙化结节的;头颈部和淋巴结水肿的;咬肌上见有灰白色或淡黄绿色病变的;肌肉中有寄生性病变的将牛头扣留,按号通知胴体检验人,将该胴体推入病肉岔道进行对照检验和处理。

5.1.2 羊头部检验

a) 发现皮肤上生有脓泡疹或口鼻部生疮的连同胴体按非食用处理;

b) 正常的将附于气管两侧的甲状腺割除。

5.2 内脏检验

在屠体剖腹前后检验人员应观察被摘除的乳房、生殖器官和膀胱有无异常。随后对相继摘出的胃肠和心肝肺进行全面对照观察和触检,当发现有化脓性乳房炎,生殖器官肿瘤和其他病变时,将该胴体连同内脏等推入病肉岔道,由专人进行对照检验和处理。

5.2.1 胃肠检验

a) 先进行全面观察,注意浆膜面上有无淡褐色绒毛状或结节状增生物、有无创伤性胃炎、脾脏是否正常;

b) 然后将小肠展开,检验全部肠系膜淋巴结有无肿大、出血和干酪变性等变化,食管有无异常;

c) 当发现可疑肿瘤、白血病和其他病变时,连同心肝肺将该胴体推入病肉岔道进行对照检验和处理;

d) 胃肠于清洗后还要对胃肠粘膜面进行检验和处理;

e) 当发现脾脏显著肿大、色泽黑紫、质地柔软时,应控制好现场,请检验负责人会诊和处理。

5.2.2 心肝肺检验:与胃肠先后做对照检验。

a) 心脏检验

1) 检验心包和心脏,有无创伤性心包炎、心肌炎、心外膜出血。

2) 必要时切检右心室,检验有无心内膜炎、心内膜出血、心肌脓疡和寄生性病变。

3) 当发现心脏上生有蕈状肿瘤或见红白相间、隆起于心肌表面的白血病病变时,应将该胴体推入病肉岔道处理。

4）当发现心脏上有神经纤维瘤时，及时通知胴体检验人员，切检腋下神经丛。

b）肝脏检验

1）观察肝脏的色泽、大小是否正常，并触检其弹性。

2）对肿大的肝门淋巴结和粗大的胆管，应切开检查，检验有无肝瘀血、混浊肿胀、肝硬变、肝脓疡、坏死性肝炎、寄生性病变、肝富脉斑和锯屑肝。

3）当发现可疑肝癌、胆管癌和其他肿瘤时，应将该胴体推入病肉岔道处理。

c）肺脏检验

1）观察其色泽、大小是否正常，并进行触检。

2）切检每一硬变部分。

3）检验纵膈淋巴结和支气管淋巴结，有无肿大、出血、干酪变性和钙化结节病灶。

4）检验有无肺呛血、肺瘀血、肺水肿、小叶性肺炎和大叶性肺炎，有无异物性肺炎、肺脓疡和寄生性病变。

5）当发现肺有肿瘤或纵膈淋巴结等异常肿大时，应通知胴体检验人员将该胴体推入病肉岔道处理。

5.3 胴体检验

5.3.1 牛的胴体检验在剥皮后，按以下程序进行：

a）观察其整体和四肢有无异常，有无瘀血、出血和化脓病灶，腰背部和前胸有无寄生性病变。臀部有无注射痕迹，发现后将注射部位的深部组织和残留物挖除干净。

b）检验两侧髂下淋巴结、腹股沟深淋巴结和肩前淋巴结是否正常，有无肿大、出血、瘀血、化脓、干酪变性和钙化结节病灶。

c）检验股部内侧肌、内腰肌和肩胛外侧肌有无瘀血、水肿、出血、变性等变状，有无囊泡状或细小的寄生性病变。

d）检验肾脏是否正常，有无充血、出血、变性、坏死和肿瘤等病变。并将肾上腺割除掉。

e）检验腹腔中有无腹膜炎，脂肪坏死和黄染。

f）检验胸腔中有无肋膜炎和结节状增生物，胸腺有无变状，最后观察颈部有无血污和其他污染。

5.3.2 羊的胴体检验以肉眼观察为主，触检为辅。

a）观察体表有无病变和带毛情况；

b）胸腹腔内有无炎症和肿瘤病变；

c）有无寄生性病灶；

d）肾脏有无病变；

e）触检髂下和肩前淋巴结有无异常。

5.4 胴体复验与盖章

5.4.1 牛的胴体复验于劈半后进行，复验人员结合初验的结果，进行一次全面复查。

a）检查有无漏检；

b）有无未修割干净的内外伤和胆汁污染部分；

c）椎骨中有无化脓灶和钙化灶，骨髓有无褐变和溶血现象；

d）肌肉组织有无水肿，变性等变状；

e）膈肌有无肿瘤和白血病病变；

f）肾上腺是否摘除。

5.4.2 羊的胴体不劈半，按初检程序复查。

a）检查有无病变漏检；

b）肾脏是否正常；

c）有无内外伤修割不净和带毛情况。

5.4.3 盖章

a）复验合格的，在胴体上加盖本厂（场）的肉品品质检验合格印章（见附录A中的图A1），准予出厂；

b）对检出的病肉按照5.5的规定分别盖上相应的检验处理印章（见附录A，图A2～图A5）。

5.5 不合格肉品的处理

5.5.1 创伤性心包炎

根据病变程度，分别处理。

a）心包膜增厚，心包囊极度扩张，其中沉积有多量的淡黄色纤维蛋白或脓性渗出物、有恶臭，胸、腹腔中均有炎症，且膈肌、肝、脾上有脓疡的，应全部做非食用或销毁；

b）心包极度增厚，被绒毛样纤维蛋白所覆盖，与周围组织膈肌、肝发生粘连的，割除病变组织后，应高温处理后出厂（场）；

c）心包增厚被绒毛样纤维蛋白所覆盖，与膈肌和网胃愈着的，将病变部分割除后，不受限制出厂（场）。

5.5.2 神经纤维瘤

牛的神经纤维瘤首先见于心脏，当发现心脏四周神经粗大如白线，向心尖处聚集或呈索状延伸时，应切检腋下神经丛，并根据切检情况，分别处理。

a）见腋下神经粗大、水肿呈黄色时，将有病变的神经组织切除干净，肉可用于复制加工原料；

b）腋下神经丛粗大如板，呈灰白色，切检时有韧性，并生有囊泡，在无色的囊液中浮有杏黄色的核，这种病变见于两腋下，粗大的神经分别向两端延伸，腰荐神经和坐骨神经均有相似病变。应全部做非食用或销毁。

5.5.3 牛的脂肪坏死

在肾脏和胰脏周围、大网膜和肠管等处，见有手指大到拳头大的、呈不透明灰白色或黄褐色的脂肪坏死凝块，其中含有钙化灶和结晶体等。将脂肪坏死凝块修割干净后，肉可不受限制出厂（场）。

5.5.4 骨血素病（卟淋沉着症）

全身骨骼均呈淡红褐色、褐色或暗褐色，但骨膜、软骨、关结软骨、韧带均不受害。有病变的骨骼或肝、肾等应做工业用，肉可以作为复制品原料。

5.5.5 白血病

全身淋巴结均显著肿大、切面呈鱼肉样、质地脆弱、指压易碎，实质脏器肝、脾、肾均见肿大，脾脏的滤泡肿胀，呈西米脾样，骨髓呈灰红色。应整体销毁。

注：在宰后检验中，发现可疑肿瘤，有结节状的或弥漫性增生的，单凭肉眼常常难于确诊，发现后应将胴体及其产品先行隔离冷藏，取病料送病理学检验，按检验结果再作出处理。

5.5.6 种公牛、种公羊

健康无病且有性气味的，不应鲜销，应做复制品加工原料。

5.5.7 有下列情况之一的病畜及其产品应全部做非食用或销毁。

a）脓毒症；

b）尿毒症；

c）急性及慢性中毒；

d）恶性肿瘤、全身性肿瘤；

e）过度瘠瘦及肌肉变质、高度水肿的。

5.5.8 组织和器官仅有下列病变之一的，应将有病变的局部或全部做非食用或销毁处理。

a）局部化脓；

b）创伤部分；

c）皮肤发炎部分；

d）严重充血与出血部分；

e）浮肿部分；

f）病理性肥大或萎缩部分；

g）变质钙化部分；

h）寄生虫损害部分；

i）非恶性肿瘤部分；

j）带异色、异味及异臭部分；

k）其他有碍食肉卫生部分。

5.5.9 检验结果登记

每天检验工作完毕，应将当天的屠宰头（只）数、产地、货主、宰前和宰后检验查出的病畜和不合格肉的处理情况进行登记。

附 录 A
（标准的附录）
检验处理章印模

A1 检验合格印章印模，见图 A1，直径 75 mm，上线距圆心 5 mm，下线距圆心 10 mm，“××××”为厂或场名，要刻制全称，字体为宋体，铜制材料，日期可调换。

A2 无害化处理章印模

A2.1 高温处理章印模，等边三角形，边长 45 mm，见图 A2。

A2.2 非食用处理章印模，长 80 mm，宽 37 mm，见图 A3。

A2.3 复制处理章印模，菱形，长轴 60 mm，短轴 30 mm，见图 A4。

A2.4 销毁处理章印模，对角线长 60 mm，见图 A5。

图 A1 检验合格印章印模

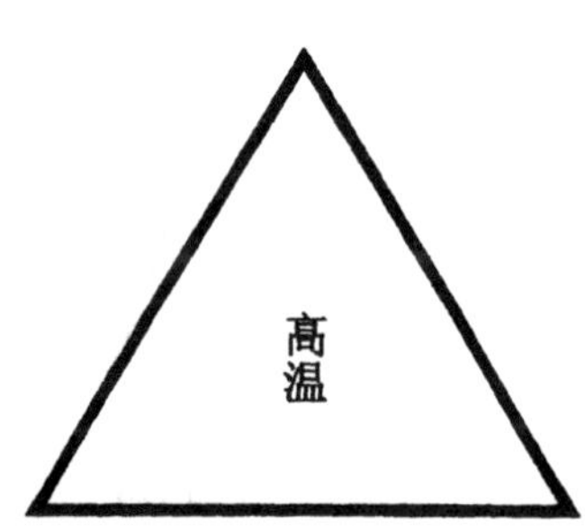

图 A2 高温处理章印模

图 A3 非食用处理章印模

图 A4 复制处理章印模

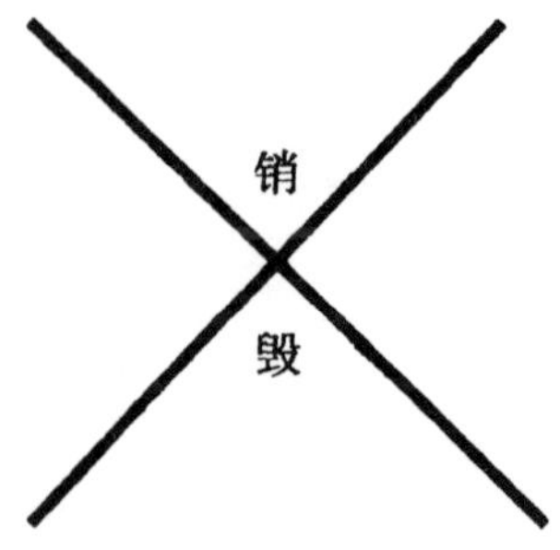

图 A5 销毁处理章印模

ICS 67.120.10
B 45

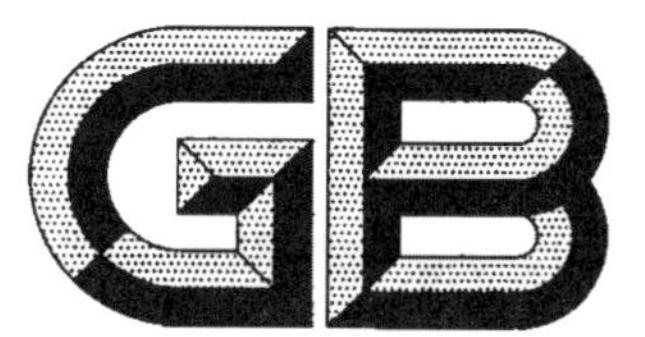

中华人民共和国国家标准

GB/T 28640—2012

畜禽肉冷链运输管理技术规范

Practices for cold-chain transportation of livestock & poultry meat

2012-07-31 发布　　　　2012-11-01 实施

中华人民共和国国家质量监督检验检疫总局
中国国家标准化管理委员会　发布

前　言

本标准按照GB/T 1.1—2009给出的规则起草。

本标准由中华人民共和国商务部提出并归口。

本标准起草单位:全国城市农贸中心联合会、大连熟食品交易中心、江苏雨润食品产业集团有限公司。

本标准主要起草人:马增俊、侯仰标、纳绍平、刘旭波、闵成军。

畜禽肉冷链运输管理技术规范

1 范围

本标准规定了畜禽肉的冷却冷冻处理、包装及标识、贮存、装卸载、运输、节能要求以及人员的基本要求。

本标准适用于生鲜畜禽肉从运输准备到实现最终消费前的全过程冷链运输管理。

2 规范性引用文件

下列文件对于本文件的应用是必不可少的。凡是注日期的引用文件，仅注日期的版本适用于本文件。凡是不注日期的引用文件，其最新版本(包括所有的修改单)适用于本文件。

GB/T 191 包装储运图示标志

GB/T 4456 包装用聚乙烯吹塑薄膜

GB 6388 运输包装收发货标志

GB/T 6543 运输包装用单瓦楞纸箱和双瓦楞纸箱

GB/T 7392 系列 1:集装箱的技术要求和试验方法保温集装箱

GB 7718 预包装食品标签通则

GB 9687 食品包装用聚乙烯成型品卫生标准

GB 9688 食品包装用聚丙烯成型品卫生标准

GB 9689 食品包装用聚苯乙烯成型品卫生标准

QC/T 450 保温车、冷藏车技术条件

3 术语和定义

下列术语和定义适用于本文件。

3.1

冷却畜禽肉 chilled meat

经冷却加工，并在运输和销售中始终保持低温(中心温度 0 ℃～4 ℃)而不冻结的畜禽肉。

3.2

冷冻畜禽肉 frozen meat of livestock and poultry

冷却后的畜禽胴体经低温冻结处理，并在加工、运输、销售过程中保持其中心温度不超过－15 ℃的畜禽肉。

3.3

冷链 cold-chain

根据产品特性，为保持其品质而采用的配有相应设施设备、从生产到消费各环节始终使产品处于低温状态的物流网络。

4 冷却冷冻处理

4.1 畜禽肉冷却处理

4.1.1 畜禽宰后冷却处理

4.1.1.1 片猪肉

宰后片猪肉应在击昏 45 min 内进入 0 ℃～4 ℃冷却间，并在 24 h 内使其后腿肌肉深层中心温度降至 0 ℃～7 ℃。

4.1.1.2 片牛肉

宰后片牛肉应在击昏 45 min 内进入 0 ℃～4 ℃冷却间，并在 36 h 内使其后腿部及肩胛部肌肉深层中心温度降至 0 ℃～7 ℃。

4.1.1.3 羊胴体

宰后羊胴体应在击昏 1 h 内进入 0 ℃～4 ℃冷却间，并在 10 h 内使其后腿部及肩胛部深层中心温度降至 0 ℃～7 ℃。

4.1.1.4 鸡胴体

冷却介质的温度控制在 0 ℃～4 ℃，冷却时间控制在 45 min 以内，冷却后鸡胴体中心温度达到 7 ℃以下。

4.1.1.5 其他

其他畜禽胴体的冷却操作要求参照上述过程的控制要求执行。

4.1.2 畜禽产品的冷分割

冷却后的畜禽产品应在良好卫生条件和车间温度低于 12 ℃的环境中进行分割，分割后肉的中心温度应不高于 7 ℃。

4.2 畜禽肉冷冻处理

4.2.1 分割猪肉应在 24 h 内使其肌肉深层中心温度降至－15 ℃以下。

4.2.2 片牛肉及分割牛肉应分别在 72 h 和 36 h 内使其肌肉深层中心温度降至－15 ℃以下。

4.2.3 分割羊肉应在 16 h 内使其肌肉深层中心温度降至－15 ℃以下。

4.2.4 鸡胴体及其分割产品应在 12 h 内使其肌肉深层中心温度降至－18 ℃以下。

4.2.5 其他畜禽产品的冻结参照上述要求执行。

5 包装及标识

5.1 包装

5.1.1 冷却畜禽肉应在良好卫生条件和包装间温度不超过 12 ℃的环境中进行包装。

5.1.2 冷冻畜禽肉应在良好卫生条件和包装间温度不超过 0 ℃的环境中进行包装。

5.1.3 内包装材料应符合 GB/T 4456、GB 9687、GB 9688 和 GB 9689 等标准的相关规定，薄膜不得重复使用。外包装材料应符合 GB/T 6543 的规定。

5.1.4 运输包装应能满足畜禽肉安全运输的要求。

5.2 标识

5.2.1 预包装畜禽肉的标签应符合 GB 7718 的规定。

5.2.2 运输包装的收发货标志和图示应符合 GB 6388 和 GB/T 191 的规定，至少应有“温度极限”标识。

6 贮存

6.1 贮存库应根据产品要求配备相应的制冷设备、温(湿)度测量装置、监控装置等，定期维护、校准。

6.2 临时贮藏的冷却畜禽肉应贮存于 0 ℃～4 ℃、相对湿度 75%～84%的冷却间。

6.3 冷冻畜禽肉应贮存于－18 ℃以下、相对湿度 95%以上的冷冻间，冷冻间温度昼夜波动不得超过±1 ℃。

6.4 畜禽肉应按产品大类分区存放，产品贮存应遵循先进先出的原则。

6.5 畜禽肉和副产品混合贮存时，应该分别密闭包装并分区存放。

6.6 应详细记录畜禽肉的出入库时间、数量、贮存温度等信息。

6.7 供特定宗教信仰人员使用的畜禽肉产品在满足上述要求的同时，还应满足其特定贮存要求。清真产品应存放在经过认可的专用库内，不得与其他畜禽肉产品混贮。

7 装卸载

7.1 装卸载设施设备要求

7.1.1 应根据企业实际需求配备电瓶叉车、货架、托盘等装卸载设施设备。

7.1.2 企业宜统一使用 1 200 mm×1 000 mm 规格的托盘。

7.1.3 装卸载设施设备应保持清洁卫生，并定期消毒。

7.1.4 宜配备封闭式站台进行装卸载活动。

7.2 畜禽肉装车摆放要求

7.2.1 同一运输车厢内不得摆放不同温度要求的畜禽肉或其他产品。

7.2.2 清真畜禽肉产品应专车运输。

7.2.3 冷却畜肉胴体应吊挂运输。

7.2.4 冷却肉进入车厢内应采取一定装置和措施防止过度挤压。包装好的畜禽肉应摆放整齐有序。

7.3 作业管理要求

7.3.1 企业应制定装卸载监管制度，做到票物相符，做好相关记录并存档。装载前应查验检疫证明、检疫证章是否齐全，片胴体是否加盖检疫合格验讫印章，并核对数量是否一致；卸载前应检查产品色泽是否新鲜，包装是否完整，生产日期是否清晰并确保畜禽肉在保质期范围内。

7.3.2 本环节中应保证冷却畜禽肉脱离冷链时间不超过 30 min，冷冻畜禽肉脱离冷链时间不超过15 min。

8 运输

8.1 运输前准备

8.1.1 应检查畜禽肉温度是否符合规定要求，冷却畜禽肉中心温度应在0 ℃～4 ℃，冷冻畜禽肉中心温度应低于－18 ℃。

8.1.2 应检查车厢温度，在温度高于产品温度时，应提前制冷，将温度降低到相应的温度。运输冷却畜禽肉时车厢温度应低于7 ℃，运输冷冻畜禽肉时车厢温度应低于－15 ℃。

8.2 运输工具

8.2.1 应采用冷藏车、保温车、冷藏集装箱、冷藏船、冷藏火车(专列)和附带保温箱的运输设备。保温集装箱应符合GB/T 7392的规定，运输车辆应符合QC/T 450的规定。

8.2.2 运输工具应配备温湿度传感器和温湿度自动记录仪，实时监测和记录温湿度。

8.2.3 所有的运输装置都应处于良好的技术状态，如顶部的通风孔要处于工作状态，车厢排水应良好，并设有确保空气循环的货垫等。

8.3 运输条件

8.3.1 运输参数应符合6.2和6.3的规定。

8.3.2 运输过程温度应与运输产品所需温度环境相匹配。

8.4 监测与记录

8.4.1 企业应建立产品运输跟踪系统，做好记录并存档。

8.4.2 运输过程中应定时监测和记录车厢内温湿度值，如超出允许的波动范围应按相关规定及时处理。

9 节能要求

在畜禽肉冷却、冷冻、贮存、冷链运输中宜选用节能设备，并采用节能方法和技术。

10 人员

10.1 设备操作人员应经培训，持证上岗。

10.2 患有痢疾、伤寒、病毒性肝炎等消化道传染病的人员，以及患有活动性肺结核、化脓性或者渗出性皮肤病等有碍食品安全的疾病的人员，不得直接接触食品及其包装物。

 内蒙古自治区高标准体系建设项目系列图书 3

乌兰察布马铃薯标准体系

内蒙古自治区市场监督管理局◎编著

中国质量标准出版传媒有限公司
中 国 标 准 出 版 社

北 京

图书在版编目(CIP)数据

乌兰察布马铃薯标准体系/内蒙古自治区市场监督管理局编著.—北京 ：中国标准出版社，2020.6
(内蒙古自治区高标准体系建设项目系列图书)
ISBN 978-7-5066-9573-2

Ⅰ.①内… Ⅱ.①内… Ⅲ.①马铃薯—质量管理—标准体系—乌兰察布市 Ⅳ.①S532-65

中国版本图书馆 CIP 数据核字(2020)第 044452 号

中国标准出版社出版发行
北京市朝阳区和平里西街甲 2 号(100029)
北京市西城区三里河北街 16 号(100045)

网址 www.spc.net.cn
总编室:(010)68533533 发行中心:(010)51780238
读者服务部:(010)68523946
中国标准出版社秦皇岛印刷厂印刷
各地新华书店经销

*

开本 880×1230 1/16 印张 6.5 字数 194 千字
2020 年 6 月第一版 2020 年 6 月第一次印刷

*

定价(全十册) 225.00 元

图书编委会

本书编写组

主　　编　白清元

执行主编　冯　晔

副 主 编　董玉霞　刘保华　贾双文　王世平　吉　福

　　　　　李建青　杨春增

成　　员　胡彩虹　朱晓春　张　蒙　郭大伟　赵晓东

　　　　　张智宇　毕　超　王嘉睿　王　娟

序言

“中国将积极实施标准化战略，以标准助力创新发展、协调发展、绿色发展、开放发展、共享发展”“中国高度重视标准化工作，积极推广应用国际标准，以高标准助力高技术创新，促进高水平开放，引领高质量发展”。习近平总书记在庆祝第39届国际标准化组织（ISO）大会、第83届国际电工委员会（IEC）大会开幕的贺信中，对标准及实施标准化战略的重要性作出了精辟阐述，为新形势下推动标准化工作持续健康发展提供了重要指引。实践证明，标准化在支撑产业发展、促进科技进步、推进国家治理能力现代化等方面的基础性、战略性作用越发凸显。

2019年是全面贯彻落实习近平总书记“扎实推动经济高质量发展”承上启下的关键一年，内蒙古自治区市场监管局协调有关行业部门、企事业单位，立足实际，围绕标准引领、质量提升、品牌培育重点工作积极作为，大力实施标准化战略，持续推进标准提升，深化标准化工作改革和创新，聚焦关键、突出重点，努力为全区高质量发展作出更大贡献。针对自治区标准体系建设不完善、高水平标准少的实际，内蒙古自治区市场监督管理局出台《内蒙古自治区标准化提升行动计划（2018—2020年）》，开展第一批锡林郭勒羊肉等11项特色产业高标准体系建设项目，共梳理出各类标准429项，提出立项标准建议156项，开展高标准体系试点示范项目14个，为9个产业的“蒙”字标产品认证要求及团体标准制定提供了技术支撑。经过努力，自治区标准化工作成效显著：截至2019年10月，全区累计建成标准化试点示范项目384个，主导或参与制修订各类标准3 900多项，组织制定了稀土和纺织行业国际标准、大型矿用自卸车国家标准、羊产业团体标准等；全面推进标准国际化，内蒙古标准化院建立了“蒙古国标准化（内蒙古）研究中心”，聚焦“一带一路”建设，加强标准化合作研究；包头市政府开展了“标准国际化创新型城市”创建工作；与中建集团共同推动中国7项标准被蒙古国互认、举办第3届中蒙博览会中蒙经贸活动标准化论坛、承办国际标准化组织ISO/TC 275的2019年全体会议，进一步扩大了自治区对中蒙俄标准化研究的国际影响力。

建设适应高质量发展的标准体系是今后标准化工作的重中之重。围绕自治区优势特色产业，立足高质量高效益，制定全产业链的高标准体系将成为市场监管部门和各行业主管部门、有关企事业单位的重要职责任务。这套《内蒙古自治区高标准体系建设项目系列图书》的编印

是自治区建设高标准体系工作的一个开端。自治区及各盟市市场监督管理部门、标准化工作战线的同志们要锐意进取、开拓创新，以推动高质量发展为动力，积极构建支撑高质量发展的标准体系；要不断挖掘内蒙古优势特色产业，加快制定一批亟需的高水平标准，让高标准成为高质量发展的“引擎”，助推“蒙”字标等质量品牌建设；要瞄准国际国内先进标准，选择重点行业、重点企业开展对标达标活动，推动自治区优势特色技术标准成为国家标准或国际标准；要加强标准实施与监督，建立健全标准评价机制，进一步发挥标准化项目的辐射带动作用，助推内蒙古自治区经济高质量发展。

编著者

2020 年 5 月

前言

2019年是“标准体系建设”之年，加快建设推动高质量发展的标准体系是标准化工作的重中之重。内蒙古自治区市场监督管理局深入开展“标准化提升行动”，不断提升标准水平，完善标准体系，助力高质量发展。

2019年7月，自治区市场监管局与自治区农牧厅、林草局联合下发《关于开展2019年自治区农牧业产业标准体系建设项目的通知》（内市监标准字〔2019〕163号）和《关于开展2019年林草产业标准体系建设项目的通知》（内市监标准字〔2019〕164号），紧紧围绕自治区特色农林牧产业开展标准体系建设。各相关盟市旗县政府、科研机构、高校、龙头企业、专业技术人员等广泛参与，保证了标准体系的科学性、合理性和先进性。

这是自治区第一批高标准体系建设项目，本着“从田间到餐桌”全产业链的标准化要求，覆盖了产品种（养）植的地域、环境要求、品种和种养加工过程控制、产品品质和储运包装等关键环节。立足高质量要求，体现原料天然无污染、种养过程绿色有机、产品品质优质等要素，为促进产业高质量发展、打造“蒙”字标区域公用品牌提供了标准化支撑。

本书将兴安盟大米、呼伦贝尔牛肉、乌兰察布马铃薯、科尔沁牛肉、锡林郭勒羊肉、赤峰小米、呼伦贝尔羊肉、河套小麦、内蒙古大兴安岭黑木耳、通辽黄玉米10个产业标准体系及相关标准集结成册，旨在方便生产、加工、检测、认证人员及广大读者使用，以更好地指导实践。在本丛书编写过程中得到了相关部门、企业和多位专家的大力支持，在此表示衷心感谢！由于编写水平和时间有限，书中内容难免会有错漏，恳请读者提出宝贵意见，以便我们改进和完善。

编著者

2020年5月

目录

乌兰察布马铃薯标准体系框架图 // 1

乌兰察布马铃薯标准体系明细表 // 3

乌兰察布马铃薯标准体系标准统计表 // 7

肆 乌兰察布马铃薯标准体系关键标准 // 9

DB15/T 1721—2019 “乌兰察布马铃薯”品种选择标准 // 10

DB15/T 1720—2019 “乌兰察布马铃薯”产地环境要求 // 15

GB/T 29378—2012 马铃薯脱毒种薯生产技术规程 // 20

DB15/T 1722—2019 “乌兰察布马铃薯”种薯质量标准 // 41

DB15/T 1724—2019 “乌兰察布马铃薯”旱地种植技术规程 // 46

DB15/T 1725—2019 “乌兰察布马铃薯”水浇地种植技术规程 // 51

DB15/T 1723—2019 “乌兰察布马铃薯”主要病虫草害绿色防控技术规程 // 56

DB15/T 1726—2019 “乌兰察布马铃薯”鲜食薯包装与标识 // 60

NY/T 401—2000 脱毒马铃薯种薯（苗）病毒检测技术规程 // 65

DB15/T 1719—2019 “乌兰察布马铃薯”鲜食薯质量标准 // 75

DB15/T 1727—2019 “乌兰察布马铃薯”鲜食薯贮藏技术规程 // 81

DB15/T 1728—2019 “乌兰察布马铃薯”质量追溯技术规程 // 86

乌兰察布马铃薯标准体系框架图

乌兰察布马铃薯标准体系
01 基础
0101 术语和分类
0102 种质资源
02 产地环境
03 种薯生产
0301 基础设施
0302 繁育
0303 分级
04 商品薯生产
0401 种植技术
0402 病虫害防治
05 包装标识
06 质量检测
0601 种薯检测
0602 商品薯检测
07 仓储
08 物流
09 产品追溯

贰

乌兰察布马铃薯标准体系明细表

序号	标准名称	标准编号	级别	实施日期	状态
01　基础					
0101　术语和分类					
1	良好农业规范　第1部分：术语	GB/T 20014.1—2005	国标	2006-05-01	现行
2	粮食作物名词术语	NY/T 1961—2010	行标	2011-02-01	现行
3	马铃薯主食产品　分类和术语	NY/T 3100—2017	行标	2017-10-01	现行
0102　种质资源					
1	引进马铃薯种质资源检验检疫操作规程	GB/T 36857—2018	国标	2019-04-01	现行
2	农作物优异种质资源评价规范　马铃薯	NY/T 2179—2012	行标	2012-09-01	现行
3	马铃薯品种鉴定	NY/T 1963—2010	行标	2011-02-01	现行
4	农作物种质资源鉴定技术规程　马铃薯	NY/T 1303—2007	行标	2007-07-01	现行
5	农作物品种试验技术规程　马铃薯	NY/T 1489—2007	行标	2008-03-01	现行
6	马铃薯种质资源描述规范	NY/T 2940—2016	行标	2017-04-01	现行
7	“乌兰察布马铃薯”品种选择标准	DB15/T 1721—2019	地标	2019-12-05	现行
02　产地环境					
1	环境空气质量标准	GB 3095—2012	国标	2016-01-01	现行
2	土壤环境质量　农用地土壤污染风险管控标准（试行）	GB 15618—2018	国标	2018-08-01	现行
3	农田灌溉水质标准	GB 5084—2005	国标	2006-11-01	现行
4	基本农田环境质量保护技术规范	NY/T 1259—2007	行标	2007-07-01	现行
5	食用农产品产地环境质量评价标准	HJ/T 332—2006	行标	2007-02-01	现行
6	内蒙古农田、草地土壤相对湿度等级指标	DB15/T 510—2012	地标	2012-09-01	现行
7	“乌兰察布马铃薯”产地环境要求	DB15/T 1720—2019	地标	2019-12-05	现行
03　种薯生产					
0301　基础设施					
1	农业植物检疫实验室基础条件	GB/T 23621—2009	国标	2009-10-01	现行
2	马铃薯脱毒种薯繁育基地建设标准	NY/T 2164—2012	行标	2012-09-01	现行
3	马铃薯种植机质量评价技术规范	NY/T 1415—2007	行标	2007-09-01	现行
4	马铃薯种植机械　作业质量	NY/T 990—2018	行标	2018-06-01	现行
0302　繁育					
1	马铃薯脱毒试管苗繁育技术规程	GB/T 29375—2012	国标	2013-06-20	现行
2	马铃薯脱毒原原种繁育技术规程	GB/T 29376—2012	国标	2013-06-20	现行
3	马铃薯脱毒种薯生产技术规程	GB/T 29378—2012	国标	2013-06-20	现行
4	马铃薯脱毒种薯繁育技术规程	NY/T 1212—2006	行标	2007-02-01	现行
5	马铃薯种薯生产技术操作规程	NY/T 1606—2008	行标	2008-07-01	现行
0303　分级					
1	马铃薯种薯	GB 18133—2012	国标	2013-12-19	现行

序号	标准名称	标准编号	级别	实施日期	状态
2	马铃薯脱毒种薯级别与检测规程	GB/T 29377—2012	国标	2013-06-20	现行
3	马铃薯等级规格	NY/T 1066—2006	行标	2006-10-01	现行
4	“乌兰察布马铃薯”种薯质量标准	DB15/T 1722—2019	地标	2019-12-05	现行
04　商品薯生产					
0401　种植技术					
1	马铃薯商品薯生产技术规程	GB/T 31753—2015	国标	2015-11-02	现行
2	马铃薯机械化收获作业技术规范	NY/T 2462—2013	行标	2014-01-01	现行
3	马铃薯全膜覆盖沟垄种植农艺农机一体化技术规程	DB15/T 1353—2018	地标	2018-06-30	现行
4	“乌兰察布马铃薯”旱地种植技术规程	DB15/T 1724—2019	地标	2019-12-05	现行
5	“乌兰察布马铃薯”水浇地种植技术规程	DB15/T 1725—2019	地标	2019-12-05	现行
0402　病虫害防治					
1	马铃薯主要病虫害防治技术规程	NY/T 2383—2013	行标	2014-01-01	现行
2	“乌兰察布马铃薯”主要病虫草害绿色防控技术规程	DB15/T 1723—2019	地标	2019-12-05	现行
05　包装标识					
1	粮食销售包装	GB/T 17109—2008	国标	2009-01-20	现行
2	粮食包装　麻袋	GB/T 24904—2010	国标	2011-07-01	现行
3	农产品物流包装容器通用技术要求	GB/T 34343—2017	国标	2018-05-01	现行
4	农产品物流包装材料通用技术要求	GB/T 34344—2017	国标	2018-05-01	现行
5	新鲜蔬菜包装与标识	SB/T 10158—2012	行标	2013-07-01	现行
6	“乌兰察布马铃薯”鲜食薯包装与标识	DB15/T 1726—2019	地标	2019-12-05	现行
06　质量检测					
0601　种薯检测					
1	马铃薯种薯产地检疫规程	GB 7331—2003	国标	2003-11-01	现行
2	马铃薯甲虫疫情监测规程	GB/T 23620—2009	国标	2009-10-01	现行
3	脱毒马铃薯种薯（苗）病毒检测技术规程	NY/T 401—2000	行标	2000-12-01	现行
0602　商品薯检测					
1	“乌兰察布马铃薯”鲜食薯质量标准	DB15/T 1719—2019	地标	2019-12-05	现行
07　仓储					
1	马铃薯脱毒种薯贮藏、运输技术规程	GB/T 29379—2012	国标	2013-06-20	现行
2	“乌兰察布马铃薯”鲜食薯贮藏技术规程	DB15/T 1727—2019	地标	2019-12-05	现行
08　物流					
1	早熟马铃薯　预冷和冷藏运输指南	GB/T 25868—2010	国标	2011-06-01	现行
2	鲜食马铃薯流通规范	SB/T 10577—2010	行标	2011-03-01	现行

序号	标准名称	标准编号	级别	实施日期	状态
3	加工用马铃薯流通规范	SB/T 10968—2013	行标	2013-11-01	现行
09　产品追溯					
1	马铃薯商品薯质量追溯体系的建立与实施规程	GB/T 31575—2015	国标	2015-11-27	现行
2	农产品质量安全追溯操作规程　通则	NY/T 1761—2009	行标	2009-05-20	现行
3	“乌兰察布马铃薯”质量追溯技术规程	DB15/T 1728—2019	地标	2019-12-05	现行

乌兰察布马铃薯标准体系标准统计表

序号	标准类别	标准数量/项				
		国家标准	行业标准	地方标准	已立项标准	总计
1	基础	2	7	1	0	10
2	产地环境	3	2	2	0	7
3	种薯生产	6	6	1	0	13
4	商品薯生产	1	2	4	0	7
5	包装标识	4	1	1	0	6
6	质量检测	2	1	1	0	4
7	仓储	1	0	1	0	2
8	物流	1	2	0	0	3
9	产品追溯	1	1	1	0	3
合计		21	22	12	0	55

肆

乌兰察布马铃薯标准体系关键标准

ICS 65.020.01
B 05

DB15

内蒙古自治区地方标准

DB15/T 1721—2019

“乌兰察布马铃薯”品种选择标准

Selection criteria of potato variety in Ulanqab

2019-11-05 发布　　2019-12-05 实施

内蒙古自治区市场监督管理局　发布

前　言

本标准按照GB/T 1.1—2009给出的规则起草。

本标准由乌兰察布市市场监督管理局提出。

本标准由内蒙古自治区马铃薯生产与种植标准化技术委员会(SAM/TC 42)归口。

本标准主要起草单位:乌兰察布市种子管理站、乌兰察布市农牧业科学研究院、乌兰察布市产品质量技术检验所、内蒙古中加农业生物科技有限公司、内蒙古民丰种业有限公司、乌兰察布市气象局、内蒙古自治区农牧业科学院。

本标准主要起草人员:赵玉平、丁向荣、王碧春、武艳军、林团荣、马丽波、吕文霞、韩伟、王沛、王伟、韩志刚、谢锐。

"乌兰察布马铃薯"品种选择标准

1 范围

本标准规定了选择马铃薯品种的生育期要求、生产用途要求。

本标准适用于乌兰察布地区种植马铃薯的品种选择。

2 规范性引用文件

下列文件对于本文件的应用是必不可少的。凡是注日期的引用文件，仅注日期的版本适用于本文件。凡是不注日期的引用文件，其最新版本(包括所有的修改单)适用于本文件。

GB/T 19557.28 植物品种特异性、一致性和稳定性测试指南 马铃薯

NY/T 1605—2008 加工用马铃薯 油炸

3 术语和定义

下列术语和定义适用于本文件。

3.1

马铃薯品种 potato variety

经过选择和培育，具有一定经济价值和共同遗传特点的马铃薯的总合体。

3.2

生育期 period of duration

从出苗到成熟的天数。

3.3

商品率 commodity rate

马铃薯收获后，鲜食薯块 150 g 以上的块茎产量占总产量的比率。

4 品种选择

4.1 生育期要求

马铃薯按生育期可分为极早熟品种、早熟品种、中早熟品种、中熟品种、中晚熟品种和晚熟品种，具体分类见表 1，乌兰察布马铃薯生产属于一季作区，生育期最好为 120 d 之内的品种。

表 1 马铃薯生育期分类

分类	生育期
极早熟品种	60 d 以内
早熟品种	61 d～70 d
中早熟品种	71 d～85 d

表 1（续）

分类	生育期
中熟品种	86 d～105 d
中晚熟品种	106 d～120 d
晚熟品种	120 d 以上

4.2 生产用途要求

4.2.1 鲜食型

4.2.1.1 理化指标

淀粉含量≥13.0％，干物质含量≥17.7％，蛋白质含量≥1.5％，维生素 C 含量≥13.6 mg/100 g。

4.2.1.2 生物学特性

薯形规则，表皮光滑，芽眼浅，薯肉黄色或浅黄色。见光不易变绿，薯皮较厚，对水肥不敏感。

4.2.1.3 感官指标

商品薯率≥85％，薯块整齐度≥80％，虫蚀、冻伤、腐烂等薯块≤5％。

4.2.2 淀粉加工型

淀粉含量≥17.0％，干物质含量≥23.1％。

4.2.3 全粉加工型

4.2.3.1 理化指标

还原糖含量≤0.2％，干物质含量≥20.1％，淀粉含量≥16.2％，维生素 C 含量≥15.4 mg/100 g。

4.2.3.2 生物学特性

薯形规则，芽眼浅，薯肉白色，光照不易变绿，表皮较厚。

4.2.3.3 感官指标

虫蚀、冻伤、腐烂等薯块≤5％。

4.2.4 薯片加工型

4.2.4.1 理化指标

干物质含量为 22.0％～25.0％，还原糖含量≤0.25％。

4.2.4.2 生物学特性

薯形圆形或扁圆形，薯块直径 40 mm～80 mm，芽眼深度≤2 mm，薯肉白色。光照不易变绿，耐低温储藏，耐机械损伤，抗虫、抗病。不易空心、黑心。

4.2.4.3 感官指标

商品薯率≥80%,薯块整齐度≥90%,虫蚀、冻伤、腐烂等薯块≤5%。

4.2.5 薯条加工型

4.2.5.1 理化指标

干物质含量为22.0%~25.0%,还原糖含量≤0.25%。

4.2.5.2 生物学特性

薯形圆柱形,薯块长≥12 cm,芽眼深度≤2 mm,薯肉白色。光照不易变绿,耐低温储藏,耐机械损伤,抗虫、抗病。不易空心、黑心。

4.2.5.3 感官指标

商品薯率≥95%,薯块整齐度≥90%,虫蚀、冻伤、腐烂等薯块≤5%。

ICS 65.020.01
B 05

DB15

内蒙古自治区地方标准

DB15/T 1720—2019

“乌兰察布马铃薯”产地环境要求

The regulation of environment of fresh Ulanqab potato producing areas

2019-11-05 发布

2019-12-05 实施

内蒙古自治区市场监督管理局 发布

前言

本标准按照 GB/T 1.1—2009 给出的规则起草。

本标准由乌兰察布市市场监督管理局提出。

本标准由内蒙古自治区马铃薯生产与种植标准化技术委员会(SAM/TC 42)归口。

本标准主要起草单位:乌兰察布职业学院、乌兰察布市产品质量计量检测所、内蒙古自治区农牧业科学院、乌兰察布市土肥站、内蒙古民丰种业有限公司、乌兰察布市农牧业科学院、乌兰察布市气象局、乌兰察布市农畜产品质量安全监督管理中心。

本标准主要起草人:陈建保、刘海英、郝伯为、张莉娜、周丽超、俎爱忠、韩志刚、弓钦、胡卫静、韩伟、谢锐、韩飞、林团荣、张志成、王沛、吴腾格尔。

“乌兰察布马铃薯”产地环境要求

1 范围

本标准规定了“乌兰察布马铃薯”产地环境的气候条件、灌溉水质量、土壤环境质量、土壤肥力要求。

本标准适用于乌兰察布地区马铃薯的生产。

2 规范性引用文件

下列文件对于本文件的应用是必不可少的。凡是注日期的引用文件，仅注日期的版本适用于本文件。凡是不注日期的引用文件，其最新版本(包括所有的修改单)适用于本文件。

GB/T 5750(所有部分) 生活饮用水标准检验方法

GB 6920 水质 pH 值的测定 玻璃电极法

GB 7467 水质 六价铬的测定 二苯碳酰二肼分光光度法

GB 7475 水质 铜、锌、铅、镉的测定 原子吸收分光光度法

GB 7484 水质 氟化物的测定 离子选择电极法

GB 7485 水质 总砷的测定 二乙基二硫代氨基甲酸银分光光度法

GB/T 17138 土壤质量 铜、锌的测定 火焰原子吸收分光光度法

GB/T 17141 土壤质量 铅、镉的测定 石墨炉原子吸收分光光度法

GB/T 22105.1 土壤质量 总汞、总砷、总铅的测定 原子荧光法 第1部分:土壤中总汞的测定

GB/T 22105.2 土壤质量 总汞、总砷、总铅的测定 原子荧光法 第2部分:土壤中总砷的测定

HJ/T 51 水质 全盐量的测定 重量法

HJ 491 土壤和沉积物 铜、锌、铅、镍、铬的测定 火焰原子吸收分光光度法

HJ 597 水质 总汞的测定 冷原子吸收分光光度法

HJ 637 水质 石油类和动植物油类的测定 红外分光光度法

HJ 828 水质 化学需氧量的测定 重铬酸盐法

LY/T 1232 森林土壤磷的测定

LY/T 1234 森林土壤钾的测定

LY/T 1243 森林土壤阳离子交换量的测定

NY/T 1121.6 土壤检测 第6部分:土壤有机质的测定

NY/T 1121.24 土壤检测 第24部分:土壤全氮的测定自动定氮仪法

NY/T 1377 土壤中 pH 值的测定

SL 355 水质 粪大肠菌群的测定——多管发酵法

DB15/T 1719 “乌兰察布马铃薯”鲜食薯质量标准

3 术语和定义

下列术语和定义适用于本文件。

3.1

乌兰察布马铃薯 Ulanqab potato

产自于乌兰察布地区,符合 DB15/T 1719 规定的马铃薯。

4 产地环境

4.1 气候条件

中温带干旱、半干旱大陆性季风气候。年平均气温 2.1 ℃～5.9 ℃,大于或等于 10 ℃活动积温 1 704 ℃～2 624 ℃;年平均降水量 250 mm～430 mm;年平均日照时数 2 787 h～3 086 h;无霜期 90 d～140 d。

4.2 灌溉水质量

马铃薯产地灌溉水应符合农田灌溉水质量要求,质量指标应符合表 1 的规定。

表 1 灌溉水质量指标

项目	浓度限值(指标)	检测方法
pH	6.5～8.5	GB 6920
总镉/(mg/L)	≤0.005	GB 7475
总砷/(mg/L)	≤0.01	GB 7485
总铅/(mg/L)	≤0.01	GB 7475
铬(六价)/(mg/L)	≤0.05	GB 7467
总汞/(mg/L)	≤0.001	HJ 597
化学需氧量(CODcr)/(mg/L)	≤60	HJ 828
溶解性总固体/(mg/L)	≤1 500	GB/T 5750(所有部分)
全盐量/(mg/L)	≤1 000(非盐碱地区) ≤2 000(盐碱地区)	HJ/T 51
氟化物/(mg/L)	≤1.2	GB 7484
石油类/(mg/L)	≤1	HJ 637
粪大肠菌群/(个/L)	≤10 000	SL 355

4.3 土壤环境质量

马铃薯产地土壤环境质量指标应符合表 2 的规定。

表 2 土壤环境质量指标

项目	含量限值(指标)			检测方法
	pH<6.5	pH 6.5～7.5	pH>7.5	NY/T 1377
总汞/(mg/kg)	≤0.25	≤0.30	≤0.35	GB/T 22105.1
总砷/(mg/kg)	≤20	≤20	≤15	GB/T 22105.2

表 2（续）

项目	含量限值(指标)			检测方法
	pH<6.5	pH 6.5～7.5	pH>7.5	NY/T 1377
总镉/(mg/kg)	≤0.25	≤0.25	≤0.30	GB/T 17141
总铅/(mg/kg)	≤40	≤40	≤40	GB/T 17141
总铬(六价)/(mg/kg)	≤100	≤100	≤100	HJ 491
总铜/(mg/kg)	≤50	≤60	≤60	GB/T 17138

4.4 土壤肥力指标

马铃薯产地土壤肥力指标应符合表 3 的规定。

表 3 土壤肥力指标

项目	含量限值(指标)	检测方法
有机质/(g/kg)	>15	NY/T 1121.6
全氮/(g/kg)	>1	NY/T 1121.24
有效磷/(mg/kg)	>10	LY/T 1232
有效钾/(mg/kg)	>100	LY/T 1234
阳离子交换量 Cmol(+)/kg	15～20	LY/T 1243

ICS 65.020.20
B 05

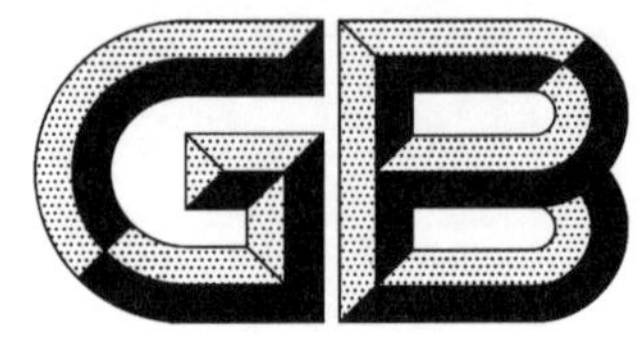

中华人民共和国国家标准

GB/T 29378—2012

马铃薯脱毒种薯生产技术规程

Code of practice for virus free seed potatoes production

2012-12-31 发布　　2013-06-20 实施

中华人民共和国国家质量监督检验检疫总局
中国国家标准化管理委员会　发布

前　言

本标准按照GB/T 1.1—2009给出的规则起草。

本标准由中华人民共和国农业部提出。

本标准由全国蔬菜标准化技术委员会(SAC/TC 467)归口。

本标准起草单位:内蒙古大学内蒙古马铃薯工程技术研究中心、中国标准化研究院、中国农业科学院蔬菜花卉研究所、河北省承德大丰马铃薯种业公司、呼伦贝尔鹤声薯业发展有限公司、正蓝旗元都种业有限公司、内蒙古锡林浩特市沃原奶牛场、秘鲁国际马铃薯中心北京联络处、湖南农业大学园艺学院、甘肃农业大学农学院、东北农业大学工程学院、中国农业机械化科学研究院、中国农业科学院农业资源与农业区划研究所。

本标准主要起草人:张若芳、杨丽、金黎平、孙清华、吴蕾、杜密茹、巩秀峰、王义、宋荣庆、李冬虎、王慧生、董建康、格日勒、谢开云、卞春松、徐建飞、熊兴耀、王蒂、吕金庆、王凤义、杨延辰、杨炳南、罗其友。

马铃薯脱毒种薯生产技术规程

1 范围

本标准规定了马铃薯原种(G2)、大田种薯(G3)的生产技术要求和操作规范。

本标准适用于马铃薯原种(G2)、大田种薯(G3)的生产。

2 规范性引用文件

下列文件对于本文件的应用是必不可少的。凡是注日期的引用文件,仅注日期的版本适用于本文件。凡是不注日期的引用文件,其最新版本(包括所有的修改单)适用于本文件。

GB 5084 农田灌溉水质标准

GB 7331 马铃薯种薯产地检疫规程

GB 15618 土壤环境质量标准

GB/T 29375—2012 马铃薯脱毒试管苗繁育技术规程

GB/T 29376—2012 马铃薯脱毒原原种繁育技术规程

3 术语和定义

下列术语和定义适用于本文件。

3.1

脱毒 virus elimination

应用茎尖分生组织培养技术,脱去危害马铃薯的病毒的过程。

3.2

脱毒苗 in-vitro virus free plantlet

经检测确认不带马铃薯X病毒(PVX)、马铃薯Y病毒(PVY)、马铃薯S病毒(PVS)、马铃薯卷叶病毒(PLRV)、马铃薯M病毒(PVM)、马铃薯A病毒(PVA)和马铃薯纺锤块茎类病毒(PSTVd)的试管苗。

3.3

原原种(G1) pre-elite

用脱毒苗在容器内生产的试管薯或在防虫网室、温室等隔离条件下生产出的符合相应质量标准的种薯。

3.4

原种(G2) elite

用原原种(G1)作种薯,在良好隔离条件下生产出的符合相应质量标准的种薯。

3.5

大田种薯(G3) certified seed potato

用原种(G2)作种薯,在隔离条件下生产出的符合相应质量标准的种薯。

3.6

缺陷薯 defective tuber

有畸形、次生、串薯、龟裂、虫害、冻伤、草穿、黑心、空心、发芽、失水萎蔫、机械损伤等缺陷的马铃薯块茎。

3.7

块茎休眠期　tuber dormancy period

块茎收获后,在一定的时期内,块茎即使在适宜的条件下也不能萌发的时期。

3.8

杀秧　vine killing

用化学药剂或机械杀死马铃薯地上秧蔓的方法。

4　脱毒种薯繁育流程

马铃薯脱毒种薯繁育流程如图 1 所示。

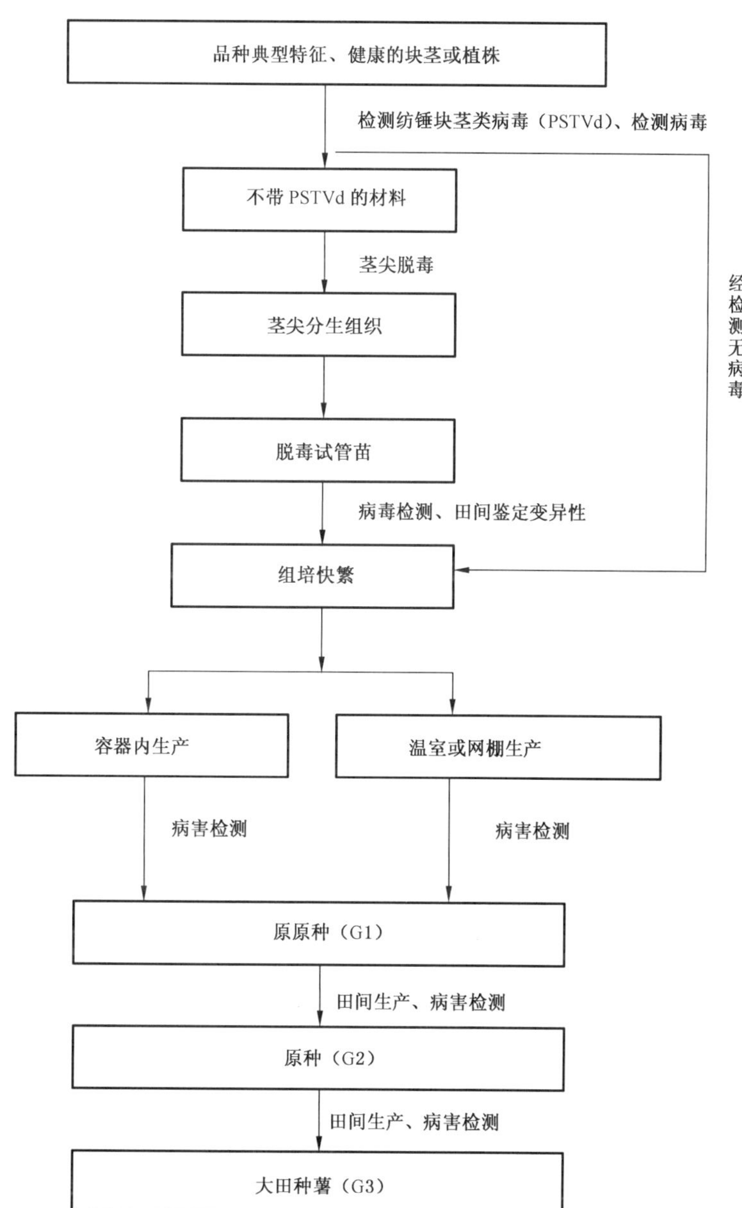

图 1　马铃薯脱毒种薯繁育流程示意图

5 脱毒试管苗繁育

见GB/T 29375—2012马铃薯脱毒试管苗繁育技术规程。

6 脱毒原原种繁育

见GB/T 29376—2012马铃薯脱毒原原种繁育技术规程。

7 原种(G2)生产

7.1 繁种田选择

7.1.1 选择高海拔、高纬度、风速大、气候冷凉地区。
7.1.2 隔离条件好,周围无其他级别种薯或商品薯、茄科、十字花科及其他易引诱蚜虫的黄花作物。
7.1.3 在蚜虫迁飞高峰期,繁种田黄皿诱蚜有翅蚜总量不超过100头/黄皿,单日有翅蚜不超过20头。
7.1.4 应至少2年以上无茄科作物轮作。
7.1.5 最近3年～5年内发生过线虫、黑痣病、枯萎病、干腐病、癌肿病、青枯病和疮痂病等土传病害的土壤,不能作为原种(G2)繁种田。
7.1.6 种植前应进行土壤病害检测,不含线虫及黑痣病、枯萎病、干腐病、癌肿病、青枯病、疮痂病等马铃薯土传病害。
7.1.7 应建在无检疫性有害生物发生的地区;繁育者于播种前一月按GB 7331马铃薯种薯产地检疫要求向所在地植物检疫机构申报并填写"产地检疫申报表"。
7.1.8 应远离洪涝、滑坡等自然灾害威胁地段,选择地势平缓、通风向阳、土地平整连片的地段。
7.1.9 土壤质量应符合GB 15618要求;肥力较好,土壤松软,水源充足,能满足生产灌溉要求,排水良好。水质符合GB 5084规定。
7.1.10 配备完善的水利设施和农机设备。
7.1.11 田间道路设计要节约土地,适宜农机操作。

7.2 土壤耕作

前茬作物收获后,宜及时耕作,结合耕翻,选择合适药剂,防治地下害虫。

7.3 原原种种薯处理

7.3.1 播前处理与选种

通过块茎休眠期的原原种提前出窖,剔除病、烂薯和缺陷薯。

7.3.2 催芽

出窖后在散射光、通风条件下一周内缓慢升温至7 ℃～10 ℃。然后置于10 ℃～15 ℃催芽,芽长0.5 cm～1 cm即可播种。从升温到芽长至可播种的时间约为2周～3周。

7.4 播种

7.4.1 根据品种、气候因素适时播种。一般地面下10 cm地温恒定在8 ℃以上即可播种。
7.4.2 播种密度依品种、种薯大小、土壤肥力、种植方式等确定。早熟品种密度可选择75 000株/hm^2～120 000株/hm^2,中、晚熟品种密度可选择60 000株/hm^2～82 500株/hm^2。

7.5 田间管理

7.5.1 施肥、施药、中耕、除草等田间作业工具应专用，使用前消毒。

7.5.2 采取由高级别种薯向低级别种薯依次进行作业，禁止从其他级别种薯田或感病田作业后到原种田作业，以免病害传播。

7.5.3 操作人员完成工序后，及时更换衣物、鞋子等。

7.5.4 各类人员进入种薯生产田之前，禁止接触烟草制品及其他茄科作物。

7.5.5 根据土壤的水分状况适时浇水，保持田间土壤最大持水量的65%～75%。

7.5.6 播种时根据测土配方施肥，薯块形成期适时追肥。

7.5.7 出苗期及现蕾期结合中耕进行培土除草。

7.5.8 在苗期、现蕾期、盛花期进行2次～3次田间去杂去劣，拔除杂株、劣株及可疑株(包括地下部分)，装入塑料袋带出田外。

7.5.9 病虫草害防治见第9章。

7.6 杀秧

收获前3周～4周使用机械或化学药剂杀秧；若发现黄皿诱蚜器上有翅蚜数量突增，应在10 d内完成杀秧。

7.7 收获

7.7.1 杀秧后，当秧蔓枯死、块茎与匍匐茎脱离时开始收获。

7.7.2 收获时防止机械混杂、机械损伤。

7.7.3 收获期防雨、防暴晒、防冻。

7.7.4 收获后摊晾，去除泥土，清除杂物，分拣装袋。

8 大田种薯(G3)生产

8.1 繁种田选择

按7.1执行。

8.2 土壤耕作

按7.2执行。

8.3 原种种薯处理

8.3.1 播前处理与选种

在适宜播种期前3周～4周，将原种提前出窖进行种薯精选。选择适龄健壮的无缺陷薯。缓慢升温至7 ℃～10 ℃。

8.3.2 催芽

将挑选的种薯在温度10 ℃～15 ℃条件下催芽。待芽长至0.5 cm时，散射光晾种，适时翻动使其感光均匀。

8.3.3 种薯处理

8.3.3.1 种薯生产宜选择30 g左右的小整薯直接播种。

8.3.3.2 采用大薯块播种时，切种应从脐部开始，按芽眼排列顺序螺旋形向顶部斜切，最后对顶芽从中纵切。保证每个切薯带1个～2个芽眼，单块重不小于30 g。切刀必须消毒，按照GB 7331附录A进行切刀消毒。

8.3.3.3 种薯切好后及时用滑石粉加甲基托布津混合药粉拌种。切块后放通风阴凉处，24 h后播种。

8.4 播种

按7.4执行。

8.5 田间管理

按7.5执行。

8.6 杀秧

按7.6执行。

8.7 收获

按7.7执行。

9 病虫草害防治

9.1 选择抗性品种，使用合格种薯。

9.2 清洁田园、消除病原。

9.3 清洗和消毒机械设备。

9.4 增加有机质含量，改善土壤结构。

9.5 采取适当的栽培措施，合理轮作。

9.6 及时使用药剂或利用蒸汽、太阳能等方法对土壤和基质进行杀菌。

9.7 封垄前及时剔除病株。

9.8 使用物理和生物屏障防止有害生物入侵，保护害虫的天敌。

9.9 加强对作物生长环境的管理，提供适宜天敌生活的栖息地，增加天敌数量。

9.10 使用适当的生物制剂、使用信息素影响害虫交配，或使用诱饵等方法控制害虫的数量。

9.11 人工诱捕害虫。

9.12 确定有害生物及天敌出现的时间和程度，定期检查有害生物对作物的影响；鉴别和检查有害生物天敌的出现；使用信息素和其他相关诱捕系统进行监控。

9.13 将有害生物影响的经济阈值水平数据作为制定决策的基础；确定干预时间；根据温度、湿度、降雨、冰雹、霜冻等数据确定需要的干预措施。

9.14 交替使用不同化学成分的农药，降低对非靶标物种的负作用，以防害虫产生抗性。

9.15 采用收割或机械耕作等方式控制杂草，或使用除草剂控制杂草。

9.16 适时收获、深翻。

9.17 可使用化学药剂防治马铃薯病虫害：

a) 主要马铃薯病毒病症状(附彩图)与化学防治方法参见附录A。

b) 主要马铃薯细菌性病害症状(附彩图)与化学防治方法参见附录B。

c) 主要马铃薯真菌性病害症状(附彩图)与化学防治方法参见附录C。

d) 主要马铃薯虫害识别(附彩图)与化学防治方法参见附录D。

9.18 病虫草害防治应及时记录。

10 种薯生产管理体系

10.1 土壤和基质管理

10.1.1 了解土地的使用历史。检查其种植过的作物类型、种植日期、农药的使用情况、轮作情况等。

10.1.2 新种植的土地要对以前的使用情况，自然植被、前茬作物、土壤类型、地形、斜度、风蚀、排水方式、侵蚀、水质、取水权利、取水对环境的影响等因素进行评估。

10.1.3 应绘制基地土壤耕作图，包括每个地块的土壤类型。

10.1.4 应保存使用土壤熏蒸剂的书面记录。记录包括：熏蒸地点、日期、熏蒸剂的成分、剂量、使用方法、操作人员姓名。

10.1.5 遵守种植前熏蒸剂使用的时间间隔，记录种植前的熏蒸间隔时间。

10.1.6 制定土壤或基质的循环利用计划，记录循环利用的次数和时期。

10.1.7 若使用化学药剂对基质消毒，应记录消毒地点、消毒日期、药剂名称、消毒方式和操作人员姓名。

10.2 施肥和肥料管理

10.2.1 施肥人员要经过专门的培训，会使用相应的施肥工具，具有相应的技术能力和水平。

10.2.2 施肥时要考虑作物的营养需要及土壤肥力，应保留施肥记录。记录包括：施肥面积、施肥日期、肥料的商品名、类型、有效成分含量、施用量、施用方法、操作人员姓名。

10.2.3 施肥要考虑将对环境、地表水和地下水的不利影响降到最低。

10.2.4 施肥机械应保持良好状态，每年校验以保持其准确性。应具有维护记录，保留校准验证记录。

10.2.5 应保留化肥库存清单，标明存货的种类和数量，并及时更新。

10.2.6 化肥和农药应分开贮存，防止交叉污染。化肥贮藏区域有防护设施防护化肥不受阳光、雾气、雨水等气候因素的影响。

10.2.7 化肥贮藏区域应洁净、干燥，降低对水源、环境、人和动物的安全风险。

10.2.8 化肥与有机肥以及植物繁殖材料分开贮存。

10.2.9 不能使用生活污水、污泥和城市垃圾。

10.2.10 使用的有机肥应符合国家或行业标准。

10.3 灌溉管理

10.3.1 根据土壤的水分状况、种薯不同时期的需水量确定灌溉的时间和灌水量。

10.3.2 应采用有效、经济、实用的灌溉系统，以确保水资源的高效利用。

10.3.3 制定水资源管理计划，制定灌溉操作程序，优化水的利用，减少水资源的浪费。

10.3.4 保留灌溉用水记录。记录包括：灌水日期、灌水量、计划用水量和实际用水量。

10.3.5 不能使用未经处理的污水灌溉和施肥。若有微生物或化学污染的风险，则应对水质进行实验室分析。

10.3.6 污染严重的情况下，制定灌溉的替代方案和改进措施。

10.3.7 灌溉水源应能够保持耗水高峰期的用水。

10.4 农药管理

10.4.1 技术人员经过农药使用的培训。

10.4.2 应有随时更新的目前获准使用的农药清单，不能使用禁用的农药。

10.4.3 根据病虫草害为害情况，选择国家允许使用的农药，尽量使用最低剂量，按照使用说明进行计算、配制和操作。

10.4.4　保留农药的购货凭证,以方便追溯。

10.4.5　使用农药应记录处理的作物名称、品种、使用地点、使用日期、商品名和有效成分、使用人员姓名、使用理由、用量、机械、安全间隔期。

10.4.6　剩余药液按照国家法规或标准进行处理,不能污染地表水,并保持记录。

10.4.7　农药应单独存放,储藏温度适宜、通风良好、采取防火措施、远离其他物料、防止泄漏。应有处理泄漏的设施和器具;应有专门称量和混合农药的器具。

10.4.8　应有清晰的农药存货清单。

10.4.9　处理使用过的植保容器应避免直接与人接触,人员意外污染应有相应的处理设施和措施。

10.4.10　使用过的植保容器的处置应避免造成环境污染,应妥善储藏、操作、加贴标识,按国家法规或标准的规定回收或销毁。

10.4.11　弃用的农药应妥善保管、标识和处置,要有书面记录。

10.5　收获管理

10.5.1　员工在采收种薯前应有必要的培训。

10.5.2　接触种薯的容器、工具、运输车辆等应清洁、消毒,避免污染。

10.5.3　包装物碎片及其他非生产性废物应及时清理。

10.5.4　应有书面的收获检验规程和品质检验记录。

10.6　记录管理

10.6.1　记录至少保存2年。

10.6.2　每年进行一次内部记录检查。

10.6.3　不符合项及时采取整改措施。

10.7　质量追溯管理

10.7.1　应有种薯生产链各环节向上一步、下一步的详细记录。

10.7.2　应有生产批次的详细记录和编码。

10.7.3　应有固定的编码规则。

10.7.4　应有书面的产品召回程序,明确召回的事故类型和责任人。

附 录 A
（资料性附录）
主要马铃薯病毒病症状与化学防治方法

表 A.1

病害名称	症状描述	症状图	化学防治方法
马铃薯卷叶病(PLRV)	叶片黄化、沿叶脉向上卷曲呈匙状或筒状、僵直、革质化、严重时叶片边缘或背面呈紫红色。病株明显矮化、僵直、变黄、株型松散。 块茎变小，切块后薯肉呈现褐色网纹斑	  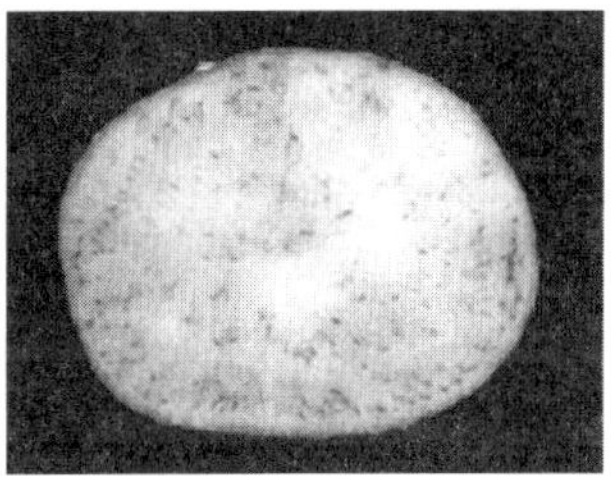	蚜虫防治：10%吡虫啉可湿性粉剂2 000倍液喷雾；或48%毒死蜱乳油3 000倍液；或50%抗蚜威可湿粉2 000～3 000倍液；或40%乐果乳油1 000倍液；或2.5%三氟氯氰菊酯乳油2 000倍液。注意叶片正反面均匀着药，不重喷、不漏喷、药液不下滴。每隔7 d～10 d防1次，连续施药2次～3次
马铃薯重花叶病(PVY)	叶背面叶脉、叶柄及茎上均会出现黑褐色条斑坏死，且植株易脆折；发病初期中上部叶片轻皱斑驳花叶或伴有坏死斑； 生育中后期叶片由下至上干枯但不脱落，呈垂叶坏死状。严重感染植株叶片簇生、矮化、叶片变小变脆。	 	蚜虫防治：同马铃薯卷叶病的防治方法

表 A.1（续）

病害名称	症状描述	症状图	化学防治方法
马铃薯重花叶病（PVY）	块茎变小，芽眼周围出现棕色环，严重时破裂	 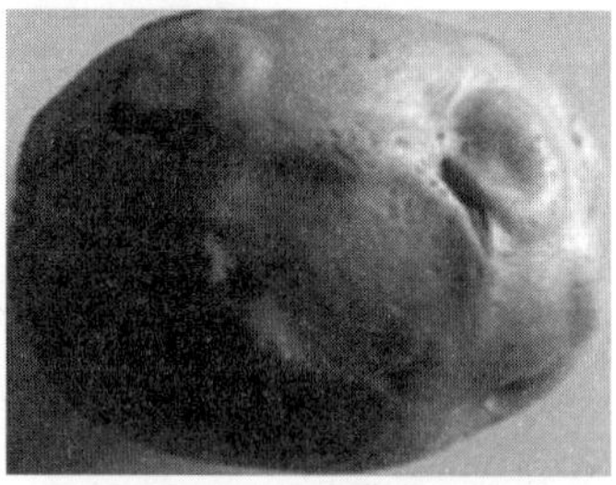 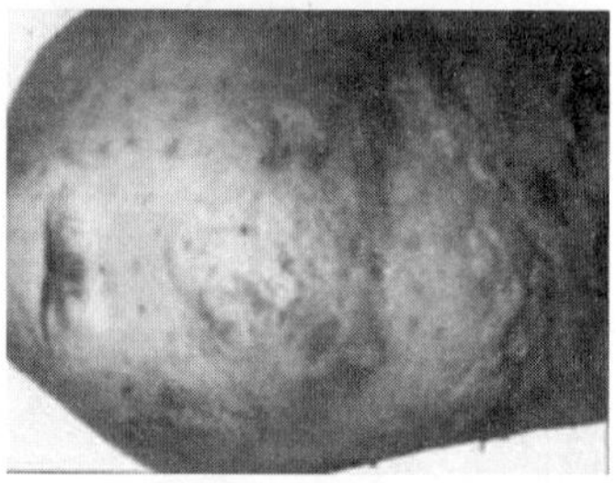	蚜虫防治：同马铃薯卷叶病的防治方法
马铃薯普通花叶病（PVX）	叶片颜色深浅不一、斑驳，常沿叶脉发展，有时在叶片退绿部位上产生坏死斑点。 通常块茎上无症状表现		蚜虫防治：同马铃薯卷叶病的防治方法
马铃薯潜隐花叶病（PVS）	叶脉下凹，叶片粗缩，叶尖下卷，叶色变浅，轻度垂叶，植株呈开散状。 发病严重时叶片皱缩或产生坏死斑点，甚至落叶	 	蚜虫防治：同马铃薯卷叶病的防治方法

表 A.1（续）

病害名称	症状描述	症状图	化学防治方法
马铃薯轻花叶病（PVA）	花叶斑驳、叶脉凹陷，引起叶面皱缩，叶脉上或脉间呈现不规则的浅色斑，暗色部分比健叶颜色深，叶缘皱褶呈波状，病叶变黄，早期脱落。 病株的茎枝向外弯曲，常呈开散状的株型。 块茎瘦小		蚜虫防治：同马铃薯卷叶病的防治方法
马铃薯纺锤块茎病（PSTVd）	植株矮化、束顶，茎秆直立硬化，分枝少；叶片叶柄常呈锐角向上竖起；全株失绿，顶部叶片变小、卷曲、耸立，有时叶片背面呈紫红色。 病薯变长，呈纺锤状；有时表面粗糙，出现裂纹；块茎芽眼由少变多	 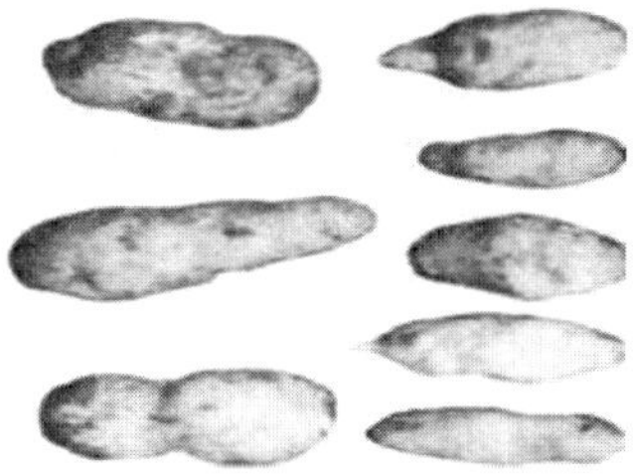	蚜虫防治：同马铃薯卷叶病的防治方法

附　录　B
（资料性附录）
主要马铃薯细菌性病害症状与化学防治方法

表 B.1

病害名称	症状描述	症状图	化学防治方法
马铃薯环腐病	萎蔫型：自顶端复叶开始萎蔫，叶片边缘稍向内卷，叶片不变色，逐步向下扩展，开始褪色，向内卷、下垂，但叶不脱落，至全株倒伏枯死。 枯斑型：多在基部复叶顶端小叶先发病，叶尖或叶缘褐色，叶脉间呈黄绿色或灰绿色，有明显斑驳症状，且叶尖渐枯并向叶面纵卷。其他小叶逐渐出现枯斑，向上蔓延，最后遍及全株而枯死。 横切茎基部，维管束呈浅黄色或黄褐色，有白色菌脓溢出。 感病块茎维管束软化。纵切薯块维管束半环变黄至黄褐色，或仅在脐部稍有变色，薯皮发软，脐部皱缩凹陷，重者可达一圈；用手挤压可看到维管束有乳白色或黄色菌液体流出。表皮维管束部分与薯肉分离，薯皮有红褐色网纹	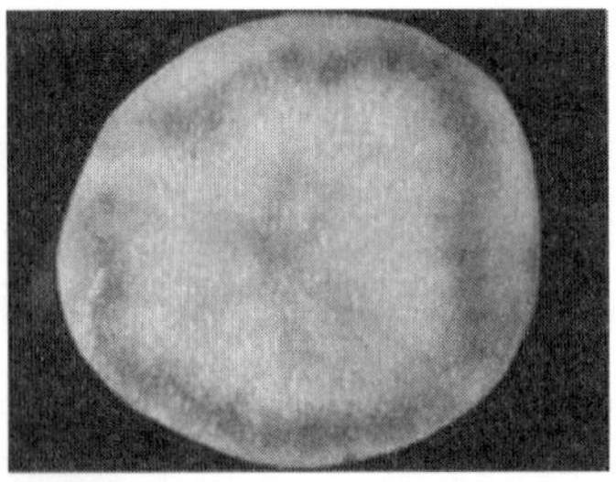 	将种薯用 77% 氢氧化铜可湿性粉剂 500 倍～700 倍液浸泡 3 min～5min，捞出晾干；或每亩用 77% 氢氧化铜可湿性粉剂 130 g 叶面喷雾防治 1 次～3 次
马铃薯黑胫病	幼苗矮小、茎秆变硬、叶片褪绿且上卷。茎基部皮层与髓部变黑，表皮破裂呈水渍状腐烂并分泌黏液。病株易从土中拔出。 感病块茎脐部黄色，凹陷，扩展到髓部形成黑色孔洞，严重时块茎内部腐烂。纵切薯块，黑褐色，呈放射性向髓部扩展；横切薯块维管束变为黄褐色。挤压皮肉不分离	 	发病初期用 72% 农用链霉素可湿性粉剂 2 500 倍液；或用 77% 氢氧化铜可湿性粉剂 400 倍液；或 20% 噻菌酮可湿性粉剂 1 000 倍液喷雾

表 B.1（续）

病害名称	症状描述	症状图	化学防治方法
马铃薯青枯病	现蕾、开花期症状明显，顶部嫩叶或花蕾出现萎蔫，接着主茎或分枝的上部枝叶出现急性萎蔫。发病前期，整株逐渐萎蔫或从一枝或一叶开始萎蔫，3 d～5 d后地上部分全株萎蔫枯死，但叶片仍保持绿色，颜色稍淡。茎基部和根部维管束变黄褐色，挤压断面，有污白色菌脓溢出。 薯块从脐部开始，出现黄褐色症状，表皮颜色无明显变化，严重时，芽眼逐渐变暗。中后期脐部和芽眼均可自然溢出乳白色菌脓，但薯肉和皮层不分离，病薯块横断面维管束呈黑褐色点状环。严重时外皮龟裂，髓部溃烂如泥	 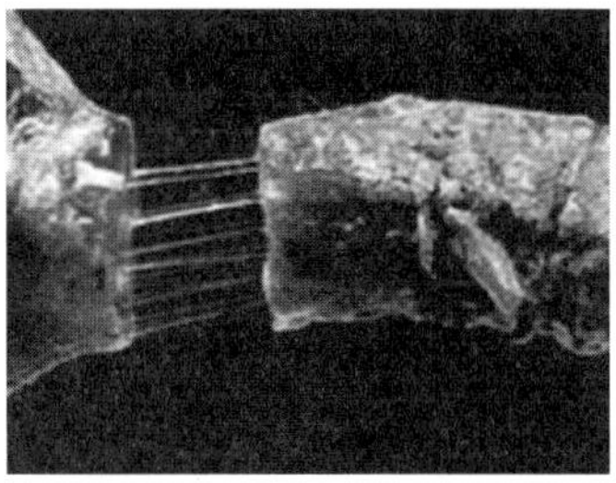 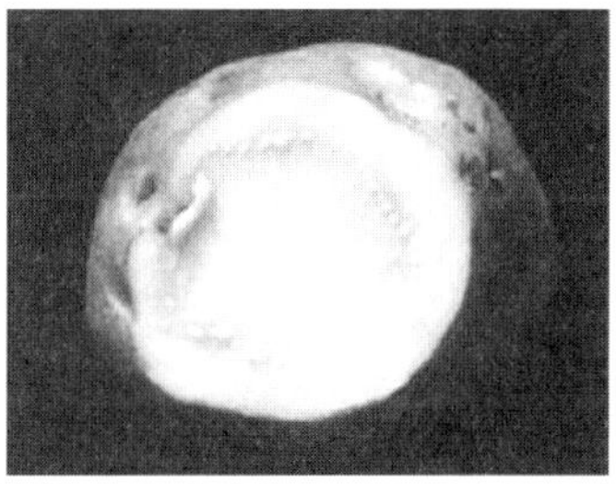	用72%农用链霉素可湿性粉剂4 000倍液；或25%络氨铜水剂500倍液；或77%氢氧化铜可湿性粉剂500倍液。每株灌兑好的药液0.3 L～0.5 L，隔7 d～10 d灌1次，连续灌根2次～4次
马铃薯疮痂病	块茎表皮产生近圆形或不定形木栓化褐色细小隆起的病斑，逐渐扩大后，破坏表皮组织，病斑中部下凹，形成疮痂状黑褐色病斑	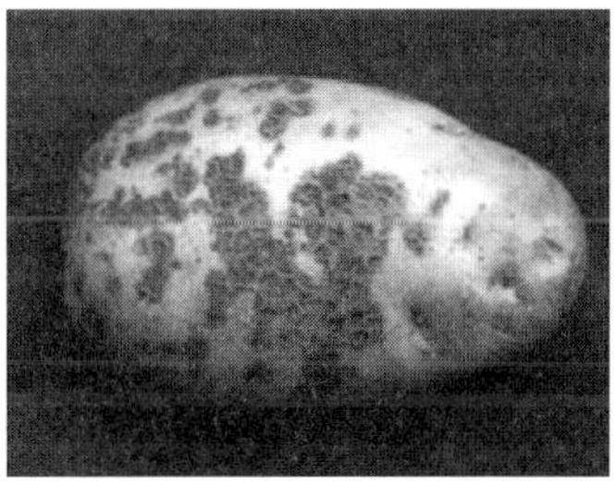	种薯浸种。播种前可用2%盐酸溶液或40%福尔马林200倍液浸种4 min～5 min；或72%霜脲锰锌可湿性粉剂500倍液浸种6 h～8 h，晾干播种。 田间喷施。77%氢氧化铜可湿性粉剂600倍液；或72%农用链霉素可溶性粉剂500倍液；或65%代森锰锌可湿性粉剂1 000倍液等喷雾。施药间隔期7 d～10 d，连续喷2次～4次

表 B.1（续）

病害名称	症状描述	症状图	化学防治方法
马铃薯软腐病	近地面老叶呈不规则暗褐色病斑，湿度大时腐烂。茎部伤口感病向茎秆内扩展，使茎内髓部组织腐烂，有恶臭味，病茎上部叶片变黄、枝叶萎蔫下垂。 薯块软化，薯肉呈灰白色，腐烂，有恶臭味	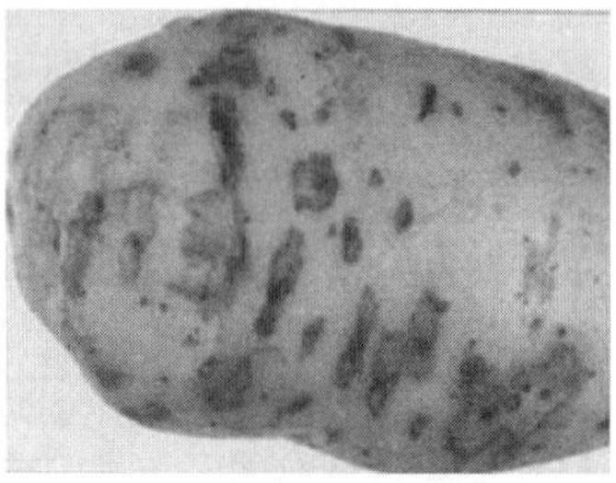	发病初期喷施14%络氨铜水剂300倍液；或12%绿乳铜乳油600倍液。 块茎用0.05%硫酸铜液剂或0.2%漂白粉液洗涤或浸泡薯块可消灭潜伏在皮孔及表皮的病菌
注：1亩=666.7 m^2。			

附 录 C
（资料性附录）
主要马铃薯真菌性病害症状与化学防治方法

表 C.1

病害名称	症状描述	症状图	化学防治方法
马铃薯癌肿病	受害部位形成大小不一、形状不定、粗糙突起的肿瘤。癌瘤组织前期黄白色，露出部分为绿色，后期变黑褐色。 受害后期病株较健株高，保绿期限比健株长，分枝多，结浆果多。 块茎上的症状像花椰菜	 	水源充足田块于70%植株出苗至齐苗期用20%三唑酮乳油1 500倍液浇灌根；在水源缺乏的田块可于苗期、蕾期喷施20%三唑酮乳油2 000倍液
马铃薯晚疫病	叶尖和叶缘，开始为一水渍状斑点，湿度大时快速扩大，病斑与健康部位交界处有白色稀疏的霉轮，叶背更为明显。严重时病斑扩展到主脉或叶柄，沿叶柄扩展至茎部，在皮层上形成长短不一的褐色条斑，潮湿条件下病斑也可发生白色霉层。叶片萎蔫下垂，整个植株焦黑，呈湿腐状。干燥时，病斑干枯成褐色，不产生霉轮。 块茎表皮产生褐色不规则病斑，稍凹陷，病健薯肉界限不明显，病斑薯肉呈现深度不同的褐色坏死	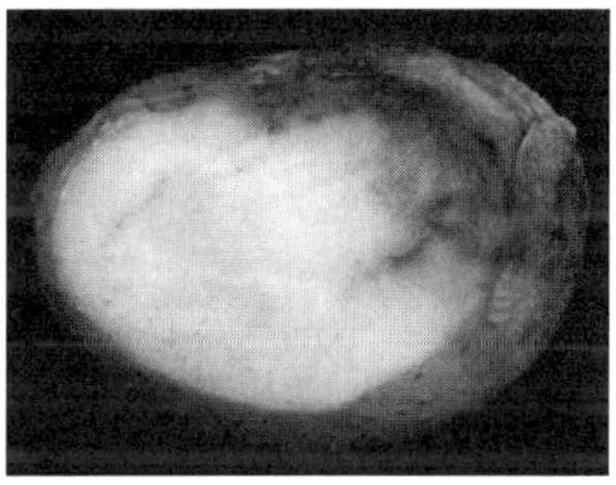  	保护剂：70%代森锰锌可湿性粉剂500倍液；或70%丙森锌可湿性粉剂75 g/亩～100 g/亩；或25%双炔酰菌胺悬浮剂1 500倍液；或68.75%噁唑菌酮水分散粒剂120 g/亩。 治疗剂：68.75%霜霉威·氟吡菌胺悬浮剂800倍液；或52.5%霜脲氰水分散粒剂50 g/亩；或50%酰胺吗啉可湿性粉剂800倍液；或58%甲霜灵·锰锌可湿性粉剂500倍液与10%氰霜唑1 500倍液交替使用。 保护剂7 d喷1次，发病后改用治疗剂，整个发病期可喷施4次或更多，间隔天数视病情3 d、5 d。如无晚疫病发生可喷施3次，间隔7 d

表 C.1（续）

病害名称	症状描述	症状图	化学防治方法
马铃薯早疫病	病初叶上现褐黑色的小斑点，逐渐扩大，受叶脉限制形成同心轮纹，与健康组织有明显的界限，病斑为干枯斑点，重则病斑连成一片，叶片枯死。天气潮湿时，病斑上生黑色绒毛状霉层。下部叶片先发病，向上蔓延。 叶柄和茎秆发病，常见于分枝处，病斑长圆形，黑褐色，有轮纹。 薯皮出现略下凹，边缘清楚的褐黑色圆形或不规则病斑，病斑下的薯肉呈现褐色、干腐。潮湿时，病斑上均可生黑色霉层	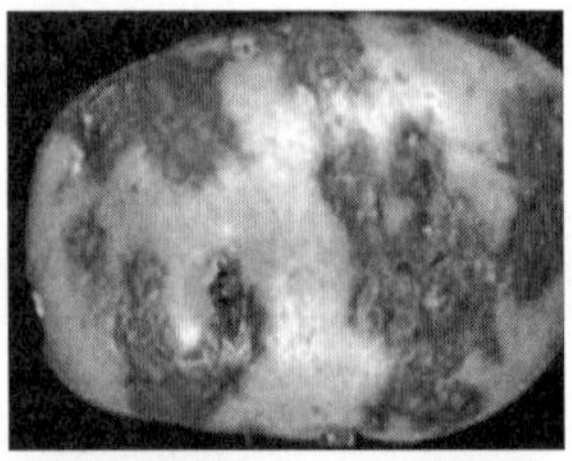 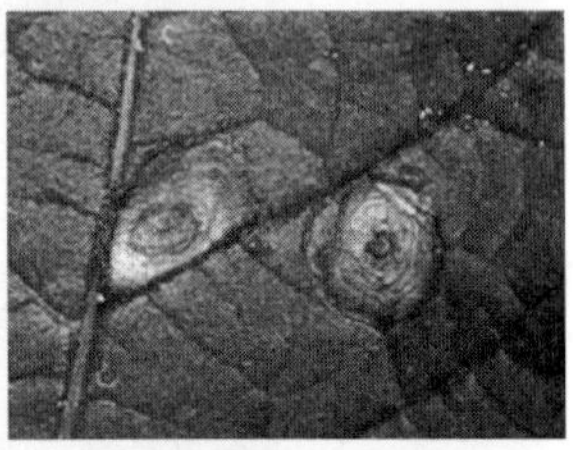 	25% 嘧菌酯悬浮剂 1 000倍液；或70%代森锰锌可湿性粉剂 500 倍液；或 70%丙森锌可湿性粉剂400倍液；或64%恶霜·锰锌可湿性粉剂500倍液；或 60%氟吗啉·代森锰锌可湿性粉剂 600 倍液；或 52.5%霜脲氰2 000倍液；或 10%苯醚甲环唑水分散粒剂 2000 倍液；或 75%百菌清可湿性粉剂 600 倍液。隔 7 d～10 d 喷施 1 次，连续喷施 3 次，交替使用
马铃薯黑痣病	地下茎、匍匐茎上褐色坏死斑，根量减少；易产生气生薯。 薯块表面形成大小不规则的、坚硬的、土壤颗粒状的黑褐色或暗褐色的菌核。不容易冲洗掉，而菌核下边的组织完好	  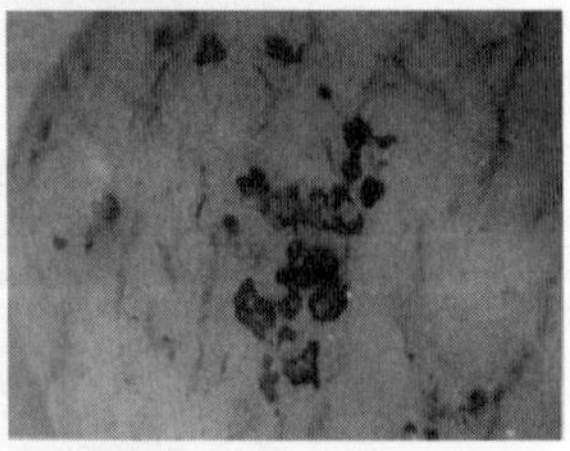	播前可用 3%的丙森锌+2%的甲基托布津+95%的滑石粉混合剂，每千克混合剂处理 100 kg 种薯；或 20%甲基立枯磷乳油 1 500 倍液浸泡种薯 10 min 后，捞出晾干播种；或用 2.5%咯菌腈种衣剂切种后包衣，每 100 kg 种薯需 100 mL～200 mL 的种衣剂，阴干后播种。 播种时每亩用 25%嘧菌酯悬浮剂 40 mL 兑水 30 kg 喷施在播种沟内，播种后覆土；在出苗后发现有丝核菌侵染，用 25%嘧菌酯 1 000 倍液进行灌根治疗，每株灌 50 mL 药液

附 录 D
（资料性附录）
主要马铃薯虫害识别与化学防治方法

表 D.1

虫害名称	症状描述	症状图	化学防治方法
瓢虫	咬食叶片仅留叶脉及上表皮，形成不规则透明的凹纹，呈“天窗”状	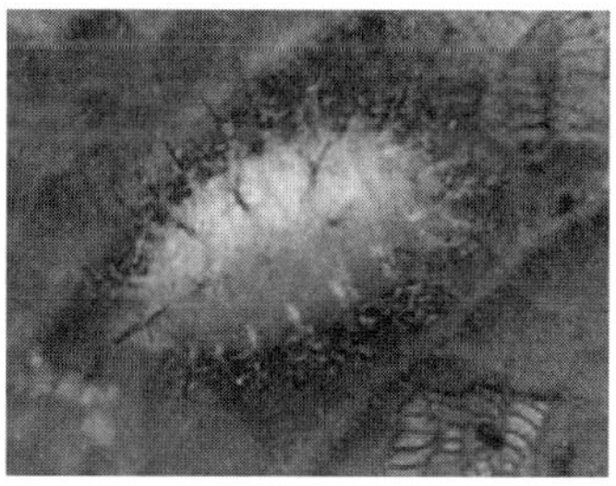 	种薯处理：用溴甲烷或二硫化碳熏蒸；也可用25%喹硫磷乳油1 000倍液喷种薯，晾干后再贮存。 成虫期防治：喷洒10%菊·马乳油1 500倍液
马铃薯块茎蛾	潜入叶内，沿叶脉蛀食叶肉，余留上下表皮，呈半透明状，严重时嫩茎、叶芽枯死，幼苗全株死亡。 钻蛀块茎中，呈蜂窝状甚至全部蛀空，外表皱缩	 	种薯处理：用溴甲烷或二硫化碳熏蒸；也可用25%喹硫磷乳油1 000倍液喷种薯，晾干后再贮存。 成虫期防治：喷洒10%菊·马乳油1 500倍液

表 D.1（续）

虫害名称	症状描述	症状图	化学防治方法
蚜虫（桃蚜）	成虫、若虫群集叶背吸汁危害。叶片呈卷叶、皱缩、变色、条斑坏死状	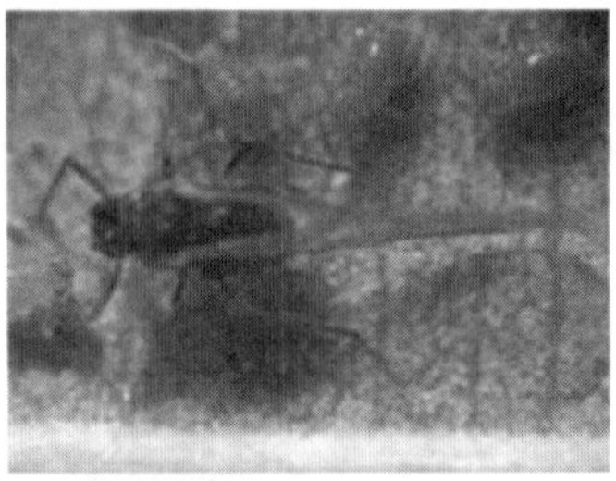 	拌种：70％吡虫啉湿拌种剂 23 g，兑水 4 kg 喷洒在 100 kg 种薯上进行拌种；或用 70％噻虫嗪干种衣剂 1.8 g～2.5 g，加 1 kg 滑石粉，拌 100 kg 种薯。阴干后播种。 10％吡虫啉可湿性粉剂 2 000 倍液喷雾；或 48％毒死蜱乳油 3 000 倍液；或 50％抗蚜威可湿粉 2 000～3 000 倍液；或 40％乐果乳油 1 000 倍液；或 2.5％三氟氯氰菊酯乳油 2 000 倍液。注意叶片正反面均匀着药，不重喷、不漏喷、药液不下滴。每隔 7 d～10 d 防 1 次，连续施药 2 次～3 次
金针虫	咬断刚出土的幼苗，也可钻入幼苗根里取食，被害处不完全咬断，断口不整齐。还能钻蛀较大的块茎	 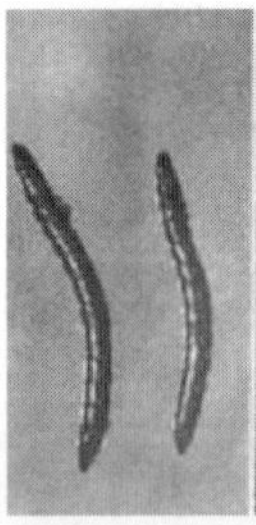 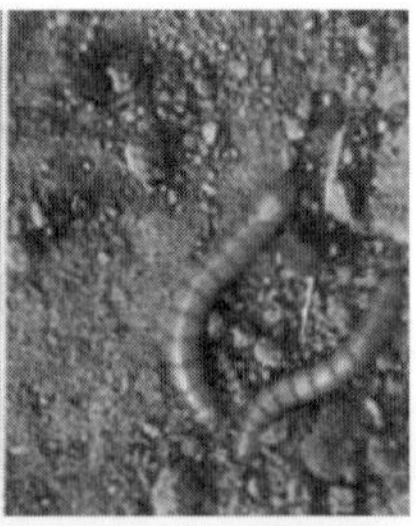 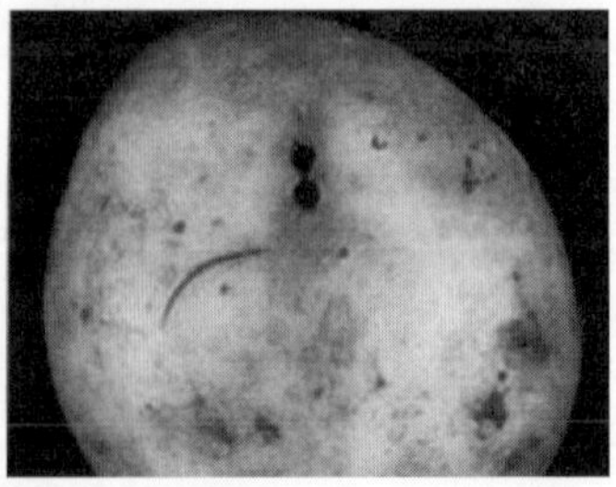	药剂拌种。用 70％吡虫啉湿拌种剂 8 mL 加水750 g 拌 5 kg 种薯；或用 50％辛硫磷与水和种子按 1∶7.5∶500 的比例拌种。 药剂拌土。用 50％辛硫磷乳油每亩 200 mL～250 mL，加水 10 倍喷于 30 kg细土上拌匀制成毒土，播种时条施或穴施；或将该毒土撒于种沟或地面，随即耕翻或混入厩肥中施用；用 5％辛硫磷颗粒剂，每亩 2.5 kg～3 kg 撒在种薯旁。 毒饵诱杀。每亩地用 25％辛硫磷胶囊剂 150 g～200 g 拌谷子等饵料 5 kg；或 50％辛硫磷乳油 50 g～100 g 拌饵料 3 kg～4 kg。撒于种沟中。 生长期金针虫发生较重时，可用 40％辛硫磷乳油 1 000倍液；或 80％敌百虫可溶性粉 800 倍液灌根。每株灌药液 150 mL～250 mL

表 D.1（续）

虫害名称	症状描述	症状图	化学防治方法
蛴螬	咬断幼苗的根、茎，咬食和钻蛀地下茎和块茎，断口整齐平截，可造成地上部萎蔫，缺苗断垄或毁种。咬食马铃薯块茎时，形成缺口	 	种薯处理：用70%吡虫啉湿拌种剂8 mL加水750 g拌5 kg种薯；或用50%辛硫磷与水和种子按1∶7.5∶500的比例拌种。 药剂拌土。用50%辛硫磷乳油200 mL/亩～250 mL/亩，加水10倍喷于30 kg细土上拌匀制成毒土，播种时条施或穴施；或将该毒土撒于种沟或地面，随即耕翻或混入厩肥中施用；用5%辛硫磷颗粒剂，2.5 kg/亩～3 kg/亩撒在种薯旁。 毒饵诱杀。每亩用25%辛硫磷胶囊剂150 g～200 g拌谷子等饵料5 kg；或50%辛硫磷乳油50 g～100 g拌饵料3 kg～4 kg。撒于种沟中。 生长期防治：可用40%辛硫磷乳油1 000倍液；或80%敌百虫可湿性粉剂800倍液灌根，每株灌药液150 mL～250 mL；田间成虫多时可进行药剂喷雾防治，可用4.5%高效氯氰菊酯乳油2 000～3 000倍液
地老虎	幼虫取食幼苗心叶，切断幼苗近地面的根茎部，使整株死亡	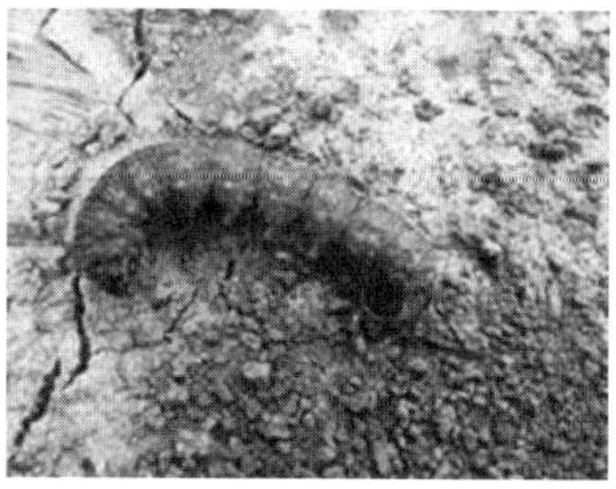 	配制毒饵：播种后即在行间或株间进行撒施。毒饵配制方法：①豆饼（谷子、麦麸）毒饵：豆饼（谷子、麦麸）5 g，压碎、过筛成粉状，炒香后均匀拌入50%辛硫磷乳油100 g，农药可用清水稀释后喷入搅拌，以豆饼（谷子、麦麸）粉湿润为好，然后按每亩用量4 kg～5 kg撒入幼苗周围。②青草毒饵：青草切碎，每50 kg加入40%辛硫磷乳油0.3 kg～0.5 kg，拌匀后成小堆状撒在幼苗周围，每亩用毒草20 kg

表 D.1（续）

虫害名称	症状描述	症状图	化学防治方法
地老虎	幼虫取食幼苗心叶，切断幼苗近地面的根茎部，使整株死亡	 	出苗后防治：48%毒死蜱乳油 1 500 倍液灌根，每株浇药液 100 mL。如脱毒苗被害，可用 48%毒死蜱乳油 1 000 倍液喷湿土表
蝼蛄	成虫和若虫咬食幼苗根和嫩茎，同时在土下开掘隧道，使苗根和植株分离，幼苗干竭死亡		制成毒饵：可选用秕谷、麦麸、豆饼、棉籽饼或碎玉米粒之一种炒香后，每 5 kg 拌入 50%辛硫磷乳油 100 g 制成毒谷，傍晚在作物行间开浅沟，将毒谷撒入沟内
芫菁甲虫	取食嫩叶，咬食成缺刻，仅剩叶脉	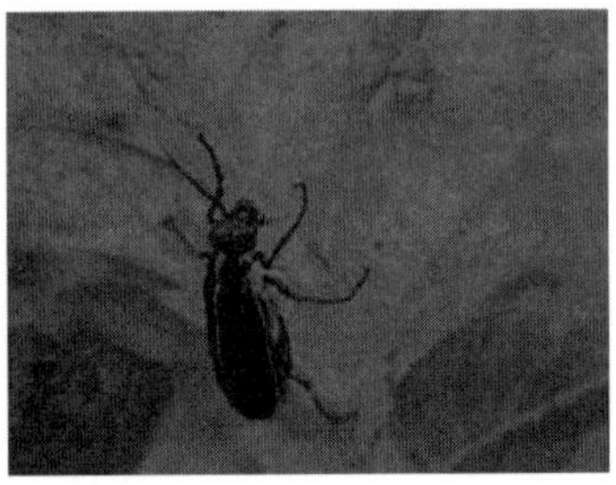	10%吡虫啉可湿性粉剂，3 g/亩～4 g/亩；4.5%高效氯氰菊酯乳油，1 g/亩～2 g/亩；2.5%三氟氯氰菊酯乳油，25 mL/亩～60 mL/亩；20%氰戊菊酯，4 g/亩～8 g/亩

ICS 65.020.01
B 05

DB15

内蒙古自治区地方标准

DB15/T 1722—2019

“乌兰察布马铃薯”种薯质量标准

The quality standard of seed potato in Ulanqab

2019-11-05 发布　　2019-12-05 实施

内蒙古自治区市场监督管理局　发布

前　言

本标准按照GB/T 1.1—2009给出的规则起草。

本标准由乌兰察布市市场监督管理局提出。

本标准由内蒙古自治区马铃薯生产与种植标准化技术委员会(SAM/TC 42)归口。

本标准起草单位:内蒙古农业大学、内蒙古中加农业生物科技有限公司、乌兰察布市种子管理站、内蒙古民丰种业有限公司、乌兰察布市产品质量计量检测所、乌兰察布市农牧科学研究院、乌兰察布市农畜产品质量安全监督管理中心。

本标准主要起草人:吕文霞、胡俊、刘广晶、裴燕敏、赵玉平、丁向荣、韩伟、张国、陈利、马丽波、王慧娟、张丽洁、林团荣、王真、王玉凤。

“乌兰察布马铃薯”种薯质量标准

1 范围

本标准规定了乌兰察布生产马铃薯种薯的田间植株、收获后块茎及出库块茎质量要求。

本标准适用于“乌兰察布马铃薯”种薯生产、检验、销售及产品认证和质量监督。

2 规范性引用文件

下列文件对于本文件的应用是必不可少的。凡是注日期的引用文件，仅注日期的版本适用于本文件。凡是不注日期的引用文件，其最新版本（包括所有的修改单）适用于本文件。

GB 18133 马铃薯种薯

3 术语和定义

下列术语和定义适用于文件。

3.1

核心苗 core seedlings

每一品种应用茎尖组织培养技术获得的再生试管苗，经检测不含X病毒（PVX）、Y病毒（PVY）、S病毒（PVS）、卷叶病毒（PLRV）、A病毒（PVA）、纺锤块茎类病毒（PSTVd）等病毒的脱毒苗。

3.2

基础苗 basic plantlets

无变异、无病毒的脱毒苗。

3.3

原原种（G1） ppre-elite

用脱毒苗在容器内生产的微型薯或在防虫网室、温室等隔离条件下生产出的符合相应质量标准的种薯。

3.4

原种（G2） elite

用原原种（G）作种薯，在良好隔离条件下生产出的符合相应质量标准的种薯。

3.5

一级种薯（G3） qualified Ⅰ

用原种（G2）作种薯，在隔离条件下生产出的符合相应质量标准的种薯。

3.6

干物质含量 dry matter content

薯块去掉水分后的质量占原薯块质量的百分比。

4 脱毒苗质量要求

经检测不含X病毒（PVX）、Y病毒（PVY）、S病毒（PVS）、卷叶病毒（PLRV）、A病毒（PVA）、纺锤块茎类病毒（PSTVd）等病毒和其他任何病虫害。

5 各级种薯的质量要求

5.1 检疫性病虫害允许率

5.1.1 各级种薯携带检疫性有害生物的允许率为“0”。

5.1.2 检疫性有害生物包括：马铃薯A病毒(PVA)、马铃薯纺锤块茎类病毒(PSTVd)、马铃薯帚顶病毒(PMTV)、马铃薯癌肿病菌(*Synchytrium endobioticum*)、马铃薯环腐病菌(*Clavibacter michiganensesubsp. sepedonicus*)、马铃薯丛植支原体(*Potato witches'broom phytoplasma*)、马铃薯粉痂病菌(*Spongospora subterranea*)、马铃薯腐烂茎线虫(*Ditylenchus destructor*)、马铃薯甲虫(*Leptinotarsa decemlineata*)。

5.1.3 发现上述检疫性有害生物引起的病虫害，应立即向检疫部门报告，由检疫部门根据病虫害种类采取相应措施，同时该地块所有马铃薯不能用作种薯；脱毒苗全部采用高压灭菌进行销毁。

5.2 各级种薯的质量指标

各级种薯非检疫性病虫害和其他检测项目应符合最低质量要求，见表1、表2、表3。

表1 各级别种薯田目测植株质量要求

项目		允许率/%		
		原原种	原种	一级种
混杂		0	0.5	3.0
病毒病	花叶病	0	0.3	2.0
	卷叶病	0	0.2	1.0
	总病毒病	0	0.5	3.0
黑胫病		0	0.1	0.5
注：允许率是指所检测项目阳性样品占检测样品总数的百分比(下同)。				

表2 各级别种薯收获后冬季测试质量要求

项目	允许率/%		
	原原种	原种	一级种
总病毒	0	0.5	3.0
干物质	15	18	18
注1：病毒包括：PVX、PVY、PVS、PVM、PLRV病毒。 注2：干物质是指收获后入库前测定的干物质含量。			

表3 各级别种薯库房检查块茎质量要求

项目	允许率/(个/100个)	允许率/(个/50 kg)	
	原原种	原种	一级种
混杂	0	2	5
湿腐病	0	1	2

表 3（续）

项目	允许率/(个/100 个)	允许率/(个/50 kg)	
	原原种	原种	一级种
软腐病	0	1	2
晚疫病	0	0.5	1
干腐病	0	2	4
疮痂病	0	3	5
黑痣病	0	5	10
外部缺陷	1	5	10
冻伤	0	1	2
土壤杂质	0	1%	2%
注：土壤杂质按重量百分比计算。			

6 取样量和检测方法

按照 GB 18133 的要求进行。

7 定级

根据种薯繁殖的代数及田间检测、收获后的冬季测试结果，以种薯的质量指标进行定级。达不到拟生产级别种薯质量要求的应降级到与检测结果相对应的质量指标的种薯级别。达不到一级种薯质量指标的不能用作种薯。

8 出库标准

任何级别的种薯出库前应达到库房检查块茎质量要求，重新挑选或降到与库房检查结果相对应的质量指标的种薯级别，达不到一级种薯质量指标的，应重新挑选至合格后方可出库。

ICS 65.020.01
B 05

DB15

内蒙古自治区地方标准

DB15/T 1724—2019

“乌兰察布马铃薯”旱地种植技术规程

Technical specification of Ulanqab potato for dry farm

2019-11-05 发布　　2019-12-05 实施

内蒙古自治区市场监督管理局　发布

前　言

本标准按照 GB/T 1.1—2009 给出的规则起草。

本标准由乌兰察布市市场监督管理局提出。

本标准由内蒙古自治区马铃薯生产与种植标准化技术委员会(SAM/TC 42)归口。

本标准起草单位:内蒙古民丰种业有限公司、内蒙古自治区农牧业科学院、乌兰察布市农业推广站、乌兰察布市种子管理站、乌兰察布市土肥站、乌兰察布市植保站、乌兰察布职业学院。

本标准主要起草人:张国、韩伟、赵玉平、李慧成、陈建宝、林团荣、吴凯龙、韩志刚、王沛、胡俊、辛敏、丁向荣、张丽洁、刘海英、王伟、王真、李强、谢锐、吕文霞、弓钦、范龙秋、韩飞、张志成。

“乌兰察布马铃薯”旱地种植技术规程

1 范围

本标准规定了“乌兰察布马铃薯”旱地种植的选地、整地、施肥、种薯准备、播种、田间管理、收获等技术操作规程。

本标准适用于“乌兰察布马铃薯”旱地种植。

2 规范性引用文件

下列文件对于本文件的应用是必不可少的。凡是注日期的引用文件,仅注日期的版本适用于本文件。凡是不注日期的引用文件,其最新版本(包括所有的修改单)适用于本文件。

DB15/T 1720 “乌兰察布马铃薯”产地环境要求

DB15/T 1721 “乌兰察布马铃薯”品种选择标准

DB15/T 1723 “乌兰察布马铃薯”主要病虫草害绿色防控技术规程

3 术语和定义

下列术语和定义适用于本文件。

3.1

压青 green manuring

将绿色植物直接翻埋于土壤内的技术措施。

3.2

旱地 dry farm

主要依靠天然降水种植农作物的耕地。

4 选地

4.1 产地环境要求

应符合 DB15/T 1720 的规定。

4.2 土壤要求

以休闲地或豆类、麦类、牧草为前茬,选用土质较轻、土层深厚、通透性好、保水保肥能力较强的地块。

5 整地

旱地马铃薯宜采取一年压青,一年种植的模式,第一年种植压青作物并进行翻压整地,第二年种植马铃薯。也可选用豆类、麦类、牧草为前茬。

5.1 初伏翻地压青

第一年初伏期进行土壤深翻 30 cm～40 cm，将压青作物翻到耕作层内，达到无漏耕、无硬土块、深浅一致的要求。

5.2 末伏耕地

第一年末伏期深耕 30 cm～40 cm，达到无漏耕、无硬土块、深浅一致的要求。结合耕地每亩施入充分腐熟有机肥 1 m^3～2 m^3。

5.3 三九滚地

第一年在三九天用镇压器压碎地表土块，弥合地表裂缝。

5.4 顶凌耙耱

第二年早春在耕地地表刚刚解冻 3 cm～4 cm 时，对耕地及时进行耙耱。

6 施肥

播种时亩施纯 N 5 kg～7.5 kg、P_2O_5 2 kg～3 kg、K_2O 5 kg～10 kg，应使用缓控释肥。

7 种薯准备

7.1 品种选择

按照 DB15/T 1721 的规定执行，选择抗旱性强的品种。

7.2 催芽

种薯于播前 10 d～15 d 出库，10 ℃～15 ℃下催芽至芽眼可见小白点(芽)。

7.3 切刀消毒

符合 DB15/T 1723 的规定。

7.4 切种

50 g 以上种薯需切块播种，切块重量 50 g 左右，切种应在播种前 2 d 进行，提倡用 30 g～50 g 小整薯做种薯。

7.5 拌种

拌种药剂应符合 DB15/T 1723 的规定。

8 播种

8.1 播种期

当 10 cm 的地温稳定在 7 ℃～8 ℃，日平均气温达到 5 ℃时进行播种。

8.2 播种深度

根据土壤质地及墒情确定播种深度，一般 8 cm～12 cm，砂土适当加深，黏土略浅，墒情不好适当加深，墒情好略浅。

8.3 播种密度

采用平作方式播种，行距 50 cm～60 cm，株距 50 cm，每亩保苗 2 000 株～2 500 株。

9 田间管理

9.1 中耕

苗高 10 cm～15 cm 时进行第一次中耕培土，培土高度 5 cm 以上，配合中耕除草。第一次中耕 10 d～15 d 后进行第二次中耕除草培土，培土高度 3 cm。

9.2 病虫害防治

按照 DB15/T 1723 的规定进行马铃薯生产期间的病虫害防治。

10 收获

适时收获，收获过程中应避免机械损伤，避免在雨天和土壤湿度大时收获，收获后薯块避免雨淋、阳光暴晒、冻伤。

ICS 65.020.01
B 05

DB15

内蒙古自治区地方标准

DB15/T 1725—2019

“乌兰察布马铃薯”水浇地种植技术规程

Technical specification of Ulanqab potato for irrigated land

2019-11-05 发布 2019-12-05 实施

内蒙古自治区市场监督管理局 发布

前言

本标准按照GB/T 1.1—2009给出的规则起草。

本标准由乌兰察布市市场监督管理局提出。

本标准由内蒙古自治区马铃薯生产与种植标准化技术委员会(SAM/TC 42)归口。

本标准起草单位:乌兰察布市农业技术推广站、民丰种业有限公司、乌兰察布市农牧业科学研究院、乌兰察布市土壤肥料工作站、内蒙古自治区农牧业科学研究院、乌兰察布市植保植检测站、乌兰察布市职业学院。

本标准主要起草人:李慧成、王荣贵、杜小平、贺鹏程、郭志强、吴凯龙、韩志刚、胡俊、林团荣、弓钦、陈建保、王慧娟、韩伟、李强、谢锐、梁建功、李倩、张丽洁、魏静、武丹丹、胡卫静、王玉玲。

“乌兰察布马铃薯”水浇地种植技术规程

1 范围

本标准规定了“乌兰察布马铃薯”水浇地生产中选地、轮作倒茬、整地、品种选择、种薯处理、播种、施肥、中耕、灌溉、病虫草害防治、杀秧、收获等技术要求。

本标准适用于乌兰察布水浇地马铃薯生产。

2 规范性引用文件

下列文件对于本文件的应用是必不可少的。凡是注日期的引用文件，仅注日期的版本适用于本文件。凡是不注日期的引用文件，其最新版本(包括所有的修改单)适用于本文件。

DB15/T 1720 “乌兰察布马铃薯”产地环境要求

DB15/T 1721 “乌兰察布马铃薯”品种选择标准

DB15/T 1722 “乌兰察布马铃薯”种薯质量标准

DB15/T 1723 “乌兰察布马铃薯”主要病虫草害绿色防控技术规程

NY/T 394 绿色食品 肥料使用准则

3 栽培技术

3.1 产地环境

符合 DB15/T 1720 的规定。

3.2 选地与整地

以休闲地或豆类、麦类、牧草为前茬，选用土质较轻、土层深厚、通透性较好的地块。

3.2.1 选地

选择土层深厚、土壤疏松的砂壤土或壤土；土壤 pH<8.5，地面平坦或坡度<15°，适合机械化作业。

3.2.2 轮作倒茬

与小麦、玉米、豆类等非茄科作物实行 3 年以上轮作倒茬。

3.2.3 整地

播前进行耕翻或深松，耕翻深 30 cm～35 cm，深松 40 cm～45 cm，最好选用秋耕地。

3.3 品种选择

按照 DB15/T 1721 的规定执行。

3.4 种薯选择

按照 DB15/T 1722 的规定执行。

3.5 种薯处理

3.5.1 切种

50 g 以上种薯需切块播种，切块重量 50 g 左右，切种应在播种前 2 d 进行，也可用 30 g～50 g 小整薯做种薯。

3.5.2 切刀消毒

符合 DB15/T 1723 的规定。

3.5.3 拌种

拌种药剂应符合 DB15/T 1723 的规定。

3.6 播种

3.6.1 播种时间

当 10 cm 的地温稳定在 7 ℃～8 ℃，日平均气温达到 5 ℃时进行播种。

3.6.2 播种深度

高垄滴灌播种后薯块到垄顶距离 12 cm～14 cm，膜下滴灌薯块到膜面距离 10 cm～12 cm。砂土适当加深，黏土略浅。

3.6.3 播种密度

高垄滴灌垄距 90 cm，大垄双行膜下滴灌垄距 130 cm～150 cm，膜上行距 30 cm～40 cm。早熟品种每亩 4 000 株～4 500 株，中熟品种每亩 3 500 株～3 800 株。

3.6.4 滴灌带、地膜选择

尽量使用贴片式滴灌带，滴头流量 1.5 L/h～2 L/h；膜下滴灌地膜使用 80 cm 宽、0.01 mm 以上厚度黑膜。

3.7 施肥

施肥应符合 NY/T 394 的规定，肥料种类的选择以有机肥料、微生物肥料为主，亩施充分腐熟的有机肥 3 m^3 以上，亩施纯 N15 kg～20 kg、P_2O_5 8 kg～12 kg、K_2O 20 kg～30 kg；应用高效新型肥料、水肥一体化技术。

3.8 中耕

高垄滴灌在播种后 18 d～20 d 进行第一次中耕，顶部培土厚度 3 cm～5 cm，宜在出苗达 20%前完成。苗高 15 cm～20 cm 时进行第二次中耕，培土厚度 2 cm～3 cm；膜下滴灌在播种后 14 d～16 d 进行第一次中耕，培土厚度 2 cm～3 cm，保证地膜被土全部覆盖。苗高 15 cm～20 cm 时进行第二次中耕，主要进行两侧覆土和垄沟除草。

3.9 灌溉

按照马铃薯不同生育期需水规律进行灌溉，湿润深度 40 cm～50 cm，避免过量灌溉，7 d～10 d 灌水一次，每次灌水量 15 m^3～20 m^3，整个生育期灌水 7～10 次；苗期土壤湿度达到土壤最大持水量的

65%～70%，开花期到薯块膨大期达到土壤最大持水量的80%～85%，淀粉积累期达到土壤最大持水量的75%～80%；收获前15 d停止灌溉。

3.10 病虫草害防治

按照DB15/T 1723的规定执行。

3.11 杀秧

收获前7 d～10 d进行机械杀秧，留茬高度5 cm左右。

3.12 收获

杀秧后7 d～10 d，当马铃薯植株大部分枯死、薯皮已木栓化时进行收获；收获时，田间持水量控制在55%～60%，调整好收获机械，减少机械损伤。

ICS 65.020.01
B 05

DB15

内蒙古自治区地方标准

DB15/T 1723—2019

“乌兰察布马铃薯”主要病虫草害绿色防控技术规程

The green control technical regulation for the major diseases, insect pests and weeds of potato in ulanqab

2019-11-05 发布　　2019-12-05 实施

内蒙古自治区市场监督管理局　发布

前　　言

本标准按照GB/T 1.1—2009给出的规则起草。

本标准由乌兰察布市市场监督管理局提出。

本标准由内蒙古自治区马铃薯生产与种植标准化技术委员会(SAM/TC 42)归口。

本标准起草单位:内蒙古农业大学、内蒙古中加农业生物科技有限公司、乌兰察布市植保植检站、内蒙古民丰种业有限公司、乌兰察布市农牧科学研究院、乌兰察布市产品质量计量检测所、乌兰察布市农畜产品质量安全监督管理中心。

本标准主要起草人:吕文霞、胡俊、刘广晶、裴燕敏、吕英、智小青、林团荣、韩伟、张国、王真、王玉凤、陈利、马丽波、王慧娟、张丽洁。

“乌兰察布马铃薯”主要病虫草害绿色防控技术规程

1 范围

本标准规定了“乌兰察布马铃薯”生产中病虫草害绿色防控的技术要求。

本标准适用于“乌兰察布马铃薯”生产中病虫草害的防控。

2 术语和定义

下列术语和定义适用于本文件。

2.1

绿色防控 green control

按照“绿色植保”理念，采用农业防治、物理防治、生物防治、生态调控，以及科学、合理、安全使用农药的技术，达到有效控制农作物病虫害，确保农作物生产安全、农产品质量安全和农业生态环境安全，促进农业增产、增收的目的。

3 病虫草害防控

3.1 品种选择

选择丰产、优质、商品性好的抗病品种。

3.2 轮作倒茬

与小麦、玉米、豆类等非茄科类作物轮作倒茬3年。

3.3 种薯及种薯处理

3.3.1 种薯

选用优质的脱毒种薯。

3.3.2 切种

尽量采用小整薯播种。大于50 g的种薯进行切种。每个切块人员备2～3把切刀。每切一薯采用75%酒精浸蘸切刀消毒，也可用0.3%～0.4%的高锰酸钾浸泡切刀6 min～8 min消毒。切到病薯要淘汰病薯并进行切刀消毒。机械切种时也要对刀片喷洒消毒液进行消毒。

3.3.3 拌种

每667 m^2(1亩)种薯用大于2×10^8个孢子/g哈茨木霉菌粉剂500 g和600 g/L吡虫啉悬浮剂50 mL均匀拌种，晾干后播种。

3.4 适时晚播

为预防黑痣病，在不影响马铃薯生长的无霜期内10 cm地温稳定在10 ℃～12 ℃时播种，播种时沟喷 25%嘧菌酯悬浮剂 40 mL/667 m^2～60 mL/667 m^2。

3.5 除草

通过人工除草及适时中耕机械除草。

3.6 主要病害防控

3.6.1 晚疫病

田间设置马铃薯晚疫病检测仪，对晚疫病提前 2～3 周进行预警，做到精准施药。当达到发病条件时，用 80%代森锰锌可湿性粉剂 600 倍液均匀喷雾进行预防，7 d～10 d 一次，喷施 2 次。当田间出现零星病斑时，用 59%烯酰·霜霉威悬浮剂 800 倍液或 687.5 g/L 氟菌·霜霉威悬浮剂 600 倍液均匀喷雾进行控制，7 d 一次，喷施 2～3 次。每 667 m^2 用水量至少 30 L，配药时加入有机硅等助剂。

3.6.2 早疫病、炭疽病

避免马铃薯后期脱肥。当田间湿度大、早疫病或炭疽病有扩展蔓延趋势时，用 80%代森锰锌可湿性粉剂 600 倍液均匀喷雾进行预防，也可用 42.4%唑醚·氟酰胺悬浮剂 1 000 倍液或 250 g/L 嘧菌酯悬浮剂 600 倍液、70%肟菌·戊唑醇水分散粒剂 1 000 倍液、70%丙森锌可湿性粉剂 600 倍液、18.7%烯酰·吡唑酯水分散粒剂 1 500 倍液均匀喷雾，7 d～10 d 一次，喷施 2～3 次。每 667 m^2 用水量至少 30 L，配药时加入有机硅等助剂。

3.6.3 贮藏期病害

收获前促进薯皮老化，收获时避免造成机械伤。贮藏前要把贮窖打扫干净，并用石灰水喷雾进行全方位消毒处理；贮藏期间合理控制温、湿度。

3.7 主要害虫防控

3.7.1 地下害虫

施用的有机肥要充分腐熟；每亩用 20 kg 绿僵菌与有机肥混匀施用对蛴螬有较好的防效；用黑光灯诱杀地老虎成虫。

3.7.2 芫菁、二十八星瓢虫

加强调查，在芫菁（斑蝥）、二十八星瓢虫快要进地前，在地块外围均匀喷施 4.5%高效氯氰菊酯乳油 1000 倍液。

3.7.3 蚜虫

在蚜虫点片发生时，喷洒 1%苦参碱可溶性液剂 1 200 倍液或 0.3%苦参碱纳米技术改进型 2 200 倍液、0.5%印楝素乳油 800 倍液。

ICS 65.020.01
B 05

DB15

内蒙古自治区地方标准

DB15/T 1726—2019

“乌兰察布马铃薯”鲜食薯包装与标识

Packaging and marking of fresh Ulanqab potato

2019-11-05 发布　　2019-12-05 实施

内蒙古自治区市场监督管理局　发布

前　言

本标准按照 GB/T 1.1—2009 给出的规则起草。

本标准由乌兰察布市市场监督管理局提出。

本标准由内蒙古自治区马铃薯生产与种植标准化技术委员会(SAM/TC 42)归口。

本标准起草单位:乌兰察布职业学院、乌兰察布市产品质量计量检测所、乌兰察布市农畜产品质量安全监督管理中心、乌兰察布市经济工作站、乌兰察布市农业广播学校、乌兰察布市农牧业科学院、乌兰察布市农业技术推广站。

本标准主要起草人:陈建保、高文霞、段伟伟、曹桂林、侯文慧、俎爱忠、李利平、薛志霞、王伟、王真、赵雅芝。

“乌兰察布马铃薯”鲜食薯包装与标识

1 范围

本标准规定了“乌兰察布马铃薯”鲜食薯的包装材料、包装容器、包装方法及包装物的识别等技术要求。

本标准适用于“乌兰察布马铃薯”鲜食薯的包装。

2 规范性引用文件

下列文件对于本文件的应用是必不可少的。凡是注日期的引用文件，仅注日期的版本适用于本文件。凡是不注日期的引用文件，其最新版本(包括所有的修改单)适用于本文件。

GB/T 4892 硬质直方体运输包装尺寸系列

GB/T 5737 食品塑料周转箱

GB/T 6543 运输包装用单瓦楞纸箱和双瓦楞纸箱

GB/T 8946 塑料编织袋通用技术要求

NY/T 1430 农产品产地编码规则

SB/T 10577 鲜食马铃薯流通规范

3 包装

3.1 包装要求

同一包装内的马铃薯产地、品种、等级应一致；包装内马铃薯产品可视部分应具有整个包装产品的代表性。包装的体积应限制在最低水平，在保证产品盛装和保护产品运输、贮藏与销售的前提下，应首先考虑尽量减少材料使用总量。

3.2 包装设备

包装设备及包装机械指完成全部或部分包装过程的机器设备。包装过程包括充填、裹包、封口等主要工序及其相关的前后工序，如清洗、堆码、拆卸、计量等工序。

3.3 包装材料

3.3.1 包装印刷标志的油墨或标签的黏合剂应无毒，且不可直接接触马铃薯鲜食薯。

3.3.2 纸类包装材料应使用不涂蜡、不上油、不涂塑料等防潮材料和不用油性油墨做标记。

3.3.3 塑料包装材料应使用不含氟氯烃化合物(CFS)的发泡聚苯乙烯(EPS)、聚氨酯(PUR)、聚氯乙烯(PVC)的产品。

3.3.4 优先使用可重复利用、可回收利用或可降解的包装材料。

3.3.5 包装材料应无毒、清洁、干燥、无污染、无异味，具有一定的通透性、防潮性、抗压性和环保性。

3.4 包装容器

3.4.1 包装容器的尺寸、形状要适应马铃薯鲜食薯流通的需要，包装尺寸应按照 GB/T 4892 的规定。

3.4.2 包装使用的单瓦楞纸箱和双瓦楞纸箱应符合 GB/T 6543 的规定，塑料周转箱应符合 GB/T 5737 的规定，塑料编织袋应符合 GB/T 8946 的规定。

3.4.3 包装容器的种类、材料及适用范围见表1。

表1 包装容器的种类、材料及适用范围

种类	材料	适用范围
塑料周转箱	高密度聚乙烯、聚苯乙烯	各种鲜食马铃薯产品
纸箱	瓦楞板纸	经过分选分级后的鲜食马铃薯
网袋	天然纤维或合成纤维、聚乙烯、聚苯乙烯等	各种鲜食马铃薯产品
编织袋	天然纤维或合成纤维、聚乙烯、聚苯乙烯等	各种鲜食马铃薯产品
塑料袋	聚乙烯等	各种鲜食马铃薯产品
发泡塑料箱	可发性聚乙烯、可发性聚丙乙烯	礼品及分级后高档鲜食马铃薯

3.5 包装方法

3.5.1 根据包装容器规格（袋、箱等）采用随机排列方式包装。

3.5.2 根据包装容器性能不同，选择放置高度，高度一般不宜超过 4 m，减少产品的挤压和损伤。

3.5.3 每个包装件的重量可根据客户要求、搬运和操作方式而定，一般不超过 35 kg。

3.5.4 产品包装和装卸时应轻拿轻放，登高用面积较大的脚踏板，不可直接踩踏产品。

3.5.5 码垛必须整齐，并留有通风道，不可有悬空边角，以避免机械损伤和包装内的热量及气体聚集，导致产品品质下降。

3.6 包装规格

采用标准联运平托盘运输的瓦楞纸箱和塑料编织袋的马铃薯单位包装规格应符合 SB/T 10577 的规定。

4 标识

4.1 标识基本要求

标识的内容应准确、清晰、显著，所有文字应使用规范中文；任何标签或标识中的说明或表达方式不应有虚假、误导或欺骗；任何标签或标识中的文字、图示或其他方式的说明或表述不应直接或间接提及或暗示任何可能与该产品造成混淆的其他产品，同时也不应误导购买者或消费者。标识应贴在包装容器外部左侧，字迹应清晰、持久、易于辨认和识读。

4.2 标识内容

4.2.1 名称、净重

包装物上或者附加标识物应标明马铃薯及马铃薯品种名和净重。

4.2.2 产地、生产者

包装物上或者附加标识物应标明产地及能够承担产品质量安全责任的生产者或销售者的企业名称（生产企业、合作社、农场或经销商姓名）、地址和联系方式（电话号码、邮箱、微信号）。

4.2.3 产地编码

对马铃薯生产地进行编码，编码应符合 NY/T 1430 的规定。

4.2.4 生产日期

包装物上或者附加标识物应标明生产日期，即马铃薯的收获日期。生产日期按年、月、日顺序标注，标注在显著位置，规范清晰，符合对比色的要求。

4.2.5 认证标识

取得相应认证资质的鲜食马铃薯应按照要求使用标识。

4.2.6 等级和规格

有分级和规格标准的，标明产品质量等级和规格。

4.2.7 贮藏条件

应标明产品的贮藏条件。

ICS 67.080
B 31

中华人民共和国农业行业标准

NY/T 401—2000

脱毒马铃薯种薯(苗)病毒检测技术规程

Rules for virus detection of virus-free seed(seedling)potatoes

2000-09-22 发布　　　　2000-12-01 实施

中华人民共和国农业部　发布

前　　言

为了有效地实施对脱毒马铃薯种薯质量检验和管理，规范脱毒马铃薯种薯市场，促进马铃薯脱毒技术推广，实现脱毒种薯病毒检测的规范化、标准化，特制定本规程。本规程在参照国内外马铃薯病毒检测技术最新研究进展的基础上，结合当前国内生产实际，力求达到快速、准确、可操作性强的检测要求。检测对象主要选择生产上发生分布范围广、危害性大的病毒。检测方法主要采用指示植物检测和双抗体夹心酶联免疫吸附检测方法，而类病毒检测采用指示植物检测、往返电泳或反转录-聚合酶链反应检测方法。

本规程内容包括脱毒马铃薯种薯(苗)病毒检测的适用范围、检测对象、抽样方法、检测方法和质量要求。

本标准的附录 A、附录 B、附录 C 都是标准的附录。

本标准由中华人民共和国农业部提出。

本标准主要起草单位：农业部植物脱毒种苗质量监督检验测试中心(济南)、山东省植物保护总站。

本标准主要起草人：孙作文、王同伟、商明清、杨勤民、徐鲁、刘敬东。

中华人民共和国农业行业标准

脱毒马铃薯种薯(苗)病毒检测技术规程

NY/T 401—2000

Rules for virus detection of virus-free seed(seedling)potatoes

1 范围

本标准规定了脱毒马铃薯种薯、组培苗的病毒检测方法和操作规程。

本标准适用于脱毒马铃薯种薯、组培苗的病毒检测。

2 引用标准

下列标准所包含的条文,通过在本标准中引用而构成为本标准的条文。本标准出版时,所示版本均为有效。所有标准都会被修订,使用本标准的各方应探讨使用下列标准最新版本的可能性。

GB 7331—1987 马铃薯种薯产地检疫规程

GB 18133—2000 马铃薯脱毒种薯

3 定义

本标准采用下列定义。

3.1 脱毒菌

应用茎尖组织培养技术获得的再生试管苗,经检测确认不带马铃薯X病毒(PVX)、马铃薯Y病毒(PVY)、马铃薯S病毒(PVS)、马铃薯卷叶病毒(PLRV)等病毒和马铃薯纺锤块茎类病毒(PSTVd),才确认是脱毒苗。

3.2 脱毒种薯

从繁殖脱毒苗开始,经逐代繁殖增加种薯数量的种薯生产体系生产出来的。

脱毒种薯分为基础种薯和合格种薯两类。基础种薯是指用于生产合格种薯的原原种和原种;合格种薯是指用于生产商品薯的种薯。

3.2.1 基础种薯(分为三级)

3.2.1.1 原原种 pre-elite

用脱毒苗在容器内生产的微型薯(microtuber)和在防虫网室、温室条件下生产出的符合质量标准的种薯或小薯(minituber)。

3.2.1.2 一级原种 elite Ⅰ

用原原种作种薯,在良好隔离条件下生产出的符合质量标准的种薯。

3.2.1.3 二级原种 elite Ⅱ

用一级原种作种薯,在良好隔离条件下生产出的符合质量标准的种薯。

3.2.2 合格种薯(分为二级)

3.2.2.1 一级种薯 certified grate Ⅰ

用二级原种作种薯,在隔离条件下生产出的符合质量标准的种薯。

3.2.2.2 二级种薯 certified grate Ⅱ

用一级种薯作种薯,在隔离条件下生产出的符合质量标准的种薯。

中华人民共和国农业部2000-09-22批准 2000-12-01实施

3.3 病毒病株允许率

脱毒种薯繁殖田中病毒病株的允许比率。

4 检测对象

马铃薯 X 病毒(Potato virus X,PVX);

马铃薯 Y 病毒(Potato virus Y,PVY);

马铃薯 S 病毒(Potato virus S,PVS);

马铃薯卷叶病毒(Potato leaf roll virus,PLRV);

马铃薯纺锤块茎类病毒(Potato spindle tuber viroid,PSTVd)。

5 抽样

5.1 组培苗抽样

5.1.1 脱毒核心材料:每株必须检测。

5.1.2 扩繁苗:随机抽取 1%~2%的扩繁苗检测。

5.2 田间抽样

田间抽样数量及抽样时期应符合 GB 18133—2000 中 6.2 的规定。

5.3 商品种薯抽样

没有经过田间检验的种薯必须进行块茎检验。

5.3.1 根据种薯不同存放方式,采用分层设点取样或随机取样法,抽样数量见表 1。

表 1 抽样数量标准表

种薯总量,kg	抽样百分率,%	抽样最低数量,kg
≤10 000	6~10	100
>10 000	3~5	
注:不足抽样最低数量的全部作为混合样品。		

5.3.2 将第一次抽取的样品混合后,进行二次抽样,随机抽取 10%的混合样品检测。

6 检测方法

6.1 指示植物检测法

按 GB 7331—1987 中 F4 规定的方法执行。

6.2 双抗体夹心酶联免疫检测法

检测方法见附录 A。

6.3 往返电泳检测法或反转录-聚合酶链反应(RT-PCR)检测法

用于检测马铃薯纺锤块茎类病毒,检测方法见附录 B 和附录 C。

7 质量要求

凡指示植物检测、酶联免疫检测、往返电泳检测或 RT-PCR 检测呈阳性反应者为带毒种薯(苗)。

各级种薯病株病毒允许率应符合 GB 18133—2000 中第 5 章的规定。

附 录 A
（标准的附录）
双抗体夹心酶联免疫检测法

A1 溶液配制

所用化学试剂为分析纯级规格，用水为蒸馏水。

A1.1 洗涤缓冲液（PBST，pH7.4）

氯化钠（NaCl）	8.00 g
磷酸二氢钾（KH_2PO_4）	0.20 g
磷酸氢二钠（$Na_2HPO_4 \cdot 12H_2O$）	2.93 g（或 Na_2HPO_4 1.15 g）
氯化钾（KCl）	0.20 g
吐温-20（Tween-20）	0.50 mL

溶于蒸馏水中，定容至 1 000 mL，4 ℃保存。

A1.2 抽提缓冲液（pH7.4）

20.00 g 聚乙烯吡咯烷酮（$MW_{24\,000\sim40\,000}$）溶于 1 000 mL PBST 中。

A1.3 包被缓冲液（pH9.6）

碳酸钠（Na_2CO_3）	1.59 g
碳酸氢钠（$NaHCO_3$）	2.93 g
叠氮钠（NaN_3）	0.20 g

溶于蒸馏水中，定容至 1 000 mL，4 ℃保存。

A1.4 封板液

牛血清白蛋白（或脱脂奶粉）	2.00 g
聚乙烯吡咯烷酮（$MW_{24\,000\sim40\,000}$）	2.00 g

溶于 100 mL PBST 中，4 ℃保存。

A1.5 酶标抗体稀释缓冲液

牛血清白蛋白（或脱脂奶粉）	0.10 g
聚乙烯吡咯烷酮（$MW_{24\,000\sim40\,000}$）	1.00 g
叠氮钠（NaN_3）	0.01 g

溶于 100 mL PBST 中，4 ℃保存。

A1.6 底物缓冲液

二乙醇胺	97 mL
叠氮钠（NaN_3）	0.20 g

溶于 800 mL 蒸馏水中，用 2 mol/L 盐酸调 pH 至 9.8，定容至 1 000 mL，4 ℃保存。

A1.7 底物溶液（现用现配）

0.05 g 4-硝基苯酚磷酸盐溶于 50 mL 底物缓冲液中。

A2 样品制备

取样品 0.5～1.0 g，加入 5 mL 抽提缓冲液，研磨，4 000 r/min 离心 5 min，取上清液备用。

A3 操作步骤

A3.1 包被抗体：每孔加 100 μL 用包被缓冲液按工作浓度稀释的抗体，37 ℃保湿孵育 2～4 h 或 4 ℃

保湿过夜。

A3.2 洗板:用洗涤缓冲液洗板 4 次,每次 3～5 min。

A3.3 封板:每孔加 200 μL 封板液,34 ℃保湿孵育 1～2 h。

A3.4 洗板:同 A3.2。

A3.5 包被样品:每孔加样品 100 μL,34 ℃保湿孵育 2～4 h 或 4 ℃保湿过夜。同时设阴性、目标病毒的阳性和空白对照,可根据需要设置重复。

A3.6 洗板:用洗涤缓冲液洗板 4～8 次,每次 3～5 min。

A3.7 包被酶标抗体:每孔加 100 μL 用抗体稀释缓冲液稀释到工作浓度的碱性磷酸酯酶标记抗体,37 ℃孵育 2～4 h。

A3.8 洗板:同 A3.2。

A3.9 加底物溶液:每孔加 100 μL,37 ℃保湿条件下反应 1 h。

A3.10 酶联检测:用酶联检测仪测定 405 nm 的光吸收值(OD_{405}),记录反应结果。

$$\text{阳性判断标准:}\frac{\text{检测样品 } OD_{405}}{\text{阴性对照 } OD_{405}} \geqslant 2 \text{ 为阳性}$$

附 录 B
（标准的附录）
往返电泳检测法

B1 溶液配制

所用化学试剂为分析纯级规格，用水为蒸馏水。

B1.1 抽提缓冲液（pH7.5）

三羟甲基氨基甲烷（Tris） 6.06 g
乙二胺四乙酸（EDTA） 1.86 g
氯化钠（NaCl） 5.84 g

溶于 800 mL 蒸馏水中，用盐酸调 pH 至 7.5，定容至 1 000 mL，4 ℃保存。

B1.2 TBE 电泳缓冲液（pH8.3）

Tris 10.78 g
硼酸 5.50 g
EDTA 0.93 g

溶于蒸馏水中，定容至 1 000 mL，4 ℃保存。

B 1.3 5％聚丙烯酰胺凝胶配方

30％丙烯酰胺-甲叉双丙烯酰胺储备液（丙烯酰胺∶甲叉双丙烯酰胺＝29∶1） 7.5 mL
N，N，N′，N′-四甲基乙二胺（TEMED）原液 0.045 mL
20％过硫酸铵（现用现配） 0.4 mL
10×TBE 缓冲液 4.5 mL

加蒸馏水至 45 mL。

B1.4 显影液

氢氧化钠 6.40 g
硼氢化钠 0.40 g
甲醛 1.6 mL

溶于 400 mL 蒸馏水中。

B1.5 指示染料溶液

40％蔗糖，0.03％的二甲苯蓝。

B2 样品制备

B2.1 研磨：取 0.5～1.0 g 待检样品，加入 2 mL 抽提缓冲液、2 mL 用抽提缓冲液饱和的酚、少许十二烷基磺酸钠（SDS）、1～2 滴 2-巯基乙醇，研磨，同时设阴性对照、阳性对照。

B2.2 离心：加入 2 mL 氯仿-异戊醇（24∶1），继续研磨 2 min，4 000 r/min 离心 15 min，收集上清液。

B2.3 沉淀：取上清液加入 3 mol/L 醋酸钠使其终浓度为 300 mmol/L，并加入 3 倍体积 95％的冷乙醇，冰浴 1 h，10 000 r/min 离心 15 min，收集沉淀抽干。

B2.4 回溶：取用 400 μL TBE 缓冲液溶解沉淀，备用。

B3 往返电泳

B3.1 制板：取洁净的电泳板，1％琼脂糖封底，制成 5％聚丙烯酰胺凝胶板。

B3.2 加样：取 20 μL 制备好的样品，加入 5 μL 指示染料溶液混匀后加入样品槽。

B3.3 第一向电泳:在 380 V 电压下电泳至二甲苯蓝距胶底约 1 cm 时停止电泳。

B3.4 第二向电泳:更换新的电泳缓冲液(75 ℃),交换正负极,在 65 ℃温箱内、380 V 电压下电泳至二甲苯蓝距胶底约 1 cm 时停止电泳,取下胶板染色。

B4 染色

B4.1 固定:将胶板在固定液(10%乙醇、0.5%乙酸)中固定 15 min 或过夜。

B4.2 染色:在 0.19%的硝酸银溶液中染色 20 min。

B4.3 漂洗:用蒸馏水漂洗 4 次,每次 3～5 min。

B4.4 显影:在显影液中显色 10 min。

B4.5 增色:在 7.5 g/L 碳酸钠溶液中增色 10 min,取出胶板放入固定液中,观察结果。

阳性判断:与阳性对照相同位置有明显带出现的为阳性。

附 录 C
（标准的附录）
反转录-聚合酶链反应检测法

C1 溶液配制

所用化学试剂为分析纯级规格。

C1.1 核酸提取缓冲液：100 mmol/L 氯化钠，100 mmol/L Tris-HCl（pH9.0），10 mmol/L EDTA，0.5%皂土，0.5%十二烷基磺酸钠（SDS），1%2-巯基乙醇。

C1.2 1×TAE 缓冲液：40 mmol/L Tris-HCl，20 mmol/L 乙酸钠，2 mmol/L EDTA（用冰乙酸调 pH 至 8.0）。

C1.3 缓冲液Ⅰ：内含 0.2 mol/L 氯化钠的 1×TAE 缓冲液。

C1.4 缓冲液Ⅱ：内含 1.5 mol/L 氯化钠的 1×TAE 缓冲液。

C1.5 5×cDNA 第一链合成缓冲液：250 mmol/L Tris-HCl（pH8.3），375 mmol/L 氯化钾，150 mmol/L 氯化镁，250 mmol/L DTT。

C1.6 10×PCR 缓冲液：100 mmol/L Tris-HCl（pH8.3），500 mmol/L 氯化钾，150 mmol/L 氯化镁，0.1%牛血清蛋白（BSA）。

C1.7 6%聚丙烯酰胺凝胶配方

30%丙烯酰胺-甲叉双丙烯酰胺储备液（丙烯酰胺：甲叉双丙烯酰胺＝29：1）	9.0 mL
10×TAE 缓冲液	4.5 mL
N,N,N′,N′-四甲基乙二胺（TEMED）原液	0.045 mL
20%过硫酸铵（现用现配）	0.4 mL

加蒸馏水至 45 mL。

C2 模板核酸（PSTVd RNA）的制备

取待检样品 0.5～1.0 g，在液氮中研磨，加 2～3 mL 核酸提取缓冲液研磨匀浆，加等体积水饱和酚（内含 0.1%8-羟基喹啉），继续研磨匀浆，再加等体积氯仿，匀浆。4 ℃，8 000～9 000 r/min 离心 15 min。取上清过 1×3 cm DEAE-纤维素柱，先用 10 mL 缓冲液Ⅰ冲洗柱子，再用缓冲液Ⅱ洗脱，每次加 1 mL，待洗脱液有颜色时开始收集，直到洗脱液无颜色为止。向洗脱液中加入 3 倍体积的冷乙醇，－20 ℃沉淀过夜，10 000 r/min 冷冻离心 20 min。取沉淀用 75%的乙醇洗涤，10 000 r/min 冷冻离心 15 min。收集沉淀，干燥后，用 0.4 mL 1×TAE 缓冲液溶解，即为 PSTVd 的模板核酸样品。

C3 PCR 扩增

C3.1 引物：引物 1（P1）的碱基序列为 5’CGGGTACCCGTTCACACCT3’，引物 2（P2）的碱基序列为 5’CCGAGCTCGGTCCAGGAGGT3’。

C3.2 PCR 扩增方法

C3.2.1 cDNA 的合成

在 0.5 mL 全子离心管（eppendorf）管中加入：模板核酸 1 μL，10 μmol/L 互补引物 1（P1）1 μL，无菌重蒸馏水 9 μL，95 ℃水浴 5 min。然后向管中加入下列混合物：40 U/μL rRNasin 1 μL，5×第一链合成缓冲液 4 μL，10 mmol/L dNTP 1 μL，0.1 mol/L DTT 2 μL，200 U/μL MMLV 逆转录酶 1 μL，42 ℃水浴保温 1 h。

C3.2.2 PCR 扩增

向 0.5 mL eppendorf 管中加入以下试剂：无菌重蒸馏水 37 μL，10×PCR 缓冲液 5 μL，10 mmol/L dNTP 1 μL,10 μmol/L 上游引物 1(P1)1 μL,10 μmol/L 下游引物 2(P2)1 μL,cDNA 4 μL,混匀后用 50 μL 石蜡油覆盖,95 ℃变性 10 min。然后加入 TaqDNA 聚合酶 1 μL,用 PCR 进行扩增 94 ℃ 3 min、60 ℃ 1 min、72 ℃ 90 s 进行预循环后,依 94 ℃ 40 s、60 ℃ 60 s、72 ℃ 90 s(最后一次 10 min)进行 40 次循环。

C4 扩增产物检测

C4.1 聚丙烯酰胺凝胶电泳

取洁净的电泳板,1%的琼脂糖封底,制成 6%聚丙烯酰胺凝胶板,120～140 V 电泳至溴酚蓝走到胶底进停止电泳。电泳缓冲液为 TAE 缓冲液。

C4.2 染色

C4.2.1 固定:将胶板在固定液(10%乙醇、0.5%乙酸)中固定 15 min 或过夜。

C4.2.2 染色:在 0.19%的硝酸银溶液中染色 20 min。

C4.2.3 漂洗:用蒸馏水漂洗 4 次,每次 3～5 min。

C4.2.4 显影:在显影液(氢氧化钠 6.4 g,硼氢化钠 35 mg,甲醛 1.6 mL,溶于 400 mL 蒸馏水)中显色 10 min。

C4.2.5 增色:在 7.5 g/L 碳酸钠溶液中增色 10 min,取出胶板放入固定液中,观察结果。

C4.2.6 阳性判断:与阳性对照相同位置有明显带出现的为阳性。

ICS 65.020.01
B 05

DB15

内蒙古自治区地方标准

DB15/T 1719—2019

“乌兰察布马铃薯”鲜食薯质量标准

Quality requirements for fresh Ulanqab potato

2019-11-05 发布　　2019-12-05 实施

内蒙古自治区市场监督管理局　发布

前　言

本标准按照GB/T 1.1—2009给出的规则起草。

本标准由乌兰察布市市场监督管理局提出。

本标准由内蒙古自治区马铃薯生产与种植标准化技术委员会(SAM/TC 42)归口。

本标准主要起草单位:乌兰察布职业学院、乌兰察布市产品质量计量检测所、内蒙古民丰种业有限公司、内蒙古中加农业有限公司、乌兰察布市气象局、内蒙古自治区农牧业科学院、乌兰察布市农牧业科学院、内蒙古薯都凯达食品有限公司。

本标准主要起草人:陈建保、梁建功、冯光、李丽玲、康俊、俎爱忠、张国、韩伟、王沛、刘金华、谢锐、韩志刚、王玉凤、范龙秋、庄楠、王永伟。

“乌兰察布马铃薯”鲜食薯质量标准

1 范围

本标准规定了“乌兰察布马铃薯”鲜食薯的质量要求和判定原则。

本标准适用于“乌兰察布马铃薯”鲜食薯。

2 规范性引用文件

下列文件对于本文件的应用是必不可少的。凡是注日期的引用文件，仅注日期的版本适用于本文件。凡是不注日期的引用文件，其最新版本(包括所有的修改单)适用于本文件。

GB/T 5009.11 食品安全国家标准 食品中总砷及无机砷的测定

GB/T 5009.12 食品安全国家标准 食品中铅的测定

GB/T 5009.17 食品安全国家标准 食品中总汞及有机汞的测定

GB/T 5009.18 食品中氟的测定

GB/T 5009.19 食品中有机氯农药多组分残留量的测定

GB/T 5009.20 食品中有机磷农药残留量的测定

GB/T 5009.33 食品安全国家标准 食品中亚硝酸盐与硝酸盐的测定

GB/T 5009.38 蔬菜、水果卫生标准的分析方法

GB/T 5009.102 植物性食品中辛硫磷农药残留量的测定

GB/T 5009.103 植物性食品中甲胺磷和乙酰甲胺磷农药残留量的测定

GB/T 5009.126 植物性食品中三唑酮残留量的测定

GB/T 5009.136 植物性食品中五氯硝基苯残留量的测定

GB/T 5009.145 植物性食品中有机磷和氨基甲酸酯类农药多种残留的测定

GB/T 5009.146 植物性食品中有机氯和拟除虫菊酯类农药多种残留量的测定

GB/T 20769 水果和蔬菜中450种农药及相关化学品残留量的测定 液象色谱-串联质谱法

NY/T 761 蔬菜和水果中有机磷、有机氯、拟除虫菊酯和氨基甲酸酯类农药多残留的测定

NY/T 1275 蔬菜、水果中吡虫啉残留量的测定

NY/T 1379 蔬菜中334种农药多残留的测定 气相色谱质谱法和液相色谱质谱仪

3 术语和定义

下列术语和定义适用于本文件。

3.1

青皮 greening

受到光照而引起的薯皮和薯肉变绿。

3.2

外部缺陷 external defects

有畸形、次生、串薯、龟裂、虫害、草穿、黑心、发芽、机械损伤等缺陷的马铃薯块茎。

4 要求

4.1 外观质量要求

应选择具有新鲜、光滑、形态正常、大小均匀、色泽良好、芽眼清洁、无腐烂、无霉变、无异味、无发芽、无病虫害症状、无机械损伤和青皮薯的“乌兰察布马铃薯”鲜食薯，外观质量分级应符合表1的规定。

表1 “乌兰察布马铃薯”鲜食薯外观质量分级

级别	项目								
	外观								单个薯块重量/g
	均匀度	色泽	光滑度	芽眼深浅	外部缺陷	青皮	腐烂	发芽	
一级	≥98%	鲜亮	好	浅 （深度<1 mm）	0	0	0	0	200～500
二级	≥95%	鲜亮	较好	浅 （深度<1 mm）	≤5%	≤0.5%	≤0.5%	0	151～200

注1：发芽指标不适用于休眠期短的马铃薯品种。

注2：本表中质量指标不适用于品种特性结薯小的马铃薯品种。

4.2 内部质量要求

“乌兰察布马铃薯”鲜食薯内部质量要求应符合表2的规定。

表2 “乌兰察布马铃薯”鲜食薯内部质量要求

级别	内部质量项目		
	空心	黑心	内部变色
一级	0	0	0
二级	≤2%	≤1%	≤1%

4.3 营养指标

“乌兰察布马铃薯”鲜食薯营养指标应符合表3的规定。

表3 “乌兰察布马铃薯”鲜食薯营养指标

项目	营养指标	检测方法
干物质含量/%	≥18	GB 5009.3
蛋白质/%	≥1.7	GB 5009.5
VC/(mg/100 g)	≥20	GB 5009.86
膳食纤维/(g/100 g)	≥2.1	GB 5009.88
矿物质/(g/100 g)	≥1.0	GB 5009.4

注：本表中的营养指标数据已占鲜食薯比例。

4.4 卫生指标

“乌兰察布马铃薯”鲜食薯卫生指标应符合表4的规定。

表4 “乌兰察布马铃薯”鲜食薯卫生指标

项目	残留限量/(mg/kg)	检测方法
铅	≤0.1	GB/T 5009.12
镉	≤0.05	GB/T 5009.15
※甲拌磷	不得检出	GB/T 5009.145
氯氰菊酯	≤0.01	GB/T 5009.146
六六六(BHC)	不得检出	GB/T 5009.19
硫丹	不得检出	NY/T 761
涕灭威	不得检出	NY/T 761
克百威	不得检出	NY/T 761
敌敌畏	不得检出	NY/T 761
敌百虫	不得检出	GB/T 20769
乐果	不得检出	GB/T 20769
溴氰菊酯	≤0.01	NY/T 761
毒死蜱	≤0.01	NY/T 761
三唑酮	≤0.01	NY/T 761
辛硫磷	≤0.01	GB/T 5009.102
抗蚜威	≤0.01	NY/T 1379
嘧菌酯	≤0.1	NY/T 1453
多菌灵	≤0.1	GB/T 5009.188
吡虫啉	≤0.2	NY/T 1275
2,4—D	≤0.2	GB/T 5009.175
※氰戊菊酯	≤0.01	GB/T 5009.146
※甲胺磷	不得检出	GB/T 5009.103
※五氯硝基苯	≤0.1	GB/T 5009.136
※氧化乐果	不得检出	GB/T 5009.20
※呋喃丹	不得检出	GB 23200.8
注：打※号为必测项目，其他项目可根据田间施用农药情况而定。		

5 判定原则

5.1 合格批次的判定

按照本标准进行检验，样品符合标准要求的，判定该批次合格。

5.2 不合格批次的判定

卫生指标有一个项目不合格，即判定该批次不合格。

5.3 批次等级判定

根据4.1、4.2、4.3的要求分等级进行等级判定：

a） 一级：样本中的一级产品数≥95%，二级品数≤5%，无不合格品；

b） 二级：样本中的二级或以上产品数≥100%，无不合格品。

ICS 65.020.01
B 05

DB15

内 蒙 古 自 治 区 地 方 标 准

DB15/T 1727—2019

“乌兰察布马铃薯”鲜食薯贮藏技术规程

Storage technical regulations of Ulanqab potato for vegetable potato

2019-11-05 发布　　2019-12-05 实施

内蒙古自治区市场监督管理局　发 布

前　言

本标准按照 GB/T 1.1—2009 给出的规则起草。

本标准由乌兰察布市市场监督管理局提出。

本标准由内蒙古自治区马铃薯生产与种植标准化技术委员会(SAM/TC 42)归口。

本标准起草单位:内蒙古民丰种业有限公司、内蒙古自治区农牧业科学院、中加农业、乌兰察布市职业技术学院马铃薯研究院、乌兰察布市气象局、乌兰察布市农牧业科学研究院。

本标准主要起草人:韩伟、张国、赵玉平、李慧成、陈建宝、林团荣、吴凯龙、谢锐、王沛、胡俊、辛敏、丁向荣、王慧娟、刘海英、张志成、韩飞、李强、韩志刚、吕文霞、弓钦、范龙秋、王伟、王真。

“乌兰察布马铃薯”鲜食薯贮藏技术规程

1 范围

本标准规定了“乌兰察布马铃薯”鲜食薯贮藏前的收获、挑拣、处理、包装、标识、运输及马铃薯贮藏过程等技术操作规程。

本标准适用于“乌兰察布马铃薯”鲜食薯智能仓储库的贮藏，其他类别的库可借鉴执行。

2 规范性引用文件

下列文件对于本文件的应用是必不可少的。凡是注日期的引用文件，仅注日期的版本适用于本文件。凡是不注日期的引用文件，其最新版本(包括所有的修改单)适用于本文件。

DB15/T 1722 “乌兰察布马铃薯”种薯质量标准

DB15/T 1726 “乌兰察布马铃薯”鲜食薯包装与标识

3 术语和定义

下列术语和定义适用于本文件。

3.1

块茎休眠期 tuber dormancy

块茎收获以后，即使放到适宜发芽的环境中也不能很快发芽，必须经过一定时期贮藏后才能发芽的现象。

3.2

智能仓储库 intelligent storage warehouse

通过自动控制系统调节贮藏环境中的温度、湿度、二氧化碳浓度等，为马铃薯贮藏创造适宜的环境条件，减少马铃薯的营养消耗和病菌滋生，确保马铃薯贮藏质量的一种贮藏库。

3.3

缺陷薯 defective tuber

有畸形、次生生长、龟裂、虫害、草穿、黑心、发芽、机械损伤等缺陷的马铃薯块茎。

4 马铃薯收获与包装

4.1 收获前质量要求

经马铃薯收获前田间检验，确认马铃薯符合 DB15/T 1722 的规定，则可作为合格马铃薯进行适时收获(收获前 10 d～15 d 停水、杀秧)。

4.2 收获后质量要求

符合 DB15/T 1722 的规定。

4.3 包装、标识

用于销售的“乌兰察布马铃薯”，包装、标识应符合 DB15/T 1726 的规定。

5 运输

5.1 装车高度

普通编织袋袋装时不宜超过 10 层(即 2 m),整齐码放,保持通风。

5.2 装卸要求

装卸的过程中注意轻装轻放,严禁抛袋及踩踏。

5.3 运输过程防护

运输车辆在运输过程中应采取防雨、防晒、防冻、防机械损伤等措施。

5.4 装仓机具要求

散装入库的马铃薯在入库时装仓机具各种输送带之间跌落高度应小于 30 cm,运输机运行速率不超过 30 m/min,装仓机设置成自动摆动形式,不应长时间停留在一处出现堆山状,垛顶表面要平整。

6 贮藏

6.1 仓储库准备

6.1.1 仓储库清理

入库前应将仓储库的墙壁、地面、设备上的残留物清理干净,同时将风道内尘土清理干净。

6.1.2 仓储库消毒

消毒在马铃薯入库前 10 d 进行,先用饱和的生石灰水均匀喷洒,后用 45%百菌清烟剂处理,用量为 0.1 g/m^2。

6.1.3 设备消毒与检修

将库房内的木板、支架、通风道、输运带、装仓机等设备清洗,并用 70%～75%酒精均匀喷洒消毒。消毒完成后对设备进行为期 10 d 的试运行,确保各种设备正常运转。

6.2 堆码方式

符合 DB15/T 1726 的规定。

6.3 贮藏管理

6.3.1 通风

入库后进行 7 d 通风,通风道温度保持在 10 ℃～15 ℃,若低于 10 ℃应启用内部循环来保持温度。如机伤马铃薯伤口处已形成木栓层或干燥表皮,即通风完成。贮藏过程中二氧化碳浓度超过 2 000 mg/kg 时应通风换气。

6.3.2 温度

每天降温 0.2 ℃～0.5 ℃,直至垛内温度降到 4 ℃,然后维持在 2 ℃～4 ℃。堆垛温差小于 1 ℃,以避免堆垛顶部产生冷凝水。

6.3.3 湿度

库内湿度维持在85%～90%。

6.3.4 光照

马铃薯鲜食薯见光会变绿，失去做商品薯的价值，所以应避光贮藏，作业时应使用低照度的电灯照明，作业完成后及时关灯。

6.4 出库

6.4.1 分选

根据出库计划，提前对库内马铃薯进行分选，淘汰贮藏期间产生的病烂薯、缺陷薯，使马铃薯质量在出库前符合DB15/T 1722的规定。

6.4.2 温、湿度调整

出库前使仓储库内温度升至7 ℃～10 ℃，相对湿度调至80%，开始出库。

6.5 出库后管理

6.5.1 库内清理

出库后，及时清理库内杂质、尘土等，不留死角，墙壁、地面、库顶须清理干净。

6.5.2 库内设备清洗

出库后及时清洗设备，不留死角。

ICS 65.020.01
B 05

DB15

内蒙古自治区地方标准

DB15/T 1728—2019

“乌兰察布马铃薯”质量追溯技术规程

Quality traceability technical regulations of potato in Ulanqab

2019-11-05 发布 2019-12-05 实施

内蒙古自治区市场监督管理局 发布

前　言

本标准按照GB/T 1.1—2009给出的规则起草。

本标准由乌兰察布市市场监督管理局提出。

本标准由内蒙古自治区马铃薯生产与种植标准化技术委员会(SAM/TC 42)归口。

本标准起草单位:乌兰察布市农畜产品质量安全监督管理中心、乌兰察布市农业技术推广站、民丰种业有限公司。

本标准主要起草人:吴凯龙、陈利、程仕博、李强、刘锋、高磊、特日格勒、艾吉木、郭威艳、李慧成、韩伟、王慧娟、李利平。

“乌兰察布马铃薯”质量追溯技术规程

1 范围

本标准规定了“乌兰察布马铃薯”质量追溯的基本要求、追溯信息记录、追溯信息管理、追溯标识、质量安全问题处置等技术要求。

本标准适用于“乌兰察布马铃薯”的种植、贮存、收购、运输、销售等环节的质量追溯。

2 规范性引用文件

下列文件对于本文件的应用是必不可少的。凡是注日期的引用文件，仅注日期的版本适用于本文件。凡是不注日期的引用文件，其最新版本(包括所有的修改单)适用于本文件。

NY/T 1761—2009 农产品质量安全追溯操作规程 通则

3 术语和定义

下列术语和定义适用于本文件。

3.1

马铃薯可追溯性 trace potato

马铃薯在生产、销售的各个环节，即从种植、施肥、用药、采收、运输、贮存和销售的所有阶段，都能够通过识别追溯标志追踪到相关的记录信息。

3.2

马铃薯可追溯体系 traceability of potato

利用农产品质量安全追溯信息系统给每批次采收的产品，赋予追溯码并保持相关生产管理记录，从生产到销售各阶段信息流的连续性保障系统。

4 追溯基本要求

4.1 追溯目标

实施追溯的马铃薯可根据马铃薯追溯体系追溯到种植、收购、运输贮存等环节的产品、投入品及相关责任主体等信息。

4.2 机构和人员

实施追溯的马铃薯生产企业、组织或机构应设定内部机构或专人负责马铃薯质量安全追溯的实施、追溯信息记录、上传、核实等工作。

4.3 设备和软件

实施追溯的马铃薯生产企业、组织或机构应安装农产品质量安全追溯信息系统，配备必要的计算机、网络设备、条码打印机、条码读写设备等，相关硬件、软件应满足追溯要求。

4.4 管理制度

实施追溯的马铃薯生产企业、组织或机构应制定产品质量追溯工作规范、信息采集规范、信息系统维护和管理规范、质量安全问题处置规范、质量追溯产品应急预案等相关制度,并组织实施。

5 追溯信息记录

追溯信息记录包括:生产责任主体信息记录表、种植基地基本信息记录表、种薯来源信息记录表、生产资料购入信息记录表、播种信息记录表、施肥信息记录表、农药使用信息记录表、采收记录表、运输记录表、贮存记录表、销售信息记录表,详见附录A。

6 追溯信息管理

6.1 原始信息保存

实施追溯的企业或机构(组织)建立符合自身实际的追溯信息管理制度,保证追溯信息的及时性与真实性,纸质记录应及时交由追溯专人归档,所有纸质信息档案应保存2年以上。

6.2 追溯信息上传

追溯信息采集后,追溯专人应及时将相关信息传输到农畜产品质量安全监管追溯信息平台。

6.3 追溯信息查询

通过农畜产品质量安全监管追溯信息平台可查询以上全部信息。

7 追溯标识

马铃薯追溯系统自动生成条码,载体标签材质、大小由监管部门统一配发,配备专门的条码打印机打印,并于产品包装上粘贴。消费者可通过手机扫描二维码或者输入追溯条码编号查询相关信息,实现信息有记录,数据可查询,质量可追溯。

8 质量安全问题处置

按照NY/T 1761—2009的规定执行。

附　录　A
（规范性附录）
追溯信息记录

表 A.1　生产责任主体信息记录表

实施追溯责任主体名称			工商注册信息（社会统一信用代码）		
法定代表人		基地地址		基地名称	
联系方式		基地编号		基地面积	

表 A.2　种植基地基本信息记录表

序号	基地地址	基地名称	基地编号	地块面积	前茬作物	备注

表 A.3　种薯来源信息记录表

序号	购买时间	数量	品种	入库时间	批次	库房地点	库房编号	经办人	联系方式	备注
注 1：付购买合同复印件。 注 2：自繁种时付繁种记录。										

表 A.4　生产资料购入信息记录表

农药购入信息记录									
序号	农药名称	登记证号	购买数量	批次	购入时间	供应商名称	存放位置	产品图片	经办人
肥料购入信息记录									
序号	肥料名称	购买数量	有效成分	批次	购入时间	供应商名称	存放位置	产品图片	经办人

表 A.5　播种信息记录表

序号	种薯品种	种薯出库时间	种薯批次	种薯出库时间	基地名称	基地编号	播种面积	播种量	播种时间	经办人

表 A.6　施肥信息记录表

序号	施肥料名称	出库时间	批次	基地名称	基地编号	每亩用量	施肥时间	经办人

表 A.7　农药使用信息记录表

序号	农药名称	出库时间	批次	基地名称	基地编号	用药目的	每亩用量（浓度）	用药方式	用药时间	经办人

表 A.8　采收记录表

序号	基地名称	基地编号	品种	产品等级	采收面积	采收数量	采收日期	采收批次	经办人

表 A.9　运输记录表

序号	品种	批次	运输工具	起止地点	发货时间	接收时间	数量	经办人	承运人

表 A.10　贮存记录表

序号	仓库名称	仓库编号	入库时间	入库品种	入库批次	入库数量	环境条件	入库申请人	保管人

表 A.11　销售信息记录表

序号	销售对象	销售对象地址	销售时间	品种	产品等级	批次	数量	经办人

内蒙古自治区高标准体系建设项目系列图书 4

科尔沁牛肉标准体系

内蒙古自治区市场监督管理局◎编著

中国质量标准出版传媒有限公司
中国标准出版社

北京

图书在版编目(CIP)数据

科尔沁牛肉标准体系/内蒙古自治区市场监督管理局编著.—北京:中国标准出版社,2020.6
(内蒙古自治区高标准体系建设项目系列图书)
ISBN 978-7-5066-9573-2

Ⅰ.①内… Ⅱ.①内… Ⅲ.①牛肉—质量管理—标准体系—内蒙古 Ⅳ.①TS251.5-65

中国版本图书馆 CIP 数据核字(2020)第 044457 号

中国标准出版社出版发行
北京市朝阳区和平里西街甲 2 号(100029)
北京市西城区三里河北街 16 号(100045)
网址 www.spc.net.cn
总编室:(010)68533533 发行中心:(010)51780238
读者服务部:(010)68523946
中国标准出版社秦皇岛印刷厂印刷
各地新华书店经销
*
开本 880×1230 1/16 印张 4.5 字数 139 千字
2020 年 6 月第一版 2020 年 6 月第一次印刷
*
定价(全十册) 225.00 元

图书编委会

本书编写组

主　　编　白清元

执行主编　冯　晔

副 主 编　董玉霞　刘保华　贾双文　孙树军　姜晓东

　　　　　李勇智　包思沁夫

成　　员　胡彩虹　朱晓春　张　蒙　毕　超　王嘉睿

　　　　　蔡红卫　王　娟　郭大伟　张智宇

序言

“中国将积极实施标准化战略，以标准助力创新发展、协调发展、绿色发展、开放发展、共享发展”“中国高度重视标准化工作，积极推广应用国际标准，以高标准助力高技术创新，促进高水平开放，引领高质量发展”。习近平总书记在庆祝第39届国际标准化组织（ISO）大会、第83届国际电工委员会（IEC）大会开幕的贺信中，对标准及实施标准化战略的重要性作出了精辟阐述，为新形势下推动标准化工作持续健康发展提供了重要指引。实践证明，标准化在支撑产业发展、促进科技进步、推进国家治理能力现代化等方面的基础性、战略性作用越发凸显。

2019年是全面贯彻落实习近平总书记“扎实推动经济高质量发展”承上启下的关键一年，内蒙古自治区市场监管局协调有关行业部门、企事业单位，立足实际，围绕标准引领、质量提升、品牌培育重点工作积极作为，大力实施标准化战略，持续推进标准提升，深化标准化工作改革和创新，聚焦关键、突出重点，努力为全区高质量发展作出更大贡献。针对自治区标准体系建设不完善、高水平标准少的实际，内蒙古自治区市场监督管理局出台《内蒙古自治区标准化提升行动计划（2018—2020年）》，开展第一批锡林郭勒羊肉等11项特色产业高标准体系建设项目，共梳理出各类标准429项，提出立项标准建议156项，开展高标准体系试点示范项目14个，为9个产业的“蒙”字标产品认证要求及团体标准制定提供了技术支撑。经过努力，自治区标准化工作成效显著：截至2019年10月，全区累计建成标准化试点示范项目384个，主导或参与制修订各类标准3 900多项，组织制定了稀土和纺织行业国际标准、大型矿用自卸车国家标准、羊产业团体标准等；全面推进标准国际化，内蒙古标准化院建立了“蒙古国标准化（内蒙古）研究中心”，聚焦“一带一路”建设，加强标准化合作研究；包头市政府开展了“标准国际化创新型城市”创建工作；与中建集团共同推动中国7项标准被蒙古国互认、举办第3届中蒙博览会中蒙经贸活动标准化论坛、承办国际标准化组织ISO/TC 275的2019年全体会议，进一步扩大了自治区对中蒙俄标准化研究的国际影响力。

建设适应高质量发展的标准体系是今后标准化工作的重中之重。围绕自治区优势特色产业，立足高质量高效益，制定全产业链的高标准体系将成为市场监管部门和各行业主管部门、有关企事业单位的重要职责任务。这套《内蒙古自治区高标准体系建设项目系列图书》的编印

是自治区建设高标准体系工作的一个开端。自治区及各盟市市场监督管理部门、标准化工作战线的同志们要锐意进取、开拓创新，以推动高质量发展为动力，积极构建支撑高质量发展的标准体系；要不断挖掘内蒙古优势特色产业，加快制定一批亟需的高水平标准，让高标准成为高质量发展的“引擎”，助推“蒙”字标等质量品牌建设；要瞄准国际国内先进标准，选择重点行业、重点企业开展对标达标活动，推动自治区优势特色技术标准成为国家标准或国际标准；要加强标准实施与监督，建立健全标准评价机制，进一步发挥标准化项目的辐射带动作用，助推内蒙古自治区经济高质量发展。

编著者

2020 年 5 月

前言

2019年是“标准体系建设”之年，加快建设推动高质量发展的标准体系是标准化工作的重中之重。内蒙古自治区市场监督管理局深入开展“标准化提升行动”，不断提升标准水平，完善标准体系，助力高质量发展。

2019年7月，自治区市场监管局与自治区农牧厅、林草局联合下发《关于开展2019年自治区农牧业产业标准体系建设项目的通知》（内市监标准字〔2019〕163号）和《关于开展2019年林草产业标准体系建设项目的通知》（内市监标准字〔2019〕164号），紧紧围绕自治区特色农林牧产业开展标准体系建设。各相关盟市旗县政府、科研机构、高校、龙头企业、专业技术人员等广泛参与，保证了标准体系的科学性、合理性和先进性。

这是自治区第一批高标准体系建设项目，本着“从田间到餐桌”全产业链的标准化要求，覆盖了产品种（养）植的地域、环境要求、品种和种养加工过程控制、产品品质和储运包装等关键环节。立足高质量要求，体现原料天然无污染、种养过程绿色有机、产品品质优质等要素，为促进产业高质量发展、打造“蒙”字标区域公用品牌提供了标准化支撑。

本书将兴安盟大米、呼伦贝尔牛肉、乌兰察布马铃薯、科尔沁牛肉、锡林郭勒羊肉、赤峰小米、呼伦贝尔羊肉、河套小麦、内蒙古大兴安岭黑木耳、通辽黄玉米10个产业标准体系及相关标准集结成册，旨在方便生产、加工、检测、认证人员及广大读者使用，以更好地指导实践。在本丛书编写过程中得到了相关部门、企业和多位专家的大力支持，在此表示衷心感谢！由于编写水平和时间有限，书中内容难免会有错漏，恳请读者提出宝贵意见，以便我们改进和完善。

编著者

2020年5月

目录

科尔沁牛肉标准体系框架图 // 1

科尔沁牛肉标准体系明细表 // 3

叁 科尔沁牛肉标准体系标准统计表 // 7

肆 科尔沁牛肉标准体系关键标准 // 9

DB15/T 1717—2019 科尔沁牛肉 // 10

DB15/T 1718—2019 “科尔沁牛肉”产地环境要求 // 23

DB15/T 1716—2019 “科尔沁牛”饲养管理技术规程 // 32

DB15/T 1715—2019 “科尔沁牛”布鲁氏菌病防控技术规范 // 40

GB/T 27643—2011 牛胴体及鲜肉分割 // 45

科尔沁牛肉标准体系框架图

科尔沁牛肉
标准体系
01 产地环境
02 牧场建设
03 繁育
0301 品种
0302 繁育
04 饲养
0401 饲养技术
0402 疫病诊断与防控
05 屠宰加工
0501 环境、设备
0502 工艺流程
06 产品与质量检测
0601 产品标准
0602 质量检测
07 包装标识
08 冷链物流
09 产品销售
10 产品追溯

贰 科尔沁牛肉标准体系明细表

序号	标准名称	标准编号	级别	实施日期	状态
01　产地环境					
1	“科尔沁牛肉”产地环境要求	DB15/T 1718—2019	地标	2019-12-05	现行
02　牧场建设					
1	牧区牛羊棚圈建设技术规范	NY/T 1178—2006	行标	2006-10-01	现行
2	标准化养殖场　肉牛	NY/T 2663—2014	行标	2015-01-01	现行
03　繁育					
0301　品种					
1	科尔沁牛	蒙 DB 468—88	地标	1988-05-04	现行
0302　繁殖					
1	牛冷冻精液	GB 4143—2008	国标	2009-01-01	现行
2	牛胚胎生产技术规程	GB/T 26938—2011	国标	2012-02-01	现行
3	牛性控冷冻精液人工授精技术规程	DB15/T 938—2015	地标	2016-03-25	现行
04　饲养					
0401　饲养技术					
1	肉牛饲养标准	NY/T 815—2004	行标	2004-09-01	现行
2	肉牛育肥良好管理规范	NY/T 1339—2007	行标	200-07-01	现行
3	肉牛饲养管理技术规程	DB15/T 706—2014	地标	2014-12-01	现行
4	“科尔沁牛”饲养管理技术规程	DB15/T 1716—2019	地标	2019-12-05	现行
0402　疫病诊断与防控					
1	动物布鲁氏菌病诊断技术	GB/T 18646—2018	国标	2018-09-01	现行
2	口蹄疫诊断技术	GB/T 18935—2018	国标	2019-04-01	现行
3	口蹄疫免疫接种技术规范	NY/T 1955—2010	行标	2010-12-01	现行
4	“科尔沁牛”布鲁氏菌病防控技术规范	DB15/T 1715—2019	地标	2019-12-05	现行
05　屠宰加工					
0501　环境、设备					
1	食品安全国家标准　禽畜屠宰加工卫生规范	GB 12694—2016	国标	2017-12-23	现行
2	食品安全国家标准　食品生产通用卫生规范	GB 14881—2013	国标	2014-06-01	现行
3	畜类屠宰加工通用技术条件	GB/T 17237—2008	国标	2008-10-01	现行
4	牛羊屠宰与分割车间设计规范	SBJ/T 08—2007	行标	2008-05-01	现行
0502　工艺流程					
1	畜禽屠宰操作规程　牛	GB/T 19477—2018	国标	2019-07-01	现行
2	牛胴体及鲜肉分割	GB/T 27643—2011	国标	2012-04-01	现行
3	肉牛胴体分割规范	NY/T 2836—2015	行标	2015-12-01	现行
06　产品与质量检测					
0601　产品标准					
1	鲜（冻）畜肉卫生标准	GB 2707—2016	国标	2017-06-23	现行

序号	标准名称	标准编号	级别	实施日期	状态
2	食品安全国家标准　熟肉制品	GB 2726—2016	国标	2017-06-23	现行
3	鲜、冻分割牛肉	GB/T 17238—2008	国标	2008-10-01	现行
4	速冻调制食品	SB/T 10379—2012	行标	2013-06-01	现行
5	科尔沁牛肉	DB15/T 1717—2019	地标	2019-12-05	现行
0602　质量检测					
1	食品卫生微生物学检验 肉与肉制品检验	GB/T 4789.17—2003	国标	2004-01-01	现行
2	牛羊屠宰产品品质检验规程	GB 18393—2001	国标	2001-12-01	现行
3	科尔沁牛肉检测方法		地标		待制定
07　包装标识					
1	食品安全国家标准 预包装食品标准　通则	GB 7718—2011	国标	2012-04-20	现行
2	食品安全国家标准 预包装食品营养标签通则	GB 28050—2011	国标	2013-01-01	现行
3	农产品物流包装容器通用技术要求	GB/T 34343—2017	国标	2018-05-01	现行
4	畜禽产品包装与标识	NY/T 3383—2018	行标	2019-01-01	现行
08　冷链物流					
1	畜禽肉冷链运输管理技术规范	GB/T 28640—2012	国标	2012-11-01	现行
2	畜禽产品流通卫生操作技术规范	NY/T 3407—2018	行标	2019-01-01	现行
09　产品销售					
1	食品安全国家标准 肉和肉制品经营卫生规范	GB 20799—2016	国标	2017-12-23	现行
10　产品追溯					
1	农产品质量安全追溯操作规程　畜肉	NY/T 1764—2009	行标	2009-05-20	现行

科尔沁牛肉标准体系标准统计表

序号	标准类别	标准数量/项				
		国家标准	行业标准	地方标准	已立项标准	总计
1	产地环境	0	0	1	0	1
2	牧场建设	0	2	0	0	2
3	繁育	2	0	2	0	4
4	饲养	2	3	3	0	8
5	屠宰加工	5	2	0	0	7
6	产品与质量检测	5	1	1	1	8
7	包装标识	3	1	0	0	4
8	冷链物流	1	1	0	0	2
9	产品销售	1	0	0	0	1
10	产品追溯	0	1	0	0	1
合计		19	11	7	1	38

肆

科尔沁牛肉标准体系关键标准

ICS 65.020.30
B 45

DB15

内蒙古自治区地方标准

DB15/T 1717—2019

科尔沁牛肉

Kerchin beef

2019-11-05 发布　　2019-12-05 实施

内蒙古自治区市场监督管理局　发布

前　言

本标准按照 GB/T 1.1—2009 给出的规则起草。

本标准由通辽市市场监督管理局提出。

本标准由内蒙古自治区肉制品标准化技术委员会(SAM/TC 03)归口。

本标准起草单位:内蒙古科尔沁牛业股份有限公司、通辽市畜牧兽医科学研究所、内蒙古食品检验检测中心。

本标准主要起草人:韩明山、贾伟星、郑海英、高丽娟、杨帅、张延和。

科 尔 沁 牛 肉

1 范围

本标准规定了“科尔沁牛肉”的术语和定义、产品分类、技术要求、检验方法、检验规则、标志、包装、运输和贮存。

本标准适用于“科尔沁牛肉”鲜、冻带骨牛肉按部位分割、加工的产品。

2 规范性引用文件

下列文件对于本文件的应用是必不可少的。凡是注日期的引用文件，仅注日期的版本适用于本文件。凡是不注日期的引用文件，其最新版本(包括所有的修改单)适用于本文件。

GB/T 4456 包装用聚乙烯吹塑薄膜

GB 4789.2 食品安全国家标准 食品微生物学检验 菌落总数测定

GB 4789.3 食品安全国家标准 食品微生物学检验 大肠菌群计数

GB 4789.4 食品安全国家标准 食品微生物学检验 沙门氏菌检验

GB 4789.6 食品安全国家标准 食品微生物学检验 致泻大肠埃希氏菌检验

GB 4789.10 食品安全国家标准 食品微生物学检验 金黄色葡萄球菌检验

GB 4789.30 食品安全国家标准 食品微生物学检验 单核细胞增生李斯特氏菌检验

GB 5009.12 食品安全国家标准 食品中铅的测定

GB 5009.15 食品安全国家标准 食品中镉的测定

GB 5009.123 食品安全国家标准 食品中铬的测定

GB 5009.228 食品安全国家标准 食品中挥发性盐基氮的测定

GB 7718 食品安全国家标准 预包装食品标签通则

GB 12694 食品安全国家标准 畜禽屠宰加工卫生规范

GB 18394 畜禽肉水分限量

GB 23200.94 食品安全国家标准 动物源性食品中敌百虫、敌敌畏、蝇毒磷残留量的测定 液相色谱-质谱/质谱法

GB/T 5009.11 食品安全国家标准 食品中总砷及无机砷的测定

GB/T 5009.17 食品安全国家标准 食品中总汞及有机汞的测定

GB/T 5009.44 食品安全国家标准 食品中氟化物的测定

GB/T 6388 运输包装收发货标志

GB/T 6543 运输包装用单瓦楞纸箱和双瓦楞纸箱

GB/T 17238 鲜、冻分割牛肉

GB/T 19477 畜禽屠宰操作规程

GB/T 20755 畜禽肉中九种青霉素类药物残留量的测定 液相色谱-串联质谱法

GB/T 20756 可食动物肌肉、肝脏和水产品中氯霉素、甲砜霉素和氟苯尼考残留量的测定 液相色谱-串联质谱法

GB/T 20766 牛猪肝肾和肌肉组织中玉米赤霉醇、玉米赤霉酮、乙烯雌酚、乙烷雌酚、双烯雌酚残

留量的测定液相色谱-串联质谱法

GB/T 21311 动物源性食品中硝基呋喃类药物代谢物残留检测方法 高效液相色谱法/串联质谱法

GB/T 21312 动物源性食品中14种喹诺酮药物残留检测方法 液相色谱-质谱/质谱法

GB/T 21316 动物源性食品中磺胺类药物残留量的测定 高效液相色谱-质谱/质谱法

GB/T 21981 动物源食品中激素多残留检测方法 液相色谱-质谱/质谱法

GB/T 22286 动物源性食品中多种β-受体激动剂残留量的测定 液相色谱串联质谱法

NY/T 676 牛肉等级规格

3 术语和定义

GB/T 17238规定的以及下列术语和定义适用于本文件。

3.1

科尔沁牛肉 kerchin beef

来自于科尔沁草原的经过育肥饲养、符合屠宰标准的育肥牛经屠宰加工生产的牛肉。

3.2

里脊 tenderloin

牛柳

取自牛胴体腰部内侧带有完整里脊头的净肉。

3.3

外脊 striploin

西冷

取自牛胴体从12～13胸椎椎窝中间处到第6腰椎外横界垂直横截,沿背最长肌下缘切开的净肉,主要是背最长肌。

3.4

眼肉 ribeye

取自牛胴体第6胸椎到第12～13胸椎间的净肉。前端与上脑相连,后端与外脊相连,主要包括背阔肌、背最长肌、肋间肌等。

3.5

上脑 high rib

取自牛胴体最后颈椎到第6胸椎间的净肉。前端始于最后颈椎后缘,后端与眼肉相连,主要包括背最长肌、斜方肌等。

4 产品分类

分为鲜分割牛肉、冻分割牛肉。

5 技术要求

5.1 原料

应符合GB/T 19477的规定。

5.2 加工

5.2.1 屠宰加工及卫生

应符合 GB 12694 的规定。

5.2.2 冷却、分割、贮藏或冻结

5.2.2.1 胴体冷却

牛经屠宰放血后，胴体应在 45 min 内移入冷却间内进行冷却。胴体之间的间距不应小于 10 cm。预冷间温度为 0 ℃～4 ℃，相对湿度为 80%～95%。在 36 h 内使胴体后腿部、肩胛部中心温度降至 7 ℃以下。

5.2.2.2 质量分级

应符合 NY/T 676 的规定。

5.2.2.3 分割间温度及修整

5.2.2.3.1 分割间温度

应确保分割间温度在 12 ℃以下，生产冷鲜分割产品时，分割间温度应为 8 ℃～10 ℃。

5.2.2.3.2 修整

修整应平直持刀，保持肌膜、肉块完整。肉块上不得带伤斑、血瘀、血污、碎骨、软骨、病变组织、淋巴结、脓包、浮毛或其他杂质。

5.2.2.4 贮藏或冻结

5.2.2.4.1 贮藏

分割肉块应该在 0 ℃～4 ℃、相对湿度 80%～95%的贮藏间贮存。

5.2.2.4.2 冻结

分割肉块应在－28 ℃以下冻结 48 h 内，使肉块的中心温度达到－18 ℃以下。

5.3 感官

应符合表 1 的规定。

表 1 感官要求

项目	鲜牛肉	冻牛肉(解冻后)
色泽	肌肉有光泽，色鲜红或深红；脂肪呈乳白	肌肉色鲜红，有光泽；脂肪呈乳白色
黏度	外表微干或有风干膜，不黏手	肌肉外表微干，或有风干膜，或外表湿润，不黏手
弹性 (组织状态)	指压后有凹陷可恢复	肌肉结构紧密，有坚实感，肌纤维韧性强
气味	具有鲜牛肉正常的气味	具有牛肉正常的气味

表 1（续）

项目	鲜牛肉	冻牛肉(解冻后)
煮沸后肉汤	透明澄清，脂肪团聚于表面，具特有香味	澄清透明，脂肪团聚于表面，具有牛肉汤固有的香味和鲜味
肉眼可见异物	不得带伤斑、血瘀、血污、碎骨、病变组织、淋巴结、脓包、浮毛或其他杂质	

5.4 理化指标

应符合表 2 的规定。

表 2 理化指标

项目	指标
挥发性盐基氮/(mg/100 g)	≤13
铅(pb)/(mg/kg)	≤0.1
无机砷/(mg/kg)	≤0.05
镉(Cd)/(mg/kg)	≤0.1
总汞(以 Hg 计)/(mg/kg)	≤0.05
铬(Cr)/(mg/kg)	≤0.5
铜(Cu)/(mg/kg)	≤8
亚硝酸盐(以 $NaNO_2$ 计)/(mg/kg)	≤3

5.5 水分限量

应符合 GB 18394 的规定。

5.6 农药、兽药及非法添加物质残留限量

应符合表 3 的规定。

表 3 农药、兽药及其他化学物质的限量要求

序号	项目	最高限量/(mg/kg)
1	六六六	≤0.05
2	滴滴涕	≤0.05
3	蝇毒磷	≤0.5
4	敌敌畏	≤0.02
5	青霉素	<0.05
6	伊维菌素	≤0.02
7	恩诺沙星	<0.1
8	阿莫西林	<0.05

表3（续）

序号	项目	最高限量/(mg/kg)
9	磺胺二甲基嘧啶	不得检出(检出限＜0.05)
10	磺胺二甲氧嘧啶	不得检出(检出限＜0.05)
11	磺胺间甲氧嘧啶	不得检出(检出限＜0.05)
12	磺胺甲噁唑	不得检出(检出限＜0.05)
13	磺胺喹噁啉	不得检出(检出限＜0.1)
14	四环素	不得检出(检出限＜0.1)
15	金霉素	不得检出(检出限＜0.1)
16	土霉素	不得检出(检出限＜0.1)
17	玉米赤霉醇	不得检出(检出限＜0.005)
18	己烯雌酚	不得检出(检出限＜0.05)
19	呋喃唑酮	不得检出(检出限＜0.01)
20	氯霉素	不得检出(检出限＜0.001)
21	群勃龙	不得检出(检出限＜0.001)
22	盐酸克伦特罗	不得检出(检出限＜0.0005)
23	莱克多巴胺	不得检出(检出限＜0.0005)
24	沙丁胺醇	不得检出(检出限＜0.0005)

5.7 微生物指标

应符合表4的规定。

表4 微生物指标

项目	指标	
	鲜牛肉	冻牛肉
菌落总数/(cfu/g)	$\leqslant 1\times 10^{6}$	$\leqslant 5\times 10^{5}$
大肠菌群/(MPN/100g)	$<1\times 10^{4}$	$<1\times 10^{3}$
沙门氏菌	不得检出	
致泻大肠埃希氏菌	不得检出	
单核细胞增生李斯特菌	不得检出	
金黄色葡萄球菌	不得检出	
致泻大肠埃希氏菌	不得检出	

5.8 净含量

参考《定量包装商品计量监督管理办法》(总局令第75号)的规定。

6 检验方法

6.1 感官检验

6.1.1 色泽、组织状态、黏性、肉眼可见异物

目测、手触鉴别。

6.1.2 气味

嗅觉鉴别。

6.1.3 煮沸后肉汤

按 GB/T 5009.44 规定的方法检验。

6.2 理化检验

6.2.1 挥发性盐基氮

按 GB 5009.228 规定的方法测定。

6.2.2 铅

按 GB 5009.12 规定的方法测定。

6.2.3 砷

按 GB/T 5009.11 规定的方法测定。

6.2.4 镉

按 GB 5009.15 规定的方法测定。

6.2.5 汞

按 GB/T 5009.17 规定的方法测定。

6.2.6 铬

按 GB 5009.123 规定的方法测定。

6.2.7 铜

按 GB/T 5009.13 规定的方法测定。

6.2.8 硝酸盐

按 GB/T 5009.33 规定的方法测定。

6.2.9 水分含量检验

按 GB 18394 规定的方法测定。

6.2.10 六六六、滴滴涕

按 GB/T 5009.19 的规定。

6.2.11 蝇毒磷

按 GB 23200.94 的规定。

6.2.12 敌敌畏

按 GB 23200.94 的规定。

6.2.13 青霉素

按 GB/T 20755 的规定。

6.2.14 伊维菌素

参考农业部 781 号公告—5—2006 动物源食品中阿维菌素类药物残留量的测定。

6.2.15 恩诺沙星

按 GB/T 21312 的规定。

6.2.16 阿莫西林

按 GB/T 20755 的规定。

6.2.17 磺胺二甲基嘧啶

按 GB/T 21316 的规定。

6.2.18 磺胺二甲氧嘧啶

按 GB/T 21316 的规定。

6.2.19 磺胺间甲氧嘧啶

按 GB/T 21316 的规定。

6.2.20 磺胺甲恶唑

按 GB/T 21316 的规定。

6.2.21 磺胺喹唑

按 GB/T 21316 的规定。

6.2.22 四环素、土霉素、金霉素

按 GB/T 14931.1 的规定。

6.2.23 玉米赤霉醇

按 GB/T 20766 的规定。

6.2.24 乙烯雌酚

按 GB/T 20766 的规定。

6.2.25 呋喃挫酮

按 GB/T 21311 的规定。

6.2.26 氯霉素

按 GB/T 20756 的规定。

6.2.27 群勃龙

按 GB/T 21981 的规定。

6.2.28 盐酸克伦特罗、莱克多巴胺、沙丁胺醇

按 GB/T 22286 的规定。

6.3 微生物检验

6.3.1 菌落总数

按 GB 4789.2 规定的方法检验。

6.3.2 大肠菌群

按 GB 4789.3 规定的方法检验。

6.3.3 沙门氏菌

按 GB 4789.4 规定的方法检验。

6.3.4 致泻大肠埃希氏菌

按 GB 4789.6 规定的方法检验。

6.3.5 单核细胞增生李斯特氏菌

按 GB 4789.30 规定的方法检验。

6.3.6 金黄色葡萄球菌

按 GB 4789.10 规定的方法检验。

6.4 量等级评定

按 NY/T 676 中附录 E 判断。

6.5 净含量

按 JJF 1070 规定的方法检验。

7 检验规则

7.1 出厂检验

7.1.1 产品出厂前由工厂技术检验部门按本标准逐批检验，并出具质量合格证书方可出厂。

7.1.2 检验项目为感官、挥发性盐基氮、菌落总数、大肠菌群、水分、净含量。

7.2 型式检验

7.2.1 一般情况下，型式检验每半年进行1次，有下列情况之一者也需进行型式检验：

——产品投产时；

——停产3个月以上恢复生产时；

——出厂检验结果与上次型式检验有较大差异时；

——国家质量监督部门提出要求时。

7.2.2 型式检验项目为5.3、5.4、5.5、5.6、5.7、5.8中规定的项目。

7.3 组批

同一班次、同一种类的产品为一批。

7.4 抽样

7.4.1 从成品库中码放产品的不同部位，按表5规定的数量抽样。

表5 抽样数量及判定规则

批量范围/箱	样本数量/箱	合格判定数 Ac	不合格判定数 Re
<1 200	5	0	1
1 200～2 500	8	1	2
>2 500	13	2	3
注：从全部抽样数量中抽取2 kg试样，用于感官、水分、挥发性盐基氮和菌落总数、大肠菌群检验。			

7.4.2 判定规则：按5.3、5.4、5.5、5.6、5.7、5.8和表5判定产品。

7.4.3 复检规则：经检验某项指标不符合本标准规定时，可加倍抽样复检。复检后有一项指标不符合本标准，则判定为不合格产品。

8 标志、包装、运输和贮存

8.1 标志

8.1.1 内包装标志应符合GB 7718的规定。外包装标志应符合GB/T 6388的规定。

8.1.2 按伊斯兰教风俗屠宰、加工的分割牛肉，应在包装箱上注明。

8.1.3 产品可追溯信息标记应清晰。

8.2 包装

8.2.1 内包装材料应符合GB/T 4456 、GB/T 4806.1、4806.7的规定。

8.2.2 外包装材料应符合GB/T 6543的规定，包装箱应完整、牢固，底部应封牢。

8.2.3 包装箱内肉块应排列整齐,定量包装箱内允许有一小块补加肉。

8.3 运输

应使用符合卫生要求的冷藏车。

8.4 贮存

8.4.1 无包装的鲜分割牛肉应贮存在 0 ℃～4 ℃,相对湿度 80%～95%的条件下,最多不超过 7 d;预包装冷鲜分割牛肉,一次真空热缩包装完整,冷链无断裂,保质期 30 d 以上。

8.4.2 冻分割牛肉应贮存在低于－18 ℃的冷藏库内,昼夜温差±1 ℃,相对湿度 90%以上,贮存期 12 个月以上。

参 考 文 献

[1] 国家质量监督检验检疫总局2005年第75号令《定量包装商品计量监督管理办法》

[2] 农业部781号公告—5—2006《动物源食品中阿维菌素类药物残留量的测定　高效液相色谱法》

ICS 65.020.30
B 40

DB15

内 蒙 古 自 治 区 地 方 标 准

DB15/T 1718—2019

“科尔沁牛肉”产地环境要求

Environmental requirements of “Kerqin beef” origin

2019-11-05 发布

2019-12-05 实施

内蒙古自治区市场监督管理局　发 布

前　言

本标准按照 GB/T 1.1—2009 给出的规则起草。

本标准由通辽市市场监督管理局提出。

本标准由内蒙古自治区畜牧业标准化技术委员会(SAM/TC 19)归口。

本标准起草单位:通辽市畜牧兽医科学研究所、内蒙古科尔沁牛业股份有限公司、内蒙古科尔沁肉牛种业股份有限公司、内蒙古汉恩生物科技有限公司。

本标准主要起草人:贾伟星、郑海英、高丽娟、张延和、张玉良、韩玉国、康宏昌、王梓、王维、韩明山、宋国彪。

“科尔沁牛肉”产地环境要求

1 范围

本标准规定了“科尔沁牛肉”产地环境要求的术语和定义、环境质量要求、检测方法和检验规则。

本标准适用于生产“科尔沁牛肉”的养殖场、屠宰厂、加工厂及产品运输、储存单位。

2 规范性引用文件

下列文件对于本文件的应用是必不可少的。凡是注日期的引用文件，仅注日期的版本适用于本文件。凡是不注日期的引用文件，其最新版本（包括所有的修改单）适用于本文件。

GB/T 5750.4 生活饮用水标准检验方法 感官性状和物理指标

GB/T 5750.12 生活饮用水标准检验方法 微生物指标

GB 7467 水质 六价铬的测定 二苯碳酰二肼分光光度法

GB 7475 水质 铜、锌、铅、镉的测定 原子吸收分光光度法

GB/T 15432 环境空气 总悬浮颗粒物的测定 重量法

GB/T 17141 土壤质量 铅、镉的测定 石墨炉原子吸收分光光度法

GB/T 22105.1 土壤质量 总汞、总砷、总铅的测定 原子荧光法 第1部分：土壤中总汞的测定

GB/T 22105.2 土壤质量 总汞、总砷、总铅的测定 原子荧光法 第2部分：土壤中总砷的测定

HJ/T 84 水质无机阴离子（F^-、Cl^-、NO_2^-、Br^-、NO_3^-、PO_4^{3-}、SO_3^{2-}、SO_4^{2-}）的测定 离子色谱法

HJ/T 91 地表水和污水监测技术规范

HJ/T 164 地下水环境监测技术规范

HJ/T 166 土壤环境监测技术规范

HJ 193 环境空气气态污染物（SO_2、NO_2、O_3、CO）连续自动监测系统安装验收技术规范

HJ/T 194 环境空气质量手工监测技术规范

HJ 479 环境空气 氮氧化物（一氧化氮和二氧化氮）的测定 盐酸萘乙二胺分光光度法

HJ 481 环境空气 氟化物的测定 石灰滤纸采样氟离子选择电极法

HJ 482 环境空气 二氧化硫的测定 甲醛吸收-副玫瑰苯胺分光光度法

HJ 483 环境空气 二氧化硫的测定 四氯汞盐吸收-副玫瑰苯胺分光光度法

HJ 484 水质 氰化物的测定 容量法和分光光度法

HJ 491 土壤和沉积物 铜、锌、铅、镍、铬的测定 火焰原子吸收分光光度法

HJ 618 环境空气 PM10和PM2.5的测定 重量法

HJ 694 水质汞、砷、硒、铋和锑的测定 原子荧光法

NY/T 1377 土壤中pH值的测定

3 术语和定义

下列术语和定义适用于本文件。

3.1

环境空气 ambient air

人群、植物、动物和建筑物所暴露的室外空气。

3.2

总悬浮颗粒物 total suspended particle (tsp)

环境空气中空气动力学当量直径小于或等于 100 μm 的颗粒物。

3.3

可吸入颗粒物 particulate matter

环境空气中空气动力学当量直径小于或等于 10 μm 的颗粒物。

3.4

1 小时平均值 1-hour average

任何 1 小时污染物浓度的算术平均值。

3.5

日均值 daily average

1 个自然日 24 小时平均浓度的算术平均值，也称 24 小时平均值。

3.6

环境区划 environmental regionalization

环境区划分为环境要素区划、环境状态与功能区划、综合环境区划等。

3.7

水质监测 water qualite monitoring

为了掌握水环境质量状况和水系中污染物的动态变化，对水的各种特性指标取样、测定，并进行记录或发出讯号的程序化过程。

3.8

地表水 surface water

陆地水

存在于地壳表面，暴露于大气的水，是河流、冰川、湖泊、沼泽四种水体的总称。

3.9

地下水 ground water

埋藏于地面以下岩土孔隙、裂隙、溶隙饱和层中的重力水。

注：广义指地表以下各种形式的水。

3.10

土壤 soil

由矿物质、有机质、水、空气及生物有机体组成的地球陆地表面上能生长植物的疏松层。

4 环境质量要求

4.1 环境空气

空气中各项污染物含量不应超过表 1 所列的指标要求。

表1　环境空气中各项污染物的指标要求

项目	单位	指标	
		日均值	1小时平均值
总悬浮颗粒物	mg/m^3	≤0.30	—
可吸入颗粒物	mg/m^3	≤0.15	—
二氧化硫	mg/m^3	≤0.12	≤0.40
氮氧化物	mg/m^3	≤0.08	≤0.12
氟化物	$\mu g/m^3$	≤7	≤20
	$\mu g/(dm^2 \cdot d)$	≤1.8	

4.2　饮用水

饮用水中各项污染物不应超过表2所列的指标要求。

表2　饮用水各项污染物的指标要求

项目	单位	指标
色度	度	15度，并不得呈现其他异色
浑浊度	度	3度
臭和味	—	不得有异臭、异色
肉眼可见物	—	不得含有
pH值	—	6.5～8.5
氟化物	mg/L	≤1.0
氰化物	mg/L	≤0.05
总砷	mg/L	≤0.05
总汞	mg/L	≤0.001
总镉	mg/L	≤0.01
六价铬	mg/L	≤0.05
总铅	mg/L	≤0.05
细菌总数	个/mL	≤100
总大肠菌群	个/L	不得检出

4.3　土壤环境质量

标准将土壤按pH的高低分为3种情况，即pH<6.5，pH 6.5～7.5，pH>7.5。各种不同土壤中的各项污染物含量不应超过表3所列的限值。

表3 土壤中各项污染物的指标要求

项目	单位	指标		
pH	mg/kg	<6.5	6.5~7.5	>7.5
镉	mg/kg	≤0.30	≤0.30	≤0.40
汞	mg/kg	≤0.25	≤0.30	≤0.35
砷	mg/kg	≤25	≤20	≤20
铅	mg/kg	≤50	≤50	≤50
铬	mg/kg	≤120	≤120	≤120
铜	mg/kg	≤50	≤60	≤60

5 监测方法

5.1 空气质量监测

5.1.1 监测点位布设

参照《环境空气质量监测规范(试行)》(国家环境保护总局2007年第4号公告)执行。

5.1.2 样品采集

执行HJ/T 193或HJ/T 194。

5.1.3 分析方法

按照表4中所列方法执行。

表4 空气中各项污染物监测分析方法

监测项目	分析方法
总悬浮颗粒物	GB/T 15432
可吸入颗粒物	HJ 618
二氧化硫	HJ 482
	HJ 483
氮氧化物	HJ 479
氟化物	HJ 481

5.2 饮用水质量监测

5.2.1 监测点位布设

执行HJ/T 164和HJ/T 91。

5.2.2 样品采集

执行HJ/T 164和HJ/T 91。

5.2.3 监测分析方法

按表5所列方法执行。

表5 饮用水水质监测分析方法

监测项目	分析方法
色度	GB/T 5750.4
嗅和味	GB/T 5750.4
浑浊度	GB/T 5750.4
肉眼可见物	GB/T 5750.4
pH值	GB/T 5750.4
氟化物	HJ/T 84
氰化物	HJ 484
汞	HJ 694
砷	HJ 694
镉	GB 7475
六价铬	GB 7467
铅	GB 7475
总大肠菌群	GB/T 5750.12
细菌总数	GB/T 5750.12

5.3 土壤质量监测

5.3.1 监测点位布设

执行HJ/T 166。

5.3.2 样品采集

执行HJ/T 166。

5.3.3 监测分析方法

按表6所列方法执行。

表6 土壤中污染物监测分析方法

监测项目	分析方法
pH	NY/T 1377
镉	GB/T 17141
汞	GB/T 22105.1
砷	GB/T 22105.2
铅	HJ/T 491

表 6（续）

监测项目	分析方法
铬	HJ/T 491
铜	HJ/T 491

6 检验规则

各项监测过程中，相对应的监测项目，符合相应的项目指标要求时，判定为符合要求。

参 考 文 献

[1] 国家环境保护总局2007年第4号公告《环境空气质量监测规范(试行)》

ICS 65.020.30
B 44

DB15

内 蒙 古 自 治 区 地 方 标 准

DB15/T 1716—2019

“科尔沁牛”饲养管理技术规程

“Kerchin Cattle” feeding management technical regulations

2019-11-05 发布　　2019-12-05 实施

内蒙古自治区市场监督管理局　发 布

前　言

本标准按照 GB/T 1.1—2009 给出的规则起草。

本标准由通辽市市场监督管理局提出。

本标准由内蒙古自治区畜牧业标准化技术委员会(SAM/TC 19)归口。

本标准起草单位:通辽市畜牧兽医科学研究所、内蒙古科尔沁牛业股份有限公司、内蒙古科尔沁肉牛种业股份有限公司、内蒙古汉恩生物科技有限公司。

本标准主要起草人:高丽娟、张延和、贾伟星、郑海英、王梓、张玉良、萨日娜、康宏昌、韩玉国、杨帅、王维、韩明山、宋国彪。

“科尔沁牛”饲养管理技术规程

1 范围

本标准规定了“科尔沁牛”饲养管理技术的术语和定义、牛场建设、饲养管理、繁殖、防疫、兽药使用、驱虫、场区消毒和废弃物处理。

本标准适用于“科尔沁牛”的饲养管理。

2 规范性引用文件

下列文件对于本文件的应用是必不可少的。凡是注日期的引用文件，仅注日期的版本适用于本文件。凡是不注日期的引用文件，其最新版本(包括所有的修改单)适用于本文件。

GB 18596 畜禽养殖业污染物排放标准

NY/T 472 绿色食品 兽药使用准则

NY/T 815 肉牛饲养标准

NY/T 1335 牛人工授精技术规程

NY/T 2663—2014 标准化养殖场 肉牛

NY/T 5128 无公害食品 肉牛饲养管理准则

3 术语和定义

下列术语和定义适用于本文件。

3.1

妊娠母牛 pregnant cow

受孕至分娩的母牛。

3.2

空怀母牛 empty cow

产犊(流产)后至下次妊娠前的母牛。

3.3

围产期母牛 perinatal cow

产前15 d至产后15 d的母牛。

3.4

犊牛 calf

出生至6月龄的牛。

3.5

育肥牛 finishing cattle

通过集中饲养、科学饲喂，达到屠宰标准的牛。

3.6

日粮 ration

根据动物对营养物质的需要，提供给 1 头（只）动物 1 d(24 h)的各种饲料总量。

3.7

精料补充料 concentrate supplement

为了补充以粗饲料、青饲料、青贮饲料为基础的草食动物的营养而用多种饲料原料按一定比例配制的饲料。

3.8

青贮饲料 silage

将新鲜的青饲料切短装入密封容器内经微生物发酵制成的一类饲料。

3.9

干草 hay

一些人工栽培或野生牧草的脱水风干物，水分含量在 15%以下。

3.10

秸秆 straw

农作物籽实收获后所剩余的茎秆和残存的叶片。

4 牛场建设

4.1 选址及布局

按照 NY/T 2663—2014 中第 5 章执行。

4.2 牛舍建设

按照 NY/T 2663—2014 中 6.1 执行。

5 饲养管理

5.1 一般性饲养管理

5.1.1 饲养

按照 NY/T 815 确定不同生长阶段牛的营养需要，配制日粮，科学饲喂，自由饮水。母牛每日采食量参见附录 A，育肥牛每日采食量参见附录 B。

5.1.2 饲料原料

5.1.2.1 应符合 GB 13078 的规定。

5.1.2.2 粗饲料应选用通辽地区产的青贮、黄贮、秸秆、天然牧草。

5.1.2.3 能量饲料应选用产自通辽地区的优质玉米。

5.1.2.4 其他应符合 NY/T 471 的规定。

5.1.3 日常管理

根据牛的年龄、体重等情况分群饲养，保持圈舍清洁，观察牛群采食、排粪和精神状况，发现问题及时处理。冬季保温，夏季防暑，做好生产记录。

5.2 母牛分群

分为后备母牛、妊娠母牛、围产期母牛、哺乳母牛、空怀母牛进行饲养管理。

5.3 犊牛饲养管理

5.3.1 饲养

5.3.1.1 犊牛在出生后 1 h 内应吃足初乳,7 d 龄内应吃初乳。10 d 龄开料并给予优质干草。

5.3.1.2 人工饲喂或自然哺乳。

5.3.1.3 犊牛在 3 月龄左右且日采食 1.0 kg 以上精补料,即可断奶。

5.3.1.4 自由饮水,冬季饮用水温 25 ℃左右。

5.3.2 管理

5.3.2.1 犊牛出生时,应用洁净毛巾掏净口腔、鼻腔黏液,再擦拭干净头部黏液。在距腹部 5 cm~7 cm 处将脐带剪断,用 5%碘酊涂擦剪口。犊牛身上的黏液应由母牛舔干或人工擦干。并测量记录体尺、体重建档立卡。

5.3.2.2 犊牛 1 月龄内单圈饲养,1 月龄后按体重分栏饲养。

5.3.2.3 栏内应每天更换垫草并消毒,不许残留粪尿。

5.3.2.4 犊牛舍冬暖夏凉,通风良好,干燥清洁,舍温控制在 10 ℃~25 ℃。

5.4 育肥牛饲养管理

5.4.1 采用拴系饲养或散栏饲养。

5.4.2 根据市场行情或者体重已达预期肥育出栏体重,适时出栏。

5.4.3 牛出栏后,及时清洗圈舍,消毒 2 周后,方可重新进牛。

6 繁殖

6.1 科尔沁牛采用人工授精方式进行配种。按照 NY/T 1335 的规定执行。

6.2 父本品种选择科尔沁牛或西门塔尔牛。

6.3 后备母牛初配体重 350 kg 以上。

6.4 配种 35 d 后进行妊娠检查。

6.5 发现母牛有分娩征兆时,用 0.1%~0.2%的高锰酸钾温水或 2%~3%来苏儿溶液洗涤外阴部及其附近,并用毛巾擦干,待其自然分娩。当出现难产征兆时,应进行人工助产。

7 防疫

7.1 发现疫情时,按照相关法律法规及时上报。

7.2 防疫制度按照 NY/T 5126 的规定执行,日常消毒制度应符合 NY/T 5128 的规定。

7.3 外来人员进入生产区要按规定程序消毒,更换防护衣、帽和鞋。

7.4 应采取措施消除蚊蝇的孳生,按照规定定期灭鼠、灭蝇,及时收集死鼠和残余鼠药,并做无害化处理。

7.5 运送病、死牛和运送饲料要用不同的运输设备,对运输设备进行彻底清洗消毒。

7.6 牛舍(围栏)清空时,应对所有相关的设施和器具进行彻底清洗消毒。

8 兽药使用

按照 NY/T 472 的规定执行。

9 驱虫

春、秋两季各驱虫 1 次。

10 场区消毒

10.1 出入场区养殖区的人员、车辆、器具等应消毒。

10.2 场内道路、场区的圈舍、通道等每周消毒 1 次。

11 废弃物处理

按照 GB 18596 的规定执行。

附　录　A
（资料性附录）
母牛日采食量

母牛日采食量见表A.1。

表A.1　母牛日采食量表

阶　　段		干物质占体重百分比	精料补充料占体重百分比
后备		2.3%～2.7%	0.3%～0.5%
妊娠	前期(1 d～90 d)	2.3%～2.7%	0.3%
	中期(91 d～180 d)	2.3%～2.7%	0.4%
	后期(181 d～265 d)	2.3%～2.7%	0.5%
围产	产前	2.3%～2.6%	0.3%～0.5%
	产后	2.3%～2.6%	0.3%～0.5%
哺乳		2.6%～3.0%	0.6%～1.0%
空怀		2.1%～2.5%	0.2%～0.3%
注：干物质数值、精料补充料数值分别为各自占体重的百分比。			

附　录　B
（资料性附录）
育肥牛日采食量

育肥牛日采食量见表B.1。

表B.1　育肥牛日采食量表

名　称	体重阶段	干物质占体重百分比	精料补充料占日粮干物质百分
育肥牛	200 kg～350 kg(体重)	2.0%～2.3%	40%
	350 kg～450 kg(体重)	2.3%～2.5%	40%
	450 kg～650 kg(体重)	2.5%～2.8%	55%
	650 kg～750 kg(体重)	2.0%～2.5%	60%～70%
注：干物质数值为干物质采食量占体重的百分比，精料补充料数值为精料补充料占干物质的百分比。			

ICS 65.020.30
B 41

DB15

内 蒙 古 自 治 区 地 方 标 准

DB15/T 1715—2019

“科尔沁牛”布鲁氏菌病防控技术规范

Technical specification for prevention and control of brucellosis in “Kerchin cattle”

2019-11-05 发布　　2019-12-05 实施

内蒙古自治区市场监督管理局　发 布

前　言

本标准按照GB/T 1.1—2009给出的规则起草。

本标准由通辽市市场监督管理局提出。

本标准由内蒙古自治区畜牧业标准化技术委员会(SAM/TC 19)归口。

本标准起草单位:通辽市畜牧兽医科学研究所、内蒙古科尔沁牛业股份有限公司、内蒙古科尔沁肉牛种业股份有限公司。

本标准主要起草人:康宏昌、贾伟星、高丽娟、包雨鑫、杨晓松、郑海英、杨帅、王维、韩明山。

“科尔沁牛”布鲁氏菌病防控技术规范

1 范围

本标准规定了“科尔沁牛”布鲁氏菌病的术语和定义、诊断技术和防控措施。

本标准适用于“科尔沁牛”布鲁氏菌病的防控。

2 规范性引用文件

下列文件对于本文件的应用是必不可少的。凡是注日期的引用文件，仅注日期的版本适用于本文件。凡是不注日期的引用文件，其最新版本(包括所有的修改单)适用于本文件。

GB/T 18646 动物布氏杆菌病诊断技术

3 术语和定义

下列术语和定义适用于本文件。

3.1

布鲁氏菌病 Brucellosis

又名布氏杆菌病。由布鲁氏菌属细菌引起的人畜共患的常见传染病。

注：世界动物卫生组织(OIE)将其列为必须报告的动物疫病，我国将其列为二类动物疫病。

3.2

潜伏期 incubation period

病原体侵入机体至出现临床症状的时间。

3.3

检疫 quarantine

按照国家法规对各种动物及其产品进行的疫病检查。

3.4

注射免疫 immunization by injection

将疫苗通过肌肉、皮下、皮内或静脉等途径注入机体，使之获得免疫力的方法。

3.5

口服免疫 oral immunization

将疫苗直接或间接喂给动物，使之获得免疫力的方法。

3.6

监测 monitoring

对疾病的发生、流行及影响因素进行有计划地、系统地长期观察。

4 流行病学特点

4.1 流行病学

4.1.1 潜伏期：14 d～180 d。

4.1.2 传染源:患牛和带菌牛为主要的传染源。

4.1.3 传播途径:可通过皮肤、消化道、呼吸道、交配以及蚊虫叮咬进行传播。

4.1.4 流行规律:无明显季节性,但在产犊期较为高发,且呈地方性流行。

4.2 临床症状

4.2.1 怀孕母牛主要表现为怀孕5～8个月时发生流产,产出死胎或弱胎儿,有时流产后伴有胎衣不下、子宫内膜炎以及卵巢炎,患病后长期不孕,有时伴有关节炎症状。

4.2.2 公牛患病后表现为睾丸炎、附睾炎以及关节炎。

4.3 病理变化

4.3.1 成年牛主要表现为生殖器官的炎性坏死,淋巴结、肝、脾、肾等器官有特异性肉芽肿,关节炎性病变等。

4.3.2 流产胎儿主要呈败血症病变,脾脏和淋巴结肿大,肝脏有坏死灶,并常伴发支气管肺炎。

5 诊断

5.1 临床诊断

根据流行病学、临床症状和病理变化进行临床判断。

5.2 实验室诊断

5.2.1 病原学诊断

5.2.1.1 显微镜检查

采集流产胎衣、绒毛膜水肿液、肝、脾、淋巴结、胎儿胃内容物等组织,制成抹片,用柯兹罗夫斯基染色法染色,镜检,布鲁氏菌为红色球杆状小杆菌,而其他菌为蓝色。

5.2.1.2 分离培养

新鲜病料可用胰蛋白肥琼脂面或血液琼脂斜面、肝汤琼脂斜面、3%甘油0.5%葡萄糖肝汤琼脂斜面等培养基培养;若为陈旧病料或传染病料,可用选择性培养基培养。培养时,一份在普通条件下,另一份放于含有5%～10%二氧化碳的环境中,37 ℃培养7 d～10 d。进行菌落特征检查和单价特异性抗血清凝集试验。应做种型鉴定。如病料被污染或含菌极少时,可将病料用生理盐水稀释5～10倍,健康豚鼠腹腔内每只注射0.1 mL～0.3 mL。如果病料腐败时,可接种于豚鼠的股内侧皮下。接种后4周～8周,将豚鼠扑杀,从肝、脾分离培养布鲁氏菌。

5.2.2 血清学诊断

5.2.2.1 虎红平板凝集试验(RBPT)按照GB/T 18646规定执行。

5.2.2.2 全乳环状试验(MRT)按照GB/T 18646规定执行。

5.2.2.3 试验凝集试验(SAT)按照GB/T 18646规定执行。

5.2.2.4 补体结合试验(CFT)按照GB/T 18646规定执行。

5.3 结果判定

5.3.1 符合5.1的,判定为疑似患病牛。

5.3.2 符合5.3.1且5.2.1.1或5.2.1.2阳性时,判定为患病牛。

5.3.3 当5.2.2.1、5.2.2.2之一阳性时,判定为疑似患病牛。

5.3.4 当5.2.1.2、5.2.2.3、5.2.2.4之一阳性时,判定为患病牛。

5.3.5 符合5.3.3但5.2.2.3、5.2.2.4均为阴性时,30 d后应重新采样检测,5.2.2.1、5.2.2.3、5.2.2.4之一为阳性的判定为患病牛。

6 防控措施

6.1 防控原则

坚持"预防为主"方针。疫区以免疫接种为主;受威胁区以监测、扑杀阳性畜、免疫接种为主。不从疫区和受威胁区引入牛只。

6.2 检疫

6.2.1 牛群每年至少检疫1次,扑杀阳性病牛,尸体做无害化处理。

6.2.2 种公牛每年至少检疫2次,确定健康后才可利用。

6.2.3 引入活畜、冻精和胚胎应检疫。

6.3 免疫接种

按相关法律、法规要求执行免疫接种。

6.4 监测

对规模饲养场、家庭牧场、活畜交易市场、屠宰场等场点进行抽样监测;对种畜场、种公牛站的个体进行逐头检测。

6.5 疫情处理

6.5.1 发现疑似患牛时立即限制移动,及时报告。

6.5.2 当地动物防疫监督机构要立即派人到现场,采集病料进行实验室诊断。

6.5.3 扑杀患病牛。

6.5.4 受威胁牛群实施隔离。

6.5.5 病畜及其分泌物进行无害化处理。

6.5.6 当疫情暴发时,按国家的法律、法规处理。

6.5.7 对患病牛污染的场所、用具、用品等进行消毒。

ICS 67.120
X 22

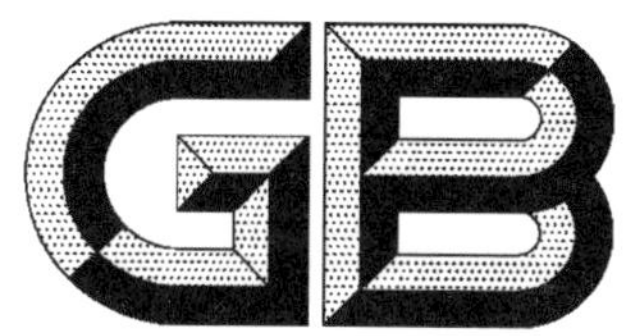

中华人民共和国国家标准

GB/T 27643—2011

牛胴体及鲜肉分割

Beef carcass and cuts

2011-12-30 发布　　　　2012-04-01 实施

中华人民共和国国家质量监督检验检疫总局
中国国家标准化管理委员会　发布

前　言

本标准按照GB/T 1.1—2009《标准化工作导则　第1部分:标准的结构和编写》给出的规则起草。

本标准由全国畜牧业标准化技术委员会(SAC/TC 274)归口。

本标准起草单位:南京农业大学、中国农业科学院、河北福成五丰食品股份有限公司、陕西秦宝牧业发展有限公司、安徽省瀚森荷金来肉牛集团有限公司。

本标准主要起草人:彭增起、周光宏、孙宝忠、于春起、史文利、杨朝勇、高峰、李春保、陈银基、吴菊清。

牛胴体及鲜肉分割

1 范围

本标准规定了牛胴体及鲜肉分割方法。

本标准适用于各类肉牛屠宰加工企业。

2 规范性引用文件

下列文件对于本文件的应用是必不可少的。凡是注日期的引用文件，仅注日期的版本适用于本文件。凡是不注日期的引用文件，其最新版本(包括所有的修改单)适用于本文件。

GB/T 19477—2004 牛屠宰操作规程

3 术语和定义

下列术语和定义适用于本文件。

3.1

胴体 carcass

牛经宰杀放血后，除去皮、头、蹄、尾、内脏及生殖器(母牛去除乳房)后的躯体部分。(牛屠宰应符合GB/T 19477—2004 的规定，牛半胴体结构图参见附录 A)。

3.2

二分体 side

将宰后的整胴体沿脊柱中线纵向切成的两片。

3.3

四分体 quarter

在第 5 肋至第 7 肋，或第 11 肋至第 13 肋骨间将二分体切开后得到的前、后两个部分。

3.4

分割牛肉 beef cuts

依据牛胴体形态结构和肌肉组织分布进行分割，得到的不同部位的肉块(牛胴体分割图见附录 B，分割牛肉名称对照表见附录 C)。

3.5

里脊 tenderloin

取自牛胴体腰部内侧带有完整里脊头的净肉。

3.6

外脊 striploin

取自牛胴体第 6 腰椎外横截至第 12～第 13 胸椎椎窝中间处垂直横截，沿背最长肌下缘切开的净肉，主要是背最长肌。

3.7

眼肉 ribeye

取自牛胴体第 6 胸椎到第 12～第 13 胸椎间的净肉。前端与上脑相连，后端与外脊相连，主要包括背阔肌、背最长肌、肋间肌等。

3.8

上脑 high rib

取自牛胴体最后颈椎到第 6 胸椎间的净肉。前端在最后颈椎后缘，后端与眼肉相连，主要包括背最长肌、斜方肌等。

3.9

辣椒条 chuck tender

位于肩胛骨外侧，从肱骨头与肩胛骨结节处紧贴冈上窝取出的形如辣椒状的净肉，主要是岗上肌。

3.10

胸肉 brisket

位于胸部，主要包括胸升肌和胸横肌等。

3.11

臀肉 rump

位于后腿外侧靠近股骨一端，主要包括臀中肌、臀深肌、股阔筋膜张肌等。

3.12

米龙 topside

位于后腿外侧，主要包括半膜肌、股薄肌等。

3.13

牛霖 knuckle

位于股骨前面及两侧，被阔筋膜张肌覆盖，主要是臀股四头肌。

3.14

大黄瓜条 outside flat

位于后腿外侧，沿半腱肌股骨边缘取下的长而宽大的净肉，主要是臀股二头肌。

3.15

小黄瓜条 eyeround

位于臀部，沿臀股二头肌边缘取下的形如管状的净肉，主要是半腱肌。

3.16

腹肉 thin flank

位于腹部，主要包括肋间内肌、肋间外肌和腹外斜肌等。

3.17

腱子肉 shin/shank

腱子肉分前后两部分，牛前腱取自牛前小腿肘关节至腕关节外净肉，包括腕桡侧伸肌、指总伸肌、指内侧伸肌、指外侧伸肌和腕尺侧伸肌等。后牛腱取自牛后小腿膝关节至跟腱外净肉，包括腓肠肌、趾伸肌和趾伸屈肌等。

4 技术要求

4.1 胴体分割要求

4.1.1 二分体分割要求

将牛胴体沿脊椎中线纵向切成两片(见表 D.1)。

4.1.2 普通四分体分割要求

在第 11 肋至第 13 肋，或第 5 肋至第 7 肋骨间将二分体横截后得到的前、后两个部分(见表 D.1)。

4.1.3 枪形前、后四分体分割要求

分割时一端沿腹直肌与臀部轮廓处切开，平行于脊柱走向，切至第 5 至第 7 根肋骨，或第 11 至第 13 肋骨处横切后得到的前、后两部分称为枪形前、后四分体（见表 D.1）。

4.2 分割肉分割要求

4.2.1 里脊分割要求

分割时先剥去肾周脂肪，然后沿耻骨前下方把里脊剔出，再由里脊头向里脊尾，逐个剥离腰椎横突，即可取下完整的里脊（见表 E.1），里脊分粗修里脊（修去里脊表层附带的脂肪，不修去侧边）和精修里脊（修去里脊表层附带的脂肪，同时修去侧边）。

4.2.2 外脊分割要求

分割步骤如下：(1)沿最后腰椎切下；(2)沿背最长肌腹壁侧（离背最长肌 5 cm～8 cm）切下；(3)在第 12～第 13 胸肋处切断胸椎；(4)逐个把胸、腰椎剥离（见表 E.1）。

4.2.3 眼肉分割要求

后端在第 12～第 13 胸椎处，前端在第 5～第 6 胸椎处。分割时先剥离胸椎，抽出筋腱，在背最长肌腹侧距离为 8 cm ～10 cm 处切下（见表 E.1）。

4.2.4 带骨眼肉分割要求

分割时不剥离胸椎，稍加修整即为带骨眼肉（见表 E.1）。

4.2.5 上脑分割要求

其后端在第 5～第 6 胸椎处，与眼肉相连，前端在最后颈椎后缘。分割时剥离胸椎，去除筋腱，在背最长肌腹侧距离为 6 cm～8 cm 处切下（见表 E.1）。

4.2.6 胸肉分割要求

在剑状软骨处，随胸肉的自然走向剥离，修去部分脂肪即成胸肉（见表 E.1）。

4.2.7 辣椒条分割要求

位于肩胛骨外侧，从肱骨头与肩胛骨结节处紧贴冈上窝取出的形如辣椒状的净肉（见表 E.1）。

4.2.8 臀肉分割要求

位于后腿外侧靠近股骨一端，沿着臀股四头肌边缘取下的净肉（见表 E.1）。

4.2.9 米龙分割要求

沿股骨内侧从臀股二头肌与臀股四头肌边缘取下的净肉（见表 E.1）。

4.2.10 牛霖分割要求

当米龙和臀肉取下后，能见到长圆形肉块，沿自然肉缝分割，得到一块完整的净肉（见表 E.1）。

4.2.11 小黄瓜条分割要求

当牛后腱子取下后，小黄瓜条处于最明显的位置。分割时可按小黄瓜条的自然走向剥离

(见表 E.1)。

4.2.12 大黄瓜条分割要求

与小黄瓜条紧紧相连,剥离小黄瓜条后大黄瓜条就完全暴露,顺着肉缝自然走向剥离,便可得到一块完整的四方形肉块(见表 E.1)。

4.2.13 腹肉分割要求

分无骨肋排和带骨肋排。一般包括 4 根~7 根肋骨(见表 E.1)。

4.2.14 腱子肉分割要求

腱子分为前、后两部分,前牛腱从尺骨端下刀,剥离骨头,后牛腱从胫骨上端下刀,剥离骨头取下(见表 E.1)。

附 录 A
（资料性附录）
牛半胴体结构图

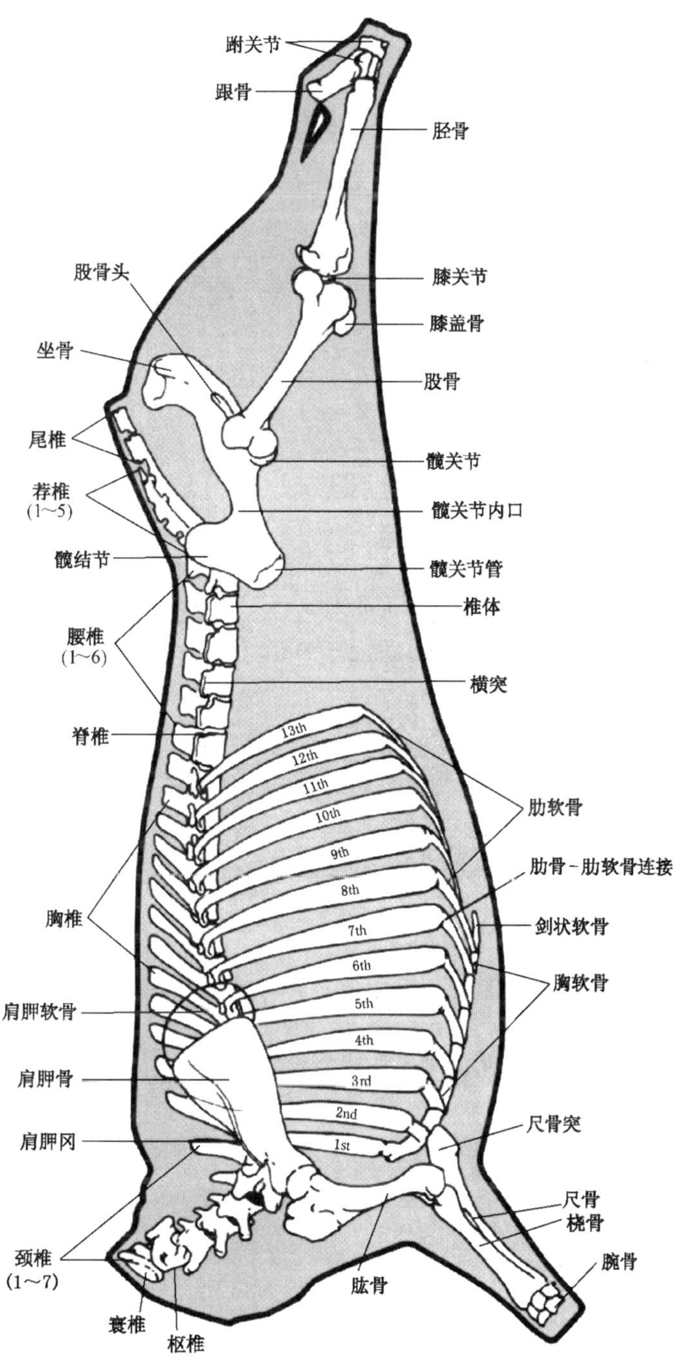

图 A.1 牛半胴体结构图

附 录 B
（规范性附录）
牛胴体分割图

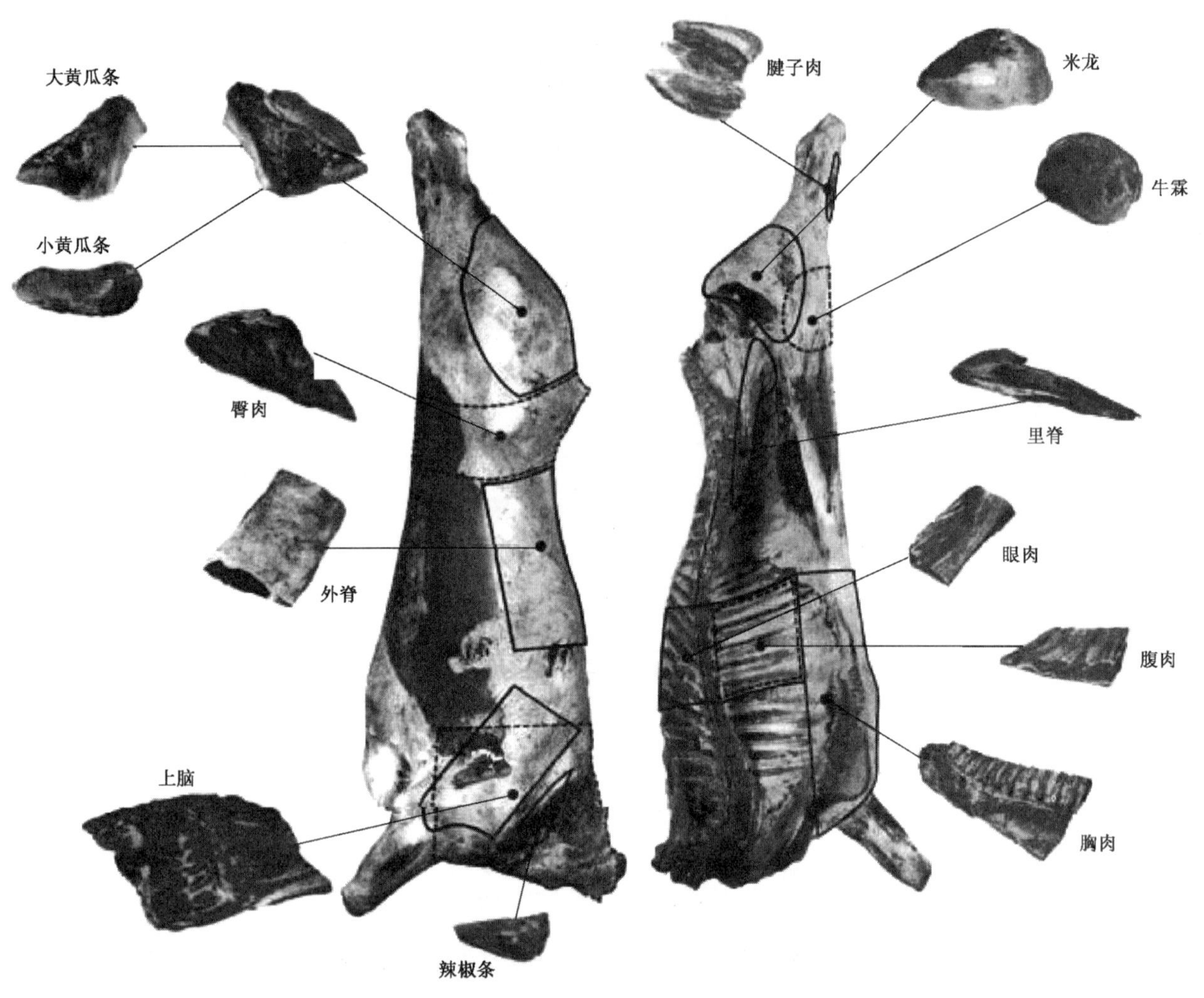

图 B.1 牛胴体分割示意图

附 录 C
（规范性附录）
分割牛肉名称对照表

表 C.1 分割牛肉名称对照

序号	商品名	别名	英文名
1	里脊	牛柳、菲力	tenderloin
2	外脊	西冷	striploin
3	眼肉	莎朗	ribeye
4	上脑	—	high rib
5	辣椒条	辣椒肉、嫩肩肉、小里脊	chuck tender
6	胸肉	胸口肉、前胸肉	brisket
7	臀肉	臀腰肉、尾扒、尾龙扒	rump
8	米龙	针扒	topside
9	牛霖	膝圆、霖肉、和尚头、牛林	knuckle
10	大黄瓜条	烩扒	outside flat
11	小黄瓜条	鲤鱼管、小条	eyeround
12	腹肉	肋腹肉、肋排、肋条肉	thin flank
13	腱子肉	牛展、金钱展、小腿肉	shin/shank

附　录　D
（规范性附录）
胴体分割示意表

表 D.1　胴体分割示意表

序号	名称	分割示意图	真实图片
1	二分体	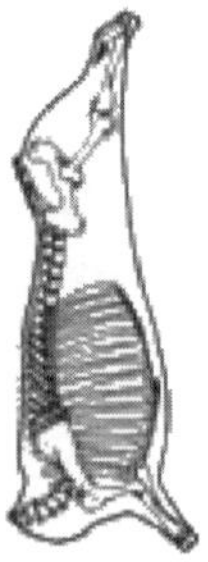	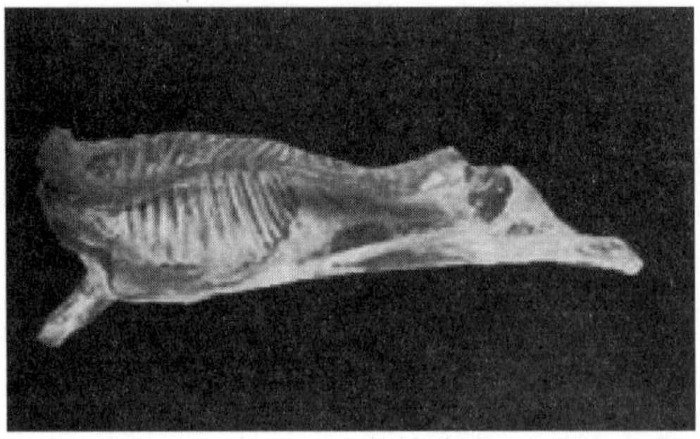
2	普通四分体	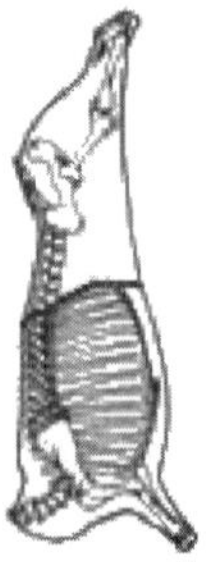 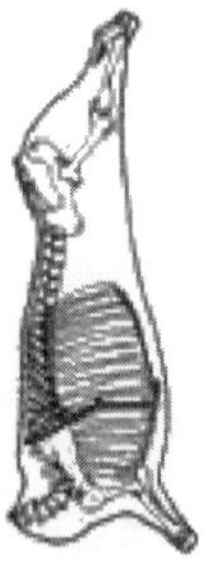	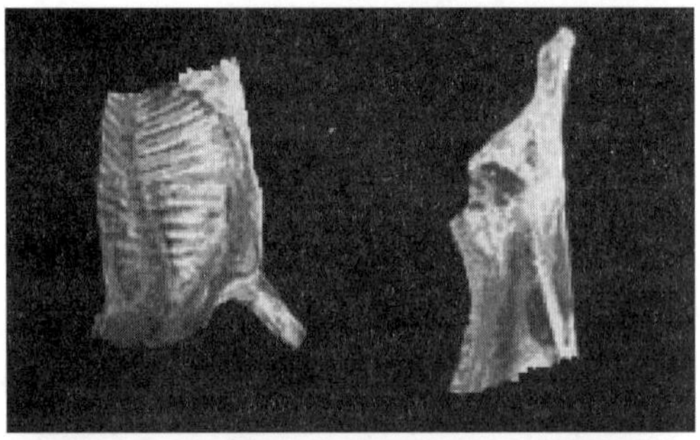 

表 D.1（续）

序号	名称	分割示意图	真实图片
3	枪形前、后四分体	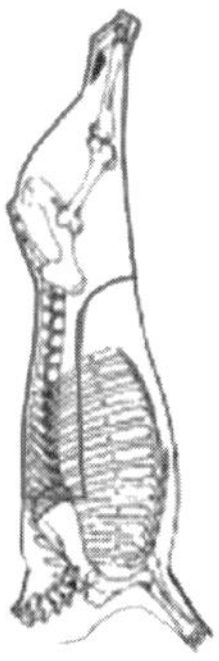 	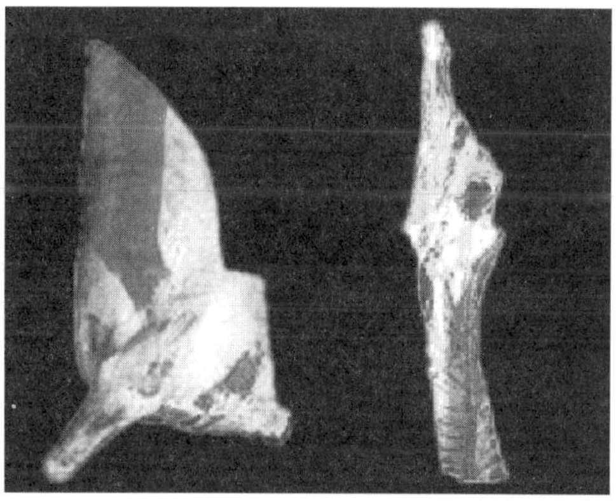 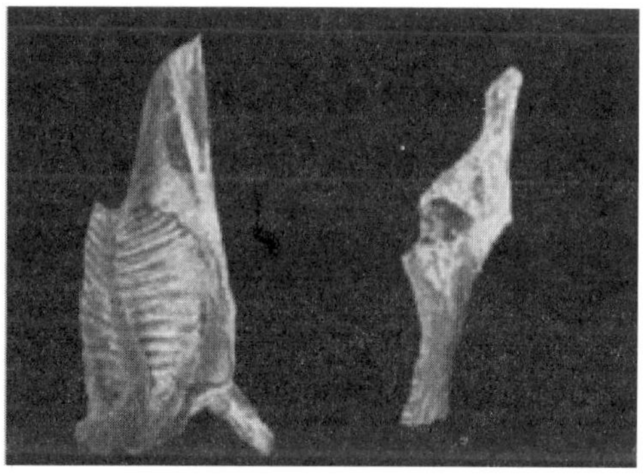

附 录 E
（规范性附录）
鲜肉分割示意表

表 E.1 鲜肉分割示意表

序号	名称	分割示意图	真实图片
1	里脊	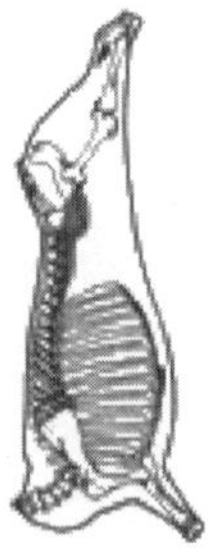	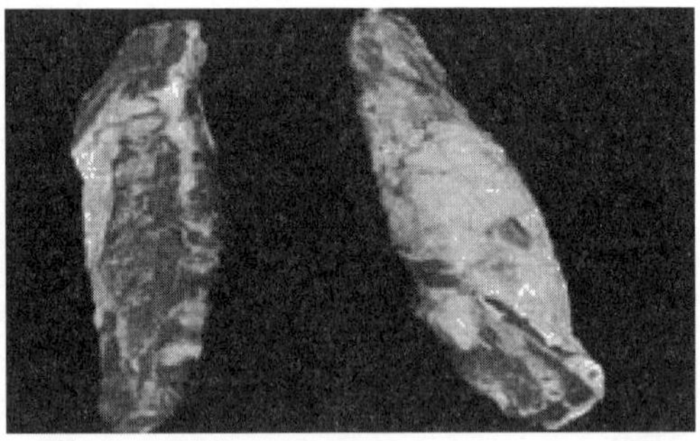
2	粗修里脊	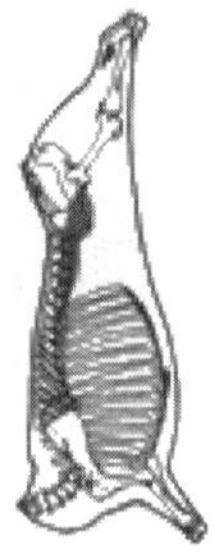	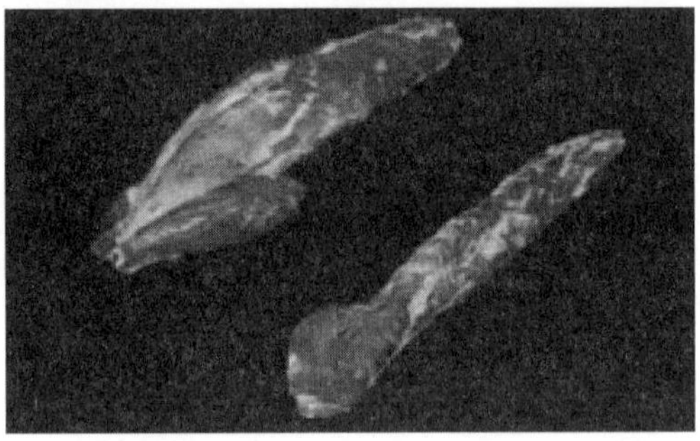
3	精修里脊		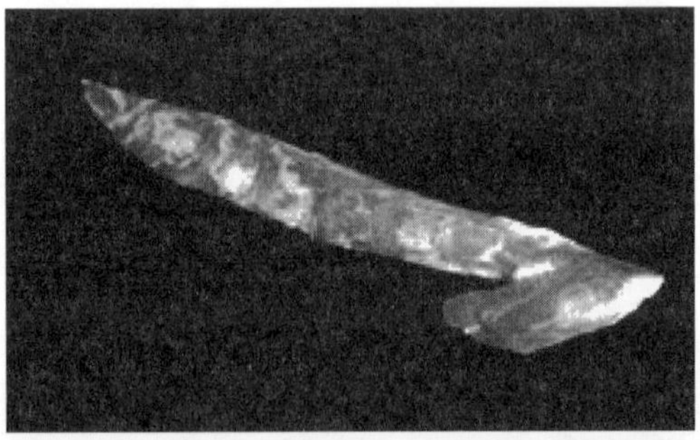
4	外脊		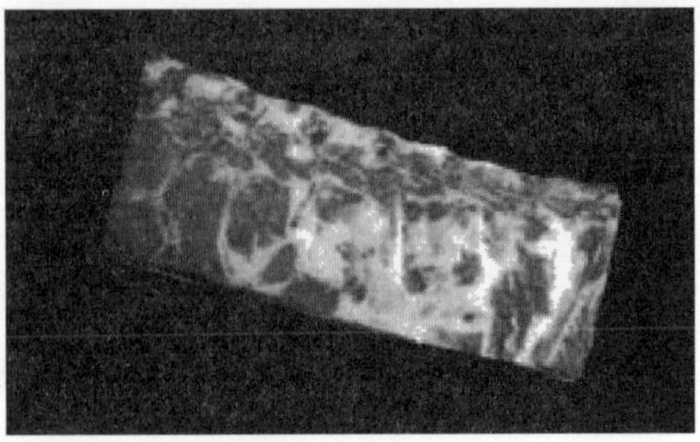

表 E.1（续）

序号	名称	分割示意图	真实图片
5	眼肉		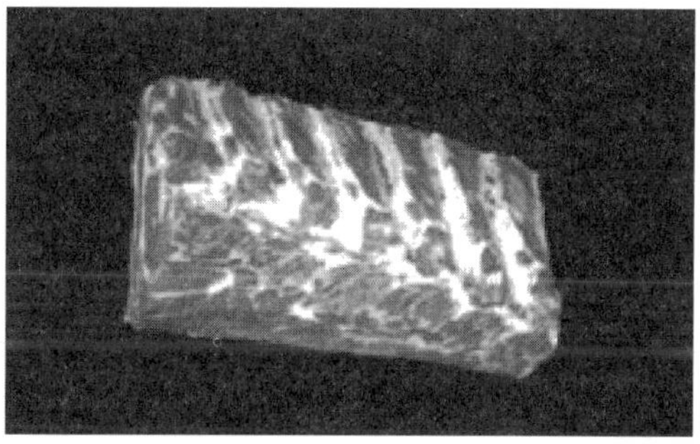
6	带骨眼肉		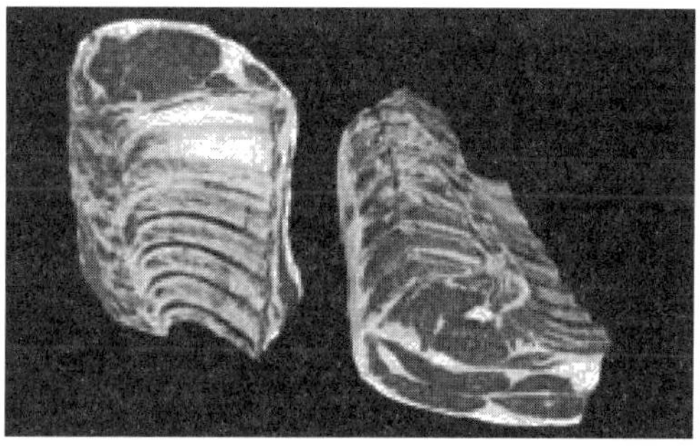
7	上脑		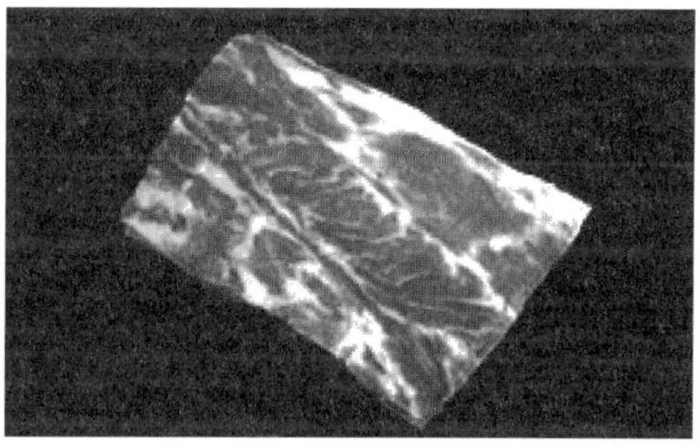
8	胸肉	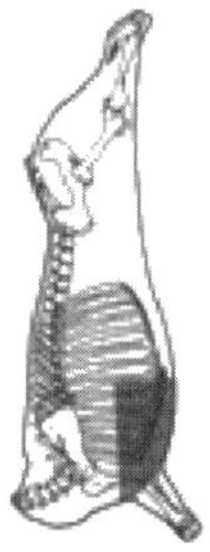	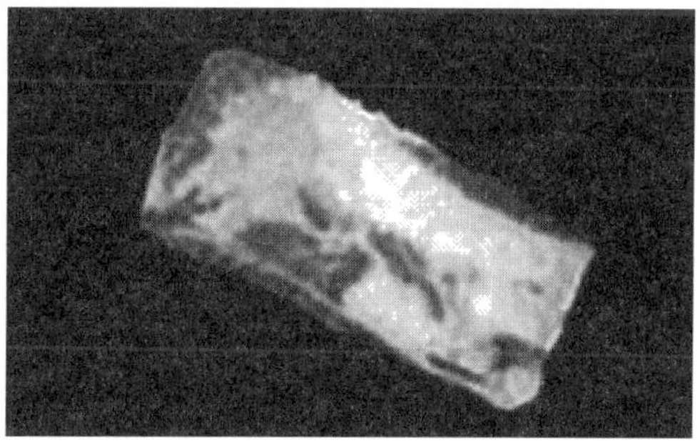

表 E.1（续）

序号	名称	分割示意图	真实图片
9	辣椒条	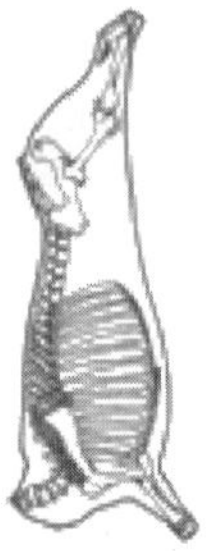	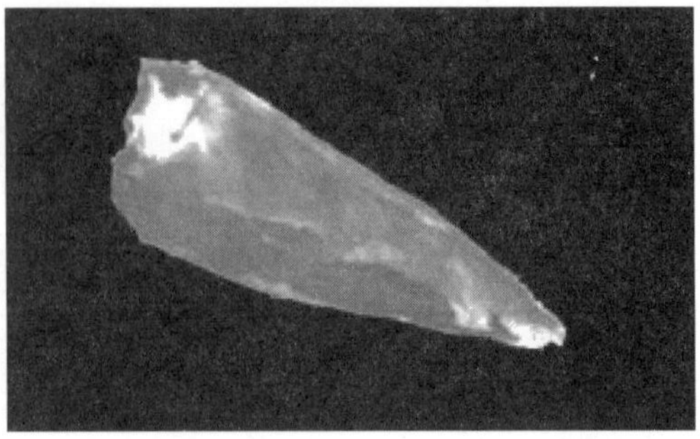
10	臀肉	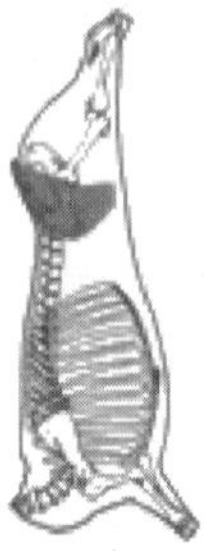	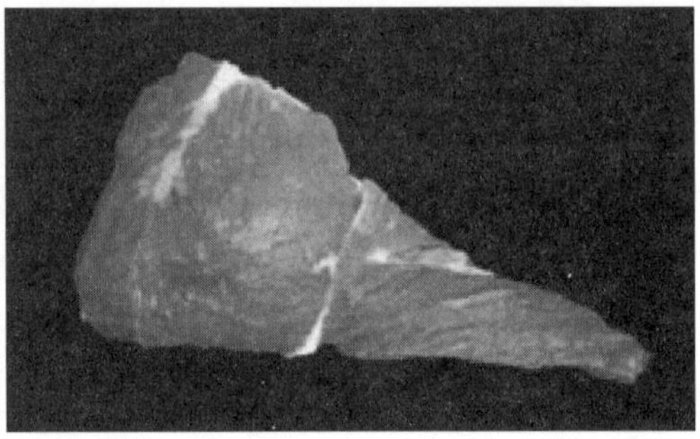
11	米龙	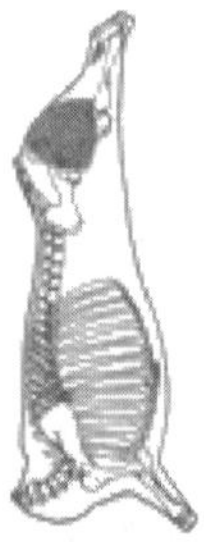	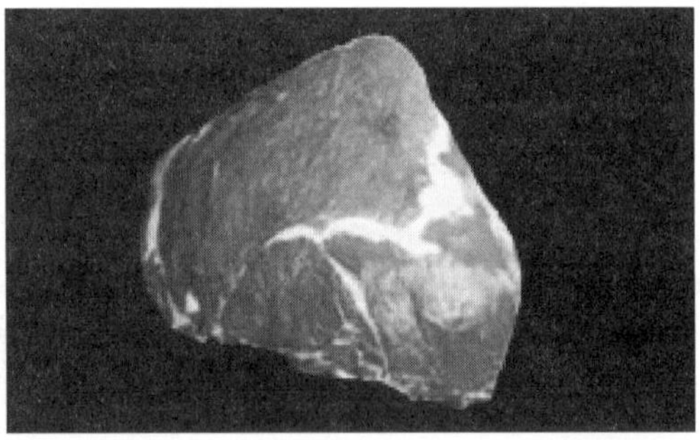
12	牛霖		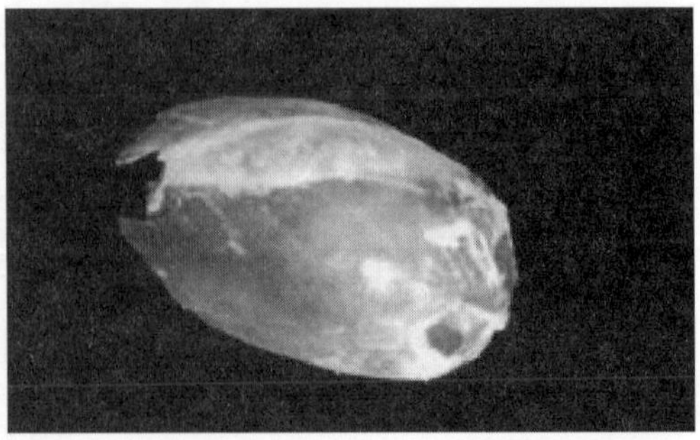

表 E.1（续）

序号	名称	分割示意图	真实图片
13	小黄瓜条		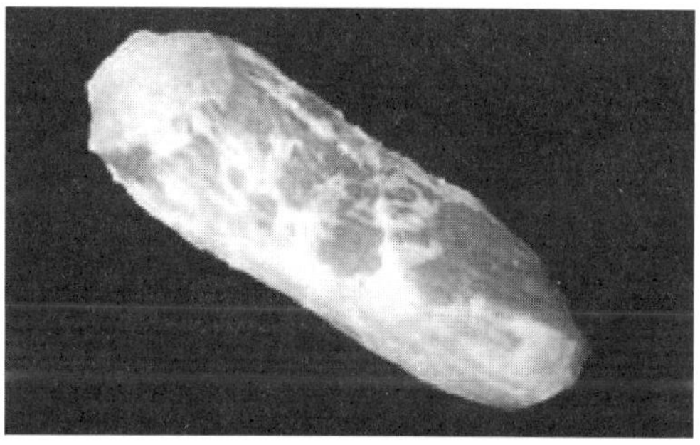
14	大黄瓜条		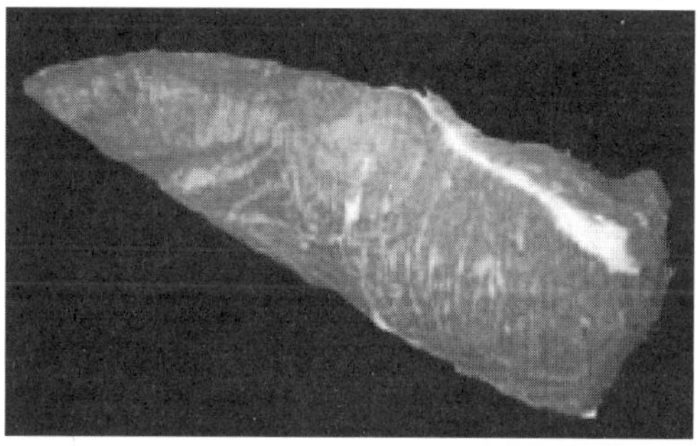
15	腹肉		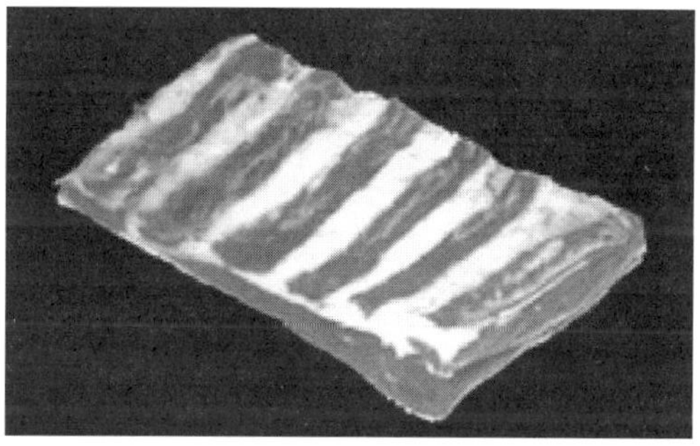
16	腱子肉		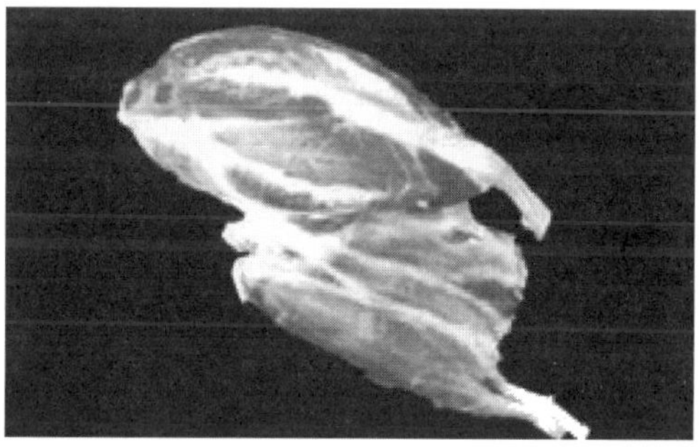

内蒙古自治区高标准体系建设项目系列图书 5

锡林郭勒羊肉标准体系

内蒙古自治区市场监督管理局◎编著

中国质量标准出版传媒有限公司
中国标准出版社

北京

图书在版编目(CIP)数据

锡林郭勒羊肉标准体系/内蒙古自治区市场监督管理局编著. —北京:中国标准出版社,2020.6
(内蒙古自治区高标准体系建设项目系列图书)
ISBN 978-7-5066-9573-2

Ⅰ.①内… Ⅱ.①内… Ⅲ.①羊肉—质量管理—标准体系—锡林郭勒盟 Ⅳ.①TS251.5-65

中国版本图书馆 CIP 数据核字(2020)第 044454 号

中国标准出版社出版发行
北京市朝阳区和平里西街甲 2 号(100029)
北京市西城区三里河北街 16 号(100045)
网址 www.spc.net.cn
总编室:(010)68533533 发行中心:(010)51780238
读者服务部:(010)68523946
中国标准出版社秦皇岛印刷厂印刷
各地新华书店经销
*
开本 880×1230 1/16 印张 9.75 字数 302 千字
2020 年 6 月第一版 2020 年 6 月第一次印刷
*
定价(全十册) 225.00 元

图书编委会

本书编写组

主　　编　白清元

执行主编　冯　晔

副 主 编　董玉霞　王　坚　刘保华　贾双文　刘德生

斯日古楞　胡贵柱　刘德宝

成　　员　胡彩虹　朱晓春　毕　超　王嘉睿　王　娟

郭天龙　金　海　郭大伟　张智宇　肖向军

序言

“中国将积极实施标准化战略，以标准助力创新发展、协调发展、绿色发展、开放发展、共享发展”“中国高度重视标准化工作，积极推广应用国际标准，以高标准助力高技术创新，促进高水平开放，引领高质量发展”。习近平总书记在庆祝第39届国际标准化组织（ISO）大会、第83届国际电工委员会（IEC）大会开幕的贺信中，对标准及实施标准化战略的重要性作出了精辟阐述，为新形势下推动标准化工作持续健康发展提供了重要指引。实践证明，标准化在支撑产业发展、促进科技进步、推进国家治理能力现代化等方面的基础性、战略性作用越发凸显。

2019年是全面贯彻落实习近平总书记“扎实推动经济高质量发展”承上启下的关键一年，内蒙古自治区市场监管局协调有关行业部门、企事业单位，立足实际，围绕标准引领、质量提升、品牌培育重点工作积极作为，大力实施标准化战略，持续推进标准提升，深化标准化工作改革和创新，聚焦关键、突出重点，努力为全区高质量发展作出更大贡献。针对自治区标准体系建设不完善、高水平标准少的实际，内蒙古自治区市场监督管理局出台《内蒙古自治区标准化提升行动计划（2018—2020年）》，开展第一批锡林郭勒羊肉等11项特色产业高标准体系建设项目，共梳理出各类标准429项，提出立项标准建议156项，开展高标准体系试点示范项目14个，为9个产业的“蒙”字标产品认证要求及团体标准制定提供了技术支撑。经过努力，自治区标准化工作成效显著：截至2019年10月，全区累计建成标准化试点示范项目384个，主导或参与制修订各类标准3 900多项，组织制定了稀土和纺织行业国际标准、大型矿用自卸车国家标准、羊产业团体标准等；全面推进标准国际化，内蒙古标准化院建立了“蒙古国标准化（内蒙古）研究中心”，聚焦“一带一路”建设，加强标准化合作研究；包头市政府开展了“标准国际化创新型城市”创建工作；与中建集团共同推动中国7项标准被蒙古国互认、举办第3届中蒙博览会中蒙经贸活动标准化论坛、承办国际标准化组织ISO/TC 275的2019年全体会议，进一步扩大了自治区对中蒙俄标准化研究的国际影响力。

建设适应高质量发展的标准体系是今后标准化工作的重中之重。围绕自治区优势特色产业，立足高质量高效益，制定全产业链的高标准体系将成为市场监管部门和各行业主管部门、有关企事业单位的重要职责任务。这套《内蒙古自治区高标准体系建设项目系列图书》的编印

是自治区建设高标准体系工作的一个开端。自治区及各盟市市场监督管理部门、标准化工作战线的同志们要锐意进取、开拓创新，以推动高质量发展为动力，积极构建支撑高质量发展的标准体系；要不断挖掘内蒙古优势特色产业，加快制定一批亟需的高水平标准，让高标准成为高质量发展的“引擎”，助推“蒙”字标等质量品牌建设；要瞄准国际国内先进标准，选择重点行业、重点企业开展对标达标活动，推动自治区优势特色技术标准成为国家标准或国际标准；要加强标准实施与监督，建立健全标准评价机制，进一步发挥标准化项目的辐射带动作用，助推内蒙古自治区经济高质量发展。

编著者

2020 年 5 月

前言

2019年是“标准体系建设”之年，加快建设推动高质量发展的标准体系是标准化工作的重中之重。内蒙古自治区市场监督管理局深入开展“标准化提升行动”，不断提升标准水平，完善标准体系，助力高质量发展。

2019年7月，自治区市场监管局与自治区农牧厅、林草局联合下发《关于开展2019年自治区农牧业产业标准体系建设项目的通知》（内市监标准字〔2019〕163号）和《关于开展2019年林草产业标准体系建设项目的通知》（内市监标准字〔2019〕164号），紧紧围绕自治区特色农林牧产业开展标准体系建设。各相关盟市旗县政府、科研机构、高校、龙头企业、专业技术人员等广泛参与，保证了标准体系的科学性、合理性和先进性。

这是自治区第一批高标准体系建设项目，本着“从田间到餐桌”全产业链的标准化要求，覆盖了产品种（养）植的地域、环境要求、品种和种养加工过程控制、产品品质和储运包装等关键环节。立足高质量要求，体现原料天然无污染、种养过程绿色有机、产品品质优质等要素，为促进产业高质量发展、打造“蒙”字标区域公用品牌提供了标准化支撑。

本书将兴安盟大米、呼伦贝尔牛肉、乌兰察布马铃薯、科尔沁牛肉、锡林郭勒羊肉、赤峰小米、呼伦贝尔羊肉、河套小麦、内蒙古大兴安岭黑木耳、通辽黄玉米10个产业标准体系及相关标准集结成册，旨在方便生产、加工、检测、认证人员及广大读者使用，以更好地指导实践。在本丛书编写过程中得到了相关部门、企业和多位专家的大力支持，在此表示衷心感谢！由于编写水平和时间有限，书中内容难免会有错漏，恳请读者提出宝贵意见，以便我们改进和完善。

编著者

2020年5月

目录

 锡林郭勒羊肉标准体系框架图 // 1

 锡林郭勒羊肉标准体系明细表 // 3

 锡林郭勒羊肉标准体系标准统计表 // 7

 锡林郭勒羊肉标准体系关键标准 // 9

DB15/T 1706—2019 “锡林郭勒羊”产地环境要求 // 10

GB/T 3822—2008 乌珠穆沁羊 // 16

DB15/T 544—2013 察哈尔羊 // 23

DB15/T 1708—2019 绵羊人工授精技术规程 // 30

DB15/T 1500—2018 苏尼特羊饲养管理技术规程 // 38

DB15/T 670—2014 察哈尔羊饲养管理技术规程 // 59

DB15/T 1707—2019 乌珠穆沁羊饲养管理技术规程 // 78

GB/T 18646—2018 动物布鲁氏菌病诊断技术 // 96

DB15/T 976—2019 锡林郭勒羊肉 // 136

DB15/T 1705—2019 “锡林郭勒羊肉”同位素丰度值检测方法 // 143

壹

锡林郭勒羊肉标准体系框架图

锡林郭勒羊肉
标准体系
01 产地环境
02 育种
0201 品种
0202 繁育
03 养殖
0301 养殖技术规范
0302 疫病诊断与防控
04 屠宰加工
05 产品与质量检测
0501 产品标准
0502 质量检测
06 仓储
07 冷链物流
08 产品销售
09 产品追溯

贰

锡林郭勒羊肉标准体系明细表

序号	标准名称	标准编号	级别	实施日期	状态
01　产地环境					
1	“锡林郭勒羊”产地环境要求	DB15/T 1706—2019	地标	2019-12-05	现行
02　育种					
0201　品种					
1	乌珠穆沁羊	GB/T 3822—2008	国标	2008-06-01	现行
2	察哈尔羊	DB15/T 544—2013	地标	2013-06-15	现行
3	苏尼特羊	—	—	—	农业部已立项
0202　繁育					
1	羊胚胎移植技术规程	NY/T 1571—2007	行标	2008-03-01	现行
2	绵羊人工授精技术规程	DB15/T 1708—2019	地标	2019-12-05	现行
03　养殖					
0301　养殖技术规范					
1	苏尼特羊饲养管理技术规程	DB15/T 1500—2018	地标	2019-01-25	现行
2	察哈尔羊饲养管理技术规程	DB15/T 670—2014	地标	2014-04-10	现行
3	乌珠穆沁羊饲养管理技术规程	DB15/T 1707—2019	地标	2019-12-05	现行
0302　疫病诊断与防控					
1	动物布鲁氏菌病诊断技术	GB/T 18646—2018	国标	2018-09-01	现行
2	口蹄疫诊断技术	GB/T 18935—2018	国标	2019-04-01	现行
04　屠宰加工					
1	食品安全国家标准　食品生产通用卫生规范	GB 14881—2013	国标	2014-06-01	现行
2	畜类屠宰加工通用技术条件	GB/T 17237—2008	国标	2008-10-01	现行
3	羊肉分割技术规范	NY/T 1564—2007	行标	2008-03-01	现行
4	冷却肉加工技术规范	NY/T 1565—2007	行标	2008-03-01	现行
05　产品与质量检测					
0501　产品标准					
1	鲜、冻胴体羊肉	GB/T 9961—2008	国标	2008-12-01	现行
2	冷却羊肉	NY/T 633—2002	行标	2003-03-01	现行
3	羔羊肉	NY 1165—2006	行标	2003-03-01	现行
4	锡林郭勒羊肉	DB15/T 976—2019	地标	2020-01-25	现行
0502　质量检测					
1	食品卫生微生物学检验　肉与肉制品检验	GB/T 4789.17—2003	国标	2004-01-01	现行
2	牛羊屠宰产品品质检验规程	GB 18393—2001	国标	2001-12-01	现行
3	“锡林郭勒羊肉”同位素丰度值检测方法	DB15/T 1705—2019	地标	2020-01-25	现行

序号	标准名称	标准编号	级别	实施日期	状态
06　仓储					
1	绿色食品　贮藏运输准则	NY/T 1056—2006	行标	2006-04-01	现行
07　冷链物流					
1	畜禽肉冷链运输管理技术规范	GB/T 28640—2012	国标	2012-11-01	现行
2	畜禽产品流通卫生操作技术规范	NY/T 3407—2018	行标	2019-01-01	现行
08　产品销售					
1	食品安全国家标准　肉和肉制品经营卫生规范	GB 20799—2016	国标	2017-12-23	现行
09　产品追溯					
1	农产品质量安全追溯操作规程　畜肉	NY/T 1764—2009	行标	2009-05-20	现行
2	商品条码　畜肉追溯编码与条码表示	DB15/T 532—2012	地标	2013-02-10	现行
3	牲畜射频识别产品电子代码结构	DB15/T 533—2012	地标	2013-02-10	现行
4	食品安全追溯体系设计与实施通用规范	DB15/T 641—2012	地标	2014-01-20	现行

叁 锡林郭勒羊肉标准体系标准统计表

序号	标准类别	标准数量/项				
		国家标准	行业标准	地方标准	已立项标准	总计
1	产地环境	0	0	1	0	1
2	育种	1	1	2	0	5
3	养殖	2	0	3	0	5
4	屠宰加工	2	2	0	0	4
5	产品与质量检测	3	2	2	0	7
6	仓储	0	1	0	0	1
7	冷链物流	1	1	0	0	2
8	产品销售	1	0	0	0	1
9	产品追溯	0	1	3	0	4
合计		10	8	12	0	30

肆

锡林郭勒羊肉标准体系关键标准

ICS 65.020.30
B 40

DB15

内蒙古自治区地方标准

DB15/T 1706—2019

“锡林郭勒羊”产地环境要求

Environmental requirements for orgin of “Xilingol sheep”

2019-11-05 发布

2019-12-05 实施

内蒙古自治区市场监督管理局 发布

前　言

本标准按照GB/T 1.1—2009给出的规则起草。

本标准由内蒙古自治区标准化院提出。

本标准由内蒙古自治区畜牧业标准化技术委员会(SAM/TC 19)归口。

本标准起草单位:内蒙古自治区标准化院、内蒙古自治区农牧业科学院、内蒙古自治区气象局、锡林郭勒盟草原工作站。

本标准主要起草人:王娟、毕超、王嘉睿、张蒙、郭大伟、郭天龙、吴瑞芬、张智宇、张欣、李长青、贾安、石宇、张存飞、云娜娜、赵凯悦。

“锡林郭勒羊”产地环境要求

1 范围

本标准规定了“锡林郭勒羊”产地环境的空气质量、饮用水水质、土壤环境、检测方法和监测规则。

本标准适用于“锡林郭勒羊”，主要包括苏尼特羊、察哈尔羊、乌珠穆沁羊三个品种。

2 规范性引用文件

下列文件对于本文件的应用是必不可少的。凡是注日期的引用文件，仅注日期的版本适用于本文件。凡是不注日期的引用文件，其最新版本(包括所有的修改单)适用于本文件。

GB 5749 生活饮用水卫生标准

GB/T 5750.4 生活饮用水标准检验方法 感官性状和物理指标

GB/T 5750.5 生活饮用水标准检验方法 无机非金属指标

GB/T 5750.6 生活饮用水标准检验方法 金属指标

GB/T 5750.12 生活饮用水标准检验方法 微生物指标

GB/T 9801 空气质量 一氧化碳的测定 非分散红外法

GB 15618 土壤环境质量标准

GB/T 17138 土壤质量 铜、锌的测定 火焰原子吸收分光光度法

GB/T 17141 土壤质量 铅、镉的测定 石墨炉原子吸收分光光度法

GB/T 22105.1 土壤质量 总汞、总砷、总铅的测定 原子荧光法 第1部分:土壤中总汞的测定

GB/T 22105.2 土壤质量 总汞、总砷、总铅的测定 原子荧光法 第2部分:土壤中总砷的测定

HJ 193 环境空气气态污染物(SO_2、NO_2、O_3、CO)连续自动监测系统安装验收技术规范

HJ 194 环境空气质量手工监测技术规范

HJ 479 环境空气 氮氧化物(一氧化氮和二氧化氮)的测定 盐酸萘乙二胺分光光度法

HJ 482 环境空气 二氧化硫的测定 甲醛吸收-副玫瑰苯胺分光光度法

HJ 483 环境空气 二氧化硫的测定 四氯汞盐吸收-副玫瑰苯胺分光光度法

HJ 491 土壤和沉积物 铜、锌、铅、镍、铬的测定 火焰原子吸收分光光度法

HJ 618 环境空气 PM10 和 PM2.5 的测定 重量法

HJ 655 环境空气颗粒物(PM10 和 PM2.5)连续自动监测系统安装和验收技术规范

HJ 817 环境空气颗粒物(PM10 和 PM2.5)连续自动监测系统运行和质控技术规范

HJ 818 环境空气气态污染物(SO_2、NO_2、O_3、CO)连续自动监测系统运行和质控技术规范

NY/T 391—2013 绿色食品 产地环境质量

DB15/T 1500—2018 苏尼特羊饲养管理技术规程

3 自然环境特征

3.1 地理环境

锡林郭勒盟地处欧亚大陆草原带的中部，东经 115°13′～117°06′，北纬 43°02′～44°52′。

3.2 气候

锡林郭勒草原属温带干旱、半干旱大陆性季风气候，寒冷、多风、干旱，四季分明，昼夜温差大，夏季短促，冬季漫长。各草原类型多年平均气温 1.88 ℃～4.34 ℃，锡林郭勒盟降水自东南向西北递减，多年平均降水量在 200 mm～400 mm 之间。夏秋多雨，冬春少雨，降雨多集中在 6～9 月，占正常年降水量的 70%左右。冬春少雨雪，降水量多在 30 mm 以下，约占全年总量的 20%～30%。

3.3 土壤

锡林郭勒草原土壤类型以栗钙土和棕钙土为主，pH 为 8.0～9.0，是典型的碱性土壤。

3.4 草原植被

3.4.1 锡林郭勒草原类型多样，自东向西依次为草甸草原、典型草原和荒漠化草原。

3.4.2 锡林郭勒草原为天然的优良草地，饲用植物有 400 多种，种类主要有旱生或者广幅旱生的多年草本植物、小针茅、戈壁针茅、冷蒿等。

4 产地环境要求

4.1 锡林郭勒羊生长于锡林郭勒盟区域内。乌珠穆沁羊生长于锡林郭勒盟东部，苏尼特羊主要生长于锡林郭勒盟西部。察哈尔羊生长于南部。

4.2 锡林郭勒羊养殖区域应选择在无污染源、远离矿区和土壤重金属明显偏高地区。

4.3 锡林郭勒羊羊舍环境应符合 DB15/T 1500—2018 中 4 的规定。

5 空气质量要求

锡林郭勒羊产地环境空气中各项污染物含量应符合 NY/T 391—2013 中 5 的要求。

6 水质要求

锡林郭勒羊养殖产地环境水质应符合表 1。

表 1 锡林郭勒羊养殖产地环境水质要求

项目	指标	检测方法
臭和味	不应有异臭、异味	GB/T 5750.4
pH	6.5～8.5	GB/T 5750.4
氟化物/(mg/L)	≤1.0	GB/T 5750.5
氰化物/(mg/L)	≤0.05	GB/T 5750.5
总砷/(mg/L)	≤0.05	GB/T 5750.6
总汞/(mg/L)	≤0.001	GB/T 5750.6
总镉/(mg/L)	≤0.01	GB/T 5750.6
六价铬/(mg/L)	≤0.05	GB/T 5750.6
总铅/(mg/L)	≤0.05	GB/T 5750.6
总大肠菌数/(MPN/100 mL)	不得检出	GB/T 5750.12

7 土壤质量要求

锡林郭勒羊养殖产地环境土壤质量应符合表2。

表2 锡林郭勒羊养殖产地环境土壤质量要求

项目	指标	检测方法
总镉/(mg/L)	≤0.40	GB/T 17141
总汞/(mg/L)	≤0.35	GB/T 22105.1
总砷/(mg/L)	≤20	GB/T 22105.2
总铅/(mg/L)	≤50	GB/T 17141
总铬/(mg/L)	≤120	HJ 491
总铜/(mg/L)	≤60	GB/T 17138

8 检测方法

8.1 空气质量监测点分布

空气质量监测点分布按照《环境空气质量监测规范(试行)》执行。

8.2 样品采集

环境空气质量监测中的采样环境、采样高度及采样频率等内容应符合HJ/T 193或HJ/T 194的要求。

8.3 监测分析方法

空气中各项污染物监测分析方法按照表3执行。

表3 空气中各项污染物监测分析方法

监测项目	分析方法
细颗粒	HJ 618
可吸入颗粒物	
二氧化硫	HJ 482
	HJ 483
二氧化氮	HJ 479
一氧化碳	GB/T 9801

9 监测规则

各项监测过程中,相对应的监测项目,符合相应的项目指标要求时,判定为符合要求。

参 考 文 献

[1] 国家环境保护总局2007年第4号公告《环境空气质量监测规范(试行)》

ICS 65.020.30
B 43

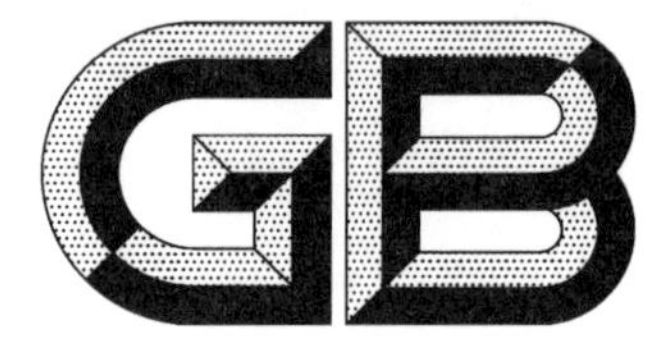

中华人民共和国国家标准

GB/T 3822—2008
代替 GB/T 3822—1983

乌 珠 穆 沁 羊

Ujumuqin sheep

2008-04-09 发布 2008-06-01 实施

中华人民共和国国家质量监督检验检疫总局
中国国家标准化管理委员会 发布

前 言

本标准代替 GB/T 3822—1983《乌珠穆沁羊》。

本标准与 GB/T 3822—1983 相比主要变化如下：

——成年公羊体高、体长和体重指标分别提高 2 cm、5 cm 和 3 kg；

——成年母羊体长指标提高 3 cm。

本标准的附录 B、附录 C 为规范性附录，附录 A 为资料性附录。

本标准由中华人民共和国农业部提出。

本标准由全国畜牧业标准化技术委员会归口。

本标准起草单位：内蒙古自治区农牧业厅、内蒙古自治区家畜改良工作站、锡林郭勒盟畜牧工作站、东乌珠穆沁旗畜牧工作站、西乌珠穆沁旗畜牧工作站。

本标准主要起草人：那达木德、呼格吉勒图、康凤祥、陈巴特尔、斯琴朝克图、佟玉林、牛成福、刘晓芳、石满恒、张萍、刘燕、德庆哈拉、鄂志荣。

本标准所代替标准的历次版本发布情况为：

——GB/T 3822—1983。

乌 珠 穆 沁 羊

1 范围

本标准规定了乌珠穆沁羊的品种特性和等级评定。

本标准适用于乌珠穆沁羊的品种鉴定和等级评定。

2 品种特性

2.1 原产地

主要产于内蒙古自治区锡林郭勒盟东部乌珠穆沁草原。

2.2 外貌特征

乌珠穆沁羊为脂尾肉用粗毛羊品种。分体躯宽长的矮腿型和体高身长的高腿型。体质结实,体躯深长,肌肉丰满。公羊少数有螺旋形角,母羊无角。耳宽长,鼻梁微拱。胸宽而深,肋骨拱圆。背腰宽平,后躯丰满。尾大而厚,尾宽过两腿,尾尖不过飞节。四肢端正,蹄质坚实。体躯被毛为纯白色,头部毛以白色、黑褐色为主。腕关节、飞节以下允许有杂色毛。乌珠穆沁公羊、母羊图片参见附录A。

2.3 生产性能

2.3.1 一级成年羊主要体尺、体重

一级成年羊主要体尺、体重下限应符合表1的规定。

表1 一级成年羊主要体尺、体重

羊 别	体高/cm	体长/cm	胸围/cm	十字部宽/cm	体重/kg
成年公羊	≥72	≥80	≥103	≥25	≥83
成年母羊	≥65	≥75	≥90	≥22	≥60

2.3.2 产肉性能

6月龄羔羊屠宰率≥50%,净肉率≥39%。

成年羯羊屠宰率≥53%,净肉率≥45%。

初生体重:公羔≥4.3 kg,母羔≥4.0 kg。

6月龄体重:公羔≥38 kg,母羔≥36 kg。

胴体重:平均16.5 kg,公羊≥17.2 kg,母羊≥15.8 kg。

2.3.3 繁殖性能

经产母羊产羔率≥115%。

2.3.4 产毛性能

被毛为异质毛。年产毛量:成年公羊≥1.3 kg,成年母羊≥1.0 kg。

3 等级评定

3.1 评定时间

成年羊鉴定时间为10月中旬。

3.2 评定方法

3.2.1 外貌等级

外貌等级评定按附录B规定评出总分,按表2内容进行等级评定。

表 2 外貌等级划分

等级	公 羊	母 羊
特级	95 以上	95 以上
一级	85～94	85～94
二级	80～84	80～84

3.2.2 **体重体尺**

体重体尺等级评定按表 3 进行，测体尺体重时按附录 C 进行。

表 3 体重体尺划分

年龄	等级	公羊				母羊			
		体高/cm ≥	体长/cm ≥	胸围/cm ≥	体重/kg ≥	体高/cm ≥	体长/cm ≥	胸围/cm ≥	体重/kg ≥
周岁	特级	65	75	90	65	60	70	85	60
	一级	60	70	85	60	55	65	80	55
	二级	—				50	60	75	50
成年	特级	75	85	105	90	70	75	95	68
	一级	72	80	103	83	65	70	90	60
	二级	—				60	65	85	55

3.3 **综合评定**

种羊等级综合评定，以个体品质为主，可以参考系谱进行等级评定。

4 鉴定规则

4.1 乌珠穆沁羊实行综合鉴定，根据体型外貌、生产性能及系谱资料进行综合评定。

4.2 种羊鉴定阶段划分为 6 月龄、周岁和成年三个阶段。

4.3 出售的种羊年龄应在 6 月龄以上，其综合评定等级为公羊≥一级、母羊≥二级，健康无病并附有种畜合格证。

附 录 A
（资料性附录）
乌珠穆沁羊图片

图 A.1 乌珠穆沁羊(公羊)

图 A.2 乌珠穆沁羊(母羊)

附 录 B
（规范性附录）
体型外貌评分方法

表 B.1 体型外貌评分方法

项目		评分要求	满分	
			公	母
外貌	被毛	被毛为纯白色	10	8
	头形	头大小适中，鼻梁微拱，耳大明亮，公羊有角或无角，母羊无角	6	6
	头部色泽	头部毛以黑、褐色为主，也有白色	6	5
	外形	体格大，体质结实，体躯深长，肌肉丰满	6	5
	小计		28	24
体躯	颈部	颈部粗短，种公羊颈部不允许有杂毛	10	10
	前躯	胸宽而深	8	8
	中躯	肋骨拱圆，背腰宽平	6	6
	后躯	后躯丰满	6	8
	四肢	四肢端正，点头蹄质结实，腕关节和飞节以下不允许有杂毛	10	12
	尾型	尾大而厚，尾宽过两腿	8	8
	小计		48	52
发育	外生殖器	发育良好，公羊睾丸对称，母羊外阴正常	10	10
	整体结构	体质结实，各部结构匀称、紧凑	14	14
	小计		24	24
总计			100	100

附　录　C
（规范性附录）
体重体尺的测定方法

C.1　测量用具：测量体重用台秤或地秤称量，测量体高、体长用测杖，测量胸围用软尺。

C.2　羊只姿势：测量体尺时，应使羊只端正地站在平坦地面上，使前后肢均处于一条直线，头自然向前抬望。

C.3　体重：在早晨空腹时进行，使用以千克为单位的台秤或地秤称量。

C.4　体高：耆甲最高处至地面的垂直距离。

C.5　体长：用测杖测定耆甲前缘到坐骨结节的距离。

C.6　胸围：用软尺测定耆甲后缘绕经前胸部的周长。

ICS 65.020.30
B 43
备案号:37430—2013

DB15

内 蒙 古 自 治 区 地 方 标 准

DB15/T 544—2013

察 哈 尔 羊

Chahaer sheep

2013-04-15 发布 2013-06-15 实施

内蒙古自治区质量技术监督局 发 布

前　言

本标准按照 GB/T 1.1—2009 给出的规则起草。

本标准由内蒙古自治区农牧业厅提出并归口。

本标准起草单位：内蒙古自治区家畜改良工作站、内蒙古自治区锡林郭勒盟畜牧工作站。

本标准主要起草人员：呼格吉勒图、斯琴朝克图、李忠书、康风祥、陈巴特尔、阿拉坦沙、包毅、斯琴巴特尔、苏德斯琴、巴特尔、李永林、特木尔、包和平。

察　哈　尔　羊

1　范围

本标准规定了察哈尔羊的品种特征、生产性能以及种羊等级评定方法。

本标准适用于察哈尔羊的品种鉴别和等级评定。

2　规范性引用文件

下列文件对于本文件的应用是必不可少的。凡是注日期的引用文件，仅注日期的版本适用于本文件。凡是不注日期的引用文件，其最新版本(包括所有的修改单)适用于本文件。

NY/T 1236　绵、山羊生产性能测定技术规范

3　品种来源与特征

3.1　品种来源

察哈尔羊是应用杂交育种方式培育的肉毛兼用品种。父本为德国肉用美利奴羊，母本为内蒙古细毛羊。产于内蒙古自治区锡林郭勒盟的镶黄旗、正镶白旗、正蓝旗。

3.2　品种特征

3.2.1　外貌

察哈尔羊头清秀、鼻直、脸部修长，体格较大；四肢结实、发达，结构匀称；胸宽深、背长平、后躯宽广；肌肉丰满，肉用体型明显。公羊、母羊均无角，颈部无皱褶或有 1～2 个不明显的皱褶；头部细毛着生至两眼连线，额部有冠状毛丛，被毛着生前肢至腕关节，后肢至飞节。外貌特征参见附录 A、附录 B。

3.2.2　被毛

被毛为白色，毛丛结构闭合性良好，密度适中，细度均匀，以 20.1 μm～23.0 μm 为主。弯曲明显，呈大弯或中弯；油汗白色或乳白色，含量适中；腹毛着生良好，呈毛丛结构，无环状弯曲。

4　生产性能

4.1　体尺体重

4.1.1　一级羊体尺体重最低指标

表 1　一级羊体尺体重最低指标

羊别	体高/cm	体长/cm	胸围/cm	体重/kg
30 月龄公羊	80	85	115	90
30 月龄母羊	68	73	110	65
18 月龄公羊	75	80	105	70
18 月龄母羊	67	72	100	55

4.1.2　6 月龄体重:公羔 38 kg 以上,母羔 35 kg 以上。

4.1.3　羔羊初生重:公羔 4.3 kg 以上,母羔 4.1 kg 以上。

4.2　产肉性能

4.2.1　胴体重:30 月龄母羊胴体重 30 kg。18 月龄母羊 22 kg。6 月龄公羔羊 20 kg。6 月龄母羔羊 18 kg。

4.2.2　屠宰率:30 月龄母羊 49.1%。18 月龄母羊 47.0%。6 月龄公羔羊 47.4%。6 月龄母羔羊 47.2%。

4.2.3　净肉率:30 月龄母羊 38%。18 月龄母羊 36%。6 月龄公羔羊 35%,6 月龄母羔羊 35%。

4.3　产毛性能

4.3.1　一级羊产毛性能最低指标

表 2　一级羊产毛性能最低指标

性　别	项　目			
	27 月龄羊		16 月龄羊	
	毛丛长度/cm	剪毛量/kg	毛丛长度/cm	剪毛量/kg
公	8.0	6.0	8.0	4.5
母	7.5	4.5	7.5	4.0

4.3.2　净毛率:净毛率 47%。

4.4　繁殖性能

性成熟:公羊 8 月龄,母羊 6 月龄;母羊发情周期平均 17 d,发情持续期 24 h～48 h,妊娠期平均 148 d,经产母羊产羔率 145%以上。

4.5　适应性

适应于干旱半干旱草原条件下饲养,宜牧,耐粗饲,抗逆性强。

5　等级评定

察哈尔羊鉴定分为三个等级,即种公羊为特级、一级,无二级。母羊为特级、一级、二级。

5.1 特级、一级

体型外貌、被毛品质符合该品种标准要求，生产性能指标符合表1、表2要求规定的羊只为一级。在一级羊中体重超过一级指标的10%以上的羊只为特级。

5.2 二级

体型外貌符合该品种标准要求，秋季体重比一级羊低10%以内的羊只为二级。

5.3 等外

凡不符合以上等级标准的个体，均列为等外。

6 鉴定时间

每年10月份测试体尺、体重。6月份测试剪毛量。

7 鉴定内容及方法

按照NY/T 1236的要求执行。

附 录 A
（资料性附录）
察哈尔羊外貌照片

图 A.1 公羊正面图

图 A.2 母羊正面图

图 A.3 公羊侧面图

图 A.4 母羊侧面图

图 A.5 公羊背面图

图 A.6 母羊背面图

附 录 B
（资料性附录）
18 月龄察哈尔羊外貌照片

图 B.1 18 月龄公羊正面图

图 B.2 18 月龄母羊正面图

图 B.3 18 月龄公羊侧面图

图 B.4 18 月龄母羊侧面图

图 B.5 18 月龄公羊背面图

图 B.6 18 月龄母羊背面图

ICS 65.020.30
B 44

DB15

内蒙古自治区地方标准

DB15/T 1708—2019

绵羊人工授精技术规程

Regulation of sheep artificial insemination

2019-11-05 发布 2019-12-05 实施

内蒙古自治区市场监督管理局 发布

前　言

本标准按照 GB/T 1.1—2009 给出的规则起草。

本标准由锡林郭勒盟市场监督管理局提出。

本标准由内蒙古自治区畜牧业标准化技术委员会(SAM/TC 19)归口。

本标准起草单位:锡林郭勒盟畜牧工作站。

本标准主要起草人:苏德斯琴、阿荣、毕力格巴特尔、辛满喜、德庆哈拉、李蕴华、鄂巍、乌仁张嘎、斯琴巴特尔、乌兰其其格、吉胡兰图。

绵羊人工授精技术规程

1　范围

本标准规定了绵羊人工授精技术操作的基本方法和要求。

本标准适用于绵羊人工授精技术推广应用的规范化操作。

2　配种前的准备工作

2.1　整顿羊群

参加配种的母羊，要做到单独组群，分别管理。留做试情的公羊应选择性欲旺盛，体质健壮的羊只。试情时，需带上试情布。

2.2　饲养管理

延长放牧时间，做到放好、吃饱、饮足、勤啖盐，保持圈舍干燥、夜间休息好，达到满膘配种。

2.3　选择种公羊

2.3.1　按照育种方向选育体质结实，体型匀称，生产性能高，遗传性能稳定，生殖器官正常，有明显的雄性特征，精液品质良好的做种公羊。

2.3.2　查看系谱，并鉴定本身和后代都为特、一级种羊做为采精种公羊。

2.3.3　器材、用具准备和消毒工作按附录A执行。

2.4　制定配种计划

2.4.1　根据系谱、本身鉴定、后裔测验等综合材料制定。

2.4.2　实行同质选配和异质选配。

2.4.3　有共同缺点的不配、近亲的不配、公羊等级低于母羊的不配、极端矫正的不配。

2.5　配种比例

每只公羊可选配母羊200～400只。预备公羊1～2只。

2.6　配种公羊的调教

2.6.1　初次配种公羊，如果性欲不高、不会爬跨应加以调教。

2.6.2　其他公羊配种时可令在旁“观摩”。

2.6.3　用发情母羊阴道分泌物抹在公羊鼻尖上刺激性欲。

2.6.4　应用雄性激素，促其提高性欲。

2.6.5　调整饲料日粮，增喂鸡蛋，适当增加运动里程和运动强度。

3　母羊的发情鉴定

3.1　母羊7～8月龄性成熟，在立秋后会出现多个发情周期，发情周期平均为17 d，发情持续时间平均为 40 h。发情母羊频频走动、鸣叫、不安心采食,有强烈摆尾动作,外阴黏膜充血潮红,稍微肿胀。

3.2 用试情公羊识别发情母羊,应选择体质健壮、性欲旺盛的成年公羊做试情羊。按母羊数的 1∶40 配备。

4 采精

4.1 台羊的准备

采精时,选择发情的健康母羊(或用假台羊),把母羊颈部卡在采精架上绑定。外阴部用 0.9%氯化钠水清洗并擦干。

4.2 假阴道的准备

4.2.1 将安装好的假阴道,加入 50 ℃~55 ℃(随气温高低而调整其温度)150 mL~180 mL 热水,用漏斗注入假阴道的夹层内。

4.2.2 如公羊没有调教好或性欲不高,可在灌满水层的假阴道内腔内,用玻璃棒蘸消毒过的凡士林少许,从假阴道内胎后端向前均匀涂抹至三分之一处后,再向回涂,严防凡士林过多或有油块,以免采精时混入精液内。

4.2.3 为使假阴道内腔松紧适度,需压入适量空气,一般看假阴道后端内胎呈三角形为合适。采精前,用消毒的温度计检查假阴道内的温度,此时以 38 ℃~40 ℃为宜。

4.3 采精过程

采精时,先用温毛巾把种公羊阴茎包皮周围擦干净,操作者以右手拿假阴道与地面成 35°~40°角,当种公羊爬跨母羊伸出阴茎时,操作者应精神集中,动作敏捷,适当用左手轻拖阴茎包皮,将阴茎导入假阴道内。射精后,将假阴道竖起,放出空气,用毛巾擦干外壳,谨慎地将集精瓶取下,盖上盖,放在操作台标有公羊号的固定的地方。

4.4 采精次数

种公羊每天可采精二、三次,第一、二次采精后休息 2 h 方可进行第三次采精,每周休息 1 d。采精后要及时做好采精记录。

5 精液处理

5.1 精液品质检查:包括肉眼检查和显微镜检查两部分:

——肉眼检查:正常射精量一般为 0.8 mL~1.2 mL,精液为乳白色,呈云雾状,无味或略带腥味如带有腐败臭味,呈现红色、褐色、绿色的精液,不可用于输精;

——显微镜检查:检查精液的室内温度应保持在 20 ℃~25 ℃,用输精器吸少量精液,滴在载玻片上,盖上盖玻片,注意勿使发生气泡,然后在 400~600 倍显微镜下进行观察。

5.2 用显微镜检查精液时,应根据下列标准评定精液等级:

——密度:在视野里看见布满密集的精子,精子几乎无空隙,应评为"密";如果精子与精子之间的空隙相当于一个精子的长度,能看见每一个精子的活动应评为"中";在视野中看见少量的精子,精子之间空隙很大,超过了一个精子的长度为"稀";如果精液内没有精子,可用"无"字做记号。为了得知较准确精子含量,可用血球计算器检查精子数量,每天都应做一次检查;

——活力:以直线前进运动精子计算,用五分制评定。在显微镜下,用目力来衡量,如果精子 100%做直线运动,评为五分;80%做直线运动,评为四分;以下每少 20%减一分。精子摇摆而不前进，则用“摆”字标记，精子全部不活动，用“死”字标记。

5.3　公羊的精液，应被评为“密－五”“密－四”或“中－五”“中－四”的方可用于输精。

5.4　精液稀释倍数。目前，一般以不超过1∶3为宜，常用的稀释液有生理盐水溶液、葡萄糖卵黄稀释液和牛奶稀释液。稀释液的配制方法按附录B执行。

6　输精

6.1　将输精母羊固定后，外阴部先用0.1%的新洁尔灭溶液消毒后，再用温水洗净擦干。消毒液和温水用两个水盆盛装，两块擦布不能混用，温水应勤换。

6.2　原精液的输精量，每只母羊为0.05 mL～0.1 mL，稀释精液为0.1 mL～0.2 mL，输入子宫颈内的精液量要足量。

6.3　输精器吸入精液后，应将管内气泡排除，然后滴出一小滴，在显微镜下进行检查，合格者方可用于输精。

6.4　输精时把消毒的开膣器轻轻插入阴道内，轻度旋转90度，慢慢张开，先检查阴道内有无疾病（出血、有浓等），有病者不能输精。无疾病即可寻找子宫颈口，找到后，将开膣器固定在适应位置，将输精器插入子宫颈0.5 cm～1.0 cm，再用大拇指轻压活塞，注入定量的精液。

6.5　输精制度：可采用1次试情2次输精的方法，即早上试情1次，发情当时输精，下午再输精1次。也可采用1次试情，1次输精的方法，即早上试情1次，第二天早上输精1次。输完精的母羊做好标记，便于识别，并做好配种记录。

附 录 A
（规范性附录）
器材、用具的准备和消毒

A.1 器材、用具准备和消毒工作

A.1.1 器材、用具的准备

A.1.1.1 供采精、输精与精液接触的一切器材都要求做到灭菌、清洁、干燥，存放于清洁的橱柜内。
A.1.1.2 假阴道、集精瓶的洗涤和灭菌。

A.1.2 洗涤

将集精瓶放入清水中，在放入适量的洗涤剂，用试管刷刷洗干净，用清水冲洗数遍，再用蒸馏水冲洗一遍，放入纱布罐内。内胎放入清水中，加入适量的洗涤剂彻底清洗，再用清水冲洗数遍，吊在精液处理室内，用干净纱布蒙上。

A.1.3 消毒

操作者将指甲剪短磨平，手洗干净，用 75%酒精棉球消毒，安装假阴道。再用消毒的长柄镊子夹75%酒精棉球，进行内胎消毒，自内胎一端开始一圈一圈地擦拭至另一端，然后用 0.9%氯化钠水冲洗数次。外壳用酒精棉消毒一遍再用 0.9%氯化钠水冲洗数次，放在消毒的磁盘内，用灭菌纱布盖好备用。

A.1.4 输精器的洗涤和消毒

A.1.4.1 用清水加适量洗涤剂冲洗数次，再用清水冲洗，最后用 0.9%氯化钠水冲洗数次，最好用恒温干燥箱灭菌。
A.1.4.2 使用前从灭菌器中取出用 0.9%氯化钠水冲洗数次。
A.1.4.3 输完一只母羊后，用灭菌的 0.9%氯化钠水棉球擦拭输精器，再给另一只母羊输精。

A.1.5 开膣器的消毒

用清水洗净擦干，再用 0.1%新洁尔灭溶液消毒后，插入 0.9%氯化钠水中即可备用。

A.1.6 其他器材的消毒

A.1.6.1 玻璃器材：用清水加适量洗涤剂洗净，再用清水洗两遍，用恒温干燥箱灭菌。
A.1.6.2 纱布、手巾、台布等用含适量的洗涤剂水洗干净，用清水洗两遍，蒸汽灭菌。
A.1.6.3 外阴部的消毒布用含适量洗涤剂水洗净，再用 0.1%新洁尔灭溶液消毒和清水洗净，搭在室内晒干。
A.1.6.4 恒温干燥箱给玻璃器材灭菌时，温度应控制在 105 ℃～110 ℃；采用蒸汽灭菌时，将上述提到的用蒸汽消毒的器材用具和 0.9%氯化钠水等药液，有顺序的分别装入纱布罐内或直接放在蒸煮器里，将纱布罐盖上，打开通气孔，放入蒸煮器中，将蒸煮器的盖子盖严，水沸后蒸煮 30 min，不具备以上条件的地区可采用高压锅替代。

A.1.7 各种药液与酒精棉球的制备

A.1.7.1 75%酒精和0.9%氯化钠水可直接到药店购买。

A.1.7.2 棉花球应做成直径1.5 cm～2.0 cm大,用75%酒精浸泡,置于广口玻璃瓶中备用。

附　录　B
（规范性附录）
稀释液的配置

B.1　生理盐水稀释液：是用注射用生理盐水或经过过滤消毒的0.9%氯化钠溶液作稀释液。此种稀释液简单易行，稀释后的精液应在短时间内使用，是目前生产实践中最为常用的稀释液。但用这种稀释液稀释时，稀释的倍数不宜太高，一般以2倍以下为宜。

B.2　葡萄糖卵黄稀释液：在100 mL蒸馏水中加葡萄糖3 g、柠檬酸钠1.4 g，溶解后过滤3～4次，蒸煮30 min后灭菌，降至室温，再加新鲜卵黄（不要混入蛋白）20 mL，再加青霉素10万单位振荡溶解。这种稀释液有增加营养的作用，可作7倍以下的稀释。

B.3　牛奶稀释液：牛奶先用7层纱布过滤后，再煮沸消毒10 min～15 min，降至室温，去掉表面脂肪即可。这种稀释液稀释效果好，但稀释倍数不能太高，以3倍以下为宜。

ICS 65.020.30
B 44
备案号:60871—2019

DB15

内蒙古自治区地方标准

DB15/T 1500—2018

苏尼特羊饲养管理技术规程

Technical regulations for feeding and management of Sunit sheep

2018-10-25 发布 2019-01-25 实施

内蒙古自治区质量技术监督局 发布

前 言

本标准按照 GB/T 1.1—2009 给出的规则起草。

本标准由内蒙古自治区农牧业科学院提出。

本标准由内蒙古自治区畜牧业标准化技术委员会(SAM/TC 19)归口。

本标准起草单位:内蒙古自治区农牧业科学院、苏尼特左旗农牧业局、苏尼特左旗食品药品和工商质量技术监督管理局。

本标准主要起草人:金海、李长青、薛树媛、孟克巴特尔、特木其勒、王伟、苏乙拉图、格日勒朝克、郭天龙、王利、张海鹰。

苏尼特羊饲养管理技术规程

1 范围

本标准规定了苏尼特羊特定生产条件、饲养管理、卫生防疫等方面的技术要求。

本标准适用于苏尼特羊规模化羊场及养殖户。

2 规范性引用文件

下列文件对于本文件的应用是必不可少的。凡是注日期的引用文件，仅注日期的版本适用于本文件。凡是不注日期的引用文件，其最新版本(包括所有的修改单)适用于本文件。

GB 7959 粪便无害化卫生要求

GB/T 16569 畜禽产品消毒规范

GB/T 19526 羊寄生虫病防治技术规范

NY 5149 无公害食品 肉羊饲养兽医防疫准则

NY/T 635 天然草地合理载畜量的计算

NY/T 1168 畜禽粪便无害化处理技术规范

NY/T 5030 无公害农产品 兽药使用准则

NY/T 5151 无公害食品 肉羊饲养管理准则

3 术语和定义

下列术语和定义适用于本文件。

3.1

体况评分 fat scoring

对羊体营养状况或体脂肪沉积量的评价方法，按照特定的标准，用一系列的分数表示羊的体况。

4 羊舍及环境

4.1 羊舍

羊舍与住宅的距离要相隔 30 m 以上；

羊舍应利于通风、采光、保暖和夏季避暑，冬季羊舍温度应不低于 5 ℃，夏季应不高于 27 ℃；

羊舍面积：种公羊应为 3 m^2/只～4 m^2/只，成年母羊应为 0.8 m^2/只～1.0 m^2/只，育成羊应为 0.5 m^2/只～0.8 m^2/只，羔羊应为 0.3 m^2/只～0.4 m^2/只。

4.2 草架

补饲草料架的隔羊栏高于地面 40 cm，应用专门的补草料架。

5 母羊的饲养管理

5.1 夏季放牧

5.1.1 夏季放牧应早出牧、晚归牧，中午在凉爽处休息。下雨后尽量避免早出牧。

5.1.2 放牧应选择牧草长势较好的草场，以小区轮牧为宜。

5.1.3 放牧时要避开蚊蝇多的低洼牧场，羊群迎风放牧。中午气温高时在背阴处放牧。

5.1.4 如在高山草原上放牧，可上午在阳坡放牧，下午在阴坡放牧，上午顺风放牧，下午逆风放牧。每7 d更换一次宿卧地。

5.1.5 羊群转入夏季牧场后，把羊蹄检查一次，如果羊蹄较长，可选择地势较高处或平底较硬的地方放牧。

5.1.6 夏季应保证绵羊的饮水充足，盐砖放在饮水处或宿卧地处。饮用清洁干净的清水，不应饮用洼地水泡子等处的死水。

5.1.7 放牧时控制羊群行走速度，缓慢移动，不宜行走太远。

5.1.8 夏季放牧期间，抓好羊群的“水膘”。

5.2 秋季放牧

5.2.1 秋季尽量延长放牧时间，但应避开早晨露水。中午可不休息，应让羊群多采食，少走路。羊舍应提供矿物质盐砖供绵羊自由舔食。

5.2.2 秋季放牧，上午在前一天放牧过的草地放牧，下午在新的草地上放牧。羊只抓油膘期间，应有充足的饮水。

5.2.3 针茅为主的草地要争取在结籽前放牧利用。

5.2.4 秋季应避免长期在以红砂、珍珠猪毛菜等牧草为主的草场上放牧。

5.3 冬季放牧

入冬后，先放远坡，后放近坡；先放高处，后放低处；先放洼处，后放平处。出牧时，逆风把羊群赶到草场，顺风赶回营盘。应根据草场状况及气候情况确定放牧时间及持续时间。

5.4 春季放牧

5.4.1 春季在牧草返青期间不宜放牧。

5.4.2 在放牧方式上，放牧要逐渐过渡。初春放牧时应控制好羊群，挡住强羊，看好弱羊，防止“跑青”现象的发生。

5.4.3 晚春时草已长高，勤换牧地(一般2 d～3 d)。春季对瘦弱的羊只，可单独组群，带羔母羊应在近处草场放牧。有条件的牧户把羊群分羯羊、带羔羊进行管理。

5.4.4 苏尼特羊在春季产羔时应以舍饲为主，减少放牧时间。接完羔后把羊群赶到有硝盐的草场，或者在圈舍中放置矿物质添砖，增加母羊奶水。

5.5 冬春季补饲

5.5.1 应在冬春季牧草枯黄期补饲。不同牧草生长时期牧草营养价值及放牧羊采食量、干物质消化率参见附录A和B。

5.5.2 根据放牧羊一年中的营养需要量与摄入量的比较(参见附录C)，补饲应在11月底或12月初。

5.5.3 荒漠草原一年中产草量和放牧羊的体重变化密切相关(参见附录D)，牧户也可根据放牧羊的体况评分值来确定放牧羊的补饲时间和补饲量。

5.5.4 苏尼特羊体况评分操作步骤及评分标准参见附录E。一个群体中超过20%的羊体况评分值在3分以下应考虑补饲。

5.5.5 冬春季节补饲精补料或干草的量应根据草场类型及剩余草量进行，同时参考体况评分值。体况评分2.5以上，草场较好时，补饲精补料0.15 kg或牧草0.4 kg，草场较差或体况评分值在2.5以下时，补饲精补料0.35 kg或干草0.6 kg。在放牧前补给干草，晚归牧后补给精料。推荐的补饲料配方参见附录F。

5.5.6 如果体况持续均在2.5以上时，可仅补草，最好安排在归牧后。可以在圈舍内补饲糖蜜尿素营养舔砖。

5.5.7 极端低温或连续10 d以上气温在−15 ℃以下的情况下，适当增加精补料或牧草的补饲量。

5.5.8 在部分土壤中钼含量较高的地区，应补饲富铜饲料或富铜的矿物质盐砖。推荐的富铜饲料配方参见附录G。

5.6 不同生理阶段母羊的饲养管理

5.6.1 空怀期母羊的饲养管理

配种前30 d～45 d，应选择较好的牧场放牧繁殖母羊，抓好膘，对膘情较差、体况得分在3以下的母羊应用催情补饲料饲养20 d左右，体重达50 kg～55 kg再配种。推荐的催情补饲料配方参见附录H。

5.6.2 妊娠母羊的饲养管理

5.6.2.1 妊娠前期90 d的苏尼特羊一般放牧即可。但妊娠后期60 d应加强营养。要选优质牧场放牧，若草场较差、母羊体况得分在3以下时，应进行补饲。妊娠后期母羊每天补给青干草0.5 kg，精料0.3 kg～0.4 kg，自由舔食矿物质盐砖，在高钼地区应饲喂富铜的补饲料。推荐的妊娠后期饲料配方参见附录I。

5.6.2.2 不得饲喂发霉、变质、冰冻或其他异常饲料，禁忌空腹饮冰渣水，在放牧中禁忌惊吓、急跑、跳沟等剧烈运动，出入圈舍门时应防止互相挤压。母羊妊娠期不宜进行防疫注射。每个月进行一次体况评分，发现有20%母羊得分在3以下，增加补饲量。

5.6.3 哺乳母羊饲养管理

5.6.3.1 哺乳期可根据母羊体况评分和羔羊的发育情况确定哺乳期的长短，一般为60 d～90 d。

5.6.3.2 哺乳前期正值牧场枯草季节或牧草返青期，应对母羊进行补饲。保证羔羊每增加0.1 kg体重，需吃到0.5 kg母乳。

5.8.3.3 产双羔的母羊每天补给精料0.4 kg～0.5 kg，青干草0.5 kg，多汁饲料1 kg。产单羔母羊补给精料0.3 kg～0.4 kg，青干草1 kg，多汁饲料1 kg。

5.8.3.4 哺乳后期，母羊除放牧外，可补饲质量好的青干草或补饲精补料。

6 育成母羊的饲养管理

6.1 育成母羊的夏秋季饲养管理

6.1.1 育成母羊选择就近的夏季牧场进行放牧。上午早出牧，近中午归牧休息，下午晚出牧、晚归牧。

6.1.2 对刚断奶的母羔，继续补料，每日补精补料0.3 kg～0.4 kg，直至吃饱青草为止。

6.1.3 7～9月份秋季牧场要延长放牧时间，减少运动量，使母羊尽快抓好膘。

6.1.4 增加饮水次数，在饮水点或营盘处投放矿物质盐砖，供羊自由舔食。

6.2 育成母羊的冬春季饲养管理

冬春季羊群除了放牧外，补充青干草和精补料。每只羊每日补青干草 0.5 kg，精补料 0.3 kg。

6.3 转群前的育成母羊饲养管理

选择较好的草场，控制放牧距离，尽量延长放牧时间，配种时后备母羊体重应达到 50 kg 以上。

7 哺乳羔羊的饲养管理

7.1 哺乳前期

7.1.1 让羔羊尽早吃到初乳，如出生羔羊体弱无法自行站立时，应人工辅助其吃到初乳。

7.1.2 羔羊出生后 7 d 左右开始在圈舍中放置开食料，任其自由采食。15 d 左右，每只羊开始日补精料 0.05 kg～0.075 kg，自由采食优质青干草，自由饮水。

7.1.3 羔羊 7～10 日龄时，在无风温暖晴天的中午把羔羊赶到运动场，进行运动和日光浴。运动场应清扫干净，无羊毛，无异常食物等。

7.1.4 羔羊一般单独组群舍饲，不随母羊放牧，晚上归牧后合群让羔羊喝足奶。

7.1.5 自由饮水，自由舔食矿物质盐砖。

7.2 哺乳中期

7.2.1 这个时期饲料种类要多，饲料的质量要好，少量多次饲喂或自由采食。每只羔羊饲喂精补料约 0.1 kg/d。

7.2.2 原则上白天母羊与羔羊分开饲养，羔羊留在羊舍内饲喂，晚上母羊归牧后与羔羊合群管理。如果草场已返青且条件较好，可上午单独饲养，下午随母羊放牧饲养。

7.2.3 45 日龄时，单羔羊体重达 10 kg 以上，双羔羊体重达 9 kg 以上。

7.3 哺乳后期

7.3.1 羔羊单独组群，白天在草场上放牧，夜里合群。根据草场情况，采取放牧加补饲的方式，补饲期 60 d～90 d 时，每只羔羊补饲 0.2 kg/d 精补料，90 d～120 d 时，每只羔羊日补饲 0.25 kg/d～0.3 kg/d 精补料。

7.3.2 羔羊 90 d 左右即可断奶。

7.3.3 羔羊断奶时，公羔体重达 25 kg 以上，母羔体重 20 kg 以上。

7.4 代乳品哺育

母羊死亡或产双羔母乳不足时，应使用代乳粉哺喂，羔羊补喂量参考如下：

a) 出生后 5 d～7 d，每日 3 次，每次 0.25 kg 乳液(每次需要代乳品 0.04 kg)

b) 出生后 8 d～21 d，每日 3 次，每次 0.5 kg 乳液(每次需要代乳品 0.08 kg)；

c) 出生后 22 日以后，每日 2 次，每次 0.5 kg 乳液(每次需要代乳品 0.08 kg)；

d) 40 日龄后到断奶逐步减少。

用冷却到约 50 ℃的开水溶解羔羊代乳品，不能使用未煮开的凉水。

8 羔羊放牧＋补饲育肥

8.1 苏尼特羔羊应采取放牧育肥或放牧＋补饲育肥两种方式。应分前后两个时期，补饲不同的饲料配方。

8.2 每日每只羔羊精补料补饲量为 0.3 kg～0.45 kg 为宜，应从 0.15 kg 逐渐增加，10 d 内达到预期补饲量。

8.3 5 月龄羔羊体重达 40 kg～45 kg。

8.4 育肥前期羔羊以补饲为主，放牧为辅，补饲期为 30 d～45 d；后期以放牧育肥为主。

8.5 推荐的羔羊放牧＋补饲育肥饲料配方参见附录 J。

9 种公羊的饲养管理

9.1 分群管理

种公羊应单独分群。夏季以放牧为主，其余时间放牧＋补饲为主。

9.2 膘情管理

种公羊应全年保持较好的体况，体况评分在 3～4 之间，忌过肥或过瘦。

9.3 饲养方式

种公羊的饲养，应采取放牧与补饲相结合的方法，并分为配种预备期、配种期和非配种期，给予不同的饲养标准。

9.4 配种预备期种公羊的饲养管理

9.4.1 6 月初～8 月中旬：这一时期牧草旺盛，除放牧外，精料喂量从配种期精料标准的 60%～70%的比重，逐渐增加到配种期的标准。

9.4.2 每日放牧 8 h 以上。

9.4.3 种公羊配种之前 5 d～7 d，在满足营养的情况下，减少补饲量，控制体重。

9.5 配种期种公羊的饲养管理

9.5.1 配种期种公羊体重保持标准体重，采食 2 kg 左右干物质和 0.25 kg 的可消化粗蛋白质。

9.5.2 饲喂精补料量为 1.0 kg～1.2 kg，牛奶 0.5 kg～1.0 kg，鸡蛋 2～4 枚，食盐 0.015 kg。精料分早、午、晚三次喂给，早午两次可少喂些，晚上可多喂些。要补喂胡萝卜等多汁饲料 1.0 kg～1.5 kg。

9.5.3 配种期为 45 d，在配种前期每日放牧 6 h 以上。

9.6 非配种期种公羊的饲养管理

9.6.1 配种结束后应减少公羊的运动，并与母羊分群，加强放牧与补饲，逐步减少精饲料饲喂量。

9.6.2 进入冬季以后，除满足种公羊的热能需要外，还应注意蛋白质、维生素、矿物质的补充。在减少精料的情况下，保证持续增重不掉膘，保持体况评分 3～4 分。

9.6.3 夏季放牧时间不少于 8 h～10 h，冬春季节每天放牧时间不少于 6 h～8 h。

9.6.4 补饲期日喂 0.4 kg～0.5 kg 精补料，0.8 kg～1.0 kg 优质干草或豆科牧草，0.5 kg～0.6 kg 胡萝卜。

9.6.5 种公羊的管理应细致，避免在灌丛有刺的草场放牧。

10 卫生防疫

10.1 按照 NY 5149 的规定执行。

10.2 按照 NY/T 5151 的规定定期对羊舍、器具及环境进行消毒。

10.3 兽药使用应符合 NY/T 5030 的要求。

10.4 按照 GB/T 19526 的规定定期对羊只进行驱虫。

10.5 按照 NY/T 1168 的要求清理圈舍内的粪便。

10.6 病羊应隔离治疗。

10.7 死亡的病羊应按照中华人民共和国农业部农医发 2017 年第 25 号的规定进行处理。

11 养殖档案

应按照中华人民共和国农业部令 2006 年第 67 号《畜禽标识和养殖档案管理办法》的要求建立养殖档案,并进行管理。

附　录　A
（资料性附录）
天然牧草营养成分

表 A.1　牧草生长期天然牧草中营养成分

样品名称	DM/%	CP/%	NDF/%	ADF/%	ADL/%	Ash/%	OM/%
寸苔草	92.94	15.95	49.03	21.45	1.83	8.78	84.15
驼绒藜	91.81	17.57	50.41	28.57	3.64	10.78	81.02
打碗花	93.11	17.09	28.97	19.65	3.90	11.46	81.65
短花针茅	92.97	11.48	66.28	32.53	3.81	4.95	88.02
棘豆	92.07	16.97	28.33	19.54	3.06	18.66	73.41
蓖齿蒿	92.99	15.67	38.80	28.35	3.74	20.49	72.50
狼狮头	92.37	17.03	25.57	18.54	2.63	12.23	80.14
骆驼蓬	91.44	20.41	23.20	17.31	3.85	12.89	78.55
点草	92.16	11.76	30.51	21.56	2.13	25.05	67.11
蒙古车前	94.00	9.44	43.82	33.76	3.97	31.90	62.09
沙葱	90.88	22.55	20.47	15.90	2.20	17.72	73.16
小白蒿	92.88	12.61	36.69	27.22	2.74	19.20	73.68
鸦葱	96.56	13.07	40.98	30.87	5.40	8.74	87.82
牤牛儿蒿	92.71	13.85	22.58	17.30	2.77	15.77	76.93
彭氏鸢尾	92.05	9.99	48.08	37.87	4.58	10.29	81.77
苦菜花	93.38	14.74	35.58	28.83	2.77	25.98	67.40
隔壁天冬	92.53	16.48	36.03	24.83	4.73	8.42	84.11
阿氏旋花	93.91	12.13	47.98	31.99	3.83	8.61	93.91
角茴香	92.35	13.63	28.74	20.45	4.06	16.16	76.19
叶落蒿	92.75	18.83	28.52	19.77	1.95	21.91	70.84
兔唇花	92.09	14.97	39.22	24.23	4.36	12.87	79.22
芨岌草	93.40	14.05	57.00	28.75	1.76	8.73	84.67
肉髯大戟	92.41	14.11	33.29	23.18	5.28	7.87	84.53
赖草	93.01	14.41	57.04	28.97	2.19	6.98	86.03
香青兰	92.50	21.12	27.53	18.01	1.89	22.09	70.41
黄花蒿	93.42	18.41	24.19	18.26	2.06	23.09	70.33
均值	92.81±1.03	15.32±3.23	37.21±11.92	24.67±6.00	3.23±1.11	15.39±7.08	77.74±7.70

表 A.2 牧草生长旺盛期天然牧草中营养成分

样品名	DM/%	CP/%	NDF/%	ADF/%	ADL/%	Ash/%	OM/%
猪毛菜	93.68	13.51	33.31	19.05	2.23	25.99	67.69
黄蒿	95.65	16.63	36.62	24.66	6.70	14.16	81.49
狗尾草	93.38	11.19	53.82	28.27	2.09	13.21	80.17
蒺藜	91.92	19.92	23.26	16.45	2.76	16.82	75.10
尖叶灰菜	93.49	30.36	24.34	10.70	2.75	21.82	71.67
沙葱	94.51	18.79	32.94	25.67	5.60	7.89	86.62
画眉草	92.92	15.70	54.70	25.62	2.93	8.38	84.53
大籽蒿	93.33	22.59	34.62	21.16	3.22	16.73	76.60
骆驼蓬	93.58	16.13	31.68	22.42	4.11	18.82	74.76
早熟禾	94.07	10.71	46.47	22.99	2.52	18.33	75.73
阿尔泰狗洼花	92.97	15.90	39.22	26.78	4.99	21.66	71.30
黄花蒿	92.01	25.25	34.27	25.09	9.63	9.95	82.07
篦齿蒿	92.49	12.79	38.02	27.18	8.24	9.23	83.26
狐尾草	93.31	11.57	52.69	24.69	2.21	11.95	81.37
冠芒草	94.80	8.12	49.90	32.78	2.57	40.53	54.28
赖草	93.48	17.43	54.94	30.24	3.03	7.41	86.07
牤牛儿苗	93.51	15.50	25.23	18.81	4.24	10.65	82.87
苋菜	93.17	23.36	29.37	13.59	3.02	19.97	73.20
打碗花	93.24	19.48	34.10	20.49	3.02	19.06	74.18
香青兰	91.38	12.24	32.93	22.07	5.19	15.32	76.06
芝麻草	93.14	13.42	47.82	31.29	8.13	17.39	75.76
蒲公英	95.98	6.98	48.97	31.04	2.12	56.22	39.76
米口袋	93.18	17.62	53.25	32.77	3.65	31.65	61.53
尖叶蒿	93.67	30.74	24.01	11.10	3.12	19.50	74.18
寸苔草	92.84	15.59	57.43	22.99	1.15	8.60	84.24
均值	93.41±1.02	17.0±5.84	39.13±10.97	23.29±6.03	3.92±2.10	18.28±10.85	75.13±10.33

表 A.3　牧草枯黄期天然牧草中营养成分

名称	DM/%	CP/%	NDF/%	ADF/%	ADL/%	Ash/%	OM/%
大籽蒿	91.88	9.84	55.77	42.03	8.44	6.32	85.56
雾冰黎	92.53	9.77	68.28	51.50	3.94	8.42	84.11
苋菜	92.23	12.43	52.71	33.06	3.44	14.89	77.34
画眉草	93.73	8.43	59.21	32.50	10.68	27.56	66.17
黄蒿	91.86	9.18	54.50	40.96	13.42	7.06	84.80
黄花草木樨	92.89	12.11	60.91	43.45	12.00	10.84	82.05
篦齿蒿	92.29	12.94	49.87	37.43	9.56	15.89	76.40
猪毛菜	93.07	8.61	56.51	34.35	9.49	13.25	79.82
黄花蒿	91.48	14.83	42.49	30.87	8.22	7.66	83.82
狗尾草	92.59	8.35	56.01	31.49	10.74	15.41	77.18
骆驼蓬	92.19	7.42	36.43	26.97	8.93	23.29	68.90
赖草	92.69	9.90	57.79	33.48	12.05	10.76	81.93
香青兰	90.55	9.74	56.42	43.02	10.52	0.47	90.08
寸苔草	91.29	11.86	61.06	33.15	12.92	8.68	82.61
狐尾草	92.57	12.25	63.54	33.30	12.09	11.93	80.64
均值	92.50±0.94	9.89±2.53	55.63±10.53	37.16±8.04	9.21±3.10	14.04±10.03	78.45±9.38

附 录 B
（资料性附录）
不同季节放牧羊牧草干物质采食量和消化率

表 B.1 不同季节放牧羊牧草干物质采食量和消化率

	牧草生长期	牧草旺盛期	牧草枯黄期
干物质采食量/(kg DM/d)	0.78±0.23[a]	0.85±0.31[a]	1.635±0.21[c]
干物质消化率/%	61.36±2.13[a]	57.14±2.09[a]	54.30±1.98[b]

注：表中不同字母表示差异显著（$P<0.05$）。

附　录　C
（资料性附录）
放牧羊营养需要量与营养摄入量

放牧羊营养需要量与营养摄入量见图 C.1。

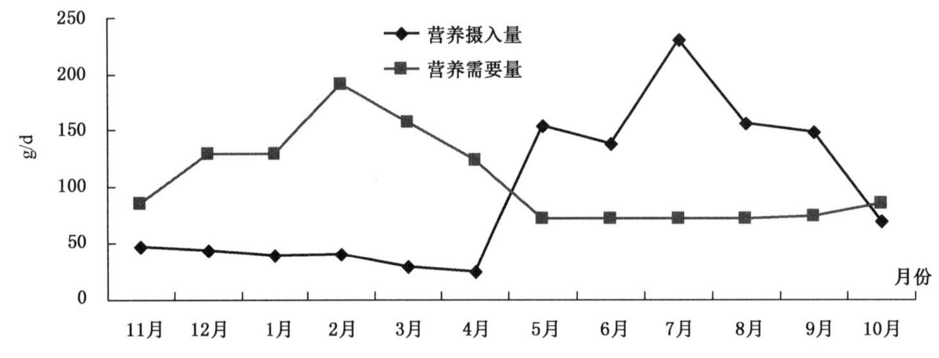

图 C.1　放牧羊一年中营养需要量与营养摄入量示意图

附 录 D
（资料性附录）
荒漠草原产草量、放牧羊体重及营养需要量与摄入量

荒漠草原产草量、放牧羊体重及营养需要量与摄入量见图 D.1。

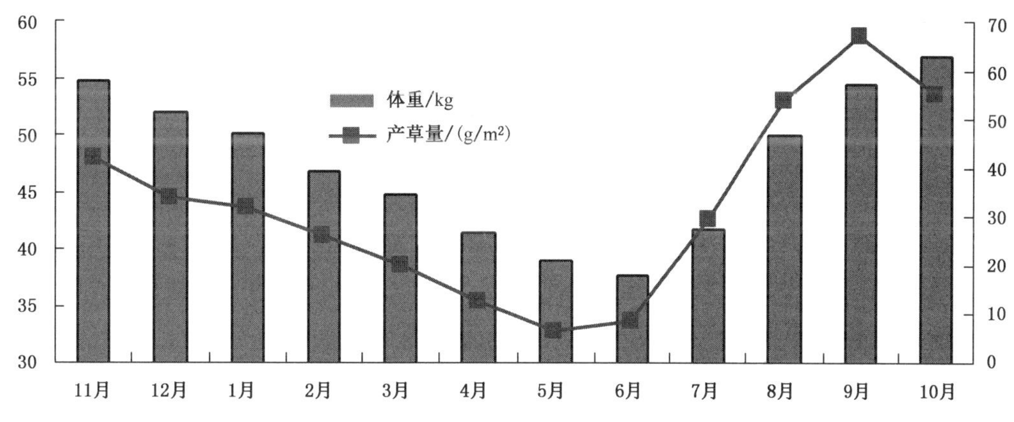

图 D.1 荒漠草原一年中产草量和放牧羊体重变化动态

附 录 E
（资料性附录）
苏尼特羊体况评分操作步骤及评分标准

体况评分是通过触摸评价绵羊体况膘情的一种方便直观的评分方法(分数 1～5 分)。

主要是触摸脊柱(椎骨棘突和腰椎横突)以及在眼肌上的脂肪覆盖程度。棘突和横突是体况评分的主要依据。参见图 E.1 所示,在绵羊的腰椎骨上(最后一根肋骨后面)可以摸到两个凸起,连接腰椎的棘突形成高低不平的背中线,横突是从腰椎横向突出的骨头,很容易被摸到。

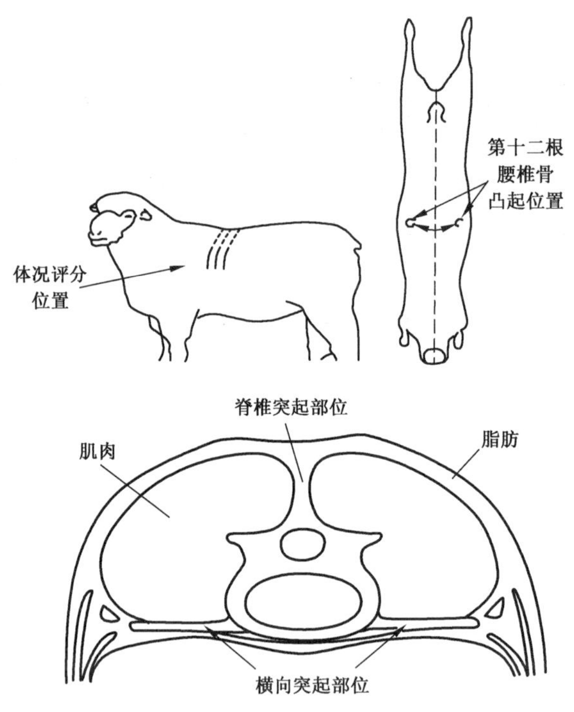

图 E.1 体况评分位置示意图

体况评分具体操作如下：

a） 用手指压腰椎评定棘突的突出程度；
b） 通过挤压腰椎两侧评定横突的突出程度；
c） 将手伸到最后几个腰椎下触摸横突下面的肌肉和脂肪组织；
d） 评定棘突与横突间眼肌的丰满度；
e） 见表 E.1 所示,给每只羊评分并做记录,用于进行个体之间或同一个体不同时间体况分的比较。

表 E.1　绵羊各生长阶段适宜的体况分数

分值	1	2	3	4	5
羊外形					
评分标准	脊椎骨突出，背部肌肉浅薄，无脂肪	脊椎骨突出，背部肌肉饱满，无脂肪	可以摸到脊椎骨，背部肌肉饱满，有少量脂肪	几乎摸不到脊椎骨，背部肌肉非常饱满，有较厚脂肪	摸不到脊椎骨，有非常厚的脂肪，脂肪存积覆盖尾部

理想的母羊外观体况分数是：配种期为 3 分，产羔期为 3.5 分，哺乳后期为 2.5 分以上，参见表 E.2。配种期为 1～1.5 分体况的母羊一般不发情，即使配种也会流产，应将体况评分提高到 2 分或 3 分水平。4 分和 5 分的母羊偏肥，也不符合产羔，容易出现难产。

表 E.2　苏尼特羊各生长阶段适宜的体况分数

母羊各生理阶段	理想分数
维持阶段	3
配种时	3～3.5
妊娠早期（第一个月）	3～3.5
妊娠中期（35 d～100 d）	3
妊娠后期（最后六周）	2.5～3
泌乳中期	3
泌乳晚期和干奶期	3.5

附 录 F
(资料性附录)
成年母羊放牧+补饲饲料配方

表 F.1 成年羊补饲饲料配方

单位为%

原料	玉米	麸皮	膨化大豆	豆粕	棉籽粕	DDGS	糖蜜糖渣	1%预混料	石粉	小苏打	食盐
配方	50.00	3.60	5.000	5.00	10.00	19.00	3.00	1.000	2.00	0.700	0.70

附　录　G
（资料性附录）
富铜饲料配方

表 G.1　高钼地区苏尼特羊富铜饲料配方

单位为%

原料	玉米	麸皮	豆粕	棉籽粕	1%羊用预混料	石粉	食盐	硫酸铜	硫酸锌
比例	54.80	19.40	5.20	14.90	0.50	1.70	0.50	1.00	2.00

附 录 H
（资料性附录）
推荐的催情补饲配方

表 H.1 推荐的催情补饲饲料配方

单位为%

原料	玉米	麸皮	DDGS	预混料	石粉	食盐
配方比例	63.20	5.00	28.40	1.00	1.40	1.00

附 录 I
（资料性附录）
推荐的妊娠后期饲料配方

表 I.1 妊娠后期饲料配方表

单位为%

原料	玉米	豆粕	棉粕	DDGS	石粉	食盐	1%预混料
配方 1 号	66.70	8.00	6.70	13.30	1.30	3.00	1.00
配方 2 号	67.00	8.00	6.80	14.00	1.40	1.80	1.00
配方 3 号	67.40	8.00	7.00	14.00	1.40	1.20	1.00

附 录 J
（资料性附录）
羔羊育肥料推荐配方

表 J.1 羔羊育肥饲料配方表

单位为%

原料	玉米	甘蔗糖蜜	膨化大豆	小麦麸（麸皮）	磷酸氢钙	石粉	盐	碳酸氢钠	液体防霉剂	预混料	豆粕	玉米胚芽粕
后期	77.00	5.00	3.66	10.00	1.28	0.81	0.70	0.50	0.05	1.00	0.00	0.00
前期	58.00	4.00	0.00	18.90	0.65	1.70	0.70	0.50	0.05	1.00	6.50	8.00

ICS 65.020.30
B 43
备案号:41534—2014

DB15

内蒙古自治区地方标准

DB15/T 670—2014

察哈尔羊饲养管理技术规程

Technical Regulation of Chahar sheep Feeding and Management

2014-02-10 发布 2014-04-10 实施

内蒙古自治区质量技术监督局 发布

前 言

本标准按照 GB/T 1.1—2009 给出的规则起草。

本标准的附录 A、附录 B、附录 C、附录 D、附录 E、附录 F 和附录 G 为资料性附录。

本标准由内蒙古自治区农牧业科学院提出。

本标准起草单位:内蒙古自治区农牧业科学院。

本标准主要起草人:金海、薛树媛、郭天龙、田丰、李长青、李占斌、王利、张海鹰、王超、宋利文、巴特尔、阿拉腾苏和、斯琴巴特尔。

察哈尔羊饲养管理技术规程

1 范围

本标准规定了察哈尔羊生产环境、饲料、饲养管理、卫生防疫等方面的技术规程。

本标准适用于察哈尔羊场及养殖户。

2 规范性引用文件

下列文件对于本文件的应用是必不可少的。凡是注日期的引用文件，仅注日期的版本适用于本文件。凡是不注日期的引用文件，其最新版本(包括所有的修改单)适用于本文件。

GB 7959 粪便无害化卫生标准

GB 16548 病害动物和病害动物产品生物安全处理规程

GB 16567 种畜禽调运检疫技术规范

GB/T 16569 畜禽产品消毒规范

NY 5027 无公害食品 畜禽饮用水水质

NY 5149 无公害食品 肉羊饲养兽医防疫准则

NY/T 635—2002 天然草地合理载畜量的计算

3 术语和定义

下列术语和定义适用于本文件。

3.1

肉羊 mutton sheep

在经济类型或体型结构上用于生产羊肉的品种(系)。

3.2

种公羊 stud ram

用于繁育后代的、有品种特征、性能的种用公羊。

3.3

繁殖母羊 breeding ewes

用于繁殖后代的成年母羊。

3.4

育成羊 lamb hog

从断奶到第一次配种这一生理阶段的公、母羊。

3.5

羔羊 lamb

从出生到断奶这一生理阶段的羊。

4 羊舍及环境

4.1 羊舍

羊舍与住宅一般相隔 30 m 以上的距离；

羊舍要利于通风、采光、保暖和夏季避暑，羊舍温度冬季不低于 5 ℃，夏季不高于 27 ℃；

羊舍面积为：种公羊（3 m^2/只～4 m^2/只），成年母羊（0.8 m^2/只～1.0 m^2/只），育成羊（0.5 m^2/只～0.8 m^2/只），羔羊（0.3 m^2/只～0.4 m^2/只）。

4.2 草架及水槽

补饲草料架的隔羊栏高于地面 40 cm（如附录 H 所示）。冬春补饲时，应备随时饮用的水槽，水槽应高出地面 35 cm～40 cm。

5 母羊的饲养管理

5.1 夏季放牧

5.1.1 夏季放牧要早出牧，晚归牧，中午在凉爽处休息。一般早出牧时间为 4 点～5 点，晚归牧时间为 20 点～21 点。

5.1.2 放牧选择牧草长势较好的草场，以小区轮牧为宜。

5.1.3 放牧时避开蚊蝇多的低处牧场，羊群背对阳光或阳光侧射或迎风放。中午气温高时防止羊群“扎窝子”。

5.1.4 在高山草原上，可上午放阳坡，下午放阴坡，上午顺风放，下午逆风放，使羊不受热。每七天要更换一次宿卧地，保持宿卧地干燥和清洁。

5.1.5 转入夏季牧场后，羊群全面修蹄一次，放牧当中也要经常检查和修理。

5.1.6 夏季要保证充足饮水，盐砖放在饮水处或宿卧地处。饮用清洁干净的清水，不能饮用池塘等处的死水。

5.1.7 放牧时边赶边放，每日行程 10 km 左右。

5.1.8 夏季放牧期间，抓好羊群的“水膘”，争取每只羊体重增加 10 kg 以上。

5.2 秋季放牧

5.2.1 秋季放牧，抓好羊群的“油膘”。采取牧草枯萎的情况先由山岗到山腰，再到山底，最后放牧到平滩地。

5.2.2 秋季尽量延长放牧时间，避开早晨露水。一般早 8 点出牧，晚 9 点收牧，中午可以不休息，做到羊群多采食，少走路。矿物质盐砖自由舔食。

5.2.3 要充分利用草地，上午出牧先放前一天放过的草地，下午利用没有放过的草地。

5.2.4 含针茅多的草地待收割后或结籽前放牧利用。

5.3 划区轮放

在夏秋季，有条件的牧户，依据牧草的生长、草地生产力、羊群的营养需要和寄生虫侵袭等因素，将草场划分为若干个小区，羊群按一定的顺序在小区内进行轮回放牧。

5.4 冬季放牧

5.4.1 入冬时，先放远坡，后放近坡，先放高处，后放低处，先放洼处，后放平处。一般逆风把羊群赶到草场，顺风赶回营盘。根据草场及气候情况确定放牧时间。

5.4.2　在冬季营盘附近保留一块较好的草场。为产羔母羊或气候突变时使用。

5.5　春季放牧

5.5.1　春季放牧要保障牧草再生能力，不影响草场生产力，不过早放牧。一般在湿润的禾本科草原牧草的高度达到 10 cm～15 cm，干旱草原地带草类达 8 cm～10 cm 时才能开始放牧。

5.5.2　在放牧方式上，由黄草转换青草，要逐渐过渡，先放牧黄草，青草场每天只放牧 2 h～3 h，逐渐增加放牧青草场的时间，其间经过 15 d 的过渡期。

5.5.3　初春时放牧要控制好羊群，挡住强羊，看好弱羊，防止“跑青”。

5.5.4　到晚春，草已长高时勤换牧地（一般 2 d～3 d）。春季对瘦弱羊只，可单独组群，带羔母羊应放近处草场。

5.5.5　春季开始放牧前，将羊尾部和后腿内部的毛剪掉，以免采食青草时拉稀污染腿部毛。蹄甲过长的羊先在潮湿地带放牧，待变软后用刀修剪。

5.6　冬春补饲

5.6.1　补饲要在 11 月底或 12 月初。

5.6.2　如果仅补草，最好安排在归牧后。如草料俱补，在放牧前补给干草，晚归牧后补给精料。补完精料后过 1 h，可再补些干草。

5.6.3　冬春季节补饲的精补料或干草的量根据采食量预测模型预测，当放牧妊娠羊每日干物质采食量在 1.5 kg～1.7 kg 时，补饲精补料 0.15 kg 或牧草 0.4 kg，1.0 kg～1.5 kg 时补饲精补料 0.35 kg 或干草 0.6 kg。

5.6.4　仅补饲干草时，可以补饲糖蜜尿素营养舔砖。

5.6.5　极端低温或连续 10 d 以上气温在 −15 ℃以下的情况下，适当增加精补料或牧草的补饲量。

5.6.6　放牧妊娠母羊干物质采食量预测模型见式(1)：

$$PDMI = 0.0338BW^{0.75} + 0.0134NDF - 0.0004ADG - 0.0018YM \qquad \cdots\cdots\cdots\cdots (1)$$

式中：

PDMI——牧草干物质采食量，kg；

$BW^{0.75}$——代谢体重，kg；

NDF——牧草中性洗涤纤维，%；

YM——可食产草量，kg/hm^2；

ADG——平均日增重，g。

枯草期可食产草量根据 NY/T 635—2002 标准计算。

5.6.7　枯草期牧草营养成分含量参考附录 E。

5.7　舍饲期的饲养管理

5.7.1　冬春由放牧转为舍饲，要有一个过渡期，大致 7 d～10 d，上午放牧，下午舍饲，逐渐转为全天舍饲。

5.7.2　舍饲前进行畜舍消毒，用浓度为 3%的来苏尔溶液或浓度为 10%的石灰乳消毒。保持通风，干燥，清洁。

5.7.3　舍饲期间羊只必须保证每天运动 2 h～3 h 或有较大空间及运动场自由活动。

5.7.4　舍饲期间羊群应避免饮用冰冻的冷水。可用深井水或水温保持 12 ℃左右的温水饮。

5.8 不同生理阶段母羊的饲养管理

5.8.1 空怀期母羊的饲养管理

配种前 30 d～45 d，应对繁殖母羊选择较好的牧场放牧，抓好膘，对膘情差的母羊进行催情补饲。

5.8.2 怀孕母羊的饲养管理

怀孕前期 90 d 不用特殊饲养，一般放牧即可。怀孕后期 60 d 要加强营养。要选好优质牧场放牧，若草场较差时，进行补饲。怀孕后期母羊每天补给青干草 0.5 kg，精料 0.3 kg～0.4 kg，自由舔舐矿物质盐砖。

严禁喂发霉、变质、冰冻或其他异常饲料，禁忌空腹饮冰渣水，在放牧管理中禁忌惊吓、急跑、跳沟等剧烈运动，出入圈舍门时要防止互相挤压。母羊怀孕时一般到后期不宜进行防疫注射。

5.8.3 哺乳母羊饲养管理

哺乳期可根据母羊膘情和羔羊的发育情况确定哺乳期的长短，一般为 60 d～90 d。

哺乳前期正值牧场枯草季节或牧草返青期，要对母羊进行补饲。羔羊每增加 0.1 kg 体重，需吃到 0.4 kg 母乳。

产双羔的母羊每天补给精料 0.4 kg～0.5 kg，青干草 0.5 kg，多汁饲料 1 kg。产单羔母羊补给精料 0.3 kg～0.4 kg，青干草 1 kg，多汁饲料 1 kg。

哺乳后期，母羊除放牧外，可补饲质量好的青干草，或补饲精补料。

6 育成母羊的饲养管理

6.1 育成母羊的夏秋季饲养管理(5 月龄～10 月龄)

6.1.1 育成母羊选择就近的夏季牧场进行放牧。上午早出牧，近中午归牧休息，下午晚出牧晚归牧。

6.1.2 对刚断奶的母羔，继续补料，每日补精补料 0.3 kg～0.4 kg，直至吃饱青草为止。

6.1.3 7 月～9 月秋季牧场要延长放牧时间，减少运动量，使母羊尽快抓好膘。

6.1.4 增加饮水次数，在饮水点或营盘处投放矿物质盐砖，供羊自由舔食。

6.2 育成母羊的冬春季节饲养管理(11 月～翌年 4 月)

冬春季羊群除了放牧外，补充青干草和精补料。每只羊每日补青干草 0.5 kg，精补料 0.3 kg。

6.3 转群前的育成母羊饲养管理(翌年 4 月～8 月)

选择较好的草场，控制放牧距离，尽量延长放牧时间，配种时后备母羊体重要达到 50 kg 以上。

7 哺乳羔羊的饲养管理

7.1 哺乳前期

7.1.1 尽早吃到初乳，待出生羔羊自行站立时，应人工辅助其吃到初乳。

7.1.2 羔羊生后 7 d 左右开始饲喂开食料。15 d 左右，每只羊日补精补料 0.05 kg～0.075 kg，自由采食优质青干草，自由饮水。

7.1.3 羔羊到 7 日龄～10 日龄时，在无风温暖的晴天中午把羔羊赶到运动场，进行运动和日光浴。运动场要清扫干净，无羊毛，无异常食物等。

7.1.4 单羔羊平均初生重 4.0 kg 以上，双羔羊平均初生重 2.5 kg 以上，25 日龄，单羔羊体重应达到 7.5 kg～8 kg，双羔羊体重达 5.7 kg～7 kg。
7.1.5 出生后 10 d～15 d 进行断尾。
7.1.6 自由饮水，自由舔舐矿物质盐砖。

7.2 哺乳中期

7.2.1 饲料种类要多，饲料的质量要好，饲喂要少量多次或自由采食。每只羔羊饲喂精补料约 0.1 kg/d。
7.2.2 定时哺乳，原则上白天母羊与羔羊分开饲养，羔羊留在羊舍内饲喂，晚上母羊归牧后与羔羊合群管理。
7.1.3 45 日龄时，单羔羊体重达 10 kg 以上，双羔羊体重达 9 kg 以上。

7.3 哺乳后期

7.3.1 羔羊单独组群，白天在草场上放牧，夜里合群。采取放牧加补饲的方式，补饲期 60 d～90 d 时，每只羔羊补饲 0.2 kg/d 精补料，90 d～120 d 时，每只羔羊日补饲 0.25 kg～0.3 kg/d 精补料。
7.3.2 羔羊 90 d 左右即可断奶。
7.3.3 羔羊断奶时，公羔体重达 25 kg 以上，母羔体重 20 kg 以上。

7.4 代乳品哺育

羔羊无母乳哺育条件时，需使用代乳粉哺喂，羔羊补喂量参考如下：

a) 出生后 5 d～7 d，每日 3 次，每次 0.5 kg 乳液(每次需要代乳品 0.072 kg)
b) 出生后 8 d～21 d，每日 3 次，每次 0.75 kg 乳液(每次需要代乳品 0.11 kg)；
c) 出生后 22 日以后，每日 2 次，每次 0.75 kg 乳液(每次需要代乳品 0.11 kg)；
d) 40 日龄后到断奶逐步减少；

用冷却到约 50 ℃的开水溶解羔羊代乳品，不能使用未煮开的凉水，防止因水质问题影响饲喂效果。

8 育肥羊管理

8.1 羔羊育肥

8.1.1 羔羊 60 日龄～70 日龄或 90 日龄时断奶，60 日龄左右断奶羊继续补饲 10 d 左右代乳料过渡。羔羊的育肥期不低于 120 d，出栏日龄为 180 d 以上。
8.1.1.1 舍饲育肥，每日精补料的饲喂量：根据体重调整，体重范围 17 kg～25 kg 的，补料 0.4 kg；26 kg～35 kg 的，补料 0.5 kg，35 kg～45 kg 的，补料 0.6 kg；45 kg 以上的，补料 0.65 kg。
8.1.1.2 育肥期，精补料的补饲喂量按体重调整，体重范围 30 kg～35 kg，补料 0.5 kg；
8.1.1.3 育肥初期，日粮中逐渐增加精补料的饲喂量，经过 10 d～15 d 达到最高饲喂量，育肥前期(育肥开始至 120 日龄为止)日粮中精粗比为 6∶4。
8.1.1.4 粗饲料喂量，每天每只羊饲喂青干草 1.8 kg。
8.1.1.5 育肥期应按 15 只～20 只羊每块的标准悬挂盐砖，自由舔食。
8.1.1.6 羊舍保持干燥、清洁、通风良好、冬季保温。
8.1.2 羔羊放牧育肥，6.5 月龄羔羊体重达 40 kg～45 kg。
8.1.2.1 夏季以放牧为主，补饲为辅，冬春季节以补饲为主，放牧为辅。
8.1.2.2 断奶羔羊以补饲为主，放牧为辅，补饲期为 30 d～45 d；待牧草盛花期，以放牧育肥为主。
8.1.2.3 每日每只羔羊精补料补饲量为 0.3 kg～0.45 kg 为宜，应从 0.15 kg 逐渐增加，10 d 内达到预期补饲量。

8.1.2.4 夏末秋初，牧草开始枯黄，育肥羔羊归牧后可少量补饲精饲料，精料饲喂标准：30 kg～35 kg体重，日喂0.2 kg；35 kg～45 kg体重，日喂0.25 kg；45 kg以上体重，日喂0.3 kg。

8.2 成年羊的育肥

8.2.1 指周岁以上羊及淘汰母羊的育肥及不同年龄的乏瘦羊、其他淘汰羊的育肥。

8.2.2 整个育肥期需要单独组群，分群放牧，育肥期以60 d～90 d为宜。育肥前期以放牧为主，一般宜放牧30 d～60 d，后期要有不少于30 d的补饲育肥，利用精补料快速育肥。

8.2.3 成年羊育肥的日采食量：在放牧的基础上，补饲精补料0.4 kg～0.6 kg，育肥日增重0.15 kg～0.25 kg。

8.2.4 育肥期每天要保证羊只的足量饮水，盐砖自由采食。

8.2.5 育肥初期，日粮中添加精饲料的适应期一般为10 d～15 d。

8.5.6 成年羊育肥典型饲料配方推荐见附录C。

9 种公羊的饲养管理

9.1 分群管理

种公羊应单独分群。夏季以放牧为主，其余时间补饲为主。如种公羊数量少，可与试情公羊合群饲养。

9.2 膘情管理

种公羊要全年保持中上等膘情，忌过肥或过瘦，以保证体质强壮，性欲旺盛，精液品质好(活力0.3以上)。

9.3 饲养方式

种公羊的饲养，应采取放牧与补饲相结合的方法，并分为配种预备期、配种期和非配种期，给予不同的饲养标准。

9.4 配种预备期种公羊的饲养管理

9.4.1 6月初～8月中旬的饲养：这一时期正值夏季放牧时期，除加强放牧运动外，精料喂量达到配种期精料标准的60%～70%的密度，逐渐增加到配种期的标准。种公羊由两周排精1次到配种前30 d，每周排精1次～2次，直至隔日排精1次。并通过精液品质检测，改进饲养管理。

9.4.2 每日放牧或运动6 h。

9.5 配种期种公羊的饲养管理

9.5.1 配种期种公羊体重在100 kg～120 kg范围，干物质采食量达到2 kg左右和0.25 kg的可消化粗蛋白质。

9.5.2 饲喂精补料量为1.0 kg～1.2 kg，牛奶0.5 kg～1.0 kg，鸡蛋2枚～4枚，食盐0.015 kg。精料分早、午、晚3次喂给，早午2次可少喂些，晚上可多喂些。要补喂胡萝卜等多汁饲料1.0 kg～1.5 kg。

9.5.3 每日放牧或运动6 h。

9.6 非配种期种公羊的饲养管理

9.6.1 10月中旬～11月中旬的饲养：种公羊于8月上旬开始配种，到9月下旬至10月初结束，经过

30 多天的配种，体力和营养消耗很大。配种结束后应停止公羊的运动、加强放牧与补饲，在配种后期，逐步减少精饲料饲喂量。

9.6.2 11 月末～翌年 5 月末的饲养：这一时期长达 180 d。进入冬季以后，除保证种公羊的热能需要外，还应注意蛋白质、维生素、矿物质的补充。在减少精料或少补精料的情况下，保证持续增重不掉膘，保持中上等体况。

9.6.3 夏季放牧时间不少于 8 h～10 h，游走不少于 7.5 km～10 km；冬春季节每天放牧时间不少于 6 h～8 h，游走不少于 7 km～7.5 km，以增强种羊体质。

9.6.4 补饲期日喂 0.4 kg～0.5 kg 精补料，1.5 kg～2.0 kg 青贮，0.8 kg～1.0 kg 优质干草或豆科牧草，0.5 kg～0.6 kg 胡萝卜。

9.6.5 种公羊的管理要细致，避免在灌丛有刺的草场放牧，以免划破阴囊。对蹄形不正的应及时修蹄。

10 卫生防疫及粪污处理

10.1 防疫坚持“预防为主”原则，做好羊只免疫接种

引进羊只时，应从非疫区引进，并有检疫合格证，调运检疫执行 GB 16567 的规定。

10.2 规范卫生防疫制度

饲养场地经常保持清洁卫生，羊舍及环境按《动物防疫条件审查办法》、GB/T 16569 的规定执行，粪尿进行无害化堆放发酵处理，应符合 GB 7959 的规定。

10.3 兽药使用按《兽药管理条例》执行

10.4 防疫

羊群防疫按照《中华人民共和国动物防疫法》和 NY 5149 的规定执行。

10.5 病羊隔离

病羊应隔离治疗。死亡的病羊，应在指定地点按照 GB 16548 的规定进行处理。

11 养殖档案

11.1 养殖户要逐步建立养殖档案

档案所有记录应准确、可靠、完整。按《中华人民共和国畜牧法》的规定执行，生产记录应保存 5 年以上，疫病、疫情记录资料应长期保存。

附　录　A
（资料性附录）
可供参考的繁殖母羊精补料配方

表 A.1　繁殖母羊精补料配方

单位%

生理阶段	玉米	小麦麸	棉粕	葵籽粕	1%预混料	石粉	食盐
妊娠前期	72	10	6	9	1	1	1
妊娠后期	62	16	9	9	1	2	1
哺乳期	69	12	10	5	1	2	1

附　录　B
（资料性附录）
羔羊育肥常用饲料配方

表 B.1　断奶羔羊育肥常用饲料配方

单位%

饲料名称	配方 1	配方 2	配方 3	配方 4
玉米	40	83	45	—
燕麦	40	—	45	70
麸皮	10	—	—	20
豆饼	10	15	10	10
磷酸氢钙	—	1	—	—
微量元素、食盐	—	1	—	—

表 B.2　羔羊育肥日粮配方

单位%

饲料名称	配方 1	配方 2	配方 3	配方 4
苜蓿或青干草	自由采食	21.0	自由采食	自由采食
玉米	83.0	21.5	50.0	58.0
小麦麸	—	17.0	22.0	19.5
豆饼	15.0	10.5	15.0	—
菜籽饼	—	21.0	—	—
棉粕	—	—	11.0	10.0
饲用酵母	—	6.8	10.0	—
石粉	0.6	1.0	0.6	0.5
磷酸氢钙	0.5	—	0.4	0.5
食盐	0.6	0.7	0.5	1.0
预混料	0.3	0.5	0.5	0.5

表 B.3 羔羊育肥日粮配方

单位%

饲料名称	配方 1	配方 2	配方 3	配方 4	配方 5	配方 6
苜蓿干草	64	30	自由采食	21	自由采食	自由采食
玉米	12	—	83	21.5	50	58
玉米(果穗)	—	55	—	—	—	—
燕麦(大麦)	9	—	—	—	—	—
小麦麸	—	—	—	17	22	19.5
豆饼	10	9	15	10.5	15	—
菜籽饼	—	—	—	21	—	—
棉粕	—	—	—	—	11	10
饲用酵母	—	—	—	6.8	10	—
糖蜜	3.0	4.0	—	—	—	—
石粉	0.6	0.5	0.6	1.0	0.6	0.5
磷酸氢钙	0.5	0.5	0.5	—	0.4	0.5
食盐	0.6	0.7	0.6	0.7	0.5	0.1
预混料	0.3	0.3	0.3	0.5	0.5	0.5
合计	100	100	100	100	100	100

表 B.4 羔羊育肥推荐日粮配方

单位%

饲料名称	玉米	麸皮	豆粕	啤酒糟	DDGS	玉米胚芽粕	玉米喷浆	棉籽粕	青干草	5%羊用预混料	石粉	小苏打	食盐
配方 1	32.627	3.884	2.330	—	31.850	7.768	6.999	3.511	4.661	3.884	1.398	0.388	0.699
饲料名称	玉米	麸皮	豆粕	啤酒糟	DDGS	玉米胚芽粕	玉米喷浆	棉籽粕	青干草	1%羊用预混料	石粉	小苏打	食盐
配方 2	29.957	4.336	2.365	7.095	35.476	8.672	1.206	1.117	6.307	0.946	1.419	0.394	0.710

附 录 C
（资料性附录）
成年羊（羯羊、淘汰母羊）育肥饲料配方

表 C.1 成年羊（羯羊、淘汰母羊）育肥饲料配方

单位为 kg

育肥期/d	玉米	饼粕	小麦	苜蓿干草	小麦麸	骨粉	食盐
31～40	0.65	0.25	0.2	0.6	0.2	—	0.008
41～50	0.75	0.25	0.2	0.5	0.2	—	0.008
51～60	0.8	0.25	0.2	0.4	0.2	—	0.009
61～70	0.9	0.2	0.1	0.3	0.2	—	0.009
71～80	1	0.15	—	0.2	0.2	—	0.01
81～90	1	0.1	—	0.2	0.2	—	0.01

附 录 D
（资料性附录）
察哈尔羊年需要饲草料定额（参考数）

表 D.1 肉羊年需要饲草料定额（参考数） 单位为 kg/只

阶段	青干草	青贮	块根块茎	精补料
种公羊	500～600	250～300	200～250	220～240
成年母羊	400～500	300～400	40	60～90
育肥羔羊	300～400	150～250	25	60～90
哺乳羔羊	50	—	—	15
育肥肉羊	300～400	250～300	25	40～60

附 录 E
（资料性附录）
天然牧草营养成分

表 E.1 牧草生长期天然牧草中营养成分(DM%)

样品名称	OM/%	CP/%	EE/%	NDF/%	ADF/%	Ca/%	P/%	NE/(MJ/kg)
黄囊苔草	85.00	12.45	9.37	35.73	23.43	0.63	0.62	6.34
克氏针茅	81.32	18.04	7.87	48.32	24.17	0.89	0.66	6.31
羊草	88.69	11.68	5.51	46.61	28.12	0.86	0.49	6.77
冷蒿	86.68	12.93	12.08	42.56	27.88	1.42	0.46	6.79
糙隐子草	89.41	13.07	8.54	45.09	27.20	1.18	0.53	6.39
大籽蒿	87.79	13.46	18.16	31.28	24.19	0.81	0.47	7.00
白里香	87.39	9.42	13.51	44.07	24.87	0.60	0.59	7.10
星毛萎陵菜	84.65	9.64	8.65	42.96	25.12	0.64	0.55	6.51
菊叶萎陵菜	86.98	10.78	9.43	44.74	26.32	0.59	0.69	6.77
叉分廖	89.09	15.19	11.91	37.98	27.89	0.75	0.49	6.69
二裂萎陵菜	80.59	11.29	10.53	41.65	21.93	0.70	0.80	6.37
细叶鸢尾	87.68	10.91	7.00	39.42	31.74	0.79	0.57	6.45
均值	86.27 ±2.87	12.41 ±1.42	9.2 ±1.37	41.7 ±2.82	26.07 ±2.66	0.82 ±0.02	0.57 ±0.03	6.62 ±0.26

表 E.2 牧草生长旺盛期天然牧草中营养成分(DM%)

样品名称	OM/%	CP/%	EE/%	NDF/%	ADF/%	Ca/%	P/%	NE/(MJ/kg)
星毛萎陵菜	87.65	12.72	3.02	40.23	23.54	0.81	0.47	7.11
菊叶萎陵菜	81.4	11.89	3.48	39.16	18.37	0.79	0.93	6.78
大籽蒿	87.56	15.36	5.15	38.25	26.79	0.71	0.56	7.38
克氏针茅	88.52	10.41	2.98	63.12	32.58	0.89	0.36	6.89
细叶鸢尾	88.08	8.43	3.2	36.79	30.9	0.87	0.48	7.5
羊草	88.97	10.95	4.58	49.25	22.72	1.2	0.53	7.57
百里香	86.77	8.92	5.18	40.29	28.11	0.87	0.43	7.31
变蒿	88.97	12.41	2.67	61.39	19.53	1.75	0.58	6.9
隐子草	90.13	11.37	2.99	39.18	29.89	0.88	0.48	7.3
二裂萎陵菜	87.68	11.56	3.43	34.17	28.33	0.64	0.46	7.6
扁蓿豆	83.56	10.76	1.91	57.13	23.12	0.79	0.79	6.77
苔草	86.26	9.92	4.5	47.18	27.95	1.39	0.43	7.2
均值	87.13 ±2.45	11.23 ±1.84	3.59 ±1.03	45.51 ±3.03	25.98 ±2.49	0.96 ±0.08	0.54 ±0.06	7.19 ±0.03

表 E.3 牧草枯黄期天然牧草中营养成分(DM%)

样品	OM/%	CP/%	EE/%	NDF/%	ADF/%	Ca/%	P/%	NE/(MJ/kg)
羊草	83.52	6.24	2.81	65.75	34.38	0.97	0.61	4.74
克氏针茅	96.36	6.38	2.01	71.63	37.78	0.84	0.59	4.68
苔草	85.47	3.97	2.58	58.13	39.84	0.97	0.79	4.77
隐子草	79.59	6.34	1.23	64.23	40.14	0.71	0.72	4.69
冷蒿	89.78	12.00	2.24	56.19	35.4	1.10	0.74	5.01
隐子草	89.96	6.4	1.79	76.28	49.73	1.08	0.91	4.01
均值	87.45 ±0.67	6.89 ±0.67	2.11 ±0.06	65.36 ±3.69	39.55 ±1.49	0.95 ±0.04	0.72 ±0.01	4.65 ±0.03

附 录 F
（资料性附录）
不同季节放牧羊牧草干物质采食量和消化率

表 F.1 不同季节放牧羊牧草干物质采食量和消化率

	牧草生长期	牧草旺盛期	牧草枯黄期
干物质采食量/(kg DM/d)	1.75±0.06[a]	1.69±0.07[a]	1.56±0.07[b]
干物质消化率/%	71.4±1.6[a]	68.4±1.3[a]	36.4±1.2[b]
注：表中不同字母表示差异显著($P<0.05$)。			

附 录 G
（资料性附录）
种公羊精料补充料推荐配方

表 G.1 非配种期精补料配方

饲料类型	玉米	麸皮	豆饼	燕麦	麻生	骨粉	食盐
比例	50%	15%	15%	10%	6%	2%	2%

表 G.2 配种期精补料配方

饲料类型	玉米	麸皮	豆饼	燕麦	麻生	骨粉	食盐
比例	55%	10%	15%	10%	7%	2%	1%

附　录　H
（资料性附录）
移动式联合饲架

单位：cm

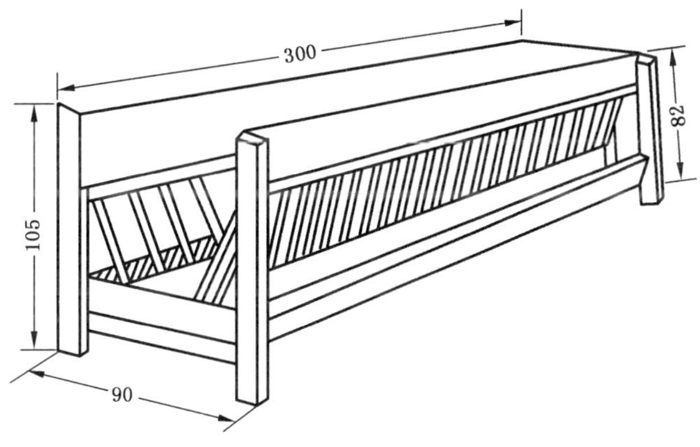

图 H.1　移动式联合饲架

ICS 65.020.30
B 44

DB15

内蒙古自治区地方标准

DB15/T 1707—2019

乌珠穆沁羊饲养管理技术规程

Technical regulation for feeding and management of Ujumuqin sheep

2019-11-05 发布　　2019-12-05 实施

内蒙古自治区市场监督管理局　发布

前　言

本标准按照 GB/T 1.1—2009 给出的规则起草。

本标准由内蒙古自治区农牧业科学院提出。

本标准由内蒙古自治区畜牧业标准化技术委员会(SAM/TC 19)归口。

本标准起草单位:内蒙古自治区农牧业科学院、锡林郭勒盟畜牧工作站、东乌珠穆沁旗畜牧工作站、锡林郭勒盟农牧业科学研究所。

本标准主要起草人:郭天龙、李长青、苏德斯琴、薛树媛、田丰、李康、阿古达木、李蕴华、金海、孙伟立、朝鲁孟。

乌珠穆沁羊饲养管理技术规程

1 范围

本标准规定了乌珠穆沁羊饲养管理技术规程的术语和定义、天然放牧饲养管理、人工补饲饲养管理、饲养管理、羊舍及配套设施和卫生防疫。

本标准适用于乌珠穆沁羊养殖户及规模化羊场。

2 规范性引用文件

下列文件对于本文件的应用是必不可少的。凡是注日期的引用文件,仅注日期的版本适用于本文件。凡是不注日期的引用文件,其最新版本(包括所有的修改单)适用于本文件。

GB 7959 粪便无害化卫生要求

GB/T 16569 畜禽产品消毒规范

GB/T 19526 羊寄生虫病防治技术规范

NY/T 635 天然草地合理载畜量的计算

NY/T 1168 畜禽粪便无害化处理技术规范

NY 5027 无公害食品 畜禽饮用水水质

NY/T 5030 无公害农产品 兽药使用准则

NY 5032 无公害食品 畜禽饲料和饲料添加剂使用准则

NY 5149 无公害食品 肉羊饲养兽医防疫准则

NY/T 5151 无公害食品 肉羊饲养管理准则

3 术语和定义

下列术语和定义适用于本文件。

3.1

体况评分 fat scoring

对羊只制定表观营养状况或体脂肪沉积量的评价方法,按照特定的标准,用一系列的分数表示羊的体况。

4 天然放牧饲养管理

4.1 夏季放牧

4.1.1 夏季放牧应早出牧、晚归牧,中午在凉爽处休息。下雨后尽量避免早出牧。

4.1.2 放牧应选择牧草长势较好的草场,以小区轮牧为宜。

4.1.3 放牧时应避开蚊蝇多的低洼牧场,羊群迎风放牧。中午气温高时在背阴处放牧。

4.1.4 如在高山草原上放牧,可上午在阳坡放牧,下午在阴坡放牧,上午顺风放牧,下午逆风放牧。

4.1.5 夏季应保证绵羊的饮水充足,盐砖放在饮水处或宿卧地处。

4.1.6 放牧时控制羊群行走速度,缓慢移动,不宜行走太远。

4.1.7 种公羊夏季以放牧为主,每日放牧 8 h 以上,在配种前期每日放牧 6 h 以上,避免在灌丛有刺的草场放牧。

4.2 秋季放牧

4.2.1 秋季尽量延长放牧时间,但应避开早晨露水。中午可不休息,应让羊群多采食,少走路。

4.2.2 秋季放牧时上午在前一天放牧过的草地放牧,下午在新的草地上放牧。羊只抓油膘期间,应有充足的饮水。

4.2.3 配种前 45 d~30 d,应选择较好的牧场放牧繁殖母羊,抓好膘,针茅为主的草地要在结籽前放牧利用。

4.3 冬季放牧

4.3.1 入冬后,先放远坡,后放近坡;先放高处,后放低处;先放洼处,后放平处。

4.3.2 出牧时,逆风把羊群赶到草场,顺风赶回营盘。

4.3.3 妊娠前期(妊娠 1 d~90 d)的乌珠穆沁羊一般放牧即可。妊娠后期(妊娠 91 d~分娩)应加强营养,要选优质牧场放牧。

4.3.4 应根据草场状况及气候情况确定放牧时间及持续时间,避免长距离放牧消耗。

4.3.5 种公羊冬春季节每天放牧时间不少于 6 h。

4.4 春季放牧

4.4.1 在放牧方式上,放牧应逐渐过渡。初春放牧时应控制好羊群,挡住强羊,看好弱羊,防止“跑青”现象的发生。

4.4.2 晚春时应勤换牧地(一般 2 d~3 d)。瘦弱的羊只春季可单独组群,带羔母羊应在近处草场放牧。有条件的牧户把羊群分羯羊、带羔羊进行管理。

4.4.3 繁殖母羊在冬春季产羔时应以舍饲为主,减少放牧时间。

4.4.4 春季在休牧期应舍饲。

5 人工补饲饲养管理

5.1 营养需要量要求

各类羊每日营养需要量参见附录 A。

5.2 常规补饲管理

5.2.1 补饲应在冬春季节枯草期进行。

5.2.2 参照典型草原一年中放牧羊的体况变化(参见附录 B),牧户也可根据放牧羊的体况评分值来确定放牧羊的补饲时间和补饲量。

5.2.3 乌珠穆沁羊体况评分操作步骤及评分标准参见附录 C。一个群体中超过 20%的羊体况评分值在 3 分以下应考虑补饲。

5.2.4 冬春季节精补料或干草的补饲量应根据草场类型及剩余草量进行,同时参考体况评分值。体况评分 2.5 以上,草场较好时,补饲精补料 0.15 kg 或牧草 0.4 kg,草场较差或体况评分值在 2.5 以下时,补饲精补料 0.35 kg 或干草 0.6 kg。在放牧前补给干草,晚归牧后补给精料。

5.2.5 如果体况评分持续均在 2.5 以上时,可仅补草,最好安排在归牧后。可在圈舍内补饲糖蜜尿素营养舔砖。

5.2.6 极端低温或连续 10 d 以上气温在－15 ℃以下的情况下，适当增加精补料或牧草的补饲量。
5.2.7 羊舍内应提供矿物质盐砖供羊自由舔食。

5.3 母羊的饲养管理

5.3.1 空怀期母羊的饲养管理

配种前 45 d～30 d，对膘情较差、体况得分在 3 以下的母羊应用催情补饲料饲养 20 d 左右，体重达 50 kg～55 kg 再配种。推荐的催情补饲料配方参见附录 D。

5.3.2 妊娠母羊饲养管理

5.3.2.1 妊娠后期（妊娠 91 d～分娩）应加强营养，若草场较差、母羊体况得分在 3 以下时，应进行补饲。妊娠后期母羊每天补给青干草 0.5 kg，精料 0.3 kg～0.4 kg，自由舔食矿物质盐砖。推荐的妊娠后期饲料配方参见附录 E。
5.3.2.2 不得饲喂发霉、变质、冰冻或其他异常饲料，禁止空腹饮冰水。在放牧中禁止惊吓、急跑、跳沟等剧烈运动，出入圈舍门时应防止互相挤压。
5.3.2.3 母羊妊娠期不宜进行防疫注射。
5.3.2.4 每个月进行一次体况评分，20％母羊得分在 3 以下时增加补饲量。

5.3.3 哺乳母羊饲养管理

5.3.3.1 哺乳期可根据母羊体况评分和羔羊的发育情况确定哺乳期的长短，一般为 60 d～90 d。
5.3.3.2 哺乳期应对母羊进行补饲，可补饲质量好的青干草或精补料。
5.3.3.3 产双羔的母羊每天补给精料 0.4 kg～0.5 kg，青干草 0.5 kg。产单羔母羊补给精料 0.3 kg～0.4 kg，青干草 1 kg。

5.4 哺乳羔羊的饲养管理

5.4.1 哺乳前期

5.4.1.1 让羔羊尽早吃到初乳，如初生羔羊体弱无法自行站立时，应人工辅助其吃到初乳。
5.4.1.2 羔羊出生后 7 d 左右开始在圈舍中放置开食料，任其自由采食。15 d 左右，每只羊开始日补精料 0.05 kg～0.075 kg，自由采食优质青干草。
5.4.1.3 羔羊 7 日龄后，在无风温暖晴天的中午把羔羊赶到运动场，进行运动和日光浴。运动场应清扫干净，无羊毛，无异常食物等。
5.4.1.4 羔羊一般单独组群舍饲，不随母羊放牧，晚上母羊归牧后合群让羔羊吃足母乳。
5.4.1.5 自由饮水，自由舔食矿物质盐砖。

5.4.2 哺乳中期

5.4.2.1 哺乳中期饲料种类要多，饲料的质量应好，少量多次饲喂或自由采食。每只羔羊每天饲喂精补料约 0.1 kg。
5.4.2.2 原则上白天母羊与羔羊分开饲养，羔羊留在羊舍内饲喂，晚上母羊归牧后与羔羊合群管理。如果草场已返青且条件较好，可上午单独饲养，下午随母羊放牧饲养。
5.4.2.3 45 日龄时，单羔羊体重应达 10 kg 以上，双羔羊体重应达 9 kg 以上。

5.4.3 哺乳后期

5.4.3.1 羔羊单独组群，白天在草场上放牧，夜里与母羊合群。补饲 60 d～90 d 后，每只羔羊每天补饲 0.2 kg 精补料，补饲 90 d～120 d 后，每只羔羊每天补饲 0.25 kg ～0.3 kg 精补料。

5.4.3.2 羔羊 90 日龄左右即可断奶。

5.4.3.3 羔羊断奶时，公羔体重应达 20 kg 以上，母羔体重应达到 15 kg 以上。

5.4.4 代乳品哺乳

5.4.4.1 母羊死亡或产双羔母乳不足时，应使用代乳粉哺喂，羔羊补喂量参考如下：

a) 出生后 5 d～7 d，每日 3 次，每次 0.25 kg 乳液(每次需要代乳品 0.04 kg)；

b) 出生后 8 d～21 d，每日 3 次，每次 0.5 kg 乳液(每次需要代乳品 0.08 kg)；

c) 出生后 22 d 以后，每日 2 次，每次 0.5 kg 乳液(每次需要代乳品 0.08 kg)；

d) 出生 40 d 后到断奶逐步减少。

5.4.4.2 羔羊代乳品应用冷却到约 50 ℃的开水溶解，不可使用未煮开的凉水。

5.5 育成母羊的饲养管理

5.5.1 对刚断奶的母羔，继续补料，每日补精补料 0.3 kg～0.4 kg，直至吃饱青草为止。

5.5.2 增加饮水次数，在饮水点或营盘处投放矿物质盐砖，供羊自由舔食。

5.5.3 冬春季羊群除了放牧外，补充青干草和精补料。每只羊每日补青干草 0.5 kg，精补料 0.3 kg。

5.6 羔羊补饲育肥

5.6.1 乌珠穆沁羔羊采取放牧加补饲育肥方式，育肥应分前、后两个时期，补饲不同的饲料配方。推荐的羔羊补饲育肥饲料配方参见附录 F。

5.6.2 每日每只羔羊精补料补饲量为 0.3 kg～0.45 kg 为宜，应从 0.15 kg 逐渐增加，7 d 内达到预期补饲量。

5.6.3 进入育肥后期时须换料，换料时应有 5 d 过渡期，逐渐完成换料。过渡期应将前期、后期补饲料等量混合饲喂。

5.6.4 育肥前期羔羊以补饲为主，放牧为辅，补饲期为 30 d～45 d；后期以放牧育肥为主。

5.7 种公羊的饲养管理

5.7.1 分群管理

种公羊应单独分群，以放牧为主，配种期补饲。

5.7.2 膘情管理

种公羊应全年保持较好的体况，体况评分为 3～4，忌过肥或过瘦。

5.7.3 饲养方式

5.7.3.1 种公羊的饲养，应采取放牧与补饲相结合的方法，并分为配种预备期、配种期和非配种期，给予不同的营养供给。

5.7.3.2 6 月初～8 月中旬为配种预备期，除放牧外，精料喂量从配种期精料标准的 60%～70%的比重，逐渐增加到配种期的标准。

5.7.3.3 配种期每天饲喂精补料量为 1.0 kg～1.2 kg，加鸡蛋 2～4 枚，食盐 0.015 kg。精料分早、午、晚 3 次喂给，早午两次可少喂些，晚上可多喂些。每天要补喂胡萝卜等多汁饲料 1.0 kg～1.5 kg。

5.7.3.4 非配种期应减少公羊的运动，并与母羊分群，加强放牧与补饲，逐步减少精饲料饲喂量。

5.7.3.5 进入冬季以后，除满足种公羊的热能需要外，还应注意蛋白质、维生素、矿物质的补充。在减少精料的情况下，保证持续增重不掉膘，保持体况评分 3～4 分。

5.7.3.6 补饲期日喂 0.4 kg～0.5 kg 精补料，0.8 kg～1.0 kg 优质干草或豆科牧草，0.5 kg～0.6 kg 胡萝卜。

6 羊舍及配套设施

6.1 羊舍

6.1.1 羊舍与住宅的距离要相隔 30 m 以上。

6.1.2 羊舍应利于通风、采光、冬季保暖和夏季避暑，冬季羊舍温度应不低于 5 ℃，夏季应不高于 27 ℃。

6.1.3 羊舍面积：种公羊应为 3 m^2/只～4 m^2/只，成年母羊应为 0.8 m^2/只～1.0 m^2/只，育成羊应为 0.5 m^2/只～0.8 m^2/只，羔羊应为 0.3 m^2/只 ～0.4 m^2/只。

6.2 配套设施

6.2.1 草架

应使用专门的补草料架，补饲草料架应高于地面 40 cm。

6.2.2 自由采食料槽

补饲精料时可使用自由采食料槽，防止饲料受到污染。料槽设计可见附录 G。

7 卫生防疫

7.1 按照 NY 5149 的规定执行。

7.2 按照 NY/T 5151 的规定定期对羊舍、器具及环境进行消毒。

7.3 兽药使用应符合 NY/T 5030 的要求。

7.4 按照 GB/T 19526 的规定定期对羊只进行驱虫。

7.5 按照 NY/T 1168 的要求清理圈舍内的粪便。

7.6 病羊应隔离治疗。

7.7 死亡的病羊按照《病死及病害动物无害化处理技术规范》的规定进行处理。

8 养殖档案

按照《畜禽标识和养殖档案管理办法》的要求建立养殖档案，并进行管理。

附　录　A
（资料性附录）
肉羊每日营养需要

A.1　育肥羊每日营养需要量见表 A.1。

表 A.1　育肥羊每日营养需要量

体重/kg	日增重/(kg/d)	DMI/(kg/d)	DE/(MJ/d)	ME/(MJ/d)	粗蛋白/(g/d)	钙/(g/d)	总磷/(g/d)	食用盐/(g/d)
20	0.1	0.8	9.00	8.40	111	1.9	1.8	7.6
	0.2	0.9	11.30	9.30	158	2.8	2.4	7.6
	0.3	1.0	13.60	11.20	183	3.8	3.1	7.6
	0.45	1.0	15.01	11.82	210	4.6	3.7	7.6
25	0.1	0.9	10.50	8.60	121	2.2	2.0	7.6
	0.2	1.0	13.20	10.80	168	3.2	2.7	7.6
	0.3	1.1	15.80	13.00	191	4.3	3.4	7.6
	0.45	1.1	17.45	14.35	218	5.4	4.2	7.6
30	0.1	1.0	12.00	9.80	132	2.5	2.2	8.6
	0.2	1.1	15.00	12.30	178	3.6	3.0	8.6
	0.3	1.2	18.10	14.80	200	4.8	3.8	8.6
	0.45	1.2	19.95	16.34	351	6.0	4.6	8.6
35	0.1	1.2	13.40	11.10	141	2.8	2.5	8.6
	0.2	1.3	16.90	13.80	187	4.0	3.3	8.6
	0.3	1.3	18.20	16.60	207	5.2	4.1	8.6
	0.45	1.3	20.19	18.26	233	6.4	5.0	8.6
40	0.1	1.3	14.90	12.20	143	3.1	2.7	9.6
	0.2	1.3	18.80	15.30	183	4.4	3.6	9.6
	0.3	1.4	22.60	18.40	204	5.7	4.5	9.6
	0.45	1.4	24.99	20.30	227	7.0	5.4	9.6
45	0.1	1.4	16.40	13.40	152	3.4	2.9	9.6
	0.2	1.4	20.60	16.80	192	4.8	3.9	9.6
	0.3	1.5	24.80	20.30	210	6.2	4.9	9.6
	0.45	1.5	27.38	22.39	233	7.4	6.0	9.6
50	0.1	1.5	17.90	14.60	159	3.7	3.2	11.0
	0.2	1.6	22.50	18.30	198	5.2	4.2	11.0
	0.3	1.6	27.20	22.10	215	6.7	5.2	11.0
	0.45	1.6	30.03	24.38	237	8.5	6.5	11.0

A.2 妊娠母羊每日营养需要量见表 A.2。

表 A.2 妊娠母羊每日营养需要量

妊娠阶段	体重/kg	DMI/(kg/d)	DE/(MJ/d)	ME/(MJ/d)	粗蛋白质/(g/d)	钙/(g/d)	总磷/(g/d)	食盐/(g/d)
前期[a]	40	1.6	12.55	10.46	116	3.0	2.0	6.6
	50	1.8	15.06	12.55	124	3.2	2.5	7.5
	60	2.0	15.90	13.39	132	4.0	3.0	8.3
	70	2.2	16.74	14.23	141	4.5	3.5	9.1
后期[b]	40	1.8	15.06	12.55	146	6.0	3.5	7.5
	45	1.9	15.90	13.39	152	6.5	3.7	7.9
	50	2.0	16.74	14.23	159	7.0	3.9	8.3
	55	2.1	17.99	15.06	165	7.5	4.1	8.7
	60	2.2	18.83	15.90	172	8.0	4.3	9.1
	65	2.3	19.66	16.74	180	8.5	4.5	9.5
	70	2.4	20.92	17.57	187	9.0	4.7	9.9
后期[c]	40	1.8	16.74	14.23	167	7.0	4.0	7.9
	45	1.9	17.99	15.06	176	7.5	4.3	8.3
	50	2.0	19.25	16.32	184	8.0	4.6	8.7
	55	2.1	20.50	17.15	193	8.5	5.0	9.1
	60	2.2	21.76	18.41	203	9.0	5.3	9.5
	65	2.3	22.59	19.25	214	9.5	5.4	9.9
	70	2.4	24.27	20.50	226	10.0	5.6	11.0

注：表中日粮干物质(DMI)、消化能(DE)、代谢能(ME)、粗蛋白质(CP)、钙、总磷、食用盐每日需要量推荐数值参考 NY/T 816。

[a] 妊娠期的第 1 个月至第 3 个月。

[b] 母羊怀单羔妊娠期的第 4 个月至第 5 个月。

[c] 母羊怀双羔妊娠期的第 4 个月至第 5 个月。

A.3 泌乳母羊每日营养需要量见表 A.3。

表 A.3　泌乳母羊每日营养需要量

体重/kg	日泌乳量/(kg/d)	DMI/(kg/d)	DE/(MJ/d)	ME/(MJ/d)	粗蛋白质/(g/d)	钙/(g/d)	总磷/(g/d)	食用盐/(g/d)
40	0.2	2.0	12.97	10.46	119	7.0	4.3	8.3
40	0.4	2.0	15.48	12.55	139	7.0	4.3	8.3
40	0.6	2.0	17.99	14.64	157	7.0	4.3	8.3
40	0.8	2.0	20.50	16.74	176	7.0	4.3	8.3
40	1.0	2.0	23.01	18.83	196	7.0	4.3	8.3
40	1.2	2.0	25.94	20.92	216	7.0	4.3	8.3
40	1.4	2.0	28.45	23.01	236	7.0	4.3	8.3
40	1.6	2.0	30.96	25.10	254	7.0	4.3	8.3
40	1.8	2.0	33.47	27.20	274	7.0	4.3	8.3
50	0.2	2.2	15.06	12.13	122	7.5	4.7	9.1
50	0.4	2.2	17.57	14.23	142	7.5	4.7	9.1
50	0.6	2.2	20.08	16.32	162	7.5	4.7	9.1
50	0.8	2.2	22.59	18.41	180	7.5	4.7	9.1
50	1.0	2.2	25.10	20.50	200	7.5	4.7	9.1
50	1.2	2.2	28.03	22.59	219	7.5	4.7	9.1
50	1.4	2.2	30.54	24.69	239	7.5	4.7	9.1
50	1.6	2.2	33.05	26.78	257	7.5	4.7	9.1
50	1.8	2.2	35.56	28.87	277	7.5	4.7	9.1
60	0.2	2.4	16.32	13.39	125	8.0	5.1	9.9
60	0.4	2.4	19.25	15.48	145	8.0	5.1	9.9
60	0.6	2.4	21.76	17.57	165	8.0	5.1	9.9
60	0.8	2.4	24.27	19.66	183	8.0	5.1	9.9
60	1.0	2.4	26.78	21.76	203	8.0	5.1	9.9
60	1.2	2.4	29.29	23.85	223	8.0	5.1	9.9
60	1.4	2.4	31.80	25.94	241	8.0	5.1	9.9
60	1.6	2.4	34.73	28.03	261	8.0	5.1	9.9
60	1.8	2.4	37.24	30.12	275	8.0	5.1	9.9
70	0.2	2.6	17.99	14.64	129	8.5	5.6	11.0
70	0.4	2.6	20.50	16.70	148	8.5	5.6	11.0
70	0.6	2.6	23.01	18.83	166	8.5	5.6	11.0
70	0.8	2.6	25.94	20.92	186	8.5	5.6	11.0
70	1.0	2.6	28.45	23.01	206	8.5	5.6	11.0
70	1.2	2.6	30.96	25.10	226	8.5	5.6	11.0
70	1.4	2.6	33.89	27.61	244	8.5	5.6	11.0
70	1.6	2.6	36.40	29.71	264	8.5	5.6	11.0
70	1.8	2.6	39.33	31.80	284	8.5	5.6	11.0

注：表中日粮干物质(DMI)、消化能(DE)、代谢能(ME)、粗蛋白质(CP)、钙、总磷、食用盐每日需要量推荐数值参考 NY/T 816。

附　录　B
（资料性附录）
放牧羊体重变化

放牧羊体重变化见图 B.1。

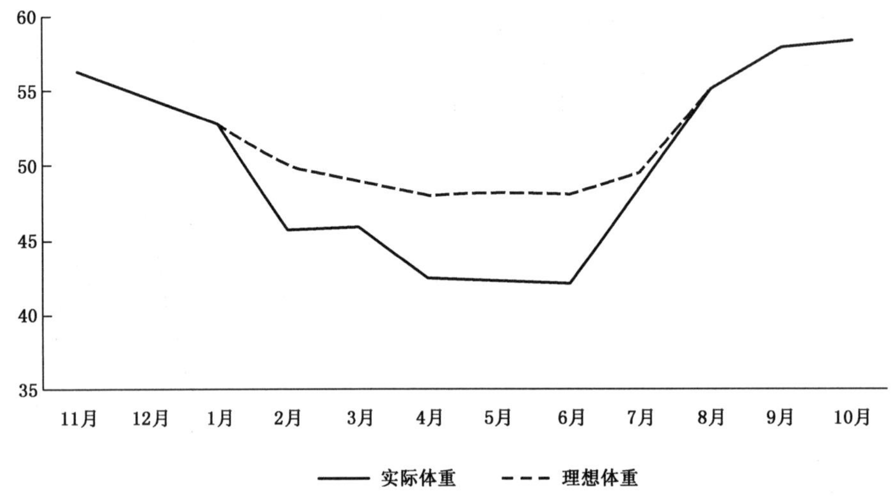

图 B.1　典型草原一年中放牧羊体重变化动态

附 录 C
（资料性附录）
乌珠穆沁羊体况评分操作步骤及评分标准

体况评分是通过触摸评价绵羊体况膘情的一种方便直观的评分方法(分数 1～5 分)。

主要是触摸脊柱(主要是椎骨棘突和腰椎横突)以及在眼肌上的脂肪覆盖程度。棘突和横突是体况评分的主要依据。参见图 C.1 所示，在绵羊的腰椎骨上(最后一根肋骨后面)可以摸到两个突起，连接腰椎的棘突形成高低不平的背中线，横突是从腰椎横向突出的骨头，很容易被摸到。

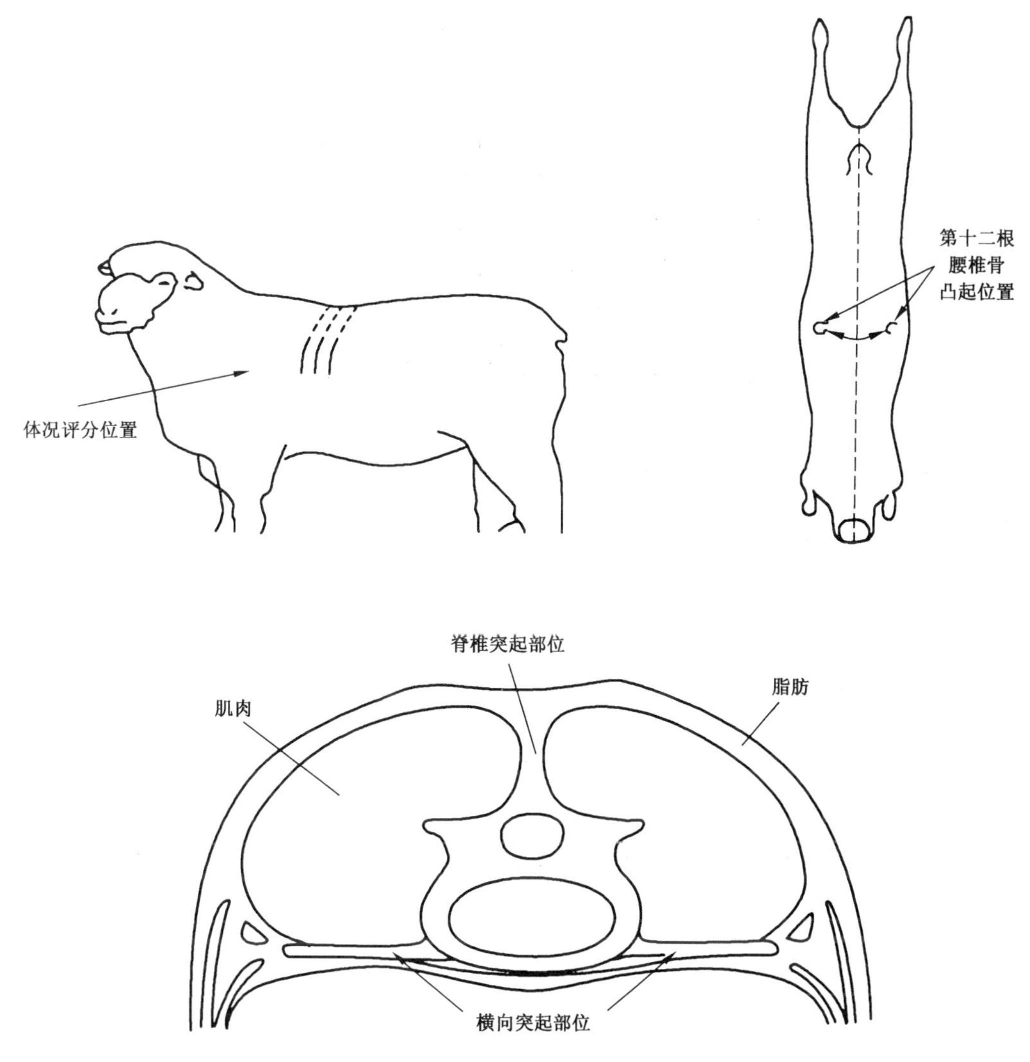

图 C.1 体况评分位置示意图

体况评分具体操作如下：

a） 用手指压腰椎评定棘突的突出程度；

b） 通过挤压腰椎两侧评定横突的突出程度；

c） 将手伸到最后几个腰椎下触摸横突下面的肌肉和脂肪组织；

d) 评定棘突与横突间眼肌的丰满度；

e) 见表 C.1 所示，给每只羊评分并作记录，用于进行个体之间或同一个体不同时间体况分的比较。

表 C.1 绵羊各生长阶段适宜的体况分数

分值	1	2	3	4	5
羊外形					
评分标准	脊椎骨突出，背部肌肉浅薄，无脂肪	脊椎骨突出，背部肌肉饱满，无脂肪	可以摸到脊椎骨，背部肌肉饱满，有少量脂肪	几乎摸不到脊椎骨，背部肌肉非常饱满，有较厚脂肪	摸不到脊椎骨，有非常厚的脂肪，脂肪存积覆盖尾部

理想的母羊外观体况分数是：配种期为 3 分，产羔期为 3.5 分，哺乳后期为 2.5 分以上，参见表 C.2。配种期为 1～1.5 分体况的母羊一般不发情，即使配种也会流产，应将体况评分提高到 2 分或 3 分水平。4 分和 5 分的母羊偏肥，也不符合产羔，容易出现难产。

表 C.2 乌珠穆沁羊各生长阶段适宜的体况分数

母羊各生理阶段	理想分数
维持阶段	3
配种期	3～3.5
妊娠早期(1 d～35 d)	3～3.5
妊娠中期(35 d～100 d)	3
妊娠后期(101 d～分娩)	2.5～3
产羔期	3.5
泌乳中期	3
泌乳晚期和干奶期	3.5

附　录　D
（资料性附录）
推荐的母羊催情补饲饲料

母羊催情补饲饲料配方见表D.1。

表D.1　母羊催情补饲饲料配方

原料	玉米	麸皮	干全酒糟	预混料	石粉	食盐
比例/%	63.20	5.00	28.40	1.00	1.40	1.00

附　录　E
（资料性附录）
推荐的母羊妊娠后期饲料配方

母羊妊娠后期饲料配方见表 E.1。

表 E.1　母羊妊娠后期饲料配方

	原料	玉米	豆粕	棉粕	干全酒糟	石粉	食盐	1%预混料
比例/%	配方 1 号	66.70	8.00	6.70	13.30	1.30	3.00	1.00
	配方 2 号	67.00	8.00	6.80	14.00	1.40	1.80	1.00
	配方 3 号	67.40	8.00	7.00	14.00	1.40	1.20	1.00

附 录 F
（资料性附录）
推荐的羔羊育肥饲料配方

羔羊育肥饲料配方见表 F.1。

表 F.1 羔羊育肥饲料配方

	原料	玉米	糖蜜	膨化大豆	小麦麸（麸皮）	磷酸氢钙	石粉	盐	碳酸氢钠	液体防霉剂	预混料	豆粕	玉米胚芽粕
比例/%	前期	58.00	4.00	0.00	18.90	0.65	1.70	0.70	0.50	0.05	1.00	6.50	8.00
	后期	77.00	5.00	3.66	10.00	1.28	0.81	0.70	0.50	0.05	1.00	0.00	0.00

附　录　G
（资料性附录）
配套设施

配套设施见图 G.1 和图 G.2。

图 G.1　一种草架

图 G.2　一种自由采食料槽

参 考 文 献

［1］ NY/T 816 肉羊饲养标准

［2］ 中华人民共和国农业部农医发2017年第25号《病死及病害动物无害化处理技术规范》

［3］ 中华人民共和国农业部令2006年第67号《畜禽标识和养殖档案管理办法》

ICS 11.220
B 41

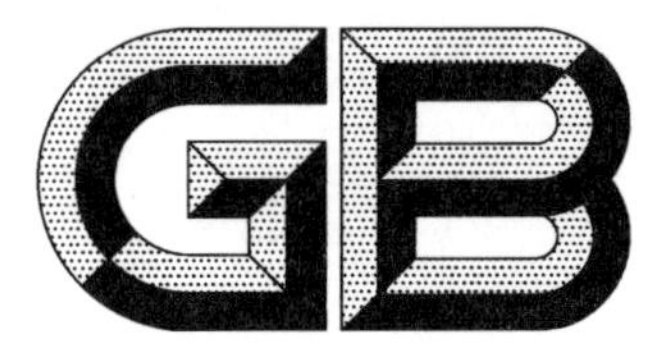

中华人民共和国国家标准

GB/T 18646—2018
代替 GB/T 18646—2002

动物布鲁氏菌病诊断技术

Diagnostic techniques for animal brucellosis

2018-02-06 发布　　2018-09-01 实施

中华人民共和国国家质量监督检验检疫总局
中国国家标准化管理委员会　发布

前　言

本标准按照 GB/T 1.1—2009 给出的规则起草。

本标准代替 GB/T 18646—2002《动物布鲁氏菌病诊断技术》。本标准与 GB/T 18646—2002 相比，主要技术变化如下：

——增加了规范性引用文件(见第 2 章)；

——增加了缩略语(见第 3 章)；

——增加了临床诊断方法，包括流行特点、临床症状和病理变化(见 4.1、4.2 和 4.3)；

——增加了试管凝集试验中的微量法(见 4.6.1)；

——增加了补体结合试验中的微量法，并规定了其稀释液的制备、溶血素效价的测定、补体效价的测定、溶血标准比色的制备方法(见 4.7.1、附录 B、附录 C、附录 D 和附录 E)；

——增加了间接酶联免疫吸附试验，并规定了酶联免疫吸附试验抗原包被板的制备、酶标抗体的制备、酶联免疫吸附试验用试剂的配制(见 4.8、附录 G、附录 H 和附录 I)；

——增加了竞争酶联免疫吸附试验，并规定了酶联免疫吸附试验抗原包被板的制备、酶标抗体的制备、酶联免疫吸附试验用试剂的配制(见 4.9、附录 G、附录 H 和附录 I)；

——增加了病原的涂片染色镜检(见 4.10)；

——增加了病原的分离培养，规范了培养细菌所用的培养基及病料采集需采集的样本名称(见 4.11、附录 J 和附录 K)；

——增加了病原的生化特性鉴定方法，并规定了不同生化试验的培养基制备(见 4.12.1～4.12.5、附录 L 和附录 M)；

——增加了病原的因子血清试验鉴定方法，以表格形式列出单因子血清试验结果(见 4.12.6 和表 4)；

——增加了病原的噬菌体溶解试验鉴定方法，以表格形式列出各菌种噬菌体溶解试验结果(见 4.12.7 和表 5)；

——增加了布鲁氏菌种的 PCR 扩增图谱鉴定技术，并规范了其 8 对引物序列，以图谱形式列出布鲁氏菌种 10 个种的扩增条带和 3 个疫苗株的扩增条带(见 4.13、附录 N 和图 1)；

——增加了警告内容，对于剖检、采样及实验室开展相关病原活动部分及实验室接触有毒物质部分给以警告。

本标准由中华人民共和国农业部提出。

本标准由全国动物卫生标准化技术委员会(SAC/TC 181)归口。

本标准起草单位：辽宁省动物疫病预防控制中心(辽宁省动物医学研究院)、中国动物卫生与流行病学中心、中国农业科学院哈尔滨兽医研究所。

本标准主要起草人：李璐、赵晓彤、曹东、范伟兴、段亚良、田莉莉、步志高 、顾贵波、杨作丰、赵凤菊、谷志大、狄栋栋、闫明媚、张慧、魏澍、郑洪玲、张喜悦、胡森。

引　言

布鲁氏菌病(简称布病)是由布鲁氏菌属细菌感染导致人兽共患的传染病,在全世界范围内严重威胁人类健康并影响畜牧业发展。布鲁氏菌属包括羊种布鲁氏菌(*B.melitensis*)、牛种布鲁氏菌(*B.abortus*)、猪种布鲁氏菌(*B.suis*)、绵羊附睾种布鲁氏菌(*B.ovis*)、犬种布鲁氏菌(*B.canis*)、沙林鼠种布鲁氏菌(*B.neotomae*)、鲸种布鲁氏菌(*B.ceti*)、鳍种布鲁氏菌(*B.pinnipedialis*)和田鼠种布鲁氏菌(*B.microti*)及新报道的*B.inopinata*,其中动物布病主要是由羊种布鲁氏菌、牛种布鲁氏菌和猪种布鲁氏菌感染羊、牛和猪等动物呈急性或慢性经过,是人布病的主要传染来源。其临床主要特征是生殖器官和胎膜发炎,母畜流产、乳腺炎、不育和各种组织(如睾丸、关节)的炎症。世界动物卫生组织[World Organization for Animal Health(英),Office Intentional des Epizootic(法),OIE]将布病列为法定报告的传染病,我国《一、二、三类动物疫病病种名录》规定布病为多种动物共患的二类动物疫病。

本标准参考了OIE《陆生动物诊断试验和疫苗手册》,转化了其相关的布病诊断方法并引入到本标准中。本标准修订了原有血清学诊断方法,引入了ELISA诊断方法,建立了我国微量凝集反应,补充了病原学和分子生物学诊断方法,不仅适用于我国布鲁氏菌病诊断需求,也达到了国际诊断水平。

动物布鲁氏菌病诊断技术

1 范围

本标准规定了动物布鲁氏菌病的临床诊断、血清学和病原学诊断的技术方法、操作程序和判定标准。

本标准规定的流行特点、临床症状、病理变化适用于动物布鲁氏菌病的临床诊断。

虎红平板凝集试验和间接酶联免疫吸附试验，适用于动物布鲁氏菌病的初筛试验；

乳牛全乳环状试验，适用于泌乳母牛布鲁氏菌病的初筛试验；

试管凝集试验、补体结合试验和竞争酶联免疫吸附试验适用于牛种、羊种和猪种布鲁氏菌病的血清学确诊；

病原的显微镜检查、分离培养适用于布鲁氏菌病的病原学初步诊断；病原的鉴定和 PCR 试验适用于动物布鲁氏菌病的病原学确诊。

本标准规定的乳牛全乳环状试验，不适用于检测患乳房炎及其他乳房疾病母牛的乳、初乳、脱脂乳和煮沸过的乳，也不适用于腐败、变酸和冻结过的乳。

本标准规定的虎红平板凝集试验、试管凝集试验和补体结合试验，不适用于犬种和绵羊附睾种布鲁氏菌的检测。

2 规范性引用文件

下列文件对于本文件的应用是必不可少的。凡是注日期的引用文件，仅注日期的版本适用于本文件。凡是不注日期的引用文件，其最新版本(包括所有的修改单)适用于本文件。

GB/T 18088 出入境动物检疫采样

GB 19489—2008 实验室生物安全通用要求

3 缩略语

下列缩略语适用于本文件。

OIE 世界动物卫生组织(World Organization for Animal Health(英)，Office Intentional des Epizootic(法))

RBT 虎红平板凝集试验(Rose Bengal Test)

MRT 乳牛全乳环状试验(Milk Ring Test)

SAT 试管凝集试验(Serum Agglutination Test)

CFT 补体结合试验(Complement Fixation Test)

iELISA 间接酶联免疫吸附试验(Indirect Enzyme Linked Immunosorbent Assay)

cELISA 竞争酶联免疫吸附试验(Competitive Enzyme Linked Immunosorbent Assay)

PCR 聚合酶链式反应(Polymerase Chain Reaction)

DNA 脱氧核糖核酸(Deoxyribonucleic acid)

dNTPs 脱氧核苷三磷酸(Deoxy-Ribonucleoside Triphosphate)

TBE 三羟甲基氨基甲烷硼酸乙二胺四乙酸缓冲液(Tris Boric Acid EDTA)

HRP　辣根过氧化物酶(Horseradish Peroxidase)

4　诊断方法

4.1　流行特点

多种动物对布鲁氏菌易感,羊、牛、猪的易感性最强。母畜比公畜易感,成年畜比幼年畜易感。动物的易感性随着性成熟年龄接近而增高,在母畜中,第一次妊娠母畜发病较多。

患病和带菌动物是主要传染源,尤其是感染的妊娠母畜,在流产或分娩时将大量的布鲁氏菌随着胎儿、胎水和胎衣排出,流产后的阴道分泌物和乳汁中都含有布鲁氏菌。

布鲁氏菌病的传播途径主要是消化道,也可通过皮肤、黏膜、交配等感染,蜱的叮咬可传播本病。

布鲁氏菌病呈现明显的接触传播特征,通过直接接触或间接接触均可造成传播,在牧区或农牧区多发,疾病的发生不具有明显的季节性,在有感染的群体内呈扩散传播特点。一般为散发,羊种布鲁氏菌病可呈地方流行性发生。

4.2　临床症状

潜伏期一般为 14 d～180 d。

显著症状是妊娠母畜发生流产,流产后可能发生胎衣滞留和子宫内膜炎,从阴道流出污秽不洁、恶臭的分泌物。新发病的畜群流产较多;老疫区畜群发生流产的较少,但发生子宫内膜炎、乳房炎、关节炎、局部脓肿、胎衣滞留、久配不孕的较多。公畜往往发生睾丸炎、附睾炎或关节炎。

4.3　病理变化

警示——对本病剖检采样过程当中应当防止病原微生物扩散和感染。

主要病变为妊娠或流产母畜子宫内膜和胎衣的炎性浸润、渗出、出血及坏死,有的可见关节炎。胎儿主要呈败血症病变,浆膜和黏膜有出血点和出血斑,皮下结缔组织发生浆液性、出血性炎症。

组织学检查可见脾、淋巴结、肝、肾等器官形成特征性肉芽肿。

4.4　虎红平板凝集试验(RBT)

4.4.1　器材

微量移液器,灭菌移液器吸头、牙签或混匀棒,计时器,洁净的玻璃板(其上划分成 4 cm^2 的方格)。

4.4.2　试剂

商品化的布鲁氏菌虎红平板凝集试验抗原、布鲁氏菌标准阳性血清和布鲁氏菌标准阴性血清。

4.4.3　操作方法

4.4.3.1　按常规方法采集和分离受检血清。

4.4.3.2　将受检血清、布鲁氏菌标准阴、阳性血清和抗原从冰箱取出平衡至室温。

4.4.3.3　涡旋混匀血清和抗原,分别吸取 25 μL 的血清和抗原加于玻璃板 4 cm^2 方格内的两侧。

4.4.3.4　用灭菌牙签或混匀棒快速混匀血清和抗原,涂成 2 cm 直径的圆形,混匀后 4 min,在自然光下观察。

4.4.3.5　试验应设标准阴、阳性血清对照。

4.4.4　结果判定

4.4.4.1　在标准阴性血清不出现凝集、标准阳性血清出现凝集时,试验成立,方可对受检血清进行判定。

4.4.4.2 出现肉眼可见凝集现象者判定为阳性(+),无凝集现象且反应混合液呈均匀粉红色者判定为阴性(—)。

4.5 乳牛全乳环状试验(MRT)

4.5.1 器材

微量移液器,灭菌移液器吸头,内径为 1 cm 的灭菌试管。

4.5.2 试剂

商品化布鲁氏菌全乳环状试验抗原。

4.5.3 乳样

受检乳样应为新鲜的全乳,或混合奶;采乳样时应将乳牛的乳房用温水洗净、擦干,然后将乳汁(前三把乳不作为检测用)挤入洁净的器皿中;采集的乳样夏季时应于当日内检测。

4.5.4 操作方法

4.5.4.1 将乳样和布鲁氏菌全乳环状试验抗原平衡至室温。
4.5.4.2 取乳样 1 000 μL,加于灭菌凝集试管内。
4.5.4.3 取充分振荡混合均匀的布鲁氏菌全乳环状试验抗原 50 μL 加入乳样中充分混匀。
4.5.4.4 置 37 ℃～38 ℃水浴中孵育 60 min。
4.5.4.5 孵育后取出试管勿使振荡,立即进行判定。

4.5.5 结果判定

结果判定如下:

a) 强阳性反应(+++),乳柱上层乳脂形成明显红色的环带,乳柱白色,临界分明;
b) 阳性反应(++),乳脂层的环带呈红色,但不显著,乳柱略带颜色;
c) 弱阳性反应(+),乳脂层的环带颜色较浅,但比乳柱颜色略深;
d) 疑似反应(±),乳脂层的环带颜色不明显,与乳柱分界不清,乳柱不褪色;
e) 阴性反应(—),乳柱上层无任何变化,乳柱颜色均匀。

4.6 试管凝集试验(SAT)

4.6.1 微量法

4.6.1.1 器材

96 孔 U 型聚苯乙烯板、微量移液器、灭菌移液器吸头、塑料薄膜、湿盒、振荡器、适宜的稀释用器皿及温箱(37 ℃±1 ℃)。

4.6.1.2 试剂

商品化试管凝集试验抗原、布鲁氏菌标准阳性血清、布鲁氏菌标准阴性血清、稀释液为含 0.5%石炭酸的生理盐水(用于检验牛血清时稀释血清和抗原)或含 0.5%石炭酸的 10%氯化钠溶液(用于检验羊血清时稀释血清和抗原)。

4.6.1.3 操作方法

4.6.1.3.1 按常规方法采集和分离受检血清。

4.6.1.3.2 受检血清的稀释：

a) 以羊血清为例，每份血清用4个连续的U型孔；
b) 在聚苯乙烯反应板的第1孔加184 μL稀释液；
c) 第2孔～4孔各加入100 μL稀释液；
d) 用微量移液器取受检血清16 μL；加入第1孔，并混匀；
e) 从第1孔吸取100 μL混合液加入第2孔充分混匀，如此倍比稀释至第4孔，从第4孔弃去混合液100 μL；
f) 稀释完毕，从第1至第4孔的血清稀释度分别为1：12.5、1：25、1：50和1：100；
g) 牛血清稀释法与上述基本一致，差异是第1孔加192 μL稀释液和8 μL受检血清，其稀释度分别为1：25、1：50、1：100和1：200。

4.6.1.3.3 分别取按说明书要求稀释的抗原100 μL加入上述各孔稀释好的血清中，并振荡混匀，羊的血清稀释度则依次变为1：25、1：50、1：100和1：200，牛的血清稀释度则依次变为1：50、1：100、1：200和1：400。

4.6.1.3.4 将加完样的聚苯乙烯反应板各孔用塑料薄膜严密封盖后，放湿盒内置温箱(37 ℃±1 ℃)孵育18 h～24 h，取出检查并记录结果。

4.6.1.3.5 每次试验均应设阳性血清对照、阴性血清对照和抗原对照，即：

a) 阴性血清对照：冻干阴性血清按说明书稀释到规定容量后，对照试验中稀释和加抗原的方法与受检血清相同；
b) 阳性血清对照：冻干阳性血清按说明书稀释到规定容量后，对照试验中稀释和加抗原的方法与受检血清相同；
c) 抗原对照：抗原按说明书稀释到规定容量，取100 μL，再加100 μL稀释液，观察抗原是否有自凝现象。

4.6.1.4 结果判定及处理

4.6.1.4.1 凝集反应程度

凝集反应程度分为5个等级，分别记为“++++”“+++”“++”“+”“－”，按以下说明判定：

a) ++++：菌体完全凝集，1孔～4孔凝集物呈伞状均匀铺于孔底；
b) +++：菌体几乎完全凝集，1孔～3孔凝集物呈伞状均匀铺于孔底，第4孔孔底呈现白色点状；
c) ++：菌体凝集显著，1孔～2孔凝集物呈伞状均匀铺于孔底，3孔～4孔孔底呈现白色点状；
d) +：凝集物有沉淀，第1孔凝集物呈伞状均匀铺于孔底，2孔～4孔孔底呈现白色点状；
e) －：无凝集，1孔～4孔孔底均呈现白色点状。

4.6.1.4.2 结果判定

当阳性血清出现完全凝集(++++)，而阴性血清无凝集(－)，抗原对照无自凝(－)现象时，试验成立，按以下对试验结果判定：

a) 受检血清出现“++”及以上凝集现象时，判定为阳性；
b) 受检血清出现“+”凝集现象时，判定为可疑；
c) 受检血清出现“－”时，判定为阴性。

4.6.1.4.3 可疑结果的处理

试验结果可疑牛、羊经30 d后采血重检，如果仍为可疑，该家畜判为阳性。

4.6.2 常量法

4.6.2.1 器材

玻璃试管、试管架、移液器、灭菌移液器吸头及温箱(37 ℃±1 ℃)。

4.6.2.2 试剂

商品化布鲁氏菌试管凝集试验抗原、布鲁氏菌标准阳性血清和布鲁氏菌标准阴性血清、稀释液为含0.5%石炭酸的生理盐水和(或)含0.5%石炭酸的10%氯化钠溶液(用于检验羊血清时稀释血清和抗原)。

4.6.2.3 操作方法

4.6.2.3.1 按常规方法采集和分离受检血清。

4.6.2.3.2 受检血清的稀释：

a) 以羊和猪血清为例，每份血清用4支凝集试管；
b) 第1管标记检验编码后加920 μL稀释液；
c) 第2管～4管各加入500 μL稀释液；
d) 然后取受检血清80 μL，加入第1管内，并混合均匀；
e) 取500 μL混合液加入第2管并充分混匀，如此倍比稀释至第4管，从第4管弃去混匀液500 μL；
f) 稀释完毕，从第1至第4管的血清稀释度分别为1∶12.5、1∶25、1∶50和1∶100；
g) 牛、马、鹿、骆驼血清稀释法与上述基本一致，差异是第一管加960 μL稀释液和40 μL受检血清，其稀释度分别为1∶25、1∶50、1∶100和1∶200。

4.6.2.3.3 将按说明书要求稀释的抗原液500 μL分别加入已稀释好的各管血清中，并振摇均匀，羊和猪的血清稀释度则依次变为1∶25、1∶50、1∶100和1∶200，牛、马和骆驼的血清稀释度则依次变为1∶50、1∶100、1∶200和1∶400。

大规模检疫时也可只用2个血清稀释度(加抗原后的终稀释度)，即牛、马、鹿、骆驼用1∶50和1∶100，猪、山羊、绵羊和犬用1∶25和1∶50。

4.6.2.3.4 每次试验均应设阳性血清、阴性血清和抗原对照，即：

a) 阴性血清对照：冻干阴性血清按说明书稀释到规定容量后，对照试验中稀释和加抗原的方法与受检血清相同；
b) 阳性血清对照：冻干阳性血清按说明书稀释到规定容量后，对照试验中稀释和加抗原的方法与受检血清相同；
c) 抗原对照：按说明书要求稀释抗原液500 μL，再加500 μL稀释液，观察抗原是否有自凝现象。

4.6.2.3.5 将加样后的试管置温箱(37 ℃±1 ℃)孵育18 h～24 h，取出检查并记录结果。

4.6.2.4 结果判定及处理

4.6.2.4.1 凝集反应程度

凝集反应程度应根据参照比浊管(制备方法见附录A)来判读，分别记为"＋＋＋＋""＋＋＋""＋＋""＋""－"，按以下说明判定：

a) ＋＋＋＋菌体完全凝集，100%下沉，上层液体100%清亮；
b) ＋＋＋菌体几乎完全凝集，上层液体75%清亮；
c) ＋＋菌体凝集显著，液体50%清亮；

d) ＋有凝集物沉淀，液体25%清亮；

e) －无凝集物，液体均匀混浊。

4.6.2.4.2 试验成立条件及结果判定

当阳性对照血清出现完全凝集(＋＋＋＋)，阴性对照血清无凝集(－)，抗原对照无自凝(－)现象时，试验成立，可对结果进行如下判定：

a) 牛、马、鹿和骆驼1∶100血清稀释度，猪、山羊、绵羊和犬1∶50血清稀释度，出现"＋＋"及以上凝集现象时，判定为阳性；

b) 牛、马、鹿、骆驼1∶50血清稀释度，猪、山羊、绵羊和犬1∶25血清稀释度，出现"＋＋"以上凝集现象时，判定为可疑。

4.6.2.4.3 结果处理

试验结果可疑的家畜经30 d后采血重检，如果仍为可疑，该牛、羊判为阳性。猪和马经重检仍保持可疑水平，而农场的牲畜没有临床症状和大批阳性患畜出现，该畜判为阴性。

猪血清偶有非特异性反应，应结合流行病学调查判定，必要时配合补体结合试验和鉴别诊断，排除耶森氏菌交叉凝集反应。

4.7 补体结合试验(CFT)

4.7.1 微量法

4.7.1.1 器材

96孔聚苯乙烯板、微量移液器、灭菌移液器吸头、离心机、稀释用器皿、温控范围为37 ℃～38 ℃和54 ℃～64 ℃水浴锅、计时器。

4.7.1.2 试剂及其制备

4.7.1.2.1 稀释液

巴比妥缓冲液(pH 7.2)，配制方法见附录B。

4.7.1.2.2 受检血清

其采集和处理见附录B。

4.7.1.2.3 绵羊红细胞悬液

采取成年公绵羊血，按常规方法脱纤、洗涤、离心，用稀释液洗涤至上清无色为止，最后一次以2 000 r/min离心沉淀10 min，取下沉的红细胞沉积物，以稀释液配制成2.5%红细胞悬液(2.5 mL/100 mL)。

4.7.1.2.4 商品化布鲁氏菌补体结合试验抗原、布鲁氏菌标准阳性血清、布鲁氏菌标准阴性血清

商品化布鲁氏菌补体结合试验抗原在有效期内按说明书稀释，稀释前需震荡混匀。

4.7.1.2.5 商品化溶血素

商品化溶血素在有效期内根据标示效价使用，对每批次溶血素都需要进行效价测定，方法见附录C。将100%溶血的最高稀释度所用溶血素作为一个单位溶血素工作效价，试验中用2倍溶血素工作效价。

4.7.1.2.6 商品化冻干补体

除使用商品化冻干补体外,也可使用新鲜豚鼠血清作为补体。补体制备及效价测定方法见附录 D。一个单位体积的标准红细胞悬液中 50%红细胞发生溶解的补体量为一个补体单位,试验中用 6 倍补体工作效价。

4.7.1.3 操作方法

4.7.1.3.1 受检血清的前处理

按常规方法采集、分离和灭能受检血清,见附录 B。

4.7.1.3.2 血清样品稀释

96 孔板第 1、2 排作为血清抗补体对照,血清稀释度为 1/2、1/4;从第 3 排到第 8 排血清样品稀释度分别为 1/2、1/4、1/8、1/16、1/32、1/64,按如下步骤操作:

a) 第 1 排每孔分别加 50 μL 稀释液,第 2、4、5、6、7、8 排每孔分别加稀释液 25 μL;
b) 第 1 排每孔加 50 μL 灭能血清,混匀后吸取 25 μL 加入其后的第 2 排孔,混匀后弃去 25 μL;
c) 从第 1 排孔混匀液体中先后各吸取 25 μL 分别加入同列的第 3、4 排孔,混匀;
d) 从第 4 排起倍比稀释,即从第 4 排孔吸取液体 25 μL 到同列第 5 排孔,混匀,以此类推到第 8 排;
e) 第 8 排孔吸取 25 μL 液体弃去。

4.7.1.3.3 加抗原

除第 1、2 排外,上述每孔分别加工作量抗原 25 μL。

4.7.1.3.4 加补体

上述每孔分别加工作量补体 25 μL,轻轻混匀,置 4 ℃孵育过夜或 37 ℃孵育 30 min。

4.7.1.3.5 制备致敏红细胞

将 2.5%红细胞及溶血素等体积混匀至室温 20 min。

4.7.1.3.6 复温孵育

将 4.7.1.3.4 中孵育过夜的 96 孔板从冰箱取出置 37 ℃孵育 10 min。

4.7.1.3.7 加致敏红细胞

上述每孔加入 50 μL 致敏红细胞,轻轻混匀,37 ℃孵育 30 min。

4.7.1.3.8 细胞沉降

室温 300 *g* 离心 5 min~10 min 或者在 4 ℃放置 2 h~3 h 让细胞自然沉降,观察判定。

4.7.1.3.9 设立对照及主试验各要素的添加

每次试验需设阳性血清、阴性血清、抗原、致敏红细胞和补体对照。主试验各要素添加量和顺序如

表1所示。

表1 布鲁氏菌病补体结合试验的主试验

单位为微升

血清	受检血清	受检血清抗补体对照	阳性血清	阳性血清抗补体对照	阴性血清	阴性血清抗补体对照	对照管		
血清稀释度	1/2～1/64	1/2～1/4	1/2～1/64	1/2～1/4	1/2～1/64	1/2～1/4	抗原	致敏红细胞	补体
血清加入量	25	25	25	25	25	25	0	0	0
稀释液	0	25	0	25	0	25	25	75	50
抗原	25	0	25	0	25	0	25	0	0
工作量补体	25	25	25	25	25	25	25	0	25
轻轻混匀后，置37 ℃孵育30 min或4 ℃孵育过夜(以4 ℃孵育过夜为例)									
第二天：制备致敏红细胞，将提前配好的2.5%红细胞和溶血素(分别储存在冰箱)等体积混匀，置室温10 min									
10 min后，将96孔板从4 ℃冰箱取出，置37 ℃孵育10 min(保证致敏红细胞置于室温20 min)									
致敏红细胞	50	50	50	50	50	50	50	50	50
轻轻混匀，37 ℃孵育30 min									
300 *g* 室温离心5 min～10 min或4 ℃放置2 h～3 h让细胞自然沉降									

4.7.1.4 结果判定

4.7.1.4.1 试验成立条件：阴性血清对照、阴性血清抗补体对照、阳性血清的抗补体对照、抗原对照和补体对照呈完全溶血反应，致敏红细胞对照呈完全抑制溶血。

4.7.1.4.2 上述对照正确无误后即可对受检血清进行判定。受检血清的判定参照溶血标准比色记录结果，溶血标准比色孔的制备方法见附录E。

4.7.1.4.3 按表2判定，溶血抑制程度≥20 IU/mL判为阳性。

表2 微量补体结合试验判定标准

血清稀释度	溶血抑制			
	25%(+)	50%(++)	75%(+++)	100%(++++)
1/2	8.33	10	11.67	13.33
1/4	16.67	20[a]	23.33	26.67
1/8	33.33	40	46.67	53.33
1/16	66.67	80	93.33	106.67
1/32	133.33	160	187	213.33
1/64	266.67	320	373.33	426.67
1/128	533.33	640	746.67	853.33
1/256	1 066.67	1 280	1 493.33	1 706.67
[a] 溶血抑制程度≥20 IU/mL判为阳性。				

4.7.2 常量法

4.7.2.1 器材

内口径 1 cm 玻璃试管、试管架、移液器、灭菌移液器吸头、适宜的稀释用器皿及温控范围为 37 ℃～38 ℃和 54 ℃～64 ℃水浴锅。

4.7.2.2 试剂及其制备

4.7.2.2.1 稀释液

0.85％生理盐水。

4.7.2.2.2 受检血清

受检血清的采集和处理见附录 B。

4.7.2.2.3 绵羊红细胞悬液

采取成年公绵羊血，按常规方法脱纤、洗涤、离心，用稀释液洗涤至上清无色为止，最后一次以 2 000 r/min 离心沉淀 10 min，取下沉的红细胞沉积物，以稀释液配制成 2.5％红细胞悬液(2.5 mL/100 mL)。

4.7.2.2.4 标准血清

商品化布鲁氏菌标准阳性血清、布鲁氏菌标准阴性血清。

4.7.2.2.5 溶血素

商品化溶血素在有效期内根据标示效价使用，如需进行效价测定见附录 C。

4.7.2.2.6 补体

除使用商品化冻干补体外，也可使用新鲜豚鼠血清作为补体。补体制备方法见附录 D。

4.7.2.2.7 抗原

商品化抗原在有效期内根据标示效价使用，如需进行效价测定见附录 F。

4.7.2.3 操作方法

4.7.2.3.1 按常规方法采集和分离受检血清。

4.7.2.3.2 将 1∶10 稀释受检血清灭能(见附录 B)后，分别加入 2 支玻璃试管内，每管 500 μL。

4.7.2.3.3 其中一管加工作量抗原 500 μL，另一管加稀释液 500 μL。

4.7.2.3.4 上述 2 管均加工作量补体，每管 500 μL，振荡混匀。

4.7.2.3.5 置 37 ℃水浴 20 min，取出放于室温环境中。每管各加 2 单位的溶血素 500 μL 和 2.5％红细胞悬液 500 μL。充分振荡混匀。

4.7.2.3.6 再置 37 ℃水浴 20 min，之后取出立即进行第一次判定。

4.7.2.3.7 每次试验应设阳性血清、阴性血清、抗原、溶血素和补体对照。主试验各要素添加量和顺序如表 3。

表 3　布鲁氏菌病补体结合试验的主试验

单位为微升

血清	被检血清		对照管						
			阳性血清		阴性血清		抗原	溶血素	补体
血清加入量	500	500	500	500	500	500	0	0	0
稀释液	0	500	0	500	0	500	0	1 500	1 500
抗原	500	0	500	0	500	0	1 000	0	0
工作量补体	500	500	500	500	500	500	500	0	500
37 ℃～38 ℃水浴 20 min									
二单位溶血素	500	500	500	500	500	500	500	500	0
2.5%红细胞	500	500	500	500	500	500	500	500	500
37 ℃～38 ℃水浴 20 min									
判定结果举例	++++	−	++++	−	−	−	−	++++	++++

4.7.2.4　判定

4.7.2.4.1　试验成立条件：第一次判定，不加抗原的阳性血清对照管，不加或加抗原的阴性血清对照管，抗原对照管呈完全溶血反应。初判后静置 12 h 作第二次判定，第二次判定时溶血素对照管，补体对照管应呈完全抑制溶血。

4.7.2.4.2　对照正确无误即可对受检血清进行判定，受检血清加抗原管的判定参照标准比色管记录结果。标准比色管的制备方法见附录 E。

4.7.2.4.3　结果判定：

a)　0～40%溶血判为阳性反应；

b)　50%～90%溶血判为可疑反应；

c)　100%溶血判为阴性反应。

牛、羊和猪补体结合反应判定标准均相同。

4.8　间接酶联免疫吸附试验(iELISA)

实验室可按下列方法进行实验操作和结果判定，或根据商品化试剂盒进行实验操作和结果判定。

4.8.1　器材

96 微孔聚苯乙烯板，单道移液器，多道移液器，灭菌移液器吸头，酶标仪或分光光度计，具备 414 nm 或 405 nm 波长的滤光片，旋转振荡器，保湿盒，盖板，洗板机等。

4.8.2　试剂

4.8.2.1　牛种布鲁氏菌 S1119-3 株或 S99 株脂多糖抗原，抗原的提取和包被见附录 G。

4.8.2.2　商品化酶标多克隆抗体(兔抗牛或兔抗羊)或酶标单克隆抗体，见附录 H。

4.8.2.3　商品化布鲁氏菌标准阳性血清和标准阴性血清。

4.8.2.4　抗原包被缓冲液：0.05 mol/L 的 pH 9.6 碳酸盐/碳酸氢盐缓冲体系，配制方法见附录 I 的 I.1。

4.8.2.5　稀释缓冲液(用于稀释酶标抗体和血清)：0.01 mol/L 的 pH 7.2 磷酸盐缓冲体系 PBST1，配制方法见 I.2。

4.8.2.6 洗涤缓冲液:0.01 mol/L 的 pH 7.2 磷酸盐缓冲体系 PBST2,配制方法见 I.3。

4.8.2.7 底物溶液:3%过氧化氢溶液,配制方法见 I.4。

4.8.2.8 底物缓冲液:pH4.5 柠檬酸缓冲液,配制方法见 I.5。

4.8.2.9 显色液:0.16 mol/L ABTS(2,2-二氮-双(3-乙基苯并噻唑-6-磺酸))溶液,配制方法见 I.6。

4.8.2.10 终止液:0.5 mol/L 叠氮化钠,配制方法见 I.7。

4.8.3 操作方法

4.8.3.1 所有待检血清和对照血清吸取 25 μL 加至 1 mL 血清稀释液中做 1/40 初始稀释。

4.8.3.2 取包被酶标板,每孔加入 80 μL 稀释液。

4.8.3.3 在第 1 列～10 列的各孔分别加入 20 μL 初始稀释的待检血清(终稀释度为 1/200),在第 11 列的各孔分别加入 20 μL 初始稀释的阳性对照血清,在第 12 列的前 7 个孔分别加入 20 μL 初始稀释的阴性对照血清,第 12 列的最后 1 孔不加入稀释缓冲液做空白对照(见图 1)。

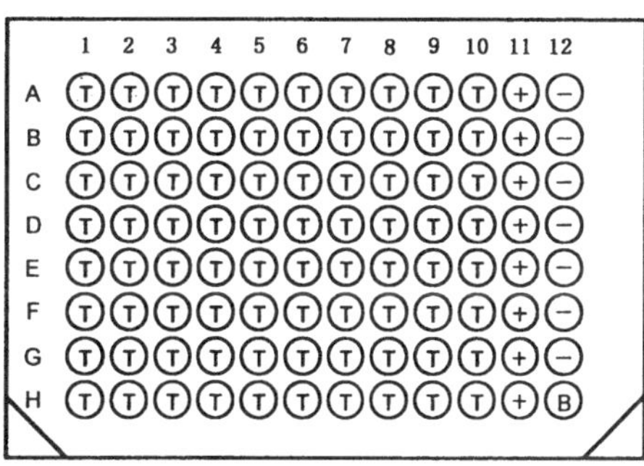

说明:

B—空白对照孔;　　　　+—阳性对照孔;

T—待检血清孔;　　　　-—阴性对照孔。

图 1 酶标板微孔排列示意

4.8.3.4 酶标板加盖,在旋转振荡器上室温孵育 30 min(或 30 ℃静置 1 h)。

4.8.3.5 甩出微孔中的液体,用洗涤液润洗 5 次,在吸水纸巾上反复拍打酶标板,确保酶标板各孔内无残留液体。

4.8.3.6 每孔加入 100 μL 用稀释液稀释至工作浓度的酶标抗体结合物溶液,加盖在旋转振荡器上室温孵育 30 min(或 30 ℃静置 1 h)。

4.8.3.7 按 4.8.3.5 进行洗涤。

4.8.3.8 每孔加入 100 μL 配制好的底物显色混合液(混合液配制见 I.6),在旋转振荡器上室温孵育 10 min～15 min。

4.8.3.9 每孔加入 100 μL 终止液。用吸水纸巾吸去酶标板底部的水珠,在酶标仪 405 nm 测定吸光度(OD)值。

4.8.4 结果判定

4.8.4.1 实验成立的条件:

a) 空白对照孔的 OD 值和 7 个阴性对照孔的平均 OD 值应＜0.100,8 个阳性孔的平均 OD 值应＞0.700;

b) 结合率应≥10,结合率计算按式(1)。

$$结合率=\frac{8\text{个阳性对照孔的平均 OD 值}}{7\text{个阴性对照孔的平均 OD 值}} \quad \cdots\cdots(1)$$

4.8.4.2 判定:8个阳性对照孔的平均OD值×10%定为阴阳性的临界值。待检血清的OD值≥临界值判为阳性,待检血清的OD值<临界值判为阴性。

4.9 竞争酶联免疫吸附试验(cELISA)

实验室可按下列方法进行实验操作和结果判定,或根据商品化试剂盒进行实验操作和结果判定。

4.9.1 器材

96微孔聚苯乙烯板,单道移液器,多道移液器,灭菌移液器吸头,酶标仪或分光光度计,具备450 nm波长的滤光片,微量振荡器,旋转振荡器,保湿盒,盖板,洗板机等。

4.9.2 试剂

4.9.2.1 牛种布鲁氏菌S1119-3或羊种布鲁氏菌16 M(M表位)脂多糖抗原,抗原的提取和包被见附录G。

4.9.2.2 酶标单克隆抗体,见附录H。

4.9.2.3 商品化布鲁氏菌标准阳性血清和标准阴性血清。

4.9.2.4 稀释缓冲液(用于稀释结合物):0.01 mol/L pH7.2磷酸盐缓冲体系(PBST1),配制方法见I.2。

4.9.2.5 洗涤缓冲液:0.01 mol/L磷酸氢二钠缓冲溶液(PBST2),配制方法见I.3。

4.9.2.6 底物显色液:邻苯二胺(OPD)与过氧化氢混合溶液,配制方法见I.8。

4.9.2.7 终止液:0.5 mol/L柠檬酸溶液,配制方法见I.9。

4.9.3 操作方法(以检测牛血清为例)

4.9.3.1 取包被酶标板,在1列~10列每孔加入20 μL待检血清,在A11、A12、B11、B12、C11、C12各孔各加入20 μL阴性血清,在F11、F12、G11、G12、H11、H12各孔各加入20 μL阳性血清,在D11、D12、E11、E12各孔不加入稀释缓冲液,留作酶标结合物对照(见图2)。

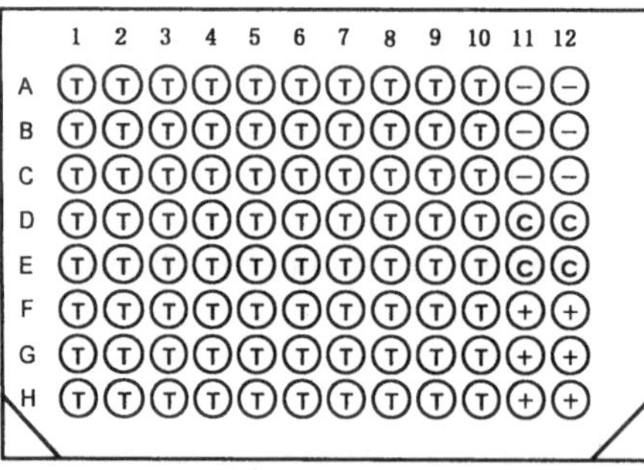

说明:

C—酶标结合物对照孔; +—阳性对照孔;

T—待检血清孔; ——阴性对照孔。

图2 酶标板微孔排列示意

4.9.3.2 酶标板每孔加入稀释至工作浓度的酶标单克隆抗体100 μL。

4.9.3.3 将酶标板放到微量振荡器上振摇2 min,加盖在旋转振荡器(160次/min)室温孵育30 min。当没有旋转振荡器时,则需要手动振摇。先振摇30 s,之后每10 min振摇10 s,时间共持续1 h。手动振摇不应使孔内液体溢出。

4.9.3.4 甩出微孔中的液体,用洗涤液润洗5次,在吸水纸巾上反复拍打酶标板,确保酶标板各孔内无残留液体。

4.9.3.5 每孔加入 100 μL 现配的底物显色液(混合液配制见 I.6),室温孵育 10 min～15 min。

4.9.3.6 每孔加入 100 μL 终止液。用吸水纸巾吸去酶标板底部的水珠,在酶标仪 450 nm 测定吸光度(OD)值。

4.9.4 结果判定

4.9.4.1 实验成立的条件:

a) 6 个阴性对照孔的平均 OD 值应＞0.700,6 个阳性对照孔的平均 OD 值应＜0.100,4 个酶标结合物对照孔的 OD 值应＞0.700。

b) 结合率应＞10,结合率计算按式(2)。

$$\text{结合率}=\frac{6\text{ 个阴性对照孔的平均 OD 值}}{6\text{ 个阳性对照孔的平均 OD 值}} \qquad \cdots\cdots(2)$$

4.9.4.2 判定:4 个酶标结合物对照孔的平均 OD 值×60％定为阴阳性的临界值。待检血清的 OD 值≤临界值判为阳性,待检血清的 OD 值＞临界值判为阴性。

警示——以下的病原学操作包括涂片染色镜检、分离培养、细菌鉴定、布鲁氏菌 Bruce-Ladder 检测方法中涉及细菌活菌操作等应在满足 GB 19489—2008 的 BSL-3 级生物安全实验室内进行,检测人员应采取针对性防护措施。

4.10 涂片染色镜检

将组织或生物液体进行涂片,加热或酒精固定后,用改良萋-尼氏(Ziehl-Neelsen)方法染色后镜检,布鲁氏菌菌体染成红色球杆菌或短棒状杆菌,背景为蓝色。革兰氏染色呈阴性,一般不发生两极着染。

4.11 分离培养

4.11.1 细菌分离

对于采集的动物组织及疑似感染病料按以下方法处理并接种于培养基,样品采集符合GB/T 18088 出入境动物检疫采样。

组织样品:对无菌采集的组织,剔除多余部分(如脂肪)剔除后,取 5 g 组织剪成小块,加入 10 mL 无菌 PBS 缓冲液进行研磨后,取 200 μL 接种于选择培养基表面,培养基见附录 J。

阴道冲洗液、精液、关节液、胃内容物等,取 200 μL 接种于选择培养基表面,培养基见附录 J。

取 15 mL 乳样,2 000 g 离心 15 min,用 10 μL 接种环取奶油层 2 环,接种于选择培养基表面。培养基见附录 J。

每份样品均一式两份,分别置于普通培养箱和 5％～10％ CO_2 培养箱中,37 ℃培养 3 d～10 d。

4.11.2 菌落观察

形态观察:布鲁氏菌菌落呈圆形,直径 1 mm～2 mm,边缘光滑。透射光下,菌落呈浅黄色有光泽,半透明。从上面看,菌落微隆起,灰白色。随时间推移,菌落变大,颜色变暗。

染色观察:用移液器吸取结晶紫稀释染液(配制方法见附录 K),浸没菌落 15 s～20 s,然后吸取染色液弃置到消毒液中。光滑型菌落不着色,变异菌落被染成紫色或红色。

4.12 细菌鉴定

4.12.1 对 CO_2 需求试验

培养物分离后立即测定，用菌悬液接种 4 支含血清琼脂斜面，2 支置于普通培养箱，2 支置于 5%～10% CO_2 培养箱，37 ℃培养 2 d～3 d，观察比较 4 支斜面生长情况。

4.12.2 H_2S 试验

将 H_2S 试纸条放入接种培养物的斜面培养基管内，夹在管壁和塞子之间，且不和培养基接触。置于 37 ℃培养箱培养，若有 H_2S 产生，则试纸条顶端变黑。每天记录结果并更换试纸条，持续 4 d。

4.12.3 氧化酶试验

新鲜配制氧化酶试剂，配制方法见附录 L，取约载玻片大小的滤纸条在该试剂中浸渍后置于平皿中备用。用接种环蘸取一环新鲜培养物，涂压在准备好的滤纸条上，10 s 后观察颜色变化。氧化酶阳性可使涂压培养物处变为黑色。

4.12.4 脲酶试验

用接种环蘸取一环新鲜培养物，涂压在含 2%尿素的培养基上，培养基配制方法见附录 M，观察颜色变化。室温保存该培养基，24 h，约 5 h 观察一次。分解脲的菌株可使培养基由黄色变为粉红色。

4.12.5 对硫堇、复红染料的敏感性试验

用无菌棉拭子浸蘸菌悬液，在分别含硫堇、复红染料的培养基（染料浓度为 20 μg/mL）上划一横线，置于 37 ℃培养箱培养，3 d～4 d 后观察平皿菌落生长情况。每个平皿上的不同菌悬液横线不得交叉、接触。

4.12.6 特异性血清凝集反应试验

光滑型菌应用布鲁氏菌 A 和 M 表面抗原特异单价血清进行凝集反应试验，粗糙型菌应用布鲁氏菌 R 抗原的单价血清进行凝集反应试验。出现明显的凝集反应可确定菌株为相应种、型的布鲁氏菌（表 4）。

表 4 布鲁氏菌生化反应及单因子血清试验

种	生物型	菌落形态	氧化酶	脲酶	对 CO_2 需求	H_2S 产生	在染料中的生长		单因子血清凝集试验		
							硫堇	复红	A	M	R
	1								−	+	−
羊种	2	光滑	+	+[a]	−	−	+	+	+	−	−
	3								+	+	−
	1				+[d]	+	−	+	+	−	
	2				+[d]	+	−	−	+	−	
	3				+[d]	+	+	+	+	−	
牛种	4	光滑	+	+[b]	+[d]	+	−	+[h]	−	+	−
	5				−	−	+	+	−	+	
	6				−	−	+	+	+	−	
	9				+/−	+	+	+	−	+	

表 4（续）

种	生物型	菌落形态	氧化酶	脲酶	对 CO_2 需求	H_2S 产生	在染料中的生长		单因子血清凝集试验		
							硫堇	复红	A	M	R
猪种	1	光滑	+	+[c]	−	+	+	−[e]	+	−	−
	2					−		−	+	−	
	3					−		+	+	−	
	4					−		−[f]	+	+	
	5					−		−	−	+	
沙林鼠种		光滑	−	+[c]	−	+	−[g]	−	+	−	−
绵羊附睾种		粗糙	−	−	+	−	+	−[f]	−	−	+
犬种		粗糙	+	+[c]	−	−	+	−[f]	−	−	+

[a] 中等速度，有些菌株很快。

[b] 除参考株 A544 和少数野毒株为阴性外，其余为中等速度。

[c] 快速。

[d] 在初级分离时通常为阳性。

[e] 在南美和东南亚分理处一些对复红有抗性的菌株。

[f] 大多数为阴性。

[g] 硫堇浓度 10 μg/mL 可生长。

[h] 一些在加拿大、英国和美国分离株不能在染料上生长。

4.12.7 噬菌体溶解试验

应用本方法可将布鲁氏菌鉴别到种（表 5）。

以无菌生理盐水将待检菌株制成 10 亿/mL 悬液，然后涂布于干燥的琼脂平皿上，稍干后，用直径为 2 mm 的铂金耳环勾取标准噬菌体液加于平皿上，置 37 ℃恒温箱中经 24 h 初步观察结果，再放置室温下，经 24 h 后判定最后结果。

结果判定依据：细菌完全不生长，判为＋（阳性）；部分生长，判为±（可疑）；细菌生长良好，判为－（阴性）。

表 5　噬菌体对不同种布鲁氏菌的溶解

布鲁氏菌种	Tb	Wb	Fi	BK2	R	R/O	R/C	Iz
牛种菌[a]	+	+	+	+	−	±	−	−[b]
羊种菌[a]	−	−	−	+	−	−	−	+
猪种菌[a]	−	+	±	+	−	±	−	+
沙林鼠种菌[a]	±	+	+	+	−	−	−	−[b]
绵羊附睾种菌	−	−	−	−	−	+	+	+[c]
犬种菌	−	−	−	−	−	−	+	−

[a] 为光滑型菌株。

[b] 为噬菌体浓度大于等于 10^5 RTD 时裂解。

[c] 为部分裂解。

4.13 布鲁氏菌 Bruce-Ladder 检测方法

4.13.1 布鲁氏菌 DNA 的制备

从平板上选择单个菌落,用灭菌接种环取一环菌,接种到 200 μL 生理盐水中,煮沸 30 min,12 000 *g* 离心 30 s,取 1 μL 上清液作为 DNA 模板用于 PCR 扩增(约 0.1 μg/μL),或使用商品化的 DNA 提取试剂盒提取 DNA 作为模板,DNA 模板可置于−20 ℃保存备用。

4.13.2 PCR 反应体系

PCR 反应体系见表 6。

表 6 PCR 反应体系(总体积为 25 μL)

成分	终浓度	体积
10 倍 PCR 缓冲液	1 倍	2.5 μL
dNTPs(2 mmol/L)	400 μmol/L/个	5.0 μL
镁离子(50 mmol/L)	3.0 mmol/L	1.5 μL
8 对引物混合液(12.5 μmol/L)	6.25 pmol/条	7.6 μL
超纯水		7.1 μL
Taq DNA 聚合酶	1.5U	0.3 μL
DNA 模板	0.1 μg/μL	1 μL

PCR 反应管中依次加入上述成分,充分混匀后,瞬时离心,确保所有反应成分混匀并集于管底。

4.13.3 PCR 对照

同时设阴性对照、阳性对照,阳性对照为标准菌株 DNA,阴性对照为不含 DNA 的反应体系。

4.13.4 扩增程序

将上述加有 DNA 模板的 PCR 管,置于 PCR 仪内进行反应。反应条件如下:95 ℃ 7 min 预变性;然后进行 25 个循环的扩增(95 ℃变性 35 s,64 ℃退火 45 s,72 ℃延伸 3 min),最后 72 ℃延伸 6 min,4 ℃ 保存。

4.13.5 电泳

用 1 倍 TBE 缓冲液,参见附录 N,配制 1.5%琼脂糖凝胶平板,同时,加入 0.005% GoldView 核酸染料,取 PCR 产物 7 μL 与适量 6 倍溴酚蓝缓冲液混合,加样,7 μL/孔,同时,设定 1 kb plus DNA ladder 标准分子量标准,120 V 稳压电泳 1 h,紫外灯下观察条带。

4.13.6 结果判定

4.13.6.1 试验成立的条件

当阴性对照不出现条带、阳性对照出现条带,试验成立时,参照图 3 进行判定。

4.13.6.2 判定

4.13.6.2.1 牛种布鲁氏菌:电泳同时出现 152 bp、450 bp、587 bp、774 bp 和 1 682 bp 共 5 条带。

4.13.6.2.2 羊种布鲁氏菌:电泳同时出现 152 bp、450 bp、587 bp、774 bp、1 071 bp 和 1 682 bp 共 6 条带。

4.13.6.2.3 绵羊附睾种布鲁氏菌:电泳同时出现 152 bp、450 bp、587 bp、774 bp 和 1 071 bp 共 5 条带。

4.13.6.2.4 猪布鲁氏菌:电泳同时出现 152 bp、272 bp、450 bp、587 bp、774 bp、1 071 bp 和 1 682 bp 共 7 条带。

4.13.6.2.5 S19 疫苗菌株:电泳同时出现 152 bp、450 bp、774 bp 和 1 682 bp 共 4 条带。

4.13.6.2.6 RB51 疫苗菌株:电泳同时出现 152 bp、450 bp、587 bp、774 bp 和 2 524 bp 共 5 条带。

4.13.6.2.7 Rev1 疫苗菌株:电泳同时出现 152 bp、218 bp、450 bp、587 bp、774 bp、1 071 bp 和 1 682 bp 共 7 条带。

4.13.6.2.8 犬种布鲁氏菌:电泳同时出现 152 bp、272 bp、450 bp、587 bp、1 071 bp 和 1 682 bp 共 6 条带。

4.13.6.2.9 沙林鼠种布鲁氏菌:电泳同时出现 272 bp、450 bp、587 bp、774 bp、1 071 bp 和 1 682 bp 共 6 条带。

4.13.6.2.10 海洋种布鲁氏菌(鳍型布鲁氏菌、鲸型布鲁氏菌):电泳同时出现 152 bp、587 bp、774 bp、1 071 bp、1 320 bp 和 1 682 bp 共 6 条带。

4.13.6.2.11 田鼠种布鲁氏菌:电泳同时出现 152 bp、272 bp、450 bp、510 bp、587 bp、774 bp、1 071 bp 和 1 682 bp 共 8 条带。

4.13.6.2.12 B.inopinata 布鲁氏菌:电泳同时出现 152 bp、272 bp、450 bp、587 bp、774 bp 和 1 682 bp 共 6 条带。

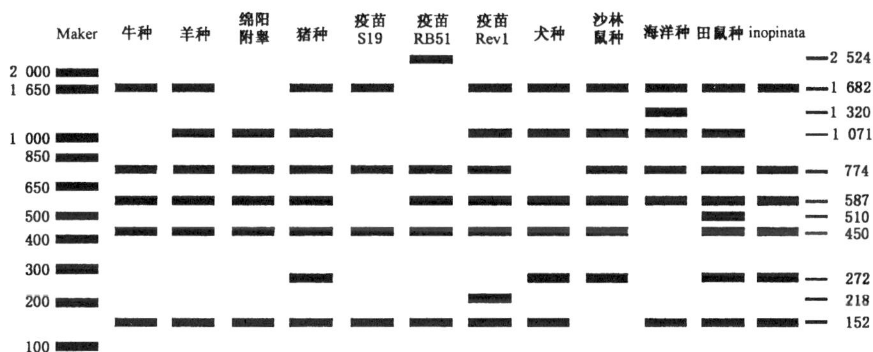

图 3 布鲁氏菌种 PCR 扩增图谱

附 录 A
（规范性附录）
试管凝集试验参照比浊管的制备

每次试验需配比浊管，作为判定凝集反应程度的依据，先将已经稀释好的工作抗原用等量稀释液作对倍稀释，然后按表 A.1 配制比浊管。

表 A.1 参照比浊管的配制

管号	对倍稀释后的抗原液/μL	稀释液/μL	清亮度/%	记录标记
1	0	1 000	100	++++
2	250	750	75	+++
3	500	500	50	++
4	750	250	25	+
5	1 000	0	0	—

附　录　B
（规范性附录）
补体结合试验试剂配制及受检血清的采集和处理

B.1　巴比妥缓冲液(pH 7.2)

取巴比妥 0.575 g，巴比妥钠 0.185 g，氯化钠 8.500 g，六水氯化镁 0.168 g，无水氯化钙 0.028 g，加蒸馏水使溶解并稀释至 1 000 mL，用 2 mol/L 盐酸溶液调节 pH 值至 7.2，过滤即得。

B.2　血清稀释

以常规方法采血和分离血清。微量补体结合试验用巴比妥缓冲液(B.1)将血清作 1∶4 稀释(25 μL 血清加入 75 μL 稀释液)；常量补体结合试验用稀释液(4.7.2.2.1)将血清作 1∶10 稀释，按表 B.1 规定的水浴灭能。

表 B.1　各种被检动物血清的灭能温度和时间

血清类别	灭能温度/℃	灭能时间/min
羊	58～59	30
马	58～59	30
驴、骡	63～64	30
黄牛、水牛、猪	56～57	30
鹿、骆驼	54	30

附 录 C
（规范性附录）
溶血素的效价测定

C.1 稀释溶血素

取 0.2 mL 含等量甘油防腐的溶血素，加 9.8 mL 稀释液配成 100 倍稀释的基础稀释液，按表 C.1 方法作进一步稀释。

表 C.1 溶血素稀释法

单位为微升

管号	1	2	3	4	5	6	7	8	9	10	11
100 倍稀释溶血素加入量	200	100	100	100	100	100	100	100	100	100	100
稀释液加入量	800	900	1 400	1 900	2 400	2 900	3 400	3 900	4 400	4 900	5 400
溶血素稀释倍数	500	1 000	1 500	2 000	2 500	3 000	3 500	4 000	4 500	5 000	5 500

C.2 按表 C.2 加入各成分，而后 37 ℃～38 ℃水浴 20 min。

表 C.2 微量法溶血素效价测定表

单位为微升

孔	1 （溶血素对照）	2	3	4	5	6	7	8	9
溶血素稀释倍数	250	250	500	1 000	2 000	3 000	4 000	5 000	6 000
稀释的溶血素	25	25	25	25	25	25	25	25	25
2.5%红细胞	25	25	25	25	25	25	25	25	25
稀释液	75	50	50	50	50	50	50	50	50
10 倍稀释补体	—	25	25	25	25	25	25	25	25
轻轻震动平板混匀，而后 37 ℃水浴 30 min									
300 *g*～600 *g* 冷冻离心 5 min～10 min									

溶血素对照应完全不溶血。

表 C.3 常量法溶血素效价测定表

单位为微升

管号		1	2	3	4	5	6	7	8	9	10	11	对照管		
													溶血素	补体	稀释液
溶血素	稀释倍数	500	1 000	1 500	2 000	2 500	3 000	3 500	4 000	4 500	5 000	5 500	100	—	—
	加入量	500	500	500	500	500	500	500	500	500	500	500	500	0	0
稀释液		1 000	1 000	1 000	1 000	1 000	1 000	1 000	1 000	1 000	1 000	1 000	1 500	1 500	2 000
20 倍稀释补体		500	500	500	500	500	500	500	500	500	500	500	0	500	0
2.5%红细胞		500	500	500	500	500	500	500	500	500	500	500	500	500	500
37 ℃～38 ℃水浴 20 min															
结果(例)		−	−	−	−	−	−	+	+	++	+++	++++	++++	++++	++++
		全部溶血						部分溶血				全部不溶血			

C.3 溶血素效价

从水浴中取出,立即判定结果,能使 2.5%红细胞液 25 μL(微量法)或 500 μL(常量法)完全溶血的最小量溶血素为溶血素效价或称一单位溶血素。以表 C.3 为例,对照管均不溶血,1 管～6 管完全溶血,测定溶血素效价为 3 000 倍稀释。

在主试验时溶血素的工作效价为滴定效价的倍量或称二单位溶血素,则工作效价为 1 500 倍稀释。

效价测定后,2～3 个月内可按此效价使用,不必重测。

附 录 D
（规范性附录）
补体制备

D.1 补体采集

选择健康豚鼠3只～5只，于使用前一天早晨喂饲前或停食后6 h从心脏采血，分离血清后混合保存于普通冰箱中，也可从兽医生物药品厂购买冻干补体，使用前加稀释液恢复原量后使用。

每次补体结合试验，应于当日测定补体效价。

D.2 补体效价测定

D.2.1 微量法补体效价测定

D.2.1.1 稀释补体并加各种成分

应于补体结合试验当日测定补体效价。按商品使用说明书提供稀释度稀释（以1∶100为例）。用稀释液配制1∶100稀释补体（如果测定过程中发现补体含量低，可做其他稀释度选择），按表D.1加入各种成分后，前后经37 ℃ 30 min水浴2次。

D.2.1.2 效价测定

经过2次水浴，在二单位溶血素存在情况下，阳性血清加抗原的试管完全不溶血，而在阳性血清未加抗原及阴性血清无论有无抗原的试管发生完全溶血所需要最小补体量，就是所测得的补体效价。以表D.1为例，第7管1∶100稀释的补体100 μL即为一个补体单位。

表D.1 微量补体结合试验补体效价测定

单位为微升

管号	1	2	3	4	5	6	7	8	9	10	11	12	13	溶血对照	
稀释度	0.2	0.25	0.3	0.35	0.4	0.45	0.5	0.55	0.6	0.65	0.7	0.75	0.8	完全溶血	完全抑制
补体1/100	40	50	60	70	80	90	100	110	120	130	140	150	160	400	0
稀释液	160	150	140	130	120	110	100	90	80	70	60	50	40	0	0
抗原	200	200	200	200	200	200	200	200	200	200	200	200	200	200	200
稀释液	200	200	200	200	200	200	200	200	200	200	200	200	200	0	400
振荡混匀后置37 ℃水浴30 min															
致敏红细胞[a]	400	400	400	400	400	400	400	400	400	400	400	400	400	400	400
振荡混匀后置37 ℃水浴30 min，300 g 离心5 min～10 min															
[a] 致敏红细胞：提前红细胞和溶血素等体积混合，放置室温20 min；剩余致敏红细胞可存放4 ℃于主实验用。															

一单位补体工作效价：将完全溶血及完全抑制各取500 μL至试管中，制备成50%溶血补体稀释度；对照准备对比各个补体稀释度，取颜色与50%溶血补体相近稀释度的补体量为一单位补体工作效价。

原补体使用时应稀释倍数的计算：对比颜色时以自然光或白色为背景对比。以上表为例，第 7 管 1∶100 稀释的补体 100 μL 即为一单位补体工作效价。以一个微孔反应板为例，根据以下式计算出所需补体用量：100/200×1/100×6×25×100＝75 μL。

D.2.2 常量法补体效价测定

D.2.2.1 稀释补体并加各种成分

应于补体结合试验当日测定补体效价。用稀释液配制 1∶20 稀释（如果测定过程中发现补体含量低，可做 1∶10 稀释或其他稀释度选择）补体，按表 D.2 加入各种成分后，前后经 37 ℃～38 ℃ 20 min 水浴 2 次。

D.2.2.2 效价测定

经过 2 次水浴，在 2 单位溶血素存在情况下，阳性血清加抗原的试管完全不溶血，而在阳性血清未加抗原及阴性血清无论有无抗原的试管发生完全溶血所需要最小补体量，就是所测得的补体效价。以表 D.2 为例，第 6 管 1∶20 稀释的补体 250 μL 即为一个补体单位。

表 D.2 补体效价测定

单位为微升

管号	1	2	3	4	5	6	7	8	9	10	对照		
											11	12	13
20 倍稀释补体加入量	100	130	160	190	220	250	280	310	340	370	500	0	0
稀释液加入量	400	370	340	310	280	250	220	190	160	130	1 500	1 500	2 000
工作量抗原加入量（不加抗原量加稀释液）	500	500	500	500	500	500	500	500	500	500	0	0	0
10 倍稀释阳（阴）性血清加入量	500	500	500	500	500	500	500	500	500	500	0	0	0
振荡均匀后置 37 ℃～38 ℃水浴 20 min													
二单位溶血素	500	500	500	500	500	500	500	500	500	500	0	500	0
2.5%红细胞悬液	500	500	500	500	500	500	500	500	500	500	500	500	500
振荡均匀后置 37 ℃～38 ℃水浴 20 min													
结果 阳性血清加抗原	++++	++++	++++	++++	++++	++++	++++	++++	++++	++++	++++	++++	++++
结果 阳性血清不加抗原	++++	++++	+++	++	+	—	—	—	—	—	—	—	—
结果 阴性血清加抗原	++++	++++	+++	++	+	—	—	—	—	—	—	—	—
结果 阴性血清不加抗原	++++	++++	+++	++	+	—	—	—	—	—	—	—	—

D.2.2.3 原补体使用时应稀释倍数的计算

原补体使用时应稀释倍数按式(D.1)计算：

$$原补体稀释倍数=\frac{补体稀释倍数}{测得效价}\times 使用时每管加入量 \quad\cdots\cdots\cdots\cdots\cdots\cdots(D.1)$$

式中“补体稀释倍数”为补体效价测定试验补体的实际稀释度，“测得效价”为稀释后的补体加入量，“使用时每管加入量”为主试验时每管需加的含一个工作单位补体的液体量。

以表 D.1 为例，按式(1)计算$\frac{20}{250}\times 500=40$ 倍

即此例补体应作 40 倍稀释，每管加 500 μL，即为一个补体单位。考虑补体性质不稳定，操作过程中效价会降低，正式试验时使用浓度比补体效价要大 10%左右，本例补体工作单位应作 36 倍稀释，每管使用 500 μL。

附 录 E
（规范性附录）
标准比色管/孔

E.1 微量补体结合试验溶血标准比色孔的制备

制备时以完全溶血的对照(抗原对照或补体对照)和完全抑制溶血的对照(致敏红细胞对照)各取50 μL做50%溶血对照,见表E.1。

表 E.1 微量法溶血标准比色孔的制备

单位为微升

溶血对照/%	100	75	50	25	0
	−	+	++	+++	++++
稀释液	0	25	50	75	100
溶血上清[a]/μL	100	75	50	25	0

[a] 可从主试验中100%溶血的孔中吸取上清制备。

E.2 常量补体结合试验溶血标准比色管的制备

配制方法如表E.2,牛、羊和猪补体结合反应判定标准均相同。

表 E.2 常量法溶血标准比色管的制备

单位为微升

溶血溶液/%	0	10	20	30	40	50	60	70	80	90	100
溶血溶液[a]	0	250	500	750	1 000	1 250	1 500	1 750	2 000	2 250	2 500
2.5%红细胞液	500	450	400	350	300	250	200	150	100	50	0
稀释液	2 000	1 800	1 600	1 400	1 200	1 000	800	600	400	200	0
判定符号	++++	++++	+++	+++	+++	++	++	++	+	+	−
判定标准	阳性					可疑					阴性

[a] 试验中全溶血的试管内液体即为溶血溶液。

附 录 F
（规范性附录）
抗原效价测定

一般按照兽医制药厂产品说明书的效价使用。在初次使用或过久等其他原因需要测定时按下述步骤进行。

F.1 测定抗原效价

取用两份阳性血清(分别为强阳性和弱阳性血清)和一份阴性血清来测定抗原效价。

F.2 阴性血清和阳性血清稀释

用稀释液对阴性对照血清仅作1∶10稀释，阳性血清稀释成1∶10、1∶25、1∶50、1∶75和1∶100，5个稀释度。

F.3 稀释抗原

用稀释液将抗原稀释成1∶10、1∶50、1∶75、1∶100、1∶200、1∶300、1∶400和1∶500等稀释度。

F.4 加样

按表F.1加入各种成分，并经37 ℃～38 ℃ 20 min水浴2次。

表F.1 布鲁氏菌补体结合抗原效价测定

单位为微升

管号		1	2	3	4	5	6	7	8	9	对照	
											10	11
抗原	稀释倍数	10	50	75	100	150	200	300	400	500	补体对照	溶血素对照
	加入量	500	500	500	500	500	500	500	500	500	500	0
各种血清稀释度加入量		500	500	500	500	500	500	500	500	500	0	0
工作量补体		500	500	500	500	500	500	500	500	500	500	0
37 ℃～38 ℃水浴20 min												
二单位溶血素		500	500	500	500	500	500	500	500	500	500	500
2.5%红细胞		500	500	500	500	500	500	500	500	500	500	500
37 ℃～38 ℃水浴20 min												

F.5 记录抗原测定结果

从水浴中取出反应管，观察溶血百分数，记录结果。

例举范例如表 F.2。

表 F.2 布鲁氏菌补体结合抗原效价滴定结果(举例)

抗原稀释倍数		10	50	75	100	150	200	300	400	500
血清稀释倍数	10	100	0	0	0	0	0	0	0	0
	25	100	0	0	0	0	0	0	0	0
	50	100	10	0	0	0	0	0	10	20
	75	100	50	20	0	0	0	20	30	80
	100	100	80	50	20	10	20	80	80	100

F.6 抗原效价

抗原对阴性血清应完全溶血。对两份阳性血清各稀释度发生抑制溶血最强的抗原最高稀释度为抗原效价。

在正式试验时,抗原的稀释度应比测定的效价浓 25%。以表 F.2 为例,其效价为 1∶150,正式试验时按 1∶112.5 稀释使用。

附 录 G
（规范性附录）
酶联免疫吸附试验抗原包被板的制作

G.1 试剂与材料

G.1.1 菌株：流产布鲁氏菌 S 1119-3 或 S 99 菌株。

G.1.2 苯酚溶液：称取 90 g 苯酚溶于 10 mL 水中，混匀。

G.1.3 乙酸钠甲醇溶液：5 mL 饱和乙酸钠溶液中加入 495 mL 甲醇，混匀。

G.1.4 三氯乙酸

G.1.5 96 微孔聚苯乙烯板

G.2 仪器

恒温水浴锅、转速可达到 10 000 *g* 的低温离心机(4 ℃±1 ℃)、冰箱。

G.3 制作步骤

G.3.1 抗原提取

警示——以下操作应为在三级、四级生物安全实验室从事的高致病性病原微生物实验活动。遵从《病原微生物实验室生物安全管理条例》第二十一条。

以牛种布鲁氏菌为例：

提取光滑型布鲁氏菌脂多糖(sLPS)，将牛种布鲁氏菌 S 1119-3 或 S 99 株(G.1.1)干重 5 g 或湿重 50 g 菌细胞溶于 170 mL 蒸馏水中，加热到 66 ℃，然后加入 66 ℃ 190 mL 苯酚溶液(G.1.2)，在此温度下持续搅拌 15 min，冷却后在 4 ℃条件下以 10 000 *g* 离心 15 min。静止分层后吸弃下层棕红色的酚相，过滤(用 Whatman 1 号滤器)以去除大块菌体碎片。

加入 500 mL 饱和乙酸钠甲醇溶液(G.1.3)沉淀脂多糖。4 ℃孵育 2 h，10 000 *g* 离心 10 min，分离沉淀物。沉淀用 80 mL 蒸馏水搅拌 18 h，10 000 *g* 离心 10 min。上清液于 4 ℃保存。沉淀再悬浮于 80 mL 灭菌蒸馏水，于 4 ℃再搅拌 2 h。依上法离心获上清液，并与前述上清液混合。

随后，在 160 mL 粗制脂多糖中加入 8 g 三氯乙酸(G.1.4)。搅拌 10 min 后，离心除去沉淀，上清液以蒸馏水透析(换 2 次，每一次至少 4 000 mL)，然后冻干。

对冻干的脂多糖称重，以 1 mg/mL 的含量悬浮于抗原包被缓冲液(I.1)中，然后于冰浴中用大约 6 瓦超声裂解 3 次，每次 1 min。然后以 1 mL 量分装冻干，室温保存。

G.3.2 抗原的包被

冻干的脂多糖(G.3.1)重新溶解到 1 mL 蒸馏水中，再用抗原包被缓冲液(I.1)稀释到 0.5 μg/mL。用稀释后的脂多糖溶液包被 96 孔聚苯乙烯板(G.1.5)，每孔加 100 μL，加盖于 4 ℃温孵 18 h～24 h。孵育后，用 PBST1(I.2)洗涤微量板 4 次以去除未吸附的抗原。平板可直接使用，也可封起来，于－20 ℃冻存一年以上。用前于 37 ℃ 30 min～45 min 解冻。

附 录 H
（规范性附录）
酶标抗体的制备

H.1 酶标单克隆抗体的制备

用预定抗原免疫小鼠，通过杂交瘤技术获取分泌特异性单抗的杂交瘤细胞系，将此杂交瘤细胞免疫Balb/C小鼠，抽取小鼠腹水制备单克隆抗体(BM40)。

用此单克隆抗体与辣根过氧化物酶(HRP)偶联后，0.2 μm滤膜过滤，储存于2 ℃～8 ℃。使用时用酶标抗体稀释缓冲液(I.2)进行100倍稀释。

H.2 酶标多克隆抗体的制备

分离纯化青年牛(或羊)血清中IgG，以牛(或羊)IgG免疫新西兰兔，获得兔抗牛(或羊)IgG的血清，分离纯化，制备兔抗牛(或羊)IgG。将兔抗牛(或羊)IgG和辣根过氧化物酶(HRP)偶联后，0.2 μm滤膜过滤，储存于2 ℃～8 ℃。使用时用酶标抗体稀释缓冲液(I.2)进行100倍稀释。

附 录 I
(规范性附录)
酶联免疫吸附试验用试剂配制

I.1 抗原包被缓冲液(0.05 mol/L 的 pH 9.6 碳酸盐缓冲液)

称取 2.93 g 碳酸氢钠,1.59 g 碳酸钠,0.2 g 叠氮钠溶于 1 000 mL 蒸馏水中,混匀。121 ℃,30 min 高压灭菌,4 ℃冰箱保存备用,保存不超过 1 个月。

I.2 稀释缓冲液(0.01 mol/L 的 pH 7.2 磷酸盐缓冲体系 PBST1)

称取 1.4 g 磷酸氢二钠、0.20 g 磷酸二氢钾、8.50 g 氯化钠,量取 0.5 mL 吐温-20 溶于 1 000 mL 蒸馏水中,混匀。调节 pH 值至 7.2,121 ℃高压灭菌 30 min,待其冷却后加入 0.5 mL 吐温-20,混匀,4 ℃冰箱保存备用,保存不超过 1 个月。

I.3 洗涤缓冲液(0.01 mol/L 的 pH 7.2 磷酸盐缓冲体系 PBST2)

称取 1.4 g 磷酸氢二钠溶于 1 000 mL 蒸馏水中,混匀。调节 pH 值至 7.2,121 ℃高压灭菌 30 min,待其冷却后加入 0.1 mL 吐温-20,混匀,4 ℃冰箱保存备用,保存不超过 1 个月。

I.4 底物溶液(3%过氧化氢溶液)

量取 50 mL 30%过氧化氢原液溶于 450 mL 蒸馏水中,混匀,避光保存,现配现用。

I.5 底物缓冲液(pH 4.4 柠檬酸缓冲液)

称取 7.6 g 二水柠檬酸三钠、4.6 g 柠檬酸溶于 1 000 mL 蒸馏水中,混匀。调节 pH 值至 4.5,121 ℃高压灭菌 30 min。冷却后 4 ℃冰箱保存备用,保存不超过 1 个月。

I.6 显色液[0.16 mol/L ABTS(2,2-二氮-双(3-乙基苯并噻唑-6-磺酸))溶液]

称取 87.79 g ABTS 溶于 1 000 mL 蒸馏水中,混匀即为 0.16 mol/L 的 ABTS。121 ℃高压灭菌 30 min, 冷却后 4 ℃冰箱保存备用,保存不超过 1 个月。

使用时,将 100 μL 的 3%过氧化氢、500 μL 的 0.16 mol/L ABTS 加入 20 mL 底物缓冲液中,即得底物显色混合液(含 1.0 mmol/L 过氧化氢、4 mmol/L ABTS)。

I.7 终止液(0.5 mol/L 叠氮化钠)

称取 32.5 g 叠氮化钠溶于 1 000 mL 蒸馏水中,混匀,4 ℃冰箱保存备用,保存不超过 1 个月。

I.8 底物显色液[邻苯二胺(OPD)与过氧化氢混合溶液]

称取 30 mg 邻苯二胺溶于 75 mL 蒸馏水中,加入 30%过氧化氢 0.3 mL,混匀,现配现用。

I.9 终止液(0.5 mol/L 柠檬酸溶液)

称取 96.07 g 柠檬酸溶于 1 000 mL 蒸馏水中,混匀,4 ℃冰箱保存备用,保存不超过 1 个月。

附 录 J
（规范性附录）
布鲁氏菌培养基制作及病料采集

J.1 培养基

J.1.1 基础培养基配方

琼脂	15 g～20 g
蛋白胨	10 g
氯化钠	5 g
肉膏	5 g
加水	1 000 mL

上述成分混合，加热使琼脂溶化，然后调 pH 至 7.8，再将培养基分装三角瓶中，然后置 20 磅(1 磅≈0.006 89 MPa) 高压灭菌，顷刻间可析出大量盐类结晶，趁热过滤，再调 pH 至 7.4，10 磅高压 15 min。冷却后置 4 ℃冰箱备用。

J.1.2 血清葡萄糖培养基

将基础培养基(J.1.1)融化，冷却至 50 ℃，于其中加入除菌并灭活的正常马或小牛血清以及除菌和葡萄糖溶液，使血清的终浓度为 5%，葡萄糖的终浓度为 1%。

该培养基用于布鲁氏菌的纯培养。

J.1.3 选择培养基

在 1 000 mL 血清葡萄糖培养基中加入下列成分，即为选择培养基。

多黏菌素	5 mg
杆菌肽	25 mg
游霉素	50 mg
萘啶酸	5 mg
制霉菌素	17.7 mg
万古霉素	20 mg

若培养羊种布鲁氏菌，需 1 000 mL 血清葡萄糖培养基中加入下列成分：

多黏安乃近	7.5 mg
万古霉素	3 mg
呋喃妥因	10 mg
制霉菌素	17.7 mg
两性霉素 B	2.5 mg

选择培养基用于陈旧性病料和污染性病料的培养。

J.2 病料采集

警示——对本病剖检采样过程当中应当防止病原微生物扩散和人员感染。

对于出现布鲁氏菌病临床症状的动物，采集的样品包括流产的胎儿（胃内容物、脾、肺）、胎衣、阴道分泌物（阴道冲洗物）、奶、精液和关节液。死后采集样品的首选组织为网状内皮组织（乳头、乳腺、生殖器淋巴结、脾）、妊娠后期或生产后早期的子宫、乳腺。

附 录 K
（规范性附录）
结晶紫储备液配制方法

K.1 A 液：称取 2 g 结晶紫染料溶于 20 mL 无水乙醇中。

K.2 B 液：秤取 0.8 g 草酸铵溶于 80 mL 蒸馏水中。

K.3 A 液和 B 液充分混合后即为储备液。储备液应在密封瓶中保存，可使用 3 个月。

K.4 使用时用蒸馏水按 1∶40 稀释为工作液即可。

附 录 L
（规范性附录）
氧化酶试验试剂配制方法

警示——N,N-二甲基-1,4-苯二胺草酸盐具有毒性,有害健康。

L.1 取 1 mL 蒸馏水于带密封盖离心管中。

L.2 加入 N,N-二甲基-1,4-苯二胺草酸盐约 10 g。

L.3 盖好密封盖,震荡混匀,配制成氧化酶试剂。

L.4 实验时现用现配。

附 录 M
(规范性附录)
尿素酶活性试验培养基配方及制备方法

M.1 培养基配方

蛋白胨	1 g
氯化钠	5 g
磷酸氢二钾	2 g
葡萄糖	1 g
酚红	0.012 g
琼脂	10 g
尿素	20 g
蒸馏水	1 000 mL

M.2 制备方法

除葡萄糖、酚红和尿素外,其余各成分按比例混合加热溶解过滤,调 pH 为 6.9,加葡萄糖和酚红,高压灭菌 20 min 取出,冷却至 55 ℃,无菌加入尿素充分混匀,制备成平板或斜面培养基。

附 录 N
（规范性附录）
PCR 引物序列及电泳缓冲液

N.1 PCR 引物序列

N.1.1 上游引物：5'-ATCCTATTGCCCCGATAAGG-3'；下游引物：5'-GCTTCGCATTTTCACTG-TAGC-3'

N.1.2 上游引物：5'-GCGCATTCTTCGGTTATGAA-3'；下游引物：5'-CGCAGGCGAAAACAGC-TATAA-3'

N.1.3 上游引物：5'-TTTACACAGGCAATCCAGCA-3'；下游引物：5'-GCGTCCAGTTGTTGTT-GATG-3'

N.1.4 上游引物：5'-TCGTCGGTGGACTGGATGAC-3'；下游引物：5'-ATGGTCCGCAAGGT-GCTTTT-3'

N.1.5 上游引物：5'-GCCGCTATTATGTGGACTGG-3'；下游引物：5'-AATGACTTCACGGTCGT-TCG-3'

N.1.6 上游引物：5'-GGAACACTACGCCACCTTGT-3'；下游引物：5'-GATGGAGCAAACGCT-GAAG-3'

N.1.7 上游引物：5'-CAGGCAAACCCTCAGAAGC-3'；下游引物：5'-GATGTGGTAACGCACAC-CAA-3'

N.1.8 上游引物：5'-CGCAGACAGTGACCATCAAA-3'；下游引物：5'-GTATTCAGCCCCCGT-TACCT-3'

N.2 10 倍 TBE 缓冲液

N.2.1 组分

89 mmol/L Tris-硼酸，2.0 mmol/L EDTA，pH 8.0。

N.2.2 配制

称取 Tris 108 g，$Na_2EDTA \cdot 2H_2O$ 7.44 g，硼酸 55 g，置于 1 L 烧杯中，向烧杯中加入约 800 mL 蒸馏水，充分搅拌溶解，调 pH 至 8.0，加蒸馏水定容至 1 L，室温保存。

ICS 67.120.10
X 22

DB15

内 蒙 古 自 治 区 地 方 标 准

DB15/T 976—2019
代替 DB15/T 976—2016

锡 林 郭 勒 羊 肉

Xilingol mutton

2019-10-25 发布　　2020-01-25 实施

内蒙古自治区市场监督管理局　发 布

前　言

本标准按照GB/T 1.1—2009给出的规则起草。

本标准代替DB15/T 976—2016《锡林郭勒羊肉》，与DB15/T 976—2016相比，除编辑性修改外主要技术变化如下：

——增加了术语和定义(见第3章)；

——修改了品种(见4.4.1，2016年版的3.1.1)；

——增加了理化指标(见4.6)；

——增加了稳定同位素丰度值指标(见4.8)；

——修订了判定规则(见6.2.2.3，2016年版的5.3.2.3)；

本标准由内蒙古自治区食品检验检测中心提出。

本标准由内蒙古自治区肉制品标准化技术委员会(SAM/TC 03)归口。

本标准起草单位：内蒙古自治区食品检验检测中心、锡林郭勒职业学院、内蒙古科鸿科技服务有限责任公司、锡林郭勒盟食品药品检验检测和风险评估中心。

本标准主要起草人：张宏博、郭莉、范鑫、郭梁、贾祥坤、靳志敏、阿拉坦朝格兰、高智慧。

锡林郭勒羊肉

1 范围

本标准规定了锡林郭勒羊肉的技术要求、试验方法、检验规则及标识、包装、贮存和运输。

本标准适用于锡林郭勒盟行政辖区内草原地产羊肉。

2 规范性引用文件

下列文件对于本文件的应用是必不可少的。凡是注日期的引用文件，仅注日期的版本适用于本文件。凡是不注日期的引用文件，其最新版本(包括所有的修改单)适用于本文件。

GB/T 191 包装储运图示标志

GB/T 3822 乌珠穆沁羊

GB/T 4456 包装用聚乙烯吹塑薄膜

GB 4806.7 食品安全国家标准 食品接触用塑料材料及制品

GB 5009.11 食品安全国家标准 食品中总砷及无机砷的测定

GB 5009.12 食品安全国家标准 食品中铅的测定

GB 5009.15 食品安全国家标准 食品中镉的测定

GB 5009.17 食品安全国家标准 食品中总汞及有机汞的测定

GB 5009.44 食品安全国家标准 食品中氯化物的测定

GB 5009.123 食品安全国家标准 食品中铬的测定

GB 5009.124 食品安全国家标准 食品中氨基酸的测定

GB/T 6388 运输包装收发货标志

GB 7718 食品安全国家标准 预包装食品标签通则

GB/T 9695.19 肉与肉制品 取样方法

GB/T 17237 畜类屠宰加工通用技术条件

NY 467 畜禽屠宰卫生检疫规范

NY/T 2799 绿色食品 畜肉

DB15/T 428 苏尼特羊

DB15/T 975 畜产品牛羊肉中碳、氮同位素丰度比检测方法

DB15/T 1348 地理标志产品 察哈尔羊

3 术语和定义

下列术语和定义适用于本文件。

3.1

锡林郭勒羊肉 Xilingol Mutton

生长于锡林郭勒盟行政区域内的，符合GB/T 3822、DB15/T 428和DB15/T 1348规定的草原地产苏尼特羊、乌珠穆沁羊和察哈尔羊，根据相关法律、法规和标准的要求屠宰加工后的羊肉产品。

4 技术要求

4.1 原料要求

4.1.1 品种:乌珠穆沁羊、苏尼特羊、察哈尔羊。

4.1.2 饲养条件和方式:生长在锡林郭勒草原的天然草场上,自然放牧。

4.1.3 宰杀羊:经检验、检疫合格的羊。

4.2 屠宰加工要求

4.2.1 屠宰厂应满足 GB/T 17237 的规定,屠宰检疫按 NY 467 的规定执行。

4.2.2 采用吊挂断三管方式刺杀屠宰,放血完全,无瘀血。

4.2.3 剥皮、去头、蹄及内脏(包括肾脏),去腔动脉、乳房、生殖器、三腺(甲状腺、肾上腺、病变淋巴结)。

4.2.4 修割整齐,冲洗干净,无病变组织、无伤斑、无残留小片皮、无浮毛、无粪污、无胆污和泥污、无凝血块。

4.3 分割要求

4.3.1 按产品生产要求对部位肉进行分割包装。

4.3.2 卷羊肉中不应有碎骨、软骨。

4.4 冷冻加工

4.4.1 冷却羊肉,按照 NY 467 的规定执行。

4.4.2 冷冻羊肉,其深层中心温度不高于－15 ℃。

4.5 感官指标

感官指标应符合表 1 的规定。

表 1 感官指标

项目	鲜羊肉	冻羊肉
色泽	肌肉色泽鲜红或有光泽;脂肪呈乳白色	肌肉有光泽,色鲜艳;脂肪呈乳白色
弹性 (组织状态)	肌纤维致密,坚实,有弹性,指压后的凹陷立即恢复	肉质紧密,有坚实感,肌纤维韧性强
黏度	外表微干或有风干膜,不粘手	外表微干或有风干膜,或湿润不粘手
滋味、气味	具有新鲜羊肉正常气味。煮沸后肉汤透明澄清,脂肪团聚于液面,肉质口感鲜嫩。	具有羊肉正常气味。煮沸后肉汤透明澄清,脂肪团聚于液面,具有香气肉质口感鲜嫩
杂质	无肉眼可见杂质	无肉眼可见杂质

4.6 理化指标

4.6.1 理化指标应符合表 2 和表 3 的规定。

表 2 理化指标

项　　目	鲜、冻羊肉
水分/%	≤77
挥发性盐基氮/(mg/100 g)	≤15
铅(以 Pb 计)/(mg/kg)	≤0.2
总砷(以 As 计)/(mg/kg)	≤0.5
总汞(以 Hg 计)/(mg/kg)	≤0.05
镉(以 Cd 计)/(mg/kg)	≤0.1
铬(以 Cr 计)/(mg/kg)	≤1.0

4.6.2 氨基酸指标应符合表 3 规定。

表 3 氨基酸指标

项　　目	鲜、冻羊肉
谷氨酸/(g/100 g)	≥2.0
天冬氨酸/(g/100 g)	≥1.2
苏氨酸/(g/100 g)	≥0.5
蛋氨酸/(g/100 g)	≥0.3
赖氨酸/(g/100 g)	≥1.2
亮氨酸/(g/100 g)	≥0.5
异亮氨酸/(g/100 g)	≥0.5
苯丙氨酸/(g/100 g)	≥0.5
缬氨酸/(g/100 g)	≥0.7
色氨酸/(g/100 g)	≥1.0

4.7 卫生指标

4.7.1 微生物指标

按照 NY/T 2799 的规定执行。

4.7.2 兽药残留限量

按照 NY/T 2799 的规定执行。

4.8 稳定同位素丰度值指标

应符合表 4 规定。

表 4 稳定同位素丰度值指标

单位为百分比

项　目	指　标
δ 13C(干燥脱脂)	−18.00～−27.00
δ 15N(干燥脱脂)	3.50～12.00

5 试验方法

5.1 感官指标检验

5.1.1 色泽:目测。

5.1.2 黏度、弹性(组织状态):手触、目测。

5.1.3 滋味、气味:感官检验。

5.1.4 煮沸后的肉汤:按 GB 5009.44 的规定检验。

5.1.5 杂质:将被检样品置于白瓷盘中,凭目测检验其是否有肉眼可见杂质。

5.2 理化指标检验

5.2.1 水分:按 GB 18394 规定的方法测定。

5.2.2 挥发性盐基氮:按 GB 5009.44 规定的方法测定。

5.2.3 铅:按 GB 5009.12 规定的方法测定。

5.2.4 总砷:按 GB 5009.11 规定的方法测定。

5.2.5 总汞:按 GB 5009.17 规定的方法测定。

5.2.6 镉:按 GB 5009.15 规定的方法测定。

5.2.7 铬:按 GB 5009.123 规定的方法测定。

5.2.8 氨基酸:按 GB 5009.124 规定的方法测定。

5.3 卫生指标检验

5.3.1 微生物指标:按 NY/T 2799 规定的方法测定。

5.3.2 兽药残留限量:按 NY/T 2799 规定的方法测定。

5.4 稳定同位素丰度检验

按照 DB15/T 975 中规定的方法测定。

6 检验规则

6.1 组批

同一班次、同一规格的产品为一批。

6.2 抽样

按 GB/T 9695.19 的规定执行。

6.3 产品检验

6.3.1 出厂检验

6.3.1.1 每批出厂产品应经检验合格,出具检验合格证书方能出厂。

6.3.1.2 出厂检验项目为感官指标、标签和包装。

6.3.1.3 判定规则:感官指标有一项不合格时,应加倍抽样,如仍有不合格时,则判该批产品不合格。

6.3.2 型式检验

6.3.2.1 每年至少进行一次。有下列情况之一者,应进行型式检验:

——长期停产再恢复生产时;

——出厂检验结果与上次型式检验有较大差异时;

——国家质量监督行政主管部门提出型式检验要求时。

6.3.2.2 型式检验项目为本标准规定的全部项目。

6.3.2.3 判定规则:检测结果全部合格时则判该批产品合格。感官指标、氨基酸指标和同位素指标有一项不合格时,应加倍抽样复检,以复检结果为准,其他任何一项指标不合格则判该批产品不合格。

7 标识、包装、贮存和运输

7.1 标识

7.1.1 销售包装产品标签按 GB 7718 的规定执行。

7.1.2 运输包装上的图形标志应符合 GB/T 191 和 GB/T 6388 的规定。

7.2 包装

7.2.1 包装材料应干燥、无异味、符合食品卫生规定。

7.2.2 内包装材料应符合 GB 4806.7 和 GB/T 4456 的规定。

7.3 贮存

7.3.1 冷鲜羊肉应贮存在 0 ℃～4 ℃的温度条件下。

7.3.2 冷冻羊肉应贮存在－18 ℃的冷藏库,贮存不超过 12 个月。

7.4 运输

7.4.1 应使用清洁、干燥、无异味、符合食品卫生要求的冷藏车(箱)或保温车(箱)。

7.4.2 运输时不得与有毒、有害、有污染的物品混装、混运。

ICS 65.120.10
X 22

DB15

内蒙古自治区地方标准

DB15/T 1705—2019

“锡林郭勒羊肉”同位素丰度值检测方法

Determination of the isotopic abundance value in Xilingol mutton

2019-10-25 发布　　2020-01-25 实施

内蒙古自治区市场监督管理局　发布

前　言

本标准按照 GB/T 1.1—2009 给出的规则起草。

本标准由内蒙古自治区食品检验检测中心提出。

本标准由内蒙古自治区肉制品标准化技术委员会(SAM/TC 03)归口。

本标准起草单位:内蒙古自治区食品检验检测中心、锡林郭勒盟食品药品检验检测和风险评估中心、内蒙古科鸿科技服务有限责任公司、锡林郭勒职业学院。

本标准主要起草人:郭莉、张宏博、郭梁、张彦斌、郭元晟、李艳春、高岩、雅梅。

“锡林郭勒羊肉”同位素丰度值检测方法

1 范围

本标准规定了“锡林郭勒羊肉”中碳、氮同位素丰度比检测原理、仪器、设备与试剂和方法。

本标准适用于“锡林郭勒羊肉”中碳、氮同位素丰度比的测定。

2 规范性引用文件

下列文件对于本文件的应用是必不可少的。凡是注日期的引用文件,仅注日期的版本适用于本文件。凡是不注日期的引用文件,其最新版本(包括所有的修改单)适用于本文件。

GB/T 6682 分析实验室用水规格和试验方法

3 原理

羊肉经过粉碎,索氏提取脱脂干燥后,根据不同羊肉中 $\delta^{13}C$、$\delta^{15}N$ 值具有显著性差异的特性,采用稳定同位素质谱仪(配有元素分析仪)测定脱脂羊肉中稳定性碳、氮同位素。通过检测羊肉中碳、氮同位素并计算其丰度值,确定羊肉的产地范围。

4 仪器、设备与试剂

4.1 稳定同位素质谱仪(配有元素分析仪)。

4.2 干燥箱:可控温 103 ℃±2 ℃。

4.3 分析天平:感量 0.000 1 g。

4.4 绞肉机:多孔板的孔径不超过 4 mm 的绞肉机。

4.5 索氏抽提器:接收瓶体积为 250 mL。

4.6 100 目筛。

4.7 称量瓶:直径不小于 40 mm。

4.8 石油醚(30 ℃~60 ℃沸程)。

4.9 滤纸筒:经脱脂。

4.10 脱脂棉。

4.11 锡箔杯。

4.12 铝杯。

4.13 粉碎机。

5 分析方法

5.1 试样前处理

从肉样样品中取出部分瘦肉,用绞肉机(4.4)绞碎。用铝杯(4.12)称取 3 g~5 g 试样,置于干燥箱(4.2)中完全干燥后,用手捏碎成块状,移入滤纸筒(4.9)中(上面用绵覆盖)。用石油醚(4.8)和索氏抽提器(4.5)将滤纸筒中样品脱脂6 h～8 h,收集剩余残渣(主要成分为粗蛋白)于铝杯(4.12)中,在干燥箱(4.2)中烘干。将烘干后样品冷却,用粉碎机(4.13)粉碎成粉状,过100目筛(4.6)后,收集备用。

5.2 同位素测定

5.2.1 稳定同位素质谱仪工作参数

5.2.1.1 元素分析仪:进样器氦气吹扫流量为200 mL/min,燃烧炉温度为1 000 ℃,还原炉温度为650 ℃,载气He流量为90 mL/min～100 mL/min。

5.2.1.2 Conflo Ⅲ 条件设定:He稀释压力为0.6 bar,CO_2参考气压力为0.6 bar,N_2参考气压力为1.0 bar。

5.2.1.3 质谱仪条件:用USGS24($\delta^{13}C_{PDB}=-16.00‰$)标定$CO_2$钢瓶,用IAEAN($\delta^{15}N_{air}=0.4‰$)标定$CO_2$钢瓶,用标定的钢瓶器作为标准。

5.2.2 样品测定

称取适量6.1备用样品放入锡箔杯(4.10)中(称样量由仪器峰值大小决定),通过元素分析仪进行测定稳定性碳、氮同位素。每个样品重复测定3次,碳、氮同位素的测定精度均为0.2‰。

5.2.3 结果计算

稳定性碳、氮同位素比率分别用$\delta^{13}C$ ‰、$\delta^{15}N$ ‰表示,其中$\delta^{13}C$的相对标准为V-PDB,$\delta^{15}N$的相对标准为空气。见式(1)。

$$\delta^{15}‰=(R_{样品}/R_{标准}-1)\times 1\ 000 \quad \cdots\cdots(1)$$

式中:

R——重同位素原子丰度与轻同位素原子丰度之比,即$^{13}C/^{12}C$、$^{15}N/^{14}N$。

6 精密度

在重复性条件下获得的两次独立测定结果的绝对差值不得超过算术平均值的20%。

赤峰小米标准体系

内蒙古自治区市场监督管理局◎编著

中国质量标准出版传媒有限公司
中 国 标 准 出 版 社

北 京

图书在版编目(CIP)数据

赤峰小米标准体系/内蒙古自治区市场监督管理局编著.—北京:中国标准出版社,2020.6
(内蒙古自治区高标准体系建设项目系列图书)
ISBN 978-7-5066-9573-2

Ⅰ.①内…　Ⅱ.①内…　Ⅲ.①谷子—质量管理—标准体系—赤峰　Ⅳ.①S515-65

中国版本图书馆 CIP 数据核字(2020)第 044455 号

中国标准出版社出版发行
北京市朝阳区和平里西街甲 2 号(100029)
北京市西城区三里河北街 16 号(100045)
网址 www.spc.net.cn
总编室:(010)68533533　发行中心:(010)51780238
读者服务部:(010)68523946
中国标准出版社秦皇岛印刷厂印刷
各地新华书店经销
*
开本 880×1230 1/16　印张 4.75　字数 147 千字
2020 年 6 月第一版　2020 年 6 月第一次印刷
*
定价(全十册) 225.00 元

图书编委会

本书编写组

主　　编　白清元

执行主编　冯　晔

副 主 编　董玉霞　刘保华　贾双文　张国庆　薛德凯
　　　　　刘亚春　陈伯明　李明文

成　　员　胡彩虹　朱晓春　张　铎　蒋　柠　籍江波
　　　　　王树凡　张海江　吕燕卿　宋晓蕾

序言

“中国将积极实施标准化战略，以标准助力创新发展、协调发展、绿色发展、开放发展、共享发展”“中国高度重视标准化工作，积极推广应用国际标准，以高标准助力高技术创新，促进高水平开放，引领高质量发展”。习近平总书记在庆祝第39届国际标准化组织（ISO）大会、第83届国际电工委员会（IEC）大会开幕的贺信中，对标准及实施标准化战略的重要性作出了精辟阐述，为新形势下推动标准化工作持续健康发展提供了重要指引。实践证明，标准化在支撑产业发展、促进科技进步、推进国家治理能力现代化等方面的基础性、战略性作用越发凸显。

2019年是全面贯彻落实习近平总书记“扎实推动经济高质量发展”承上启下的关键一年，内蒙古自治区市场监管局协调有关行业部门、企事业单位，立足实际，围绕标准引领、质量提升、品牌培育重点工作积极作为，大力实施标准化战略，持续推进标准提升，深化标准化工作改革和创新，聚焦关键、突出重点，努力为全区高质量发展作出更大贡献。针对自治区标准体系建设不完善、高水平标准少的实际，内蒙古自治区市场监督管理局出台《内蒙古自治区标准化提升行动计划（2018—2020年）》，开展第一批锡林郭勒羊肉等11项特色产业高标准体系建设项目，共梳理出各类标准429项，提出立项标准建议156项，开展高标准体系试点示范项目14个，为9个产业的“蒙”字标产品认证要求及团体标准制定提供了技术支撑。经过努力，自治区标准化工作成效显著：截至2019年10月，全区累计建成标准化试点示范项目384个，主导或参与制修订各类标准3 900多项，组织制定了稀土和纺织行业国际标准、大型矿用自卸车国家标准、羊产业团体标准等；全面推进标准国际化，内蒙古标准化院建立了“蒙古国标准化（内蒙古）研究中心”，聚焦“一带一路”建设，加强标准化合作研究；包头市政府开展了“标准国际化创新型城市”创建工作；与中建集团共同推动中国7项标准被蒙古国互认、举办第3届中蒙博览会中蒙经贸活动标准化论坛、承办国际标准化组织ISO/TC 275的2019年全体会议，进一步扩大了自治区对中蒙俄标准化研究的国际影响力。

建设适应高质量发展的标准体系是今后标准化工作的重中之重。围绕自治区优势特色产业，立足高质量高效益，制定全产业链的高标准体系将成为市场监管部门和各行业主管部门、有关企事业单位的重要职责任务。这套《内蒙古自治区高标准体系建设项目系列图书》的编印

是自治区建设高标准体系工作的一个开端。自治区及各盟市市场监督管理部门、标准化工作战线的同志们要锐意进取、开拓创新，以推动高质量发展为动力，积极构建支撑高质量发展的标准体系；要不断挖掘内蒙古优势特色产业，加快制定一批亟需的高水平标准，让高标准成为高质量发展的“引擎”，助推“蒙”字标等质量品牌建设；要瞄准国际国内先进标准，选择重点行业、重点企业开展对标达标活动，推动自治区优势特色技术标准成为国家标准或国际标准；要加强标准实施与监督，建立健全标准评价机制，进一步发挥标准化项目的辐射带动作用，助推内蒙古自治区经济高质量发展。

编著者

2020 年 5 月

前言

2019年是“标准体系建设”之年，加快建设推动高质量发展的标准体系是标准化工作的重中之重。内蒙古自治区市场监督管理局深入开展“标准化提升行动”，不断提升标准水平，完善标准体系，助力高质量发展。

2019年7月，自治区市场监管局与自治区农牧厅、林草局联合下发《关于开展2019年自治区农牧业产业标准体系建设项目的通知》（内市监标准字〔2019〕163号）和《关于开展2019年林草产业标准体系建设项目的通知》（内市监标准字〔2019〕164号），紧紧围绕自治区特色农林牧产业开展标准体系建设。各相关盟市旗县政府、科研机构、高校、龙头企业、专业技术人员等广泛参与，保证了标准体系的科学性、合理性和先进性。

这是自治区第一批高标准体系建设项目，本着“从田间到餐桌”全产业链的标准化要求，覆盖了产品种（养）植的地域、环境要求、品种和种养加工过程控制、产品品质和储运包装等关键环节。立足高质量要求，体现原料天然无污染、种养过程绿色有机、产品品质优质等要素，为促进产业高质量发展、打造“蒙”字标区域公用品牌提供了标准化支撑。

本书将兴安盟大米、呼伦贝尔牛肉、乌兰察布马铃薯、科尔沁牛肉、锡林郭勒羊肉、赤峰小米、呼伦贝尔羊肉、河套小麦、内蒙古大兴安岭黑木耳、通辽黄玉米10个产业标准体系及相关标准集结成册，旨在方便生产、加工、检测、认证人员及广大读者使用，以更好地指导实践。在本丛书编写过程中得到了相关部门、企业和多位专家的大力支持，在此表示衷心感谢！由于编写水平和时间有限，书中内容难免会有错漏，恳请读者提出宝贵意见，以便我们改进和完善。

编著者

2020年5月

目录

赤峰小米标准体系框架图 // 1

赤峰小米标准体系明细表 // 3

赤峰小米标准体系标准统计表 // 7

肆 赤峰小米标准体系关键标准 // 9

DB15/T 1733—2019 “赤峰小米”谷子产地环境要求 // 10

DB15/T 1734—2019 “赤峰小米”谷子品种要求 // 15

DB15/T 1735—2019 “赤峰小米”谷子栽培技术规程 // 22

DB15/T 1736—2019 “赤峰小米”加工操作技术规范 // 29

DB15/T 1738—2019 “赤峰小米”产品包装规范 // 39

DB15/T 1739—2019 “赤峰小米”仓储运输规范 // 43

DB15/T 1737—2019 赤峰小米 // 48

DB15/T 1740—2019 “赤峰小米”市场调查服务规范 // 55

DB15/T 1741—2019 “赤峰小米”销售管理规范 // 62

壹

赤峰小米标准体系框架图

赤峰小米
标准体系
01 通用基础
02 产地环境
03 品种
04 生产种植
05 加工
06 包装与标识
07 仓储运输
08 销售
09 产品
10 追溯
11 顾客服务

贰

赤峰小米标准体系明细表

序号	标准名称	标准编号	级别	实施日期	状态
01　通用基础					
1	农产品基本信息描述　谷物类	GB/T 37110—2018	国家标准	2019-07-01	现行
2	粮油名词术语 粮食、油料及其加工产品	GB/T 22515—2008	国家标准	2019-01-20	现行
3	粮油检验　一般规则	GB/T 5490—2010	国家标准	2011-01-01	现行
4	粮食作物名字　术语	NY/T 1961—2010	行业标准	2011-02-01	现行
5	粮食信息术语　仓储	LS/T 1801—2016	行业标准	2016-10-01	现行
02　产地环境					
1	“赤峰小米”谷子产地环境要求	DB15/T 1733—2019	地方标准	2019-12-05	现行
03　品种					
1	“赤峰小米”谷子品种要求	DB15/T 1734—2019	地方标准	2019-12-05	现行
04　生产种植					
1	“赤峰小米”谷子栽培技术规程	DB15/T 1735—2019	地方标准	2019-12-05	现行
05　加工					
1	食品安全国家标准 谷物加工卫生规范	GB 13122—2016	国家标准	2017-12-23	现行
2	“赤峰小米”加工操作技术规范	DB15/T 1736—2019	地方标准	2019-12-05	现行
06　包装与标识					
1	食品安全国家标准 预包装食品标签通则	GB 7718—2011	国家标准	2012-04-20	现行
2	食品安全国家标准 预包装食品营养标签通则	GB 28050—2011	国家标准	2013-01-01	现行
3	“赤峰小米”产品包装规范	DB15/T 1738—2019	地方标准	2019-12-05	现行
07　仓储运输					
1	农作物种子贮藏	GB/T 7415—2008	国家标准	2008-12-01	现行
2	食品安全国家标准 原粮储运卫生规范	GB 22508—2016	国家标准	2017-12-23	现行
3	“赤峰小米”仓储运输规范	DB15/T 1739—2019	地方标准	2019-12-05	现行
08　销售					
1	“赤峰小米”销售管理规范	DB15/T 1741—2019	地方标准	2019-12-05	现行
09　产品					
1	食品安全国家标准　粮食	GB 2715—2016	国家标准	2017-06-23	现行
2	绿色食品　粟米及粟米粉	NY/T 893—2014	行业标准	2015-01-01	现行
3	绿色食品产品抽样准则	NY/T 896—2015	行业标准	2015-08-01	现行
4	绿色食品产品检验规则	NY/T 1055—015	行业标准	2009-01-01	现行
5	赤峰小米	DB15/T 1737—2019	地方标准	2019-12-05	现行

序号	标准名称	标准编号	级别	实施日期	状态
10　追溯					
1	农产品质量安全追溯操作规程　通则	NY/T 1761—2009	行业标准	2009-05-20	现行
11　顾客服务					
1	“赤峰小米”市场调查服务规范	DB15/T 1740—2019	地方标准	2019-12-05	现行

叁

赤峰小米标准体系标准统计表

序号	标准类别	标准数量/项			
		国家标准	行业标准	地方标准	总计
1	通用基础	3	2	0	5
2	产地环境	0	0	1	1
3	品种	0	0	1	1
4	生产种植	0	0	1	1
5	加工	1	0	1	2
6	包装与标识	2	0	1	3
7	仓储运输	2	0	1	3
8	销售	0	0	1	1
9	产品	1	3	1	5
10	追溯	0	1	0	1
11	顾客服务	0	0	1	1
合计		9	6	9	24

肆

赤峰小米标准体系关键标准

ICS 65.020.20
B 22

DB15

内蒙古自治区地方标准

DB15/T 1733—2019

“赤峰小米”谷子产地环境要求

Demands of environmental quality for “Chifeng Millet”

2019-11-05 发布　　2019-12-05 实施

内蒙古自治区市场监督管理局　发布

前　言

本标准按照 GB/T 1.1—2009 给出的规则起草。

本标准由赤峰市市场监督管理局提出。

本标准由内蒙古自治区农业标准化技术委员会(SAM/TC 20)归口。

本标准起草单位:赤峰市农畜产品质量安全监督站、赤峰市农业技术服务中心、宁城县农牧局、赤峰市产品质量计量检测所。

本标准主要起草人:王军、李艳丽、呼德日扎干、毛新颖、苑喜军、王向红、曹立娜、王慧明、方相伟、周乐、代秋波。

“赤峰小米”谷子产地环境要求

1 范围

本标准规定了“赤峰小米”谷子生态环境、空气质量、农田灌溉水质、土壤质量、采样和监测方法的要求。

本标准适用于“赤峰小米”谷子产地。

2 规范性引用文件

下列文件对于本文件的应用是必不可少的。凡是注日期的引用文件，仅注日期的版本适用于本文件。凡是不注日期的引用文件，其最新版本(包括所有的修改单)适用于本文件。

GB/T 6920 水质 pH 值的测定 玻璃电极法

GB/T 7467 水质 六价铬的测定 二苯碳酰二肼分光光度法

GB/T 7475 水质 铜、锌、铅、镉的测定 原子吸收分光光度法

GB/T 7484 水质 氟化物的测定 离子选择电极法

GB/T 7485 水质 总砷的测定 二乙基二硫代氨基甲酸银分光光度法

GB/T 17138 土壤质量 铜、锌的测定 火焰原子吸收分光光度法

GB/T 17141 土壤质量 铅、镉的测定 石墨炉原子吸收分光光度法

GB/T 22105.1 土壤质量 总汞、总砷、总铅的测定 原子荧光法 第1部分:土壤中总汞的测定

GB/T 22105.2 土壤质量 总汞、总砷、总铅的测定 原子荧光法 第2部分:土壤中总砷的测定

NY/T 53 土壤全氮测定法(半微量开氏法)

NY/T 391 绿色食品 产地环境质量

NY/T 889 土壤速效钾和缓效钾含量的测定

NY/T 1054 绿色食品 产地环境调查、监测与评价规范

NY/T 1121.5 土壤检测 第5部分:石灰性土壤阳离子交换量的测定

NY/T 1121.6 土壤检测 第6部分:土壤有机质的测定

NY/T 1377 土壤中 pH 的测定

HJ 491 土壤和沉积物 铜、锌、铅、镍、铬的测定 火焰原子吸收分光光度法

HJ 597 水质 总汞的测定 冷原子吸收分光光度法

HJ 637 水质 石油类和动植物油类的测定 红外分光光度法

HJ 704 土壤 有效磷的测定 碳酸氢钠浸提-钼锑抗分光光度法

HJ 828 水质 化学需氧量的测定 重铬酸盐法

3 生态环境要求

“赤峰小米”谷子种植应选择赤峰市行政区域内生态环境良好、无污染的地区。

4 空气质量要求

空气质量应符合 NY/T 391 要求。

5 农田灌溉水质要求

农田灌溉水质应符合表 1 要求。

表 1 农田灌溉水质要求

项目	灌溉水质要求	检测方法
pH	7.5～8.5	GB/T 6920
总汞/(mg/L)	≤0.000 5	HJ 597
总镉/(mg/L)	≤0.001	GB/T 7475
总砷/(mg/L)	≤0.001	GB/T 7485
总铅/(mg/L)	≤0.01	GB/T 7475
六价铬/(mg/L)	≤0.01	GB/T 7467
氟化物/(mg/L)	≤0.35	GB/T 7484
化学需氧量(CODcr)/(mg/L)	≤45	HJ 828
石油类/(mg/L)	≤0.001	HJ 637

6 土壤质量要求

6.1 土壤环境质量要求

土壤环境质量应符合表 2 要求，土壤 pH 测定应根据 NY/T 1377 的要求。

表 2 土壤环境质量要求

项目	土壤质量要求	检测方法
总镉/(mg/kg)	≤0.1	GB/T 17141
总汞/(mg/kg)	≤0.01	GB/T 22105.1
总砷/(mg/kg)	≤12	GB/T 22105.2
总铅/(mg/kg)	≤30	GB/T 17141
总铬/(mg/kg)	≤70	HJ 491
总铜/(mg/kg)	≤45	GB/T 17138

6.2 土壤肥力要求

土壤肥力应符合表 3 要求。

表3 土壤肥力要求

项目	土壤肥力要求	检测方法
有机质/(g/kg)	＞10.00	NY/T 1121.6
全氮/(g/kg)	＞0.50	NY/T 53
有效磷/(mg/kg)	＞3.00	HJ 704
速效钾/(mg/kg)	＞60	NY/T 889
阳离子交换量/(cmol(+)/kg)	＞8.00	NY/T 1121.5

7 采样和监测方法

环境空气、农田灌溉水、土壤质量采样和监测按照NY/T 1054执行。

ICS 65.020.01
B 22

DB15

内蒙古自治区地方标准

DB15/T 1734—2019

“赤峰小米”谷子品种要求

Regulations for requirements of foxtail millet variety for “Chifeng Millet”

2019-11-05 发布　　2019-12-05 实施

内蒙古自治区市场监督管理局　发布

前　言

本标准按照 GB/T 1.1—2009 给出的规则起草。

本标准由赤峰市市场监督管理局提出。

本标准由内蒙古自治区农业标准化技术委员会(SAM/TC 20)归口。

本标准起草单位:赤峰市农牧科学研究院、赤峰农业技术服务中心、赤峰市种子站、赤峰市农畜产品质量安全监督站、内蒙古禾为贵农业发展(集团)有限公司、赤峰市产品质量计量检测所。

主要起草人:柴晓娇、王显瑞、沈铁男、付颖、刘艳春、张On、白晓雷、付金宁、李海东、李小平、李艳丽、王向红、辛海波、于向生、吕永利、郑博天。

“赤峰小米”谷子品种要求

1 范围

本标准规定了“赤峰小米”谷子品种的术语和定义、生产范围、初级分类、谷子品种特异性、一致性和稳定性(以下简称“DUS”)判定、谷子品种要求、品质要求、检验方法、检验规则、标签标志、包装储存和运输。

本标准适用于生产加工“赤峰小米”的谷子品种。

2 规范性引用文件

下列文件对于本文件的应用是必不可少的。凡是注日期的引用文件,仅注日期的版本适用于本文件。凡是不注日期的引用文件,其最新版本(包括所有的修改单)适用于本文件。

GB/T 191　包装储运图示标志

GB/T 3543　农作物种子检验规程

GB/T 3543.2　农作物种子检验规程　扦样

GB 4404.1　粮食作物种子　第1部分:禾谷类

GB/T 7414　主要农作物种子包装

GB 20464　农作物种子标签通则

NY/T 611　农作物种子定量包装

NY/T 2425　植物新品种特异性、一致性和稳定性测试指南　谷子

3 术语和定义

下列术语和定义适用于本文件。

3.1

“赤峰小米”谷子品种

在赤峰市行政区域内选用的特定优质谷子品种。

4 生产范围

“赤峰小米”谷子品种的种子生产范围限于赤峰市行政区域内。

5 初级分类

对“赤峰小米”谷子品种初级分类为:黄金苗系列、毛毛谷系列、红谷系列、赤谷系列等,具体见附录A。

6 DUS 测定

6.1 特异性判定

应明显区别于所有已知品种。

6.2 一致性判定

采用1%的群体标准和至少95%的接受概率,当观测群体大小为300～329株时,最多可允许有6株异形株;当观测群体为545～618株时(两个重复),最多可允许有10个异形株。

6.3 稳定性的判定

如果一个品种具备一致性,则可认为该品种具备稳定性。必要时,可以种植该品种的下一代种子或另一批种子,与以前提供的繁殖材料相比,若性状表达无明显变化,则可判定该品种具备稳定性。杂交种的稳定性除直接对杂交种本身进行测试外,还可以通过测试其亲本的一致性或稳定性进行判定。

7 "赤峰小米"谷子品种要求

7.1 产地环境要求

7.1.1 地理环境

适宜在北纬41°17′10″～北纬45°24′15″的赤峰地区,海拔300 m～1 500 m,15°以下缓坡地、旱坡地及能排洪涝的水地范围内种植。

7.1.2 土壤条件

以栗钙土、褐土、砂质壤土等土质疏松、透气性良好的中性或弱碱性土壤为宜。土壤有机质含量大于等于10.0 g/kg、碱解氮大于等于100 mg/kg、有效磷大于等于25 mg/kg、速效钾大于等于150 mg/kg、pH为7.0～8.5。茬口以豆类和马铃薯为宜,避免重茬或迎茬。

7.1.3 日照

年均日照:2 700 h～3 100 h。

7.1.4 气温

大于等于10 ℃的活动积温2 400 ℃以上,年平均气温0 ℃～7 ℃,无霜期95 d～125 d。

7.2 农艺性状要求

生育期在95 d～125 d之间;株高90 cm～150 cm;产量大于等于260.0 kg/亩。[1)]抗倒伏能力1级以上;白发病、锈病、纹枯病、谷瘟病等谷子常见病害抗性达到中抗以上。

---

1) 1亩≈666.7 m^2。

8 品质要求

8.1 外观形态指标

外观形态指标应符合表1的规定。

表1 外观形态指标

品种系列	项目	
	色泽	粒形
黄金苗系列	谷壳色白色或浅黄色,无明显色差	颗粒均匀饱满,呈椭圆形或圆形
毛毛谷系列	谷壳色白色,无明显色差	颗粒均匀饱满,较小,呈椭圆形
红谷系列	谷壳色红色,无明显色差	颗粒均匀饱满,呈圆形
赤谷系列	谷壳色白色或浅黄色,无明显色差	颗粒均匀饱满,颗粒大,呈圆形或椭圆形

8.2 种子质量指标

种子质量指标应符合GB 4404.1标准,具体指标见表2。

表2 种子质量指标

项目	种子类别	纯度不低于 %	净度 %	发芽率不低于 %	水分不高于 %
谷子	原种	99.8	98.0	85.0	13.0
	大田用种	98.0			

8.3 适口性品质指标

应为中国作物学会粟类作物专业委员会举办的全国优质食用粟评选中获得二级优质米以上且登记,并适宜在赤峰地区种植的谷子品种或赤峰地区主栽的优质农家谷子品种。

9 检验方法

9.1 外观形态指标

9.1.1 扦样、分样按GB/T 3543.2规定执行。

9.1.2 粒形、透明度:将样品置于洁净的白瓷盘中目测。

9.2 净含量

按NY/T 611规则执行。

10 检验规则

按GB/T 3543规程执行。

11 标签、标志

11.1 标签:标签应符合 GB 20464 通则的要求。

11.2 标志:外包装箱的包装储运图示标志应符合 GB/T 191 的规定。

12 包装、储存和运输

12.1 包装

按 GB 7414 规定执行。

12.2 储存

应储仓库应满足通风、干燥、清洁、阴凉、无鼠害、无虫害、无阳光直射的要求,不得与有毒有害有异味物质或水分较高的物质混存。

12.3 运输

运输过程中应注意防雨、防潮、防污染,不得与其他有毒物质混运。

附 录 A
（资料性附录）
谷子品种分类

A.1 “赤峰小米”谷子品种初级分类：

——黄金苗系列：黄八杈、大金苗、小金苗、赤优金谷、赤优金苗系列、金苗K系列、敖谷金苗等；

——毛毛谷系列：毛毛谷等；

——红谷系列：赤优红谷、峰红系列、红谷K系列、敖汉红谷、敖红谷等；

——赤谷系列：赤谷8号、赤谷10号、峰谷系列、赤谷K系列、峰优谷系列、中敖谷系列等。

A.2 “赤峰小米”谷子品种应为中国作物学会粟类作物专业委员会举办的全国优质食用粟评选中获得二级优质米以上且登记，并适宜在赤峰地区种植的谷子品种或赤峰地区主栽的优质农家谷子品种。

ICS 65.020.20
B 22

DB15

内蒙古自治区地方标准

DB15/T 1735—2019

“赤峰小米”谷子栽培技术规程

Technical Regulation for Cultivation of Foxtail millet for “Chifeng Millet”

2019-11-05 发布　　2019-12-05 实施

内蒙古自治区市场监督管理局　发布

前　　言

本标准按照 GB/T 1.1—2009 给出的规则起草。

本标准由赤峰市市场监督管理局提出。

本标准由内蒙古自治区农业标准化技术委员会(SAM/TC 20)归口。

本标准起草单位:赤峰市农业技术服务中心、赤峰市农牧科学研究院、赤峰市农畜产品质量安全监督站、敖汉旗农牧局、翁牛特旗农牧局、赤峰市松山区农牧局。

本标准主要起草人:王春民、刘景秀、洪钟、闫立伟、孙凯旭、刘慧军、张建军、柴晓娇、刘艳春、辛冬斌。

“赤峰小米”谷子栽培技术规程

1 范围

本标准规定了“赤峰小米”谷子种植的基础条件、播前准备、播种、田间管理、害虫防治、收获和清除残膜等技术内容。

本标准适用于赤峰市行政区域内谷子种植。

2 规范性引用文件

下列文件对于本文件的应用是必不可少的。凡是注日期的引用文件，仅注日期的版本适用于本文件。凡是不注日期的引用文件，其最新版本(包括所有的修改单)适用于本文件。

GB/T 8232 粟

GB 13735 聚乙烯吹塑农用地面覆盖薄膜

GB/T 35795 全生物降解农用地面覆盖薄膜

NY/T 393 绿色食品 农药使用准则

NY/T 394 绿色食品 肥料使用准则

DB15/T 1734 “赤峰小米”谷子品种要求

3 基础条件

3.1 气候条件

无霜期 95 d～125 d，年有效积温大于等于 2 400 ℃，年降雨量在 300 mm 以上。

3.2 土壤条件

土层厚度大于等于 30 cm，有机质含量大于等于 10.0 g/kg，坡度小于等于 15%，并符合 GB 15618 要求。

4 播前准备

4.1 选地

选择前茬为豆类、马铃薯、玉米、高粱等地块，避免重茬、迎茬。

4.2 整地

上茬作物收获后至土壤封冻前或谷子播种前 10 d～15 d，灭茬并深耕 25 cm 以上，耕后耙、耢、镇压，疏松土壤，达到上平下碎。结合整地每 667 m^2 施腐熟农家肥 1 000 kg 以上。

4.3 地膜选择

选择厚度≥0.010 mm 的地膜或者降解膜，幅宽 80 cm～90 cm、120 cm～130 cm，并符合

GB 13735、GB/T 35795 要求。

4.4 品种选择

选用生育期适宜、优质、抗逆并经登记通过的品种，并符合 DB 15/T 1734 及 GB/T 8232 要求。

4.5 种子处理

种子进行包衣处理，可用 35%甲霜灵种子处理干粉剂及 70%噻虫嗪种子处理可分散粉剂，按种子量 0.3%拌种，防治白发病和地下害虫。种衣剂使用符合 NY/T 393 要求。

5 播种

5.1 播期

5 月上旬开始，5 cm 耕层地温稳定通过 8 ℃～10 ℃时播种。

5.2 播量

5.2.1 露地种植

每 667 m^2 播量 0.2 kg～0.3 kg。

5.2.2 半膜膜下滴灌种植

每 667 m^2 播量 0.15 kg～0.2 kg。

5.2.3 全膜覆盖种植

每 667 m^2 播量 0.15 kg～0.2 kg。

5.3 种植模式

5.3.1 露地种植

匀垄开沟种植，行距 40 cm～45 cm。

5.3.2 半膜膜下滴灌种植

大小垄种植，大垄宽 60 cm～70 cm，小垄宽 40 cm，穴距 16.5 cm，每 667 m^2 播种 0.75～0.8 万穴。每穴 2～3 株。

5.3.3 全膜覆盖种植

大小垄种植，大垄宽 60 cm～70 cm，小垄宽 40 cm，穴距 16.5 cm，每 667 m^2 播种 0.75～0.8 万穴。每穴 2～3 株。

5.4 播种方法

5.4.1 露地种植

用谷子精量播种机一次性完成开沟、施肥、播种、镇压等作业，播种深度 4 cm～5 cm。

5.4.2 半膜膜下滴灌种植

5.4.2.1 半膜膜下滴灌沟播模式选用膜下滴灌精量播种机一次性完成开沟起垄、侧深施肥、铺滴灌带、覆膜、破膜穴播、覆土镇压等作业程序。
5.4.2.2 半膜膜下滴灌平播模式采用施肥点播机一次性完成开沟、侧深施肥、标准覆膜、破膜穴播、覆土镇压等作业程序。二种模式播种深度均为 3 cm～5 cm。

5.4.3 全膜覆盖种植

用全膜覆盖精量播种机沟播种植，一次性完成开沟、起垄、施肥、覆膜、破膜穴播、镇压等作业程序，播种深度 3 cm～5 cm。

5.5 施肥

5.5.1 肥料要求

肥料使用应符合 NY/T 394 要求。

5.5.2 露地种植

结合播种，每 667 m^2 施 64%磷酸二铵 5 kg～7.5 kg，46%尿素 1 kg～1.5 kg，50%硫酸钾 4 kg～5 kg 做种肥，施肥深度 8 cm～10 cm。

5.5.3 半膜膜下滴灌种植

5.5.3.1 推荐配方：结合播种，每 667 m^2 按 50%配方肥即 20-20-10(N-P_2O_5-K_2O)25 kg～30 kg。施肥深度 8 cm～10 cm。
5.5.3.2 常规配方：结合播种，每 667 m^2 施用 46%尿素 10 kg～15 kg，64%磷酸二铵 12 kg～15 kg，50%硫酸钾 4 kg～5 kg，施肥深度 8 cm～10 cm。

5.5.4 全膜覆盖种植

5.5.4.1 推荐配方：结合播种，采取一次性深施技术，每 667 m^2 按 50%配方肥即 20-20-10(N-P_2O_5-K_2O)，施用 25 kg～30 kg。施肥深度 8 cm～10 cm。
5.5.4.2 常规配方：结合播种，采取化肥一次性深施技术，每 667 m^2 施用 46%尿素 10 kg～15 kg，64%磷酸二铵 10 kg～12 kg，50%硫酸钾 5 kg～6 kg，施肥深度 8 cm～10 cm。

6 田间管理

6.1 查苗护膜

播种后应及时检查出苗情况。地膜覆盖田如遇大风揭膜，应及时用土封严，如遇苗孔错位、覆土层板结时，应及时放苗。

6.2 间、定苗

6.2.1 露地种植

在谷子 3 叶 1 心时开始间苗、定苗、除草；每 667 m^2(1 亩)留苗 2～3 万株，株距 5.0 cm～8.0 cm。

6.2.2 半膜膜下滴灌种植

在谷子 3 叶 1 心时开始定苗。每 667 m^2(1 亩)留苗保苗 1.5 万～2.4 万株。

6.2.3 全膜覆盖种植

在谷子 3 叶 1 心时开始定苗。每 667 m^2(1 亩)留苗保苗 1.5 万～2.4 万株。

6.3 中耕

6.3.1 露地种植

结合间、定苗垄间浅耘;拔节期深中耕,同时拔除垄内大草。

6.3.2 半膜膜下滴灌种植

在谷子拔节前利用中耕机清除杂草,将垄间杂草翻入地下,视杂草生长情况趟地(1～2)遍,趟地深 3 cm～4 cm。

6.4 浇水

膜下滴灌谷田,播种后及时浇出苗水,每 667 m^2(1 亩)浇水 15 L～20 L,在拔节期至灌浆期视具体情况浇 1～3 次水,每次浇水 15 L～20 L。

6.5 追肥

6.5.1 追肥要求

肥料使用应符合 NY/T 394 要求

6.5.2 露地种植

拔节期每 667 m^2 追施 46%尿素 10 kg～15 kg,追肥时尿素距离谷苗 5 cm～7 cm,追肥后及时深中耕培土。

6.5.3 半膜膜下滴灌种植

在拔节期结合滴灌每 667 m^2 追施 46%尿素 2 kg～5 kg。

7 害虫防治

7.1 粟叶甲

结合虫情测报,在成虫盛发期、卵孵化后幼虫入心前(谷子 3～5 叶期),可用 100 g/L 联苯菊酯乳油 30 mL～35 mL/667m^2 或 0.5%虫菊・苦参碱可溶液剂 800～1 000 倍液防治,间隔 7 d～10 d 喷 1 次,连喷 2～3 次。

7.2 粟灰螟

结合虫情测报,在卵孵化盛期至幼虫蛀茎前(6 月上旬),可用苏云金杆菌 100 亿活芽孢/mL 悬浮剂 400 倍液～500 倍液或 0.3%印楝素乳油 500～600 倍液或 25 g/L 高效氯氟氰菊酯乳油 2 000～2 500 倍液喷雾。发现粟灰螟幼虫为害的枯心苗要及时拔除,带到田外集中处理,防止转株再次为害。

7.3 黏虫

结合虫情测报，可在幼虫 2～3 龄期，谷田有虫达到 20 头/m^2 以上，可用 20%氯虫苯甲酰胺悬浮剂 2 500 倍液～3 000 倍液或 1%甲维盐水乳剂 2 000 倍液～2 500 倍液或苏云金杆菌 100 亿活芽孢/mL 悬浮剂 400 倍液～500 倍液喷雾。

8 收获

9 月中旬开始，谷粒全部变黄、硬化、叶片黄化后适时收获，收获时留谷茬高度 3 cm～5 cm，割倒并晾晒 5 d～7 d 风干，完成捡拾—脱粒—清选程序后，收获归仓。

9 清除残膜

作物收获后，及时清除残膜，回收滴灌带。

ICS 65.020.01
B 22

DB15

内蒙古自治区地方标准

DB15/T 1736—2019

“赤峰小米”加工操作技术规范

Technical specification for processing and operation of “Chifeng Millet”

2019-11-05 发布　　　　2019-12-05 实施

内蒙古自治区市场监督管理局　发布

前　　言

本标准按照 GB/T 1.1—2009 给出的规则起草。

本标准由赤峰市市场监督管理局提出。

本标准由内蒙古自治区农业标准化技术委员会(SAM/TC 20)归口。

本标准起草单位:赤峰市产品质量计量检测所、巴林左旗大辽王府粮贸有限公司、敖汉旗农牧局、赤峰市农畜产品质量安全监督站、内蒙古禾为贵农业发展(集团)有限公司、敖汉旗惠隆杂粮种植农民专业合作社。

本标准主要起草人:王慧明、李文香、贾坤、徐峰、呼德日扎干、辛海波、王国军。

“赤峰小米”加工操作技术规范

1 范围

本标准规定了“赤峰小米”加工操作技术规范的适用范围、术语和定义、基本要求和加工过程要求。

本标准适用于“赤峰小米”谷子的加工。

2 规范性引用文件

下列文件对于本文件的应用是必不可少的。凡是注日期的引用文件，仅注日期的版本适用于本文件。凡是不注日期的引用文件，其最新版本(包括所有的修改单)适用于本文件。

GB 2715 食品安全国家标准 粮食

GB 5749 生活饮用水卫生标准

GB/T 8232 粟

GB 13122 食品安全国家标准 谷物加工卫生规范

GB/T 29402.2—2012 谷物和豆类储存 第2部分:实用建议

DB15/T 1733 “赤峰小米”谷子产地环境要求

DB15/T 1734 “赤峰小米”谷子品种要求

DB15/T 1735 “赤峰小米”谷子栽培技术规程

DB15/T 1737 赤峰小米

DB15/T 1738 “赤峰小米”产品包装规范

3 术语和定义

下列术语和定义适用于本文件。

3.1

污染

在加工过程中发生的生物、化学、物理污染因素传入的过程。

3.2

有害生物

由昆虫、鸟类、啮齿类动物等生物(包括苍蝇、蟑螂、麻雀、老鼠等)造成的不良影响。

3.3

食品加工人员

直接接触包装或未包装的食品、食品设备和器具、食品接触面的操作人员。

3.4

接触表面

设备、工器具、人体等可被接触到的表面。

3.5

分离

通过在物品、设施、区域之间留有一定空间，而非通过设置物理阻断的方式进行隔离。

3.6

分隔

通过设置物理阻断如墙壁、卫生屏障、遮罩或独立房间等进行隔离。

3.7

食品加工场所

用于食品加工操作的建筑物和场地，以及按照相同方式管理的其他建筑物、场地和周围环境等。

3.8

监控

按照预设的方式和参数进行观察或测定，以评估控制环节是否处于受控状态。

3.9

工作服

根据不同生产区域的要求，为降低食品加工人员对食品的污染风险而配备的专用服装。

4 基本要求

4.1 原料

4.1.1 地域和品种要求

采购加工的原料谷子应是赤峰市行政区域内按 DB15/T 1733、DB15/T 1734、DB15/T 1735 获得的谷子。

4.1.2 质量要求

4.1.2.1 应符合表1“赤峰小米”谷子质量要求的规定。

4.1.2.2 应符合 GB 2715 和 GB/T 8232 的要求。

表 1 “赤峰小米”谷子质量要求

感官	容重	水分	杂质	品种纯度
籽粒饱满、有光泽、无霉变；不完善粒≤1.5%	≥650 kg/m^3	≤13.0%	≤2.0%	≥98%

4.1.3 保存期

原料在常温下保存期为1年，在零度以下保存期为2年。

4.1.4 验收要求

加工前进行感官、容重、水分、杂质、纯度的检验。

4.2 加工用水

应符合 GB 5749 的规定。

4.3 运输与储存

4.3.1 运输应使用符合卫生要求的运输工具，运输过程中应注意防止雨淋和被污染，不应与有毒有害物品混装。

4.3.2 应设置与生产能力相适应的原料储存场所，应设专（兼）职人员管理，定期检查原料质量，及时清除变质或超过保存期的原料,应按照先进先出的原则进行加工。

4.3.3 储存场所应符合 GB/T 29402.2—2012 中 5.3 和 5.4 的规定。

4.3.4 不合格原料应及时处置,不得用于加工"赤峰小米",并做好记录。

4.4 加工场所要求

4.4.1 卫生管理

应符合 GB 13122 的规定。

4.4.2 环境要求

4.4.2.1 加工场所应建在无有害气体、烟尘、灰尘、放射性物质及其他扩散性污染源的地区。

4.4.2.2 生产加工区应与生活区、办公区、化验室分开设置。

4.4.2.3 加工厂房应通风良好,设计合理,满足生产加工流程的需要,具有足够的空间,以利于设备的维修维护、物料的储存和运输、卫生清理、人员通行和消防。

4.4.2.4 厂区道路应采用便于清洗的混凝土、沥青或其他硬质材料铺设,防止积水和尘土飞扬。

4.4.2.5 配备满足加工要求的配电系统。

5 加工过程要求

5.1 加工技术要求

应符合表 2 的规定。

表 2 加工技术要求

工序名称	加工技术指标	加工生产设备
筛选去杂	经筛选、去石、磁选后的原料杂质含量应≤0.5% 容重≥650 kg/m^3	筛选机、清选机、去石机
脱壳	经过多道砻谷或脱壳,去壳率≥99%	砻谷机、脱壳机
冷却	经过降温,使脱壳后的糙米降至常温	冷却仓
碾米	经碾米后使小米精度≥90%	碾米机
筛选分级	经过筛选分级后,碎米含量≤4%	分级筛
抛光	经抛光后的米粒色泽晶莹光洁	抛光机、水抛机
色选	去掉不同颜色的异色粒,无肉眼可见杂色颗粒	色选机
精准分级	再次筛选分级,并除去加工过程中的米垢	分级筛
包装	包装环境、包装材料应符合《赤峰小米 产品包装规范》的规定,定量包装净含量应符合国家质量监督检验检疫总局令 2005 年第 75 号《定量包装商品计量监督管理办法》的规定。	包装机、封口设备
注:"赤峰小米"加工的具体流程、工艺参数、所需的设备参见附录 A 和附录 B。		

5.2 检验控制

5.2.1 检验管理

加工企业应设置与生产能力相适应的检验室，配备专(兼)职检验人员，配置满足原料验收、过程检验和出厂检验要求的设备设施，制定完善的检验管理制度，妥善保存各项检验的原始记录和检验报告。建立产品留样制度，及时保留样品。

5.2.2 原料验收检验

加工企业可通过自行检验或委托具备相应资质的食品检验机构对原料进行检验。

5.2.3 过程检验

加工企业应根据生产过程的需要，对生产过程中的半成品按照表2的要求进行检验，确保加工过程中进入下一道工序的原料符合要求。

5.2.4 出厂检验

加工企业应按照DB15/T 1737的要求进行出厂检验。

5.2.5 组批检验原则

以同一品种、同一加工流程、同一班次加工的小米为一个批次。对同一批次的小米进行包装，不同包装规格和包装形式的可以作为一个批次进行检验。

5.3 记录要求

5.3.1 应建立记录制度，对加工过程中原料采购、加工、储存、检验、销售等进行记录。记录内容应完整、真实。

5.3.2 应记录发生召回的食品名称、批次、规格、数量、发生召回的原因及后续整改方案等内容。

5.3.3 记录的保存期限不得少于2年。

5.3.4 应建立客户投诉处理机制。对客户提出的书面或口头意见、投诉等，企业相关管理部门应做记录，并查找原因，妥善处理。

5.3.5 应建立文件的管理制度，对文件进行有效管理，确保各相关场所使用的文件均为有效版本。

5.3.6 鼓励采用先进技术手段(如电子计算机信息系统)，进行记录和文件管理。

附 录 A
（资料性附录）
“赤峰小米”加工流程

“赤峰小米”加工流程见图 A.1。

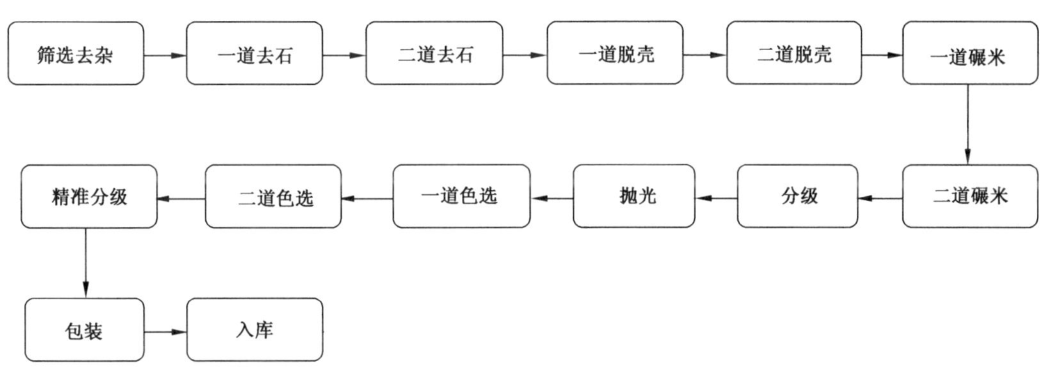

图 A.1 “赤峰小米”加工流程图

附 录 B
（资料性附录）
加工操作作业指导书

B.1 加工技术要求

B.1.1 筛选去杂

谷子原料检验合格后，经传导设备送入筛选机内分级，一般宜选用2～3层长孔或圆孔筛，上筛片直径为2.2 mm，下筛片直径为1.1 mm，通过筛选分级获得合格原料。

B.1.2 去石

谷子进入去石机，通过吹风去石或吸风去石，风量大小通过调整调节插板并根据加工实际情况确定。谷子落在鱼鳞筛面上，通过震动电机的作用让鱼鳞筛片呈60°左右斜角上下震动，谷子和石头在设备的不同出口流出。

B.1.3 脱壳

谷子进入碾米机进行脱壳，调整碾米机压力板，第一道脱壳工序去壳约30%，第二道脱壳工序去壳约60%，第三道脱壳工序去壳约99%，获得糙米。

B.1.4 冷却

糙米进入降温仓降温，应根据糙米的温度和加工需要进行适当降温，一般降至常温为宜。以不造成胚乳固有的水分和营养因碾米温度升高而流失为宜。

B.1.5 碾米

糙米进入碾米机（铁辊）开始碾米，宜碾米3～4遍。调整碾米机压力板开始碾米，碾去胚乳的胚脐和表皮，提高精度，到最后一遍碾米，使精度达到90%以上。

B.1.6 筛选分级

小米进入分级筛，筛片上孔2.1 mm、下孔1.0 mm，通过分级获得半成品小米，碎米含量应≤4%。

B.1.7 水抛光

小米流入水抛机，经喷雾着水、润米后再进入抛光机的抛光室内，在一定的压力和温度下，通过摩擦使米粒表面上光。通过抛光处理，清除米粒表面浮糠，并使米粒表面淀粉预糊化和胶质化作用，淀粉糊化弥补裂纹，从而获得色泽晶莹光洁的外观质量，提高小米的储藏性能和感官要求。

B.1.8 色选

小米半成品进入色选机，宜选用2台效果为宜，调整好背景板、色选类别等参数，通过光、电、色把小米中所含异色粒、草棍儿、不完善粒、石头等杂质剔除。

B.1.9 精准分级

因物料在各个设备流转时，在设备表面形成的米垢因温度变化脱落掉入米内，通过此分级筛将米垢分离出来。

B.1.10 包装

包装应符合 DB15/T 1738 的规定。

B.2 设备性能要求

B.2.1 筛选机

筛选机是用 2～3 层圆孔或长孔筛片，通过动力让曲轴旋转或电机震动，带动筛面平行震动，谷子从中间筛层流出，杂质从最上、最下层流出。根据加工能力确定筛面大小，宜选择 3 t/h～10 t/h，一般选择 2～3 层筛片，上孔直径 2.2 mm，下孔直径 1.1 mm。

B.2.2 去石机

宜选择吸风式去石，去石效果好，利于环保。根据加工能力来确定去石机规格，宜选择 5 t/h～15 t/h。

B.2.3 砻谷机

砻谷机是谷子从机器上口流入，通过动力带动胶辊旋转，调节两个胶辊距离，用两个对碾胶辊脱壳，根据实际需要确定砻谷机规格型号。

B.2.4 砂辊碾米机

有立式和卧式。碾米机是通过内置砂辊旋转，和糙米形成一定摩擦，外围有筛网保护，把糙米表皮的粉末、糠粉磨掉，粉末从筛网外吸出，小米达到一定精度，从机器出米口流出。根据加工能力宜选 3 t/h～6 t/h。

B.2.5 铁辊碾米机

有立式和卧式。碾米机是通过内置铁辊旋转，和糙米形成一定摩擦，外围有筛网保护，把糙米表皮的粉末、糠粉磨掉，粉末从筛网外吸出，小米达到一定精度，从机器出米口流出。根据加工能力宜选 3 t/h～6 t/h。

B.2.6 水抛机

通过喷雾，铁辊旋转把小米的糠粉磨掉，使小米表皮形成光膜。根据加工能力宜选 3 t/h～6 t/h。

B.2.7 小米分级筛

磨好的小米，为了保证碎米不超标准和小米中的小碎米和糠粉、粉垢等进行分级，通过震动电机震动带动筛片震动，把碎米筛出，除去糠粉、粉垢。筛片宜分两层，上片孔 2.0 mm，下片孔 1.0 mm。小米从筛下孔流出，碎米、粉垢等从另一个孔流出。

B.2.8 色选机

色选是通过摄像头成像、通过背景板识别、控制电磁阀喷气，小米通过振动器流至流量板，流下的瞬间,把与小米不同颜色的异色粒分离出来。根据加工能力宜选 2.5 t/h～6 t/h。

B.2.9 包装机

包装机有半自动包装机和自动包装机,内置电子称,通过振动器加料,电脑计量。根据客户需要包装各种规格的小米。

ICS 55.020
A 80

DB15

内蒙古自治区地方标准

DB15/T 1738—2019

“赤峰小米”产品包装规范

Packaging specification for “Chifeng Millet”

2019-11-05 发布　　2019-12-05 实施

内蒙古自治区市场监督管理局　发布

前　　言

本标准按照 GB/T 1.1—2009 给出的规则起草。

本标准由赤峰市市场监督管理局提出。

本标准由内蒙古自治区农业标准化技术委员会(SAM/TC 20)归口。

本标准起草单位:赤峰市农畜产品质量安全监督站、赤峰市产品质量计量检测所、巴林左旗大辽王府粮贸有限公司、内蒙古禾为贵农业发展(集团)有限公司、敖汉旗惠隆杂粮种植农民专业合作社。

本标准主要起草人:李艳丽、王军、王慧明、郑博天、刘汉武、贾坤、辛海波、魏登峰、贾沐霖、邱思、张冠华。

“赤峰小米”产品包装规范

1 范围

本标准规定了“赤峰小米”产品包装的基本要求、包装材料要求、包装过程场所要求、包装设备及包装要求、安全卫生要求、环保要求、标志与标识、标签要求。

本标准适用于“赤峰小米”产品的包装。

2 规范性引用文件

下列文件对于本文件的应用是必不可少的。凡是注日期的引用文件，仅注日期的版本适用于本文件。凡是不注日期的引用文件，其最新版本(包括所有的修改单)适用于本文件。

GB 4806.8 食品安全国家标准 食品接触用纸和纸板材料及制品

GB 7718 食品安全国家标准 预包装食品标签通则

GB/T 8946 塑料编织袋通用技术要求

GB 13122 食品安全国家标准 谷物加工卫生规范

GB/T 16716.1 包装与环境 第1部分:通则

GB/T 17109 粮食销售包装

GB 23350 限制商品过度包装要求 食品和化妆品

NY/T 658 绿色食品 包装通用准则

3 基本要求

3.1 应根据不同需求，选用符合本标准规定的包装材料并使用合理的包装形式来保证小米的品质，同时利于小米的运输、贮存，并保障物流过程中“赤峰小米”产品的质量安全。

3.2 需要进行密闭包装的应包装严密，无渗漏。

3.3 包装的使用应实行减量化，包装的设计、材料的选用及用量应符合GB 23350的规定。

3.4 宜使用可重复使用、可回收利用或生物降解的环保包装材料、容器及其辅助物。包装废弃物的处理应符合GB/T 16716.1的规定。

4 包装材料要求

4.1 包装容器和材料的原辅料(纸、竹子、木、金属、塑料、橡胶、天然纤维、化学纤维、玻璃等制品)应符合国家法律法规或GB 4806.8、GB/T 8946、GB/T 17109的要求。

4.2 包装容器和材料属生产许可证目录管理的产品，供货者应取得相关产品生产许可证。

4.3 生产者应按照有关标准、合同验收包装材料，应按照GB 7718验收包装物的标识标签。

5 包装过程场所要求

5.1 包装场所卫生要求

应符合 GB 13122 的规定。

5.2 包装场所环境要求

5.2.1 包装场所应建在无有害气体、烟尘、灰尘、放射性物质及其他扩散性污染源的地区。

5.2.2 生产加工区应与生活区、办公区、化验室分开。

5.2.3 包装间应通风良好,设计合理,满足生产加工流程的需要,有效地防止害虫。具有足够的空间,以利于设备、物料的贮存和运输、卫生清理、人员通行和消防。

5.2.4 厂区道路应采用便于清洗的混凝土、沥青或其他硬质材料铺设,防止积水和尘土飞扬。

5.2.5 有符合要求并满足加工生产要求的配电系统,保证设备配电安全。

6 包装设备及包装要求

6.1 包装过程应使用自动或半自动包装设备,实现自动定量。

6.2 真空包装应封口结实,无漏气。

6.3 其他包装形式应满足相应要求。

7 安全卫生要求

应符合 NY/T 658 的规定。

8 环保要求

应符合 NY/T 658 的规定。

9 标志与标识标签要求

9.1 标志

9.1.1 经"赤峰小米"授权使用单位批准的企业,可在其产品外包装上使用"赤峰小米"专用标志。

9.1.2 包装上有关认证标志(有机食品、绿色食品、无公害食品等)和商标等的印刷、加贴应符合有关法规及标准要求。

9.2 标识标签

"赤峰小米"标签应符合 GB 7718 的规定。

ICS 65.020.01
B 08

DB15

内蒙古自治区地方标准

DB15/T 1739—2019

“赤峰小米”仓储运输规范

Specification for storage and transportion of “Chifeng Millet”

2019-11-05 发布

2019-12-05 实施

内蒙古自治区市场监督管理局 发布

前　言

本标准按照GB/T 1.1—2009给出的规则起草。

本标准由赤峰市市场监督管理局提出。

本标准由内蒙古自治区农业标准化技术委员会(SAM/TC 20)归口。

本标准起草单位:内蒙古禾为贵农业发展(集团)有限公司、赤峰市产品质量计量检测所、巴林左旗大辽王府粮贸有限公司、敖汉旗惠隆杂粮种植农民专业合作社、赤峰市农牧科学研究院。

本标准主要起草人:辛海波、郑博天、辛冬斌、贾坤、魏登峰、付颖、沈轶男、于向生、代秋波。

“赤峰小米”仓储运输规范

1 范围

本标准规定了“赤峰小米”的仓储管理要求、运输管理要求、仓储运输技术要求、仓储运输包装包材要求、有害生物的控制、检验规则。

本标准适用于赤峰小米及加工赤峰小米的原料谷子的仓储、运输。

2 规范性引用文件

下列文件对于本文件的应用是必不可少的。凡是注日期的引用文件，仅注日期的版本适用于本文件。凡是不注日期的引用文件，其最新版本(包括所有的修改单)适用于本文件。

GB 5009.3 食品安全国家标准 食品中水分的测定

GB/T 5491 粮食、油料检验 扦样、分样法

GB/T 8946 塑料编织袋通用技术要求

GB/T 22184 谷物和豆类 散存粮食温度测定指南

GB/T 29402.1—2012 谷物和豆类储存 第1部分：谷物储存的一般建议

GB/T 29402.2—2012 谷物和豆类储存 第2部分：实用建议

GB/T 29402.3 谷物和豆类储存 第3部分：有害生物的控制

GB/T 29890 粮油储藏技术规范

NY/T 658 绿色食品 包装通用准则

DB15/T 1738 “赤峰小米”产品包装规范

3 仓储管理要求

3.1 仓库建设要求

3.1.1 仓库应远离污染源、危险源，避开行洪和低洼水患地区。

3.1.2 仓库的围护结构应能够安全承载粮堆及环境的动、静荷载。

3.1.3 仓库的其他建设要求应符合 GB/T 29402.2—2012 中第4、5、6章的规定。

3.2 仓储设施

仓储建筑设施良好，不漏雨、阳光不直射，具有防虫、防鼠、防火、防盗、防污染设施，同时应安放安全警示标识及温、湿度控制措施。

3.3 仓储管理

3.3.1 不应与有毒有害物质或含水量较高的物质混存贮藏。

3.3.2 设施要定期进行清洁、清理。

3.4 仓储环境

应符合 GB/T 29402.1—2012 中第4章影响谷物储存的因素要求。

3.5 堆放

3.5.1 原料、半成品、成品、包装材料等应依据性质的不同分设贮存场所，分区域码放，具有仓储标识，防止交叉污染。

3.5.2 码垛原料谷子堆放时，垫板与地面间距离应大于 10 cm，堆垛应离四周墙壁 50 cm 以上，堆垛与堆垛之间应保留 50 cm 以上通道。

3.5.3 散积堆放的谷子，符合 GB/T 29402.2—2012 中 5.4 的散装储存要求。

3.6 出入库

3.6.1 应遵循先进先出的原则。

3.6.2 真空包装产品应在库内存放 4 h 后才可发货，以防止漏气。

3.6.3 定期检查谷子及小米仓储质量和卫生情况，及时清除变质或超过保存期的原料。

3.7 记录

3.7.1 应具有搬运设备、贮藏设施和容器的使用登记表或核查记录。

3.7.2 详细记载出入库产品的名称、种类、等级、批次、数量、质量、包装情况、运输方式，并保留相应的记录。

4 运输管理要求

4.1 运输工具

4.1.1 应使用符合食品安全要求的运输工具和容器运输产品，运输工具的铺垫层、遮盖物等应清洁、无毒、无害。

4.1.2 使用专用运输工具，在装载产品前应对其进行清洁。

4.1.3 运输车辆(箱)底板平整，车体侧壁无破损、无变形。

4.2 运输管理

4.2.1 装运前应对产品进行检查，在产品、标签与单据三者相符合的情况下，按产品订单顺序进行装货。

4.2.2 产品装运清点完毕后，指定库房专人核实配货单，将产品安全、及时送达到指定地点交付对方核查验收。

4.2.3 在运输、装卸过程中，外包装及产品标签等有关“赤峰小米”的标志，不得损毁。

5 仓储、运输技术要求

5.1 仓储要求

技术条件应符合表 1 规定。

表 1 仓储技术条件

名称	仓储温度	相对湿度	光线	品温	水分
谷子	−20 ℃～25 ℃	≤65%	避光	≤25 ℃	≤13%
小米	−20 ℃～20 ℃	≤50%	避光	≤25 ℃	≤13%

5.2 运输要求

运输过程避光、防潮。

6 包装与包材要求

包装与包材应符合 GB/T 8946、NY/T 658 及 DB15/T 1738 的要求。

7 有害生物的控制

有害生物的控制应符合 GB/T 29402.3 规定。

8 检验规则

8.1 水分测定按 GB 5009.3 规定执行。

8.2 温度测定按 GB/T 22184 规定执行。

8.3 相对湿度按 GB/T 29890 规定执行。

8.4 粮温低于 15 ℃时，每月检测 1 次；粮温在 15 ℃～25 ℃时，15 d 内至少检测 1 次。采样方法按 GB 5491 规定执行。

ICS 65.020.20
B 22

DB15

内蒙古自治区地方标准

DB15/T 1737—2019

赤峰小米

Chifeng Millet

2019-11-05 发布　　2019-12-05 实施

内蒙古自治区市场监督管理局　发布

前　言

本标准按照 GB/T 1.1—2009 给出的规则起草。

本标准由赤峰市市场监督管理局提出。

本标准由内蒙古自治区农业标准化技术委员会(SAM/TC 20)归口。

本标准起草单位:赤峰市农畜产品质量安全监督站、赤峰市产品质量计量检测所、赤峰市农牧科学院、巴林左旗大辽王府粮贸有限公司、内蒙古禾为贵农业发展(集团)有限公司、敖汉旗惠隆杂粮种植农民专业合作社。

本标准主要起草人:王军、李艳丽、王慧明、郑博天、刘汉武、辛冬斌、邢瑶、刘铭、邵海、柴晓娇、王显瑞、贾坤、辛海波、魏登峰。

赤 峰 小 米

1 范围

本标准规定了“赤峰小米”的术语和定义、要求、检验规则。

本标准适用于赤峰市行政区域内生产的优质谷子经加工制成的小米。

2 规范性引用文件

下列文件对于本文件的应用是必不可少的。凡是注日期的引用文件，仅注日期的版本适用于本文件。凡是不注日期的引用文件，其最新版本(包括所有的修改单)适用于本文件。

GB 5009.3 食品安全国家标准 食品中水分的测定

GB 5009.5 食品安全国家标准 食品中蛋白质的测定

GB 5009.6 食品安全国家标准 食品中脂肪的测定

GB 5009.9 食品安全国家标准 食品中淀粉的测定

GB 5009.82 食品安全国家标准 食品中维生素 A、D、E 的测定

GB 5009.84 食品安全国家标准 食品中维生素 B_1 的测定

GB/T 5491 粮食、油料检验 扦样、分样法

GB/T 5492 粮油检验 粮食、油料的色泽、气味、口味鉴定

GB/T 5494 粮油检验 粮食、油料的杂质、不完善粒检验

GB/T 5503 粮油检验 碎米检验法

GB/T 8232 粟

GB 13122 食品安全国家标准 谷物加工卫生规范

NY/T 83 米质测定方法

NY/T 893 绿色食品 粟米及粟米粉

DB15/T 1734 “赤峰小米”谷子品种要求

DB15/T 1735 “赤峰小米”谷子栽培技术规程

DB15/T 1736 “赤峰小米”加工操作技术规范

3 术语和定义

下列术语和定义适用于本文件。

3.1 赤峰小米

源于赤峰市行政区域内谷子产区，选用符合 DB15/T 1734 规定的品种，按照 DB15/T 1735 种植的谷子加工而成的小米。

4 要求

4.1 原料

原料来源于 DB15/T 1734 规定的范围内谷子的颖果，其品质应符合 GB/T 8232 的质量要求。

4.2 加工

4.2.1 加工环境

加工环境应符合 GB 13122 的要求。

4.2.2 加工程序

加工程序应符合 DB15/T 1736 的要求。

4.3 质量

4.3.1 感官要求

产品按品种分类,其感官指标应符合表 1 的规定。

表 1 感官指标

<table>
<tr><th rowspan="3">品种系列</th><th colspan="4">项目</th></tr>
<tr><th colspan="3">指标</th><th rowspan="2">检测方法</th></tr>
<tr><th>色泽</th><th>气味</th><th>粒形</th></tr>
<tr><td>黄金苗系列</td><td>鲜黄明亮,无明显感官色差,无霉变</td><td>具有本区域小米固有的自然清香,无其他异味</td><td>颗粒均匀饱满,呈椭圆形</td><td rowspan="4">GB/T 5492</td></tr>
<tr><td>毛毛谷系列</td><td>鲜黄明亮,无明显感官色差,无霉变</td><td>具有本区域小米固有的自然清香,无其他异味</td><td>颗粒均匀饱满,较小,呈椭圆形</td></tr>
<tr><td>红谷系列</td><td>深黄明亮,无明显感官色差,无霉变</td><td>具有本区域小米固有的自然清香,无其他异味</td><td>颗粒均匀饱满,呈圆形</td></tr>
<tr><td>赤谷系列</td><td>浅黄明亮,无明显感官色差,无霉变</td><td>具有本区域小米固有的自然清香,无其他异味</td><td>颗粒均匀饱满,颗粒大,呈圆形</td></tr>
</table>

4.3.2 加工质量指标

加工质量指标应符合表 2 的规定。

表 2 加工质量指标

<table>
<tr><th colspan="4" rowspan="2">项　目</th><th colspan="3">指　标</th><th rowspan="2">检测方法</th></tr>
<tr><th>优级</th><th>一级</th><th>二级</th></tr>
<tr><td colspan="3">加工精度(粒面种皮基本脱掉的颗粒)/%</td><td>≥</td><td>96</td><td>93</td><td>90</td><td>GB/T 5502</td></tr>
<tr><td colspan="3">不完善粒/%</td><td>≤</td><td>0.8</td><td>1.0</td><td>1.2</td><td>GB/T 5494</td></tr>
<tr><td rowspan="3">杂质</td><td colspan="2">总量/%</td><td>≤</td><td>0.2</td><td>0.3</td><td>0.4</td><td>GB/T 5494</td></tr>
<tr><td rowspan="2">其中</td><td>未脱皮米粒/%</td><td>≤</td><td>0.1</td><td>0.2</td><td>0.3</td><td>GB/T 5494</td></tr>
<tr><td>矿物杂质/%</td><td>≤</td><td colspan="3">0.01</td><td>GB/T 5494</td></tr>
<tr><td colspan="3">碎米/%</td><td>≤</td><td>3.0</td><td colspan="2">4.0</td><td>GB/T 5503</td></tr>
<tr><td colspan="3">水分/%</td><td>≤</td><td colspan="3">13.0</td><td>GB 5009.3</td></tr>
</table>

4.3.3 营养指标

营养指标应符合表3的规定。

表3 营养指标

项目	指标			
	优级	一级	二级	检测方法
蛋白质/%	≥9.0	≥8.5		GB 5009.5
粗脂肪/%	≥3.0	≥2.0		GB 5009.6
维生素 B_1/(mg/100 g)	≥0.6	≥0.3		GB 5009.84
维生素 E/(mg/100 g)	≥0.9	≥0.7		GB 5009.82

4.3.4 蒸煮品质

蒸煮品质要求应符合表4的规定。

表4 蒸煮品质

项目	优级	一级、二级	检测方法
直链淀粉/%	15～24		GB 5009.9
胶稠度/mm	≥90		NY/T 83
蒸煮品质评定/分(以百分计)	≥85	≥80	按附录A品评

4.3.5 污染物、农药残留量和真菌霉素限量

污染物、农药残留量和真菌毒素限量应符合 NY/T 893 的规定。

5 检验规则

5.1 组批、扦样

按 GB 5491 的规定执行。

5.2 检验分类

检验分出厂检验和型式检验。

5.3 出厂检验

每批产品应按本标准规定进行出厂检验，经检验合格签发合格证后，方可出厂和销售。

5.4 检验项目

5.4.1 出厂检验

出厂检验项目包括感官要求、加工质量指标。

5.4.2 型式检验

型式检验为每年进行一次。有下列情况之一时，亦应进行型式检验：

a) 原料、工艺、设备有较大变化时；

b) 长期停产恢复生产时；

c) 国家有关市场监督管理行政主管部门提出要求时；

d) “赤峰小米”授权使用单位提出要求时。

注：型式检验项目包括本标准的全部项目。

5.5 判定规则

检验结果中污染物限量、农药残留限量及真菌毒素限量有一项不合格则判定该批产品不合格。感官指标、加工质量指标、蒸煮品质和营养指标中有一项不符合要求的，可重新从同一批产品中加倍抽样对不合格项进行复检，复检结果仍出现不合格项时，判该批产品为不合格。

附 录 A
（资料性附录）
小米评定方法

小米评定方法见表 A.1。

表 A.1 品鉴评分记录表

<table>
<tr><td rowspan="3">样品编号</td><td colspan="2">商品品质(30)</td><td colspan="6">食味品质(70)</td><td rowspan="3">总分</td></tr>
<tr><td rowspan="2">色泽
(15)</td><td rowspan="2">一致性
(15)</td><td colspan="3">小米粥(35)</td><td colspan="3">小米饭(35)</td></tr>
<tr><td>香味
(5)</td><td>感官
(5)</td><td>适口性
(25)</td><td>香味
(5)</td><td>感官
(5)</td><td>适口性
(25)</td></tr>
<tr><td></td><td></td><td></td><td></td><td></td><td></td><td></td><td></td><td></td><td></td></tr>
<tr><td></td><td></td><td></td><td></td><td></td><td></td><td></td><td></td><td></td><td></td></tr>
<tr><td></td><td></td><td></td><td></td><td></td><td></td><td></td><td></td><td></td><td></td></tr>
<tr><td></td><td></td><td></td><td></td><td></td><td></td><td></td><td></td><td></td><td></td></tr>
<tr><td></td><td></td><td></td><td></td><td></td><td></td><td></td><td></td><td></td><td></td></tr>
<tr><td></td><td></td><td></td><td></td><td></td><td></td><td></td><td></td><td></td><td></td></tr>
<tr><td colspan="10">注 1：品种用相同的米和水(小米粥：小米∶水＝1∶12～15，小米饭：小米∶水＝1∶1.5)，用相同的灶具和相同的时间进行蒸煮，然后根据小米粥、小米饭香味、感观(包括冷却后回生情况)、适口性等项目进行评分。
注 2：评审专家(20 名以上)进行评分，参评小米(5 个以上)由非参评单位、非评委进行二次编号，评审专家依据上述指标进行集体评价，汇总后总评。舍弃一个最高分和一个最低分，统计总分计算平均值为最终得分，得分超过 85 分为优质米，超过 80 分的为一级、二级小米(同批品鉴的小米，优质米比例不得超过 20％，一级、二级小米不得超过 60％)。
注 3：蒸煮时间：此次蒸煮时间为开锅后 20 min。
注 4：煮粥炊具：4.0 L 容量的电饭锅。</td></tr>
</table>

ICS 67.060
B 22

DB15

内蒙古自治区地方标准

DB15/T 1740—2019

“赤峰小米”市场调查服务规范

Standards of Chifeng Millet market survey service

2019-11-05 发布　　2019-12-05 实施

内蒙古自治区市场监督管理局　发布

前　言

本标准按照GB/T 1.1—2009给出的规则起草。

本标准由赤峰市市场监督管理局提出。

本标准由内蒙古自治区农业标准化技术委员会(SAM/TC 20)归口。

本标准起草单位:内蒙古禾为贵农业发展(集团)有限公司、巴林左旗大辽王府粮贸有限公司、敖汉旗惠隆杂粮种植农民专业合作社。

本标准主要起草人:辛海波、辛冬斌、郑博天、李艳丽、贾坤、魏登峰、于向生、吕永利、付颖。

“赤峰小米”市场调查服务规范

1 范围

本标准规定了“赤峰小米”市场调查相关的术语和定义、调查内容、调查方法、调查报告、调查评价等方面内容。

本标准适用于从事“赤峰小米”的生产加工、销售企业。

2 规范性引用文件

下列文件对于本文件的应用是必不可少的。凡是注日期的引用文件，仅注日期的版本适用于本文件。凡是不注日期的引用文件，其最新版本(包括所有的修改单)适用于本文件。

GB/T 19011—2013 管理体系审核指南

GB/T 19012 质量管理 顾客满意度 组织处理投诉指南

GB/T 26315—2010 市场、民意和社会市场调查 术语

3 术语和定义

GB/T 26315 中界定的术语和定义适用于本文件。

3.1

市场调查

针对赤峰小米加工、销售客观环境有目的、系统地搜集、记录、整理和分析市场情况，了解市场的现状及其发展趋势，从而在调查的基础上为赤峰小米加工、销售制定政策、进行市场预测、做出经营决策、制定计划并提供客观、正确的依据。

3.2

顾客满意度调查

对赤峰小米生产、销售企业在满足或超过客户购买小米产品的期望方面所达到的程度。

4 调查内容

4.1 市场行情调查

4.1.1 市场需求量调查

调查满足某一区域内一定时间“赤峰小米”的需求数量。

4.1.2 小米的加工品质调查

调查小米行业某一区域内一定时间市场需求“赤峰小米”的质量等级。

4.1.3 市场价格调查

调查小米在不同渠道的价格以及是否满足消费者的心理预期。

4.1.4 产品主要卖点调查

调查不同品类、不同品牌、不同规格小米的差异化特性。

4.1.5 品种需求调查

4.1.5.1 调查不同渠道市场需要的小米品种。
4.1.5.2 赤峰小米市场调查表可参照附录A。

4.2 顾客满意度调查

4.2.1 调查与顾客满意或不满意直接有关的关键因素，通过客户或消费者对赤峰小米的满意程度，进而得到综合的顾客满意度指标。
4.2.2 顾客满意度调查表参照附录B。

4.3 售后服务调查

4.3.1 调查内容

调查赤峰小米的生产者和销售者的售后服务是否满足消费者的要求。

4.3.2 产品服务

4.3.2.1 产品包装应有完整、准确的企业和产品有关信息，标签标注符合国家相关法律规定，便于客户、消费者识别和了解。
4.3.2.2 建立产品可追溯系统，通过二维码识别了解产品整个溯源信息。
4.3.2.3 产品内容与宣传要相符，品质(有机、绿色)如一，产品说明要真实，不应虚假宣传。
4.3.2.4 对客户、消费者承诺的送货范围、送货时间及时兑现。

4.3.3 销售服务

4.3.3.1 销售过程中，接到客户订单，要及时准确的销售给客户，并随时反馈。
4.3.3.2 运输过程中要产品完好无缺，不能损坏外观形象。
4.3.3.3 销售完成后，售后服务要到位，从发货开始，要实时跟踪货物进程，并给予消费者准确无误的运单信息。货物到达后要及时与客户沟通验收确认。
4.3.3.4 建立客户档案，通过及时可持续对产品回访调查，了解产品售后信息，及时纠正生产、销售过程存在问题，同时为客户和消费者提供准确、有效的销售服务。
4.3.3.5 产品投诉按GB/T 19012的要求执行。

5 市场调查方法

5.1 询问法

针对不同人群、不同环境对客户、消费者购买行为、意向进行回访、问询的随机调查。

5.2 问卷法

针对调查内容以问卷的形式进行的调查。

注：调查方法依据GB/T 26315—2010中5.1有关规定执行。

6 调查报告

调查报告应全面、概括反映市场调查全部工作的数据搜集整理情况，并做出统计分析，提出建议和措施，文字简洁、准确，并尽量采用图表。

7 调查评价

7.1 调查评价的原则

调查评价应公平、公正，遵守 GB/T 19011—2013 第 4 章的规定。

7.2 调查评价持续改进

调查评价应是持续性的，并通过客户、消费者、第三方监督达到保持和改进的目的。

7.3 评价指标

应为具体的、可观察的、可测量的评价内容。

附 录 A
（资料性附录）
市场调查表

表 A.1 赤峰小米市场调查表

地区：				调查日期：						
调查区域	调查时间	调查目标	调查内容							备注
			市场需求量	小米加工品质	市场售价	主要卖点	包装形式	品种	感官评价	
主管：			填表人：							

附　录　B
（资料性附录）
顾客满意度调查表

1. 您对调查企业产品质量的评价： □非常满意　□满意　□一般　□不满意
2. 您对调查企业的产品功能、稳定性的评价： □非常满意　□满意　□一般　□不满意
3. 您对调查企业售后服务的评价： □非常满意　□满意　□一般　□不满意
4. 您对调查企业信誉的评价： □非常满意　□满意　□一般　□不满意
5. 您对调查企业价格体系的评价： □非常满意　□满意　□一般　□不满意
6. 您对调查企业产品包装的评价： □非常满意　□满意　□一般　□不满意
7. 您对调查企业业务人员服务态度的评价： □非常满意　□满意　□一般　□不满意
8. 您对调查企业业务产品品种的评价： □非常满意　□满意　□一般　□不满意
9. 您对调查企业工作的评价及建议：

ICS 03.100.20
A 10

DB15

内蒙古自治区地方标准

DB15/T 1741—2019

“赤峰小米”销售管理规范

Sales management norms for “Chifeng Millet”

2019-11-05 发布

2019-12-05 实施

内蒙古自治区市场监督管理局 发布

前 言

本标准按照 GB/T 1.1—2009 给出的规则起草。

本标准由赤峰市市场监督管理局提出。

本标准由内蒙古自治区农业标准化技术委员会(SAM/TC 20)归口。

本标准起草单位:巴林左旗大辽王府粮贸有限公司、赤峰市产品质量计量检测所、赤峰市农畜产品质量安全监督站、内蒙古禾为贵农业发展(集团)有限公司、敖汉旗惠隆杂粮种植农民专业合作社、敖汉旗农牧局。

本标准主要起草人:贾坤、王慧明、李文香、呼德日扎干、辛海波、王国军、徐峰。

“赤峰小米”销售管理规范

1 范围

本标准规定了“赤峰小米”的包装方式、运输、验收、贮存、销售场所和环境、追溯和召回、卫生管理、培训、管理制度和人员、记录和文件管理、售后服务和顾客回访。

本标准适用于“赤峰小米”生产者及生产者的自营店、连锁店或委托他方的经销者。

2 规范性引用文件

下列文件对于本文件的应用是必不可少的。凡是注日期的引用文件，仅注日期的版本适用于本文件。凡是不注日期的引用文件，其最新版本（包括所有的修改单）适用于本文件。

DB15/T 1737 赤峰小米

DB15/T 1738 “赤峰小米”产品包装规范

DB15/T 1739 “赤峰小米”仓储运输规范

DB15/T 1740 “赤峰小米”市场调查服务规范

3 包装方式

应符合 DB15/T 1738 的要求。

4 运输

应符合 DB15/T 1739 的要求。

5 验收

5.1 经销者应依据国家相关法律法规及 DB15/T 1737 的规定进行验收，验收的方式有查验合格证明文件、进行检验等，验收后应留存证明材料。

5.2 经销者应记录“赤峰小米”的名称、规格、数量、生产日期（批次）、保质期、进货日期以及供货者的名称、地址及联系方式等信息。记录应真实，并保存至“赤峰小米”保质期满后 6 个月以上。

5.3 “赤峰小米”验收合格后方可入库，不符合验收要求的“赤峰小米”不得接收，并单独存放，做好标记并尽快通知供货者。

6 贮存

应符合 DB15/T 1739 的要求。

7 销售的场所和设施

7.1 应具有与销售“赤峰小米”规模相适应的销售场所。销售场所应布局合理，食品与非食品销售区域分开设置,防止交叉污染。

7.2 应具有与销售“赤峰小米”规模相适应的销售设施和设备。

7.3 销售贮存场所应保持完好、环境整洁,与有毒、有害污染源有效分隔;地面应做到硬化,平坦防滑并易于清洁、消毒,有适当的措施防止积水;应有良好的通风、排气装置,保持空气清新无异味;避免日光直接照射;贮存的物品应与墙壁、地面保持适当距离。

7.4 应遵循先进先出的原则,定期检查库存,对超过保质期的赤峰小米应及时从销售场所清除,不得销售。

7.5 应记录入库、出库时间和贮存温度及其变化。

8 追溯和召回

8.1 生产者应建立产品追溯制度,对销售的“赤峰小米”做到可追溯,当发生质量事故时,应按照《食品召回管理办法》的要求做好召回工作,避免或减轻危害。

8.2 当发现销售的“赤峰小米”不符合要求时,应立即停止销售,并及时通知相关生产者,记录停止销售和通知情况。

8.3 当“赤峰小米”出现包装破损、米质霉变等质量问题时,销售者应查找各环节记录、分析问题原因并及时改进,防止将存在质量问题的“赤峰小米”销售。

9 卫生管理

9.1 销售者应根据小米的特点以及销售过程的卫生要求,建立对保证“赤峰小米”质量安全的关键控制环节的监控制度,确保有效实施并定期检查,发现问题及时纠正。

9.2 销售者应制定针对销售环境、销售人员、设备及设施的卫生监控制度,确立内部监控的范围。记录并存档监控结果,定期对执行情况和效果进行检查,发现问题及时纠正。

9.3 销售人员应符合国家相关规定对人员健康的要求,进入销售场所应保持个人卫生和衣帽整洁,防止污染食品。

9.4 使用卫生间、接触可能污染食品的物品后,再次从事接触散装“赤峰小米”销售相关的活动前,应洗手消毒。

9.5 在销售过程中,不应饮食、吸烟、随地吐痰、乱扔废弃物等。

10 培训

销售者应建立相关岗位的培训制度,根据销售岗位的实际需要,对从业人员进行相关法律法规、赤峰小米系列标准的宣贯培训,提高销售人员的业务素质,增强食品安全的责任和意识,提高相应的知识水平,做好培训工作记录。

11 管理制度和人员

11.1 销售者应配备食品安全专业技术人员、管理人员,并建立保障食品安全的管理制度。

11.2 食品安全管理制度应与经营规模、设备设施和食品的种类特性相适应,应根据销售实际和实施经验不断完善食品安全管理制度。

11.3 销售人员应熟悉“赤峰小米”的质量要求和蒸煮方法。

11.4 管理人员应具有必备的知识、技能和经验,了解顾客的需求,能够判断潜在的质量风险,采取适当的预防和纠正措施，及时处理顾客抱怨，加强售后服务管理。

12 记录和文件管理

12.1 应对销售过程中采购、验收、贮存、销售等环节详细记录。记录内容应完整、真实、清晰、易于识别和检索，确保所有环节都可进行有效追溯。

12.2 应如实记录发生召回的“赤峰小米”的名称、批次、规格、数量，召回的原因及后续整改方案等内容。

12.3 鼓励销售者采用先进技术手段(如电子计算机信息系统)，进行记录和文件管理。

13 售后服务和顾客回访

“赤峰小米”的生产者和销售者应做好售后服务和顾客回访工作，且应符合 DB15/T 1740 的要求。

内蒙古自治区高标准体系建设项目系列图书

呼伦贝尔羊肉标准体系

内蒙古自治区市场监督管理局◎编著

中国质量标准出版传媒有限公司
中 国 标 准 出 版 社

北 京

图书在版编目(CIP)数据

呼伦贝尔羊肉标准体系/内蒙古自治区市场监督管理局编著.—北京:中国标准出版社,2020.6
(内蒙古自治区高标准体系建设项目系列图书)
ISBN 978-7-5066-9573-2

Ⅰ.①内… Ⅱ.①内… Ⅲ.①羊肉—质量管理—标准体系—呼伦贝尔市 Ⅳ.①TS251.5-65

中国版本图书馆CIP数据核字(2020)第044467号

中国标准出版社出版发行
北京市朝阳区和平里西街甲2号(100029)
北京市西城区三里河北街16号(100045)
网址 www.spc.net.cn
总编室:(010)68533533 发行中心:(010)51780238
读者服务部:(010)68523946
中国标准出版社秦皇岛印刷厂印刷
各地新华书店经销
*
开本 880×1230 1/16 印张 5.75 字数 178 千字
2020年6月第一版 2020年6月第一次印刷
*
定价(全十册) 225.00 元

图书编委会

本书编写组

主　　编　白清元

执行主编　冯　晔

副 主 编　董玉霞　刘保华　贾双文　崔　健　李伟旭　那日苏　郭振梅

成　　员　胡彩虹　朱晓春　张　铎　蒋　柠　李秀梅　籍江波　吕燕卿　宋晓蕾

序言

“中国将积极实施标准化战略，以标准助力创新发展、协调发展、绿色发展、开放发展、共享发展”“中国高度重视标准化工作，积极推广应用国际标准，以高标准助力高技术创新，促进高水平开放，引领高质量发展”。习近平总书记在庆祝第39届国际标准化组织（ISO）大会、第83届国际电工委员会（IEC）大会开幕的贺信中，对标准及实施标准化战略的重要性作出了精辟阐述，为新形势下推动标准化工作持续健康发展提供了重要指引。实践证明，标准化在支撑产业发展、促进科技进步、推进国家治理能力现代化等方面的基础性、战略性作用越发凸显。

2019年是全面贯彻落实习近平总书记“扎实推动经济高质量发展”承上启下的关键一年，内蒙古自治区市场监管局协调有关行业部门、企事业单位，立足实际，围绕标准引领、质量提升、品牌培育重点工作积极作为，大力实施标准化战略，持续推进标准提升，深化标准化工作改革和创新，聚焦关键、突出重点，努力为全区高质量发展作出更大贡献。针对自治区标准体系建设不完善、高水平标准少的实际，内蒙古自治区市场监督管理局出台《内蒙古自治区标准化提升行动计划（2018—2020年）》，开展第一批锡林郭勒羊肉等11项特色产业高标准体系建设项目，共梳理出各类标准429项，提出立项标准建议156项，开展高标准体系试点示范项目14个，为9个产业的“蒙”字标产品认证要求及团体标准制定提供了技术支撑。经过努力，自治区标准化工作成效显著：截至2019年10月，全区累计建成标准化试点示范项目384个，主导或参与制修订各类标准3 900多项，组织制定了稀土和纺织行业国际标准、大型矿用自卸车国家标准、羊产业团体标准等；全面推进标准国际化，内蒙古标准化院建立了“蒙古国标准化（内蒙古）研究中心”，聚焦“一带一路”建设，加强标准化合作研究；包头市政府开展了“标准国际化创新型城市”创建工作；与中建集团共同推动中国7项标准被蒙古国互认、举办第3届中蒙博览会中蒙经贸活动标准化论坛、承办国际标准化组织ISO/TC 275的2019年全体会议，进一步扩大了自治区对中蒙俄标准化研究的国际影响力。

建设适应高质量发展的标准体系是今后标准化工作的重中之重。围绕自治区优势特色产业，立足高质量高效益，制定全产业链的高标准体系将成为市场监管部门和各行业主管部门、有关企事业单位的重要职责任务。这套《内蒙古自治区高标准体系建设项目系列图书》的编印

是自治区建设高标准体系工作的一个开端。自治区及各盟市市场监督管理部门、标准化工作战线的同志们要锐意进取、开拓创新，以推动高质量发展为动力，积极构建支撑高质量发展的标准体系；要不断挖掘内蒙古优势特色产业，加快制定一批亟需的高水平标准，让高标准成为高质量发展的“引擎”，助推“蒙”字标等质量品牌建设；要瞄准国际国内先进标准，选择重点行业、重点企业开展对标达标活动，推动自治区优势特色技术标准成为国家标准或国际标准；要加强标准实施与监督，建立健全标准评价机制，进一步发挥标准化项目的辐射带动作用，助推内蒙古自治区经济高质量发展。

编著者

2020 年 5 月

前言

2019年是“标准体系建设”之年，加快建设推动高质量发展的标准体系是标准化工作的重中之重。内蒙古自治区市场监督管理局深入开展“标准化提升行动”，不断提升标准水平，完善标准体系，助力高质量发展。

2019年7月，自治区市场监管局与自治区农牧厅、林草局联合下发《关于开展2019年自治区农牧业产业标准体系建设项目的通知》（内市监标准字〔2019〕163号）和《关于开展2019年林草产业标准体系建设项目的通知》（内市监标准字〔2019〕164号），紧紧围绕自治区特色农林牧产业开展标准体系建设。各相关盟市旗县政府、科研机构、高校、龙头企业、专业技术人员等广泛参与，保证了标准体系的科学性、合理性和先进性。

这是自治区第一批高标准体系建设项目，本着“从田间到餐桌”全产业链的标准化要求，覆盖了产品种（养）植的地域、环境要求、品种和种养加工过程控制、产品品质和储运包装等关键环节。立足高质量要求，体现原料天然无污染、种养过程绿色有机、产品品质优质等要素，为促进产业高质量发展、打造“蒙”字标区域公用品牌提供了标准化支撑。

本书将兴安盟大米、呼伦贝尔牛肉、乌兰察布马铃薯、科尔沁牛肉、锡林郭勒羊肉、赤峰小米、呼伦贝尔羊肉、河套小麦、内蒙古大兴安岭黑木耳、通辽黄玉米10个产业标准体系及相关标准集结成册，旨在方便生产、加工、检测、认证人员及广大读者使用，以更好地指导实践。在本丛书编写过程中得到了相关部门、企业和多位专家的大力支持，在此表示衷心感谢！由于编写水平和时间有限，书中内容难免会有错漏，恳请读者提出宝贵意见，以便我们改进和完善。

编著者

2020年5月

目录

 呼伦贝尔羊肉标准体系框架图 // 1

 呼伦贝尔羊肉标准体系明细表 // 3

 呼伦贝尔羊肉标准体系标准统计表 // 7

肆 呼伦贝尔羊肉标准体系关键标准 // 9

DB15/T 1763—2019 “呼伦贝尔羊”产地环境要求 // 10

GB/T 26613—2011 呼伦贝尔羊 // 15

DB15/T 1466—2018 草原短尾羊 // 20

DB15/T 852.1—2015 蒙古羊高效繁育技术规程 第1部分：蒙古羊人工授精技术规程 // 28

DB15/T 852.2—2015 蒙古羊高效繁育技术规程 第2部分：蒙古羊同期发情处理技术规程 // 33

DB15/T 1764—2019 “呼伦贝尔羊”饲养管理技术规程 // 37

DB1507/T 13—2017 肉羊疫病综合防治技术规范 // 46

DB15/T 1765—2019 “呼伦贝尔羊肉”加工技术规范 // 54

DB15/T 1766—2019 呼伦贝尔羊肉 // 61

GB 18393—2001 牛羊屠宰产品品质检验规程 // 69

DB15/T 975—2016 畜产品牛羊肉中碳、氮同位素丰度比检测方法 // 77

壹 呼伦贝尔羊肉标准体系框架图

呼伦贝尔羊肉标准体系
01 产地环境
02 品种与繁殖
0201 品种
0202 繁殖技术
03 养殖
0301 饲养管理
0302 防疫检疫
04 屠宰加工
05 产品质量
0501 产品
0502 质量检测
06 包装与标识
07 仓储、运输、销售
08 产品追溯

贰

呼伦贝尔羊肉标准体系明细表

序号	标准名称	标准编号	级别	实施日期	状态
01　产地环境					
1	“呼伦贝尔羊”产地环境要求	DB15/T 1763—2019	地方标准	2019-12-14	现行
02　品种与繁殖					
0201　品种					
1	呼伦贝尔羊	GB/T 26613—2011	国家标准	2011-11-01	现行
2	草原短尾羊	DB15/T 1466—2018	地方标准	2018-11-15	现行
0202　繁育技术					
1	蒙古羊高效繁育技术规程　第1部分：蒙古羊人工授精技术规程	DB15/T 852.1—2015	地方标准	2015-08-01	现行
2	蒙古羊高效繁育技术规程　第2部分：蒙古羊同期发情处理技术规程	DB15/T 852.2—2015	地方标准	2015-08-01	现行
03　养殖					
0301　饲养管理					
1	“呼伦贝尔羊”饲养管理技术规程	DB15/T 1764—2019	地方标准	2019-12-14	现行
0302　防疫检疫					
1	绿色食品　畜禽卫生防疫准则	NY/T 473—2016	行业标准	2017-04-01	现行
2	绿色食品　兽药使用准则	NY/T 472—2013	行业标准	2014-04-01	现行
3	肉羊疫病综合防治技术规范	DB 1507/T 13—2017	地方标准	2017-08-25	现行
04　屠宰加工					
1	食品安全国家标准　畜禽屠宰加工卫生规范	GB 12694—2016	国家标准	2017-12-23	现行
2	畜禽屠宰卫生检疫规范	NY 467—2001	行业标准	2001-10-01	现行
3	“呼伦贝尔羊肉”加工技术规范	DB15/T 1765—2019	地方标准	2019-12-14	现行
05　产品质量					
0501　产品					
1	呼伦贝尔羊肉	DB15/T 1766—2019	地方标准	2019-12-14	现行
0502　质量检验					
1	牛羊屠宰产品品质检验规则	GB 18393—2001	国家标准	2001-12-01	现行
2	食品卫生微生物学检验　肉与肉制品检验	GB/T 4789.17—2003	国家标准	2004-01-01	现行
3	畜产品牛羊肉中碳、氮同位素丰度比检测方法	DB15/T 975—2016	地方标准	2016-06-20	现行
06　包装与标识					
1	畜禽产品包装与标识	NY/T 3383—2018	行业标准	2019-01-01	现行

序号	标准名称	标准编号	级别	实施日期	状态
07　仓储、运输、销售					
1	食品安全国家标准　肉和肉制品经营卫生规范	GB 20799—2016	国家标准	2017-12-23	现行
2	鲜（冻）畜禽产品专卖店管理规范	NY/T 3408—2018	行业标准	2019-01-01	现行
3	易腐食品冷藏链技术要求　禽畜肉	SB/T 10730—2012	行业标准	2012-11-01	现行
4	易腐食品冷藏链操作规范　畜禽肉	SB/T 10731—2012	行业标准	2012-11-01	现行
5	畜禽肉批发交易规程	SB/T 10888—2012	行业标准	2013-07-01	现行
08　产品追溯					
1	农产品质量安全追溯操作规程　通则	NY/T 1761—2009	行业标准	2009-05-20	现行
2	农产品质量安全追溯操作规程　畜肉	NY/T 1764—2009	行业标准	2009-05-20	现行

叁

呼伦贝尔羊肉标准体系标准统计表

序号	标准类别	标准数量/项			
		国家标准	行业标准	地方标准	总计
1	产地环境	0	0	1	1
2	品种与繁殖	1	0	3	4
3	养殖	0	2	2	4
4	屠宰加工	1	1	1	3
5	产品质量	2	0	2	4
6	包装与标识	0	1	0	1
7	仓储、运输、销售	1	4	0	5
8	产品追溯	0	2	0	2
合计		5	10	9	24

肆

呼伦贝尔羊肉标准体系关键标准

ICS 65.020.01
B 00

DB15

内蒙古自治区地方标准

DB15/T 1763—2019

“呼伦贝尔羊”产地环境要求

Environmental requirements of producing area of “Hulunbuir sheep”

2019-11-14 发布 2019-12-14 实施

内蒙古自治区市场监督管理局 发布

前　言

本标准按照GB/T 1.1—2009给出的规则起草。

本标准由内蒙古自治区畜牧业标准化技术委员会(SAM/TC 19)归口。

本标准起草单位:内蒙古自治区标准化院、呼伦贝尔学院、内蒙古伊赫塔拉牧业股份有限公司、中国科学院遗传与发育生物学研究所、中国科学院大连化学物理研究所。

本标准主要起草人:张铎、贾双文、朱晓春、蒋柠、籍江波、吕燕卿、贾安、毕晓宇、高飞、宋晓蕾、侯帆、段子渊、张志超、靳艳、刘及东、王小琪、闫山林、张丽梅、穆子龙。

“呼伦贝尔羊”产地环境要求

1 范围

本标准规定了“呼伦贝尔羊”的产地环境要求。

本标准适用于“呼伦贝尔羊”。

2 规范性引用文件

下列文件对于本文件的应用是必不可少的。凡是注日期的引用文件，仅注日期的版本适用于本文件。凡是不注日期的引用文件，其最新版本(包括所有的修改单)适用于本文件。

GB/T 5750.4 生活饮用水标准检验方法 感官性状和物理指标

GB/T 5750.5 生活饮用水标准检验方法 无机非金属指标

GB/T 5750.6 生活饮用水标准检验方法 金属指标

GB/T 5750.12 生活饮用水标准检验方法 微生物指标

GB/T 15432 环境空气 总悬浮颗粒物的测定 重量法

GB/T 17141 土壤质量 铅、镉的测定 石墨炉原子吸收分光光度法

GB/T 19630.1—2011 有机产品 第1部分:生产

GB/T 22105.1 土壤质量 总汞、总砷、总铅的测定 原子荧光法 第1部分:土壤中总汞的测定

GB/T 22105.2 土壤质量 总汞、总砷、总铅的测定 原子荧光法 第1部分:土壤中总砷的测定

HJ 479 环境空气 氮氧化物(一氧化氮和二氧化氮)的测定 盐酸萘乙二胺分光光度法

HJ 482 环境空气 二氧化硫的测定 甲醛吸收-副玫瑰苯胺分光光度法

HJ 491 土壤和沉积物 铜、锌、铅、镍、铬的测定 火焰原子吸收分光光度法

HJ 955 环境空气 氟化物的测定 滤膜采样/氟离子选择电极法

NY/T 391—2013 绿色食品 产地环境质量

NY/T 1377 土壤 pH 的测定

3 术语和定义

下列术语和定义适用于本文件。

3.1

呼伦贝尔羊 Hulunbuir sheep

呼伦贝尔市行政区域内，以天然放牧方式饲养的“呼伦贝尔羊”(包括草原短尾羊)。

4 环境要求

4.1 生态环境要求

4.1.1 “呼伦贝尔羊”养殖区域应选择在呼伦贝尔市行政区域内生态环境良好、无污染的草原牧场。

4.1.2 草地类型主要包括:温性草甸草原类、温性典型草原类、山地草甸类、低平地草甸类。

4.1.3 饲用野生植物包括:羊草、披碱草、老芒麦、黄花苜蓿、冰草、无芒雀麦、山野豌豆、野火球、蒙古

葱、野韭等优良牧草。

4.1.4 经生态修复的草原环境养殖要求应符合 GB/T 19630.1—2011 中 5.3 的要求。

4.1.5 应保证草原牧场具有可持续发展能力，不对环境或牧场内其他生物产生污染。

4.2 空气质量要求

空气质量要求见表 1。

表 1 空气中各项污染物控制指标

项目	指标		检测方法
	日平均	小时平均	
总悬浮颗粒物质/(mg/m³)	≤0.20	—	GB/T 15432
二氧化硫/(mg/m³)	≤0.1	≤0.40	HJ 482
二氧化氮/(mg/m³)	≤0.07	≤0.10	HJ 479
氟化物/(μg/m³)	≤6	≤15	HJ 955

4.3 牲畜养殖用水要求

牲畜养殖用水要求见表 2。

表 2 牲畜养殖用水要求

项目	指标	检测方法
臭和味	不应有异臭、异味	GB/T 5750.4
pH	≥6.5	GB/T 5750.4
氟化物/(mg/L)	≤0.9	GB/T 5750.5
氰化物/(mg/L)	≤0.04	GB/T 5750.5
总砷/(mg/L)	≤0.04	GB/T 5750.6
总汞/(mg/L)	≤0.001	GB/T 5750.6
总镉/(mg/L)	≤0.005	GB/T 5750.6
六价铬/(mg/L)	≤0.04	GB/T 5750.6
总铅/(mg/L)	≤0.04	GB/T 5750.6
总大肠菌数(MPN/100 mL)	不得检出	GB/T 5750.12

4.4 牲畜养殖饲草土壤环境质量要求

牲畜养殖饲草土壤环境质量要求见表 3。

表 3 牲畜养殖饲草土壤环境质量要求

项目	指标	检测方法
pH	≥6.5	NY/T 1377
总镉/(mg/kg)	≤0.2	GB/T 17141
总汞/(mg/kg)	≤0.2	GB/T 22105.1
总砷/(mg/kg)	≤15	GB/T 22105.2
总铅/(mg/kg)	≤25	GB/T 17141
总铬/(mg/kg)	≤60	HJ 491
总铜/(mg/kg)	≤25	HJ 491
总镍/(mg/kg)	≤190	HJ 491
总锌/(mg/kg)	≤300	HJ 491

4.5 土壤肥力要求

土壤肥力要求应符合 NY/T 391—2013 中 7.2 土壤肥力指标中 2 级以上的要求。

ICS 65.020.30
B 43

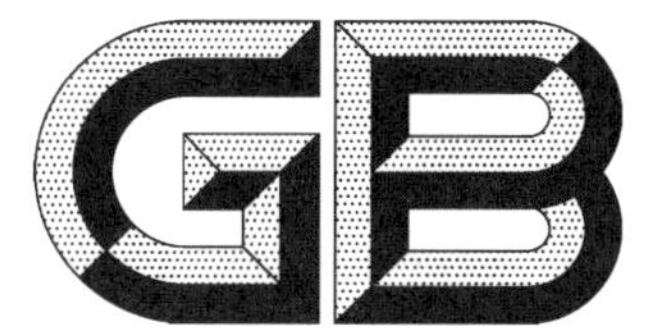

中华人民共和国国家标准

GB/T 26613—2011

呼 伦 贝 尔 羊

Hulunbeier sheep

2011-06-16 发布 2011-11-01 实施

中华人民共和国国家质量监督检验检疫总局
中国国家标准化管理委员会 发布

前　言

本标准的附录 A 为规范性附录。

本标准由中华人民共和国农业部提出。

本标准由全国畜牧业标准化技术委员会(SAC/TC 274)归口。

本标准起草单位:内蒙古自治区家畜改良工作站、内蒙古自治区呼伦贝尔市畜牧工作站。

本标准主要起草人员:高雪峰、李疆、李忠书、康凤祥、王玉、包利锋、陈巴特尔、苏义勒图。

呼 伦 贝 尔 羊

1 范围

本标准规定了呼伦贝尔羊的品种特征、生产性能和等级评定方法。

本标准适用于呼伦贝尔羊品种鉴别和等级评定。

2 规范性引用文件

下列文件中的条款通过本标准的引用而成为本标准的条款。凡是注日期的引用文件,其随后所有的修改单(不包括勘误的内容)或修订版均不适用于本标准,然而,鼓励根据本标准达成协议的各方研究是否可使用这些文件的最新版本。凡是不注日期的引用文件,其最新版本适用于本标准。

NY 1 细毛羊鉴定项目、符号、术语

NY/T 1236 绵、山羊生产性能测定技术规范

3 品种特征

3.1 原产地

呼伦贝尔羊主要分布于内蒙古自治区呼伦贝尔市新巴尔虎左旗、新巴尔虎右旗、陈巴尔虎旗和鄂温克族自治旗。经过长期的自然选择和人工选育,呼伦贝尔羊具有体大、早熟、耐寒易牧、抗逆性强等特点。

3.2 外貌特征

呼伦贝尔羊体格强壮、结构匀称,头大小适中,鼻梁微隆,耳大下垂,颈粗短。四肢结实,大腿肌肉丰满,后躯发达。背腰平直,体躯宽深,略呈长方型。被毛白色,为异质毛,头部、耳后、腕关节及飞节以下允许有有色毛。公羊部分有角,母羊无角。尾巴呈半椭圆状或小桃状。外貌特征见附录 A。

4 生产性能

4.1 体尺体重

在自然放牧条件下一级羊体尺体重最低指标见表 1。

表 1 一级羊体尺体重最低指标

羊 别	体高/cm	体长/cm	胸围/cm	体重/kg
成年公羊	72	75	100	82
成年母羊	67	72	92	62
育成公羊(18 月龄)	68	72	90	62
育成母羊(18 月龄)	65	70	88	52

4.2 产肉性能

呼伦贝尔羊羯羊产肉性能见表 2。

表 2 呼伦贝尔羊羯羊产肉性能最低指标

羊别	胴体重/kg	屠宰率/%	净肉率/%
18 月龄羯羊	27	50	41
6 月龄羯羊	16	47	38

4.3 繁殖性能

性成熟:公羊 8 月龄,母羊 7 月龄;适配年龄:公羊、母羊均为 18 月龄。季节性发情,母羊发情周期平均 17 d,发情持续期 24 h~48 h,妊娠期平均 150 d,经产母羊产羔率平均 110%。

4.4 生产性能测定

按 NY/T 1236 的规定执行。

5 等级评定

5.1 特级

体尺三项指标中两项或者体重超过表 1 指标 10%的优秀个体。

5.2 一级

符合外貌特征,体尺和体重达到表 1 指标的个体。

5.3 二级

符合外貌特征,体尺和体重达到表 3 指标的个体。

表 3 二级羊体尺体重最低指标

羊 别	体高/cm	体长/cm	胸围/cm	体重/kg
成年公羊	64	70	90	65
成年母羊	60	66	86	55
育成公羊	60	66	82	52
育成母羊	58	64	80	42

5.4 等级标识及耳号

18 月龄鉴定结束后,在右耳做等级标识。标识方法、耳号规定及佩带方法按照 NY 1 的规定执行。

附 录 A
（规范性附录）
呼伦贝尔羊外貌照

图 A.1 公羊正面照

图 A.4 母羊正面照

图 A.2 公羊侧面照

图 A.5 母羊侧面照

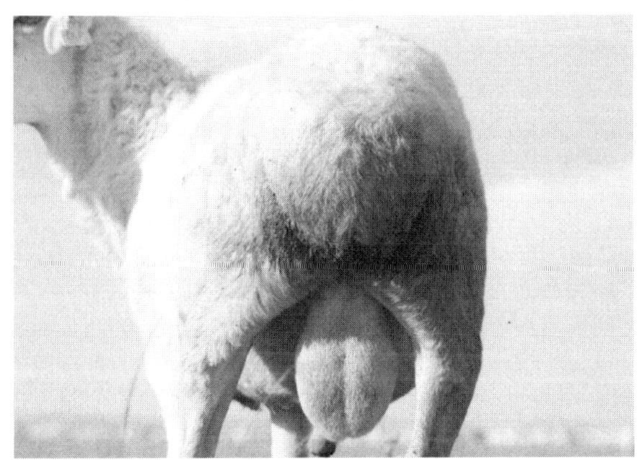
图 A.3 公羊后面照

图 A.6 母羊后面照

ICS 65.020.30
B 43

DB15

内蒙古自治区地方标准

DB15/T 1466—2018

草原短尾羊

Grassland short tail sheep

2018-08-15 发布　　2018-11-15 实施

内蒙古自治区质量技术监督局　发布

前　　言

本标准按照GB/T 1.1—2009给出的规则起草。

本标准由呼伦贝尔市农牧业局提出。

本标准由内蒙古自治区农牧业厅归口。

本标准起草单位：内蒙古自治区畜牧工作站、呼伦贝尔市畜牧工作站、鄂温克族自治旗畜牧工作站。

本标准主要起草人：红海、包利锋、谭毓文、罗保华、张燕军、吕潇潇、秦秀娟、赵育国、哈斯其其格、海龙、孟怀德、敖永平。

草原短尾羊

1 范围

本标准规定了草原短尾羊的品种来源与分布、品种特征、生产性能和等级评定。

本标准适用于草原短尾羊品种鉴别和等级评定。

2 规范性引用文件

下列文件对于本文件的应用是必不可少的。凡是注日期的引用文件,仅注日期的版本适用于本文件。凡是不注日期的引用文件,其最新版本(包括所有的修改单)适用于本文件。

NY/T 1236 绵、山羊生产性能测定技术规范

3 品种来源与分布

草原短尾羊原产于呼伦贝尔市鄂温克族自治旗,在特定的生态环境和生产方式下经过长期的自然选择和人工选育而形成。具有适应性强,常年大群放牧,善于行走采食抓膘,能刨雪吃草,耐寒耐粗饲,抗逆性强,遗传性稳定的特点。现主要分布于鄂温克族自治旗境内,周边旗市少量分布。

4 品种特征

4.1 外貌特征

草原短尾羊体格强壮、结构匀称、背腰平直、胸宽且深,四肢结实,鬐甲部略低于十字部,体躯长方形,后躯宽广丰满,满膘后呈圆桶状。头大小适中,耳大下垂,颈粗短,颈肩结合良好。体躯被毛白色,为异质毛,头部、颈部大部分以白色或黄色为主,少量黑色、灰色,腕关节及飞节以下允许有杂色毛。公羊部分有角,母羊无角。

4.2 尾型特征

尾短小,部分羊肛门及外阴裸露,尾下边缘整齐,有小半圆型和小桃型两种类型。

5 生产性能

5.1 体尺体重

在自然放牧条件下体尺体重最低指标见表1、表2。

表 1 一级羊体尺体重最低指标

羊别	体高 cm	体长 cm	胸围 cm	体重 kg
成年公羊	72	76	98	76
成年母羊	68	72	88	56
育成公羊(18 月龄)	68	70	87	55
育成母羊(18 月龄)	65	68	85	50

表 2 二级羊体尺体重最低指标

羊别	体高 cm	体长 cm	胸围 cm	体重 kg
成年公羊	64	70	90	62
成年母羊	60	66	86	52
育成公羊(18 月龄)	60	66	82	50
育成母羊(18 月龄)	58	64	80	40

5.2 尾型指标

草原短尾羊尾长尾宽指标见表 3。

表 3 草原短尾羊尾长尾宽指标

羊别	尾长 cm	尾宽 cm
成年公羊	≤9	≤13
成年母羊	≤9	≤13
育成公羊	≤8	≤12
育成母羊	≤8	≤12

5.3 产肉性能

草原短尾羊羯羊产肉性能最低指标见表 4。

表 4　草原短尾羊羯羊产肉性能最低指标

羊别	胴体重 kg	屠宰率 %	净肉率 %
30 月龄	30	49	40
18 月龄	25	48	38
5 月龄	14	46	37

5.4　繁殖性能

性成熟：公羊 8 月龄，母羊 7 月龄。适配年龄：公羊、母羊均为 18 月龄；季节性发情，母羊发情周期平均 17 d，发情持续期 24 h～48 h，妊娠期平均 150 d，经产母羊产羔率平均 110%。初生重：公羔平均 4.2 kg，母羔平均 3.8 kg。

5.5　生产性能测定

按照 NY/T 1236 的规定执行。

6　等级评定

6.1　体型外貌评定

草原短尾羊公羊等级分为特级、一级；母羊等级分为特级、一级和二级。按照附录 B 的规定评出个体得分，按表 5 进行体型外貌等级评定。

表 5　体型外貌等级划分指标

等级	公羊	母羊
特级	95 以上	95 以上
一级	85～94	85～94
二级	—	80～84

6.2　体尺体重评定

6.2.1　特级

符合体型外貌特征，体尺 3 项指标中 2 项或者体重超过表 1 指标 10%的优秀个体。

6.2.2　一级

符合体型外貌特征，体尺和体重达到表 1 指标的个体。

6.2.3　二级

符合体型外貌特征，体尺和体重达到表 2 指标的个体。

6.3　综合评定

按体型外貌和体尺、体重评定结果进行综合评定，体型外貌特征和体尺、体重指标符合本级别最低指标要求的评为本级。综合评定等级最低指标见表 6。

表 6　综合评定等级最低指标

综合评定	体型外貌评定	体尺评定	体重评定
特级	特级	一级	特级
一级	一级	一级	一级
二级	二级	二级	二级

附　录　A
（资料性附录）
草原短尾羊体型外貌照片

草原短尾羊体型外貌见图 A.1～图 A.6。

图 A.1　公羊正面图

图 A.2　母羊正面图

图 A.3　公羊侧面图

图 A.4　母羊侧面图

图 A.5　公羊后面图

图 A.6　母羊后面图

附 录 B
（资料性附录）
草原短尾羊体型外貌评分标准

草原短尾羊体型外貌评分标准见表B.1。

表B.1 草原短尾羊体型外貌评分标准

项目		评分要求	满分	
			公羊	母羊
整体结构	整体结构	体格较大，体质结实，结构匀称，体躯成长方形，尻部略高于鬐甲	10	10
	小计		10	10
外貌	被毛	体躯毛色为白色，头有白色、黄色和黑色毛，颈前部、腕关节和飞节以下允许有杂色毛	10	10
	头形	头大小适中，鼻梁微隆，耳大下垂，母羊无角，公羊部分有角	10	10
	尾型	尾短小，肛门及外阴部分裸露，有小半圆型和小桃型	10	10
	小计		30	30
体躯	颈部	颈部适中	8	8
	前躯	胸部较深	8	8
	中躯	肋骨开张，背腰宽平	8	8
	后躯	后躯丰满	8	8
	四肢	四肢粗壮结实，蹄质致密	8	8
	小计		40	40
生殖发育	外生殖器	公羊睾丸对称，发育良好；母羊外阴正常，乳头匀称，发育良好	20	20
	小计		20	20
总计			100	100

ICS 65.020.30
B 43

DB15

内蒙古自治区地方标准

DB15/T 852.1—2015

蒙古羊高效繁育技术规程 第1部分：蒙古羊人工授精技术规程

Technical specification on high efficiency breeding and reproduction for mongolia sheep—Part 1: Technical specification on mongolia sheep artificial insemination

2015-05-01 发布

2015-08-01 实施

内蒙古自治区质量技术监督局 发布

前 言

DB15/T 852《蒙古羊高效繁育技术规程》分为以下3部分：

——第1部分：蒙古羊人工授精技术规程；

——第2部分：蒙古羊同期发情处理技术规程；

——第3部分：呼伦贝尔羊提纯复壮技术规程。

本部分为DB15/T 852的第1部分。

本部分按照GB/T 1.1—2009给出的规则起草。

本部分由内蒙古农业大学提出。

本部分由内蒙古农牧业厅归口。

本部分起草单位：内蒙古农业大学。

本部分起草人：张家新、闫素梅、李大彪、侯先志。

蒙古羊高效繁育技术规程 第1部分:蒙古羊人工授精技术规程

1 范围

本部分适用于蒙古羊的人工授精。

2 术语和定义

下列术语和定义适用于本文件。

2.1

人工授精 artificial insemination

利用器械采集公畜的精液,再用器械把经过检查和处理后的精液输入到母畜生殖道的适当部位,以代替公、母畜自然交配而繁殖后代的一种繁殖技术。

3 技术规程

3.1 配种前的准备

3.1.1 房舍及其辅助设备

房舍分为采精室、输精室和精液处理室。精液处理室要求清洁卫生,光线充足,有放置器械的桌柜和保暖设备,室内温度保持在20℃左右;采精室要求地面平整,光线充足,室内要安装采精架。羊圈主要有种公羊圈、试情公羊圈、发情母羊圈和已配母羊圈。

3.1.2 种公羊的调教

初次参加配种的公羊要预先加以调教。首先,把公羊放在发情母羊群中,使其自交几次;然后,用假阴道训练采精或当其他公羊采精时让其在旁"观摩"。每日按摩睾丸1次,每次10 min~15 min,也可将发情母羊阴道分泌物抹在公羊鼻尖上以刺激其性欲。

3.2 采精

3.2.1 采精前,要把假阴道安装好,加入40℃~45℃左右的水150 mL~180 mL(约占内胎空间的2/3),然后用消过毒的玻璃棒沾上凡士林,均匀涂在内胎前1/2~1/3的地方,增加润滑度,再从活塞孔吹入适量的气,使假阴道内腔保持一定的压力,一般假阴道采精口形成三角形合适,最后,把消过毒的温度计插入假阴道,使采精时的温度保持在38℃~42℃。

3.2.2 采精时,应选择健康的母羊做台羊,并用湿毛巾把公羊包皮擦干净,采精员蹲在母羊右侧后方,右手横握假阴道,使之与地面呈350°~450°,并用食指、中指夹好集精瓶,假阴道活塞应朝向手心,当公羊爬跨母羊伸出阴茎时,采精员应动作敏捷,左手轻握阴茎包皮,右手将假阴道斜向与公羊阴茎使之自然导入,射精完毕,应迅速把集精瓶一端向下倾斜,并竖立起来,取下集精瓶并盖好玻璃盖,迅速送到精液处理室,准备检查。

3.3 精液品质的检查

3.3.1 肉眼检查

正常精液为乳白色，无味或略带腥味。发现粉红色、褐色、绿色的精液，不能用于输精。

3.3.2 显微镜检查

3.3.2.1 密度

如果在视野内看见布满密集的精子，精子间几乎无空隙，这种精液评为“密”；如果精子与精子之间的空隙相当于一个精子的长度，能看出单个精子活动者为“中”；如果在视野中看到少量的精子，精子间隙很大，超过一个精子的长度为“稀”。精液中没有精子用“无”记号。

3.3.2.2 活力

活力是以直线前进运动的精子来计算。用 5 分制评定，在显微镜下观察，如全部精子做直线前进运动，评为 5 分；大约有 80%的精子做直线前进运动被评为 4 分，以下每减少 20%减 1 分；如果精子仅摇摆而不前进则以“摆”字表示。公羊的精液评为“密 5”、“密 4”或 “中 5”、“中 4”的才能做授精用。

3.4 精液的稀释

精液稀释的倍数主要看精子的活力、密度和发情母羊的数量，每次输精保证有效精子数在 800 万以上。常用的稀释液是 0.9%氯化钠(生理盐水)稀释液，此稀释液稀释倍数不超过 2 倍为好，而且不适合保存精液用。

3.4.1 葡萄糖-卵黄稀释液

用葡萄糖 3 g、柠檬酸钠 1.4 g、蒸馏水 100 mL、新鲜卵黄 20 mL、青霉素 10 万 IU。

3.4.2 奶类稀释液

新鲜奶用数层纱布过滤后，经水浴(92 ℃～95 ℃)消毒 15 min，降温至 40 ℃以下，每 100 mL 加入青霉素 10 万 IU。

3.5 输精

3.5.1 常规输精

输精时先把发情母羊固定到输精架上，母羊外阴部用清水洗净擦干，再用 0.02%的新洁尔灭溶液消毒，将开膣器插入阴道寻找子宫颈口，输精器插入子宫颈口内深度为 0.5 cm～1 cm，原精液输精量为 0.05 mL～0.1 mL，稀释后输精量为 0.1 mL～0.2 mL(含有效精子数 8×10^{7})。输精应在母羊发情后 12 h 输精 1 次，间隔 10 h～12 h 再输精 1 次。

3.5.2 腹腔镜输精

输精在母羊发情后 12 h 进行，输精前 12 h～24 h 输精母羊禁食空腹，手术器械等提前用 0.1%新洁尔灭浸泡 30 min。输精时先将待输精母羊固定在手术保定活动车上，去除术部被毛后用碘酒消毒。术时母羊呈头部低、臀部高之势，角度为 45°～60°。沿乳房前腹中线左侧(血管不丰富处)，用带套管的锥头穿透腹壁进入腹腔，拔出锥头后插入内窥镜到腹腔，并向腹腔适量充气，找到子宫角，同时观察卵巢的发育状况，然后在乳房前腹中线右侧，用小号带套管的锥头穿透腹壁进入腹腔，拔出锥头后，将装好精液的输精器针头透过套管对准子宫角方向进入腹腔，并从视野中对有卵泡发育的一侧子宫角中部处进针，输入精液，每侧子宫输精约含有效精子数 4×10^7，拔出针头。输精完毕缝合创口，术后肌肉注射160万IU青毒素。

3.6 人工授精记录

记录要清晰、准确。记录公羊精液品质检查结果、稀释倍数、与配母羊数、配种日期、畜主姓名、公母羊耳号等。

ICS 65.020.30
B 43

DB15

内蒙古自治区地方标准

DB15/T 852.2—2015

蒙古羊高效繁育技术规程 第2部分:蒙古羊同期发情处理技术规程

Technical specification on high efficiency breeding and reproduction for mongolia sheep—Part 2:Technical specification on estrus synchronization of mongolia sheep

2015-05-01 发布　　2015-08-01 实施

内蒙古自治区质量技术监督局　发布

前　言

DB15/T 852《蒙古羊高效繁育技术规程》分为以下3部分：

——第1部分：蒙古羊人工授精技术规程；

——第2部分：蒙古羊同期发情处理技术规程；

——第3部分：呼伦贝尔羊提纯复壮技术规程。

本部分为DB15/T 852的第2部分。

本部分按照GB/T 1.1—2009给出的规则起草。

本部分由内蒙古农业大学提出。

本部分由内蒙古农牧业厅归口。

本部分起草单位：内蒙古农业大学。

本部分起草人：张家新、闫素梅、李大彪、侯先志。

蒙古羊高效繁育技术规程 第2部分:蒙古羊同期发情处理技术规程

1 范围

本部分适用于蒙古羊的同期发情处理。

2 术语和定义

下列术语和定义适用于本文件。

2.1

同期发情 synchronization of estrus

是对具有正常发情周期的群体母畜采取措施,使之在一定时期内发情并排卵的技术,亦称发情同期化。

2.2

试情 teasing

使公畜与母畜接触,根据母畜在性欲上对公畜的反应情况来判断其发情程度。

3 处理程序

3.1 母羊的选择

3.1.1 母羊营养全面平衡,膘情达到中上等为宜。

3.1.2 在繁殖季节,母羊发情周期正常。

3.1.3 无生殖器官疾病,无传染性疾病,经检疫无人畜共患病及对生殖系统有影响的传染病。

3.2 激素选择

3.2.1 孕酮(羊用阴道栓)。

3.2.2 孕马血清促性腺激素(PMSG)。

3.3 处理方法

在发情季节或非发情季节,被处理母羊阴道放置羊用阴道栓,埋置13 d后撤栓,同时肌肉注射PMSG 200 IU~300 IU,然后用试情公羊对处理母羊进行试情。

3.4 配种

3.4.1 常规输精

输精时先把发情母羊固定到输精架上,母羊外阴部用清水洗净擦干,再用0.02%的新洁尔灭溶液消毒,将开膣器插入阴道寻找子宫颈口,输精器插入子宫颈口内深度为0.5 cm~1 cm,原精液输精量为0.05 mL~0.1 mL,稀释后输精量为0.1 mL~0.2 mL(含有效精子数8×10^7)。输精应在母羊发情后12 h输精1次,间隔10 h~12 h再输精1次。

3.4.2 腹腔镜输精

输精在母羊发情后12 h进行，输精前12 h～24 h输精母羊禁食空腹，手术器械等提前用0.1%新洁尔灭浸泡30 min。输精时先将待输精母羊固定在手术保定活动车上，去除术部被毛后用碘酒消毒。术时母羊呈头部低、臀部高之势，角度为45°～60°。沿乳房前腹中线左侧(血管不丰富处)，用带套管的锥头穿透腹壁进入腹腔，拔出锥头后插入内窥镜到腹腔，并向腹腔适量充气，找到子宫角，同时观察卵巢的发育状况，然后在乳房前腹中线右侧，用小号带套管的锥头穿透腹壁进入腹腔，拔出锥头后，将装好精液的输精器针头透过套管对准子宫角方向进入腹腔，并从视野中对有卵泡发育的一侧子宫角中部处进针，输入精液，每侧子宫输精约含有效精子数4×10^7，拔出针头。输精完毕缝合创口，术后肌肉注射160万IU青毒素。

3.5 注意事项

3.5.1 放置阴道栓时要严格消毒、注意卫生，同时动作要轻，防止损伤母羊阴道黏膜，造成感染。

3.5.2 激素剂量准确无误。

3.5.3 输精尽量使用鲜精。

ICS 65.020.30
B 43

DB15

内蒙古自治区地方标准

DB15/T 1764—2019

“呼伦贝尔羊”饲养管理技术规程

Technical regulation of feeding and management of “Hulunbuir sheep”

2019-11-14 发布　　2019-12-14 实施

内蒙古自治区市场监督管理局　发布

前　　言

本标准按照 GB/T 1.1—2009 给出的规则起草。

本标准由呼伦贝尔市市场监督管理局提出。

本标准由内蒙古自治区畜牧业标准化技术委员会(SAM/TC 19)归口。

本标准起草单位:呼伦贝尔学院、伊赫塔拉牧业股份有限公司、内蒙古自治区标准化院、呼伦贝尔市畜牧工作站、鄂温克旗畜牧工作站。

本标准主要起草人:刘及东、吕绪清、闫山林、李晟、穆子龙、贾双文、朱晓春、蒋柠、张铎、贾安、籍江波、吕燕卿、宋晓蕾、侯帆、王玉、刘永志、包立峰、谭毓文、高荣。

“呼伦贝尔羊”饲养管理技术规程

1 范围

本标准规定了“呼伦贝尔羊”饲养的放牧管理、放牧加补饲、防疫、档案管理和追溯。

本标准适用于“呼伦贝尔羊”养殖户及养殖场。

2 规范性引用文件

下列文件对于本文件的应用是必不可少的。凡是注日期的引用文件，仅注日期的版本适用于本文件。凡是不注日期的引用文件，其最新版本(包括所有的修改单)适用于本文件。

GB/T 36061 电子商务交易产品可追溯性通用规范

NY/T 388 畜禽场环境质量标准

NY/T 473 绿色食品 畜禽卫生防疫准则

NY/T 1168 畜禽粪便无害化处理技术规范

NY/T 1169 畜禽场环境污染控制技术规范

NY/T 1764 农产品质量安全追溯操作规程 畜肉

DB15/T 863 基于射频识别的畜产品追溯标签技术要求

DB15/T 864 基于射频识别的畜产品追溯读写器技术要求

DB15/T 865 基于射频识别的畜产品追溯数据格式要求

DB15/T 866 基于物联网的畜产品追溯服务流程

DB15/T 867 基于物联网的畜产品追溯应用平台结构

畜禽标识和养殖档案管理办法》(中华人民共和国农业部令 2006 年第 67 号)

3 术语和定义

下列术语和定义适用于本文件。

3.1

天然放牧 natural grassl and grazing

“呼伦贝尔羊”在天然草原上自由采食牧草并将其转化成羊肉产品的一种饲养方式。

3.2

放牧加补饲 grazing and supplementary feeding

“呼伦贝尔羊”在生长发育及繁殖阶段，依靠天然放牧饲养不能满足羊的营养需要时，通过补饲青干草及精补料来满足其生长繁殖需要的一种饲养方式。

4 放牧管理

4.1 一般要求

4.1.1 放牧草场安排

根据不同季节及羊的不同性别和年龄来合理安排草场，草场安排的原则是春放阴坡、沟谷，夏放岗，秋放平原,冬放阳。公、母羊及成年羊和幼龄羊群要实行分群、分区放牧。

4.1.2 放牧时间

根据牧草长势来掌握,5 月中下旬至 10 月中旬,要确保放牧 10 h 以上;12 月至翌年 3 月,放牧时间应不少于 6 h;4 月和 11 月为放牧过渡期,放牧时间应不少于 8 h。

4.1.3 放牧方法

4.1.3.1 一条鞭队形

利用羊只都愿意吃头排草的特点,把羊排在一条横线上,让羊群形成齐头并进吃草的队形。一般在刚出牧后,采用该队形,有利于控制好羊群,避免羊群乱跑。

4.1.3.2 满天星队形

在宽敞的草地上,让羊群均匀地分散、自由采食的一种队形。在牧草茂盛的草场或在早晚天气凉爽的时候多采用这种队形。

4.2 四季放牧要求

4.2.1 春季放牧

4.2.1.1 在早春牧草萌发返青时,应控制好羊群,挡住强羊,看好弱羊。

4.2.1.2 为避免发生跑青和保护草原,先选择牧草萌发晚的阴坡或沟谷地放牧,当阳坡或沿河阶地牧草长到 7 cm 以上后,再转场到该草场放牧。有补饲条件的可通过补草补料,停牧 15 d～20 d,以避开牧草返青敏感期,也可以选择在有水源的打草场进行早春放牧,在 6 月初后再转场到放牧场放牧。

4.2.1.3 晚春时应勤换牧地(一般 2 d～3 d)。瘦弱的羊只春季可单独组群,带羔母羊应在近处草场放牧。

4.2.1.4 繁殖母羊在冬春季产羔时应以舍饲为主,减少放牧时间。

4.2.2 夏季放牧

4.2.2.1 夏季放牧应尽量做到早出牧、晚归牧,延长放牧时间,中午在凉爽处休息。

4.2.2.2 当有露水和雨水时,应尽量避免早出牧,以防羊蹄被牧草划伤。

4.2.2.3 放牧时应避开蚊蝇多的低洼牧场,迎风放牧。

4.2.2.4 中午气温高时在背阴处放牧。

4.2.2.5 如在高山草原上放牧,可上午在阳坡放牧,下午在阴坡放牧,上午顺风放牧,下午逆风放牧。

4.2.2.6 夏季应保证羊群的饮水充足,如营盘距放牧地较远时,创造条件,使羊能在放牧地休息和饮水,盐砖放在饮水处或营盘处,保证羊能摄入充分的矿质元素。

4.2.2.7 放牧时控制羊群行走速度,缓慢移动,不宜行走太远。

4.2.3 秋季放牧

4.2.3.1 秋季放牧应避开早晨露水,尽量延长时间,中午不休息,让羊群多采食,少走路,时间应保证不低于 10 h。

4.2.3.2 遇有霜、露天气,要延迟出牧或采取出牧时快走,只走牧道不走草地,防止羊吃带霜牧草。

4.2.3.3 秋季放牧时,上午在前 1 d 放牧过的草地放牧,下午在新的草地上放牧。羊只抓“油膘”期间,应有充足的饮水。

4.2.3.4 配种前 45 d～30 d,应选择较好的牧场放牧繁殖母羊,抓好膘,针茅为主的草地要在结籽前放牧利用。

4.2.4 冬季放牧

4.2.4.1 应选择避风向阳和水源较好的山谷、低凹草地或打草场放牧。
4.2.4.2 出牧时，逆风把羊群赶到草场，顺风赶回营盘。
4.2.4.3 妊娠前期(妊娠 1 d～90 d)一般放牧即可。妊娠后期(妊娠 90 d～分娩)应加强营养，除选优质牧场放牧外，要做好补饲。遇大风雪天，应停牧，补草补料。
4.2.4.4 应根据草场状况及气候情况确定放牧时间及持续时间，避免长距离放牧消耗。

5 放牧加补饲

5.1 母羊的饲养管理

5.1.1 空怀期饲养管理

5.1.1.1 对于空怀期成年母羊和后备母羊，在配种前 45 d～30 d，应该安排在较好的草地放牧，促进抓膘，使母羊在繁殖季节能正常地发情配种。
5.1.1.2 对于膘情较差的母羊，给予短期补饲。
5.1.1.3 春季羊只大多膘情差、体质弱，应重视加强营养，适当进行补饲。

5.1.2 妊娠期饲养管理

5.1.2.1 妊娠前期基础母羊(妊娠 0 d～90 d)，所需营养基本与空怀期母羊相同。管理同 5.1.1。
5.1.2.2 妊娠后期(妊娠 90 d～分娩)，进行补饲精补料(参见附录 A 中表 A.1)。
5.1.2.3 不得饲喂发霉、变质、冰冻或其他异常饲料，禁止空腹饮冰水。在放牧中避免惊吓、急跑、跳沟，出入圈舍门时应防止互相挤压，以防流产。

5.1.3 哺乳期饲养管理

5.1.3.1 根据羔羊出生期的早晚、发育情况及哺乳母羊下一次配种时间来确定哺乳期的长短，哺乳期一般为 90 d。
5.1.3.2 哺乳前期约为 45 d，需对母羊进行补饲。
5.1.3.3 哺乳后期应该安排在较好的草地放牧，加速母羊体质恢复，哺乳期结束后应及时断奶。

5.2 种公羊的饲养管理

5.2.1 分群管理

种公羊应单独分群，以放牧为主，配种前 30 d 开始进行补饲。

5.2.2 膘情管理

种公羊应加强运动，使其体质结实，体况适中，常年保持中上等膘情。

5.2.3 饲养管理

5.2.3.1 非配种期的饲养管理

非配种期的种公羊，除放牧采食外，冬春季节每日可补给精补料(参见附录 A 中表 A.2)0.4 kg～0.6 kg、胡萝卜 0.5 kg、优质干草 3 kg、食盐 5 g～10 g。夏秋季节应以放牧为主，不补青粗饲料，每天只补精补料 0.5 kg～0.6 kg，自由饮水。

5.2.3.2 配种期的饲养管理

5.2.3.2.1 配种期种羊管理又分配种预备期(配种前 30 d～45 d)、配种期和复壮期(配种后 30 d～45 d)。

5.2.3.2.2 配种预备期，除放牧外，精料喂量从配种期精料标准的 60%～70%的比重，逐渐增加到配种期的标准。

5.2.3.2.3 配种期，公羊要加强运动，增加日粮中的动物性蛋白质的含量，每天饲料补饲量为：精补料 0.8 kg～1.2 kg、胡萝卜 0.5 kg～1 kg、鸡蛋 1～2 枚、青干草 2 kg、食盐 15 g～20 g。草料分 2～3 次饲喂，自由饮水。

5.2.3.2.4 复壮期，公羊的饲养水平应逐渐降低，开始时应与配种期的饲养水平相同，使公羊迅速恢复体重，并根据公羊体况恢复情况逐渐减少精补料和多汁饲料的饲喂，直至过渡到非配种期的饲养标准。同时要加强放牧运动，锻炼公羊的体质，使之逐渐适应非配种期的饲养和管理。

5.3 羔羊的饲养管理

5.3.1 接羔管理

5.3.1.1 初生羔羊要防冻、防饿、防潮和勤配奶、勤治疗、勤消毒，接羔室和护理分娩栏内要勤换垫草，保持干燥。

5.3.1.2 让羔羊尽早吃到初乳或代乳粉。

5.3.1.3 如果因母羊产后死亡、患乳房炎或产羔多母乳不足时，要优先选择保姆羊代为哺乳，如缺少合适保姆羊时可人工哺乳，人工乳可用鲜牛奶、冻牛奶、羊奶、奶粉等代替。用奶粉喂羔羊时，应该先用少量温开水把奶粉溶解，然后加入热水，以利于奶粉充分溶解。不可使用未煮开的凉水溶解奶粉喂羊。

5.3.1.4 为避免母羊不认羔羊，发生丢羔现象，在出生时可在母羊和羔羊身体同一侧(单羔在左，双羔在右)用油漆进行临时编号，编号一般为 1～100，当编号编满后，可另换一种颜色油漆，继续从 1～100 编号。

5.3.2 补饲管理

5.3.2.1 羔羊出生后 7 d 左右开始在圈舍中放置开食料(参见附录 B 中表 B.1)，任其自由采食。15 d 左右，一般羔羊学习采食，应给予一些优质青干草并将日补精料增加到 0.05 kg～0.075 kg。待羔羊习惯采食草料后，可将优质青干草放在草架上，任羔羊自由采食。

5.3.2.2 羔羊出生 7 d 后，在无风、温暖晴天的中午把羔羊赶到运动场，进行运动和日光浴。运动场应清扫干净，无羊毛，无异常食物等。

5.3.2.3 母羊的泌乳量在羔羊出生后 30 d 左右时达到高峰，以后逐渐下降，羔羊出生 60 d 后，进行补饲。羔羊出生 60 d～90 d，每只羔羊每天补饲精补料(参见附录 A 中表 A.3)0.2 kg；出生 90 d～120 d，每只羔羊每天补饲精补料 0.25 kg ～0.3 kg。自由饮水，自由舔食盐砖。

5.3.2.4 羔羊一般单独组群舍饲，不随母羊放牧，晚上母羊归牧后合群让羔羊吃足母乳。当羔羊出生 30 d 后，如果草场已返青且条件较好，可上午单独饲养，下午随母羊放牧饲养。

5.3.3 断奶管理

5.3.3.1 羔羊一般在出生后 90 d 左右断奶，过早会增大羔羊的死亡率，过晚既不利于羔羊的生长发育，也不利于母羊的发情和繁殖。

5.3.3.2 羔羊断奶后应尽量保持羔羊原有的环境，尽量不改变原有的补饲料配比，避免羔羊出现应激反应。

5.4 育成羊的饲养管理

5.4.1 公、母育成羊在发育近成熟时应分群饲养。

5.4.2 进入冬季时,育成羊应以补饲为主,放牧为辅。每只羊每日补青干草 0.5 kg、精补料 0.3 kg。

5.4.3 对育成羊要定期称重,检查饲养管理情况和个体生长发育情况,可根据检查情况,重新调整日粮配比和饲喂量。

6 防疫

6.1 疫病控制

应符合 NY/T 473 的规定。

6.2 废弃物处理

应符合 NY/T 1168、NY/T 388、NY/T 1169 的规定。

7 档案管理

符合《畜禽标识和养殖档案管理办法》的规定建立养殖档案,并进行管理。

8 追溯

应符合 DB15/T 863、DB15/T 864、DB15/T 865、DB15/T 866、DB15/T 867、NY/T 1764 和 GB/T 36061 的规定。

附 录 A
（资料性附录）
推荐的精补料配方

A.1 母羊精补料配方

母羊精补料配方见表A.1。

表A.1 母羊精补料配方

原料	豆粕	玉米	DDG	玉米纤维	燕麦	预混料	磷酸氢钙	食盐
比例/%	10	25	35	19	5	3	1.5	1.5

A.2 种公羊精补料配方

种公羊精补料配方见表A.2。

表A.2 种公羊精补料配方

原料	豆粕	玉米	DDG	燕麦	豆油	预混料	磷酸氢钙	食盐
比例/%	15	40	15	20	1.5	5	1.5	2

A.3 羔羊精补料配方

羔羊精补料配方见表A.3。

表A.3 羔羊精补料配方

原料	豆粕	玉米	DDG	玉米纤维	燕麦	预混料	磷酸氢钙	食盐
比例/%	12	30	30	15	7	3	1	2

附　录　B
（资料性附录）
推荐的羔羊开食料配方

B.1　羔羊开食料配方

羔羊开食料配方见表B.1。

表B.1　羔羊开食料配方

原料	豆粕	玉米	DDG	燕麦	预混料	磷酸氢钙	食盐
比例/%	19	40	25	10	3	1.5	1.5

ICS 65.020.30
B 41
备案号：0011—2017

DB1507

呼 伦 贝 尔 市 地 方 标 准

DB1507/T 13—2017

肉羊疫病综合防治技术规范

Technical specification for comprehensive prevention and control of sheep disease

2017-07-25 发布　　2017-08-25 实施

呼伦贝尔市市场监督管理局　发 布

前　　言

本标准按照 GB/T 1.1—2009 给出的规则起草。

本标准由呼伦贝尔市农牧业局提出并归口。

本标准起草单位:呼伦贝尔市动物疫病预防控制中心、呼伦贝尔市畜牧工作站、呼伦贝尔职业技术学院。

本标准主要起草人:余兴邦、吕尚民、董淑霞、牧原、罗保华、王冠玉、邱凯、王巍。

肉羊疫病综合防治技术规范

1 范围

本标准界定了肉羊疫病防治的术语和定义,规定了肉羊的防疫措施。

本标准适用于呼伦贝尔市肉羊饲养场、养殖户。

2 规范性引用文件

下列文件对于本文件的应用是必不可少的。凡是注日期的引用文件,仅注日期的版本适用于本文件。凡是不注日期的引用文件,其最新版本(包括所有的修改单)适用于本文件。

GB 18596 畜禽养殖业污染物排放标准

GB/T 18635—2002 动物防疫 基本术语

GB/T 19526 羊寄生虫病防治技术规范

NY 5030 无公害农产品 兽药使用准则

NY 5149 无公害食品 肉羊饲养兽医防疫准则

NY/T 5151 无公害食品 肉羊饲养管理准则

3 术语和定义

GB/T 18635—2002 中界定的下列术语和定义适用于本文件。为了便于使用,以下重复列出了 GB/T 18635—2002 中的部分术语和定义。

3.1

动物疫病 animal epidemic

主要是指生物性病原引起的动物群发性疾病,包括动物传染病、寄生虫病。

[GB/T 18635—2002,定义 3.1]

3.2

传染 infection

又称感染,病原体侵入机体并在机体内繁殖,一般可引起机体发生一定反应。

[GB/T 18635—2002,定义 3.3.1]

3.3

免疫 immunity

机体识别和排除抗原性异物,以维护自身的生理平衡和稳定的一种保护性反应,主要通过体液免疫和细胞免疫两种机制实现。

[GB/T 18635—2002,定义 4.2]

3.4

疫情 epidemic situation, epizootie situation

动物疫病发生、发展及相关情况。

[GB/T 18635—2002,定义 3.5]

3.5

预防 prophylaxis

采取措施防止疫病发生和流行。

[GB/T 18635—2002,定义4.1]

3.6

驱虫 repelling-parasite

应用药物驱除、杀灭宿主动物体内与外界相通脏器中的寄生虫。

[GB/T 18635—2002,定义4.6]

3.7

无害化处理 bio-safety disposal

用物理、化学或生物学等方法处理带有或疑似带有病原体的动物尸体、动物产品或其他物品,达到消灭传染源,切断传播途径,破坏毒素,保障人畜健康安全。

[GB/T 18635—2002,定义5.1.4]

3.8

消毒 disinfection

采用物理、化学或生物学措施杀灭病原微生物。

[GB/T 18635—2002,定义5.1.6]

3.9

防治 prevention and treatment

对疫病的预防、治疗和其他必要的处理。

[GB/T 18635—2002,定义4.3]

3.10

疫苗 vaccine

用病原微生物、寄生虫或其组分或代谢产物经加工制成或者用合成肽或基因工程方法制成、用于人工主动免疫的生物制品。

[GB/T 18635—2002,定义2.4.3]

4 肉羊的防疫措施

4.1 卫生消毒

4.1.1 消毒剂

应选用符合相关规定的高效、低毒和低残留的消毒剂。消毒剂使用方法应按照说明书规定操作。应交替使用消毒药,对消毒效果进行监测。

4.1.2 消毒方式

4.1.2.1 喷雾消毒

应选用规定浓度的次氯酸盐、有机碘混合物、过氧乙酸、新洁尔灭、煤酚,进行羊舍、棚圈消毒,带羊环境消毒,羊场道路消毒,进入场区的车辆消毒和周围场区环境消毒。

4.1.2.2 浸液消毒

应用规定浓度的新洁尔灭、有机碘混合物或煤酚的水溶液,洗手并对工作服、胶靴进行消毒。

4.1.2.3 紫外线消毒

人员入口处设紫外线消毒灯，照射至少 5 min。

4.1.2.4 熏蒸消毒

用甲醛对饲喂用具和器械在密闭的室内或容器内进行熏蒸。

4.1.3 消毒制度

4.1.3.1 环境消毒

羊舍周围环境定期应用 2%火碱或生石灰乳液消毒，每周 1 次。羊圈舍周围及内污染池、排粪坑、下水道出口，每月用漂白粉消毒 2～3 次。在羊场、羊舍入口设消毒池并定期更换消毒液，厂门口的消毒池应与大门同宽，长度达车轮 2 周长以上，两边为缓坡，消毒液可用 3%火碱或煤酚溶液，每周更换 2 次。进入场区或羊舍人员通过的消毒槽加入 2%火碱溶液，每 3d 更换 1 次。

4.1.3.2 人员消毒

工作人员进入生产区净道和羊舍，应更换工作服、工作鞋，并经紫外线照射 5 min 进行消毒。外来人员进入生产区时，应更换工作服、工作鞋，经紫外线照射 5 min 进行消毒，并遵守场内防疫制度，按指定路线行走。与肉羊接触密切的饲养员和放牧工应定期进行健康检查，发现有人畜共患传染病患者应及时调出。

4.1.3.3 羊舍消毒

每批羊只出栏后，应彻底清扫羊舍、棚圈，采用喷雾、熏蒸消毒。

4.1.3.4 用具消毒

应定期对分娩栏、补料槽、饲料车、料桶等饲养用具进行消毒，可用 0.1%新洁尔灭或 0.2%～0.5%过氧乙酸消毒液。

4.1.3.5 带羊环境消毒

应定期对圈舍中的羊群及所在环境消毒，采用广谱、低毒、对羊无刺激性的消毒药，采取喷雾消毒方式消毒，减少环境中的病原微生物。

4.2 肉羊主要疫病的免疫

应按照相关部门的相关规定制定疫病免疫计划和免疫程序，并认真实施。羊群的防疫应符合 NY 5149 的规定。做好免疫记录和免疫档案。

4.2.1 口蹄疫免疫

4.2.1.1 应对所有羊只使用口蹄疫 O 型-亚洲Ⅰ型二价灭活疫苗进行强制免疫，边境旗县的羊只使用口蹄疫 O 型-亚洲Ⅰ型-A 型三价灭活疫苗强制免疫。

4.2.1.2 羔羊 28 日龄～35 日龄时进行初免，间隔 1 个月后进行 1 次加强免疫，以后每隔 4～6 个月免疫 1 次。

4.2.1.3 成年羊春秋两季进行 1 次集中免疫，并定期补免。免疫密度应达到 100%。

4.2.1.4 疫苗免疫接种方法及剂量应按说明书规定操作。

4.2.2 布鲁氏菌病免疫

布鲁氏菌病免疫地区应科学合理制定与监测(免疫 6 个月以上和未免疫)相衔接的免疫计划,按照相关部门的相关规定,适时开展强制免疫,实行春季检测,7～9 月免疫,对新生和补栏的羊应及时免疫。种公羊不免疫,检测布鲁氏菌病呈阳性应淘汰。免疫使用布鲁氏菌病活疫苗(S2 株)。应按说明书规定操作,逐只灌服免疫。

4.2.3 小反刍兽疫免疫

对未免疫过的羊只春季集中进行 1 次免疫。对新生羔羊 1 月龄时和新补栏羊只及时开展补免。免疫使用小反刍兽疫活疫苗,具体免疫接种方法及剂量按相关产品说明书操作。

4.2.4 羊痘免疫

对新老疫区、受威胁区羊只,应在春季集中进行 1 次山羊痘活疫苗免疫。可于 60 日龄前进行接种 1 次,以后每隔 12 个月加强免疫 1 次。具体免疫接种方法及剂量按说明书操作。

4.2.5 炭疽病免疫

对新老疫区、受威胁区羊只,应在每年春季集中进行 1 次Ⅱ号炭疽芽胞疫苗免疫。具体免疫接种方法及剂量按说明书操作。

4.2.6 三联四防苗免疫

三联四防苗即羊快疫、肠毒血症、猝疽及羔羊痢疾疫苗。应对新老疫区、受威胁区羊只,在春秋季集中进行免疫,羔羊、成羊应皮下或肌肉注射 5 mL/头,注射后 14 d 产生免疫力。免疫接种方法及剂量按说明书操作。

4.2.7 其他疫病免疫

其他疫病免疫根据防疫工作需要自行确定,应报当地主管部门备案。

4.2.8 疫苗的保存和使用

免疫疫苗应来源于主管部门。对疫苗进行正确保存和使用,不应使用过期或包装瓶破损的疫苗。

4.3 疫病控制和扑灭

肉羊饲养场发生以下疫病时,应按照农业部相应疫病防治技术规范处置,及时采取以下措施。

4.3.1 立即封锁现场,牧户或兽医应按规定向当地主管部门报告疫情。

4.3.2 确诊发生口蹄疫、小反刍兽疫时,肉羊饲养场应配合相关部门,对羊群实施严格的隔离、封锁、扑杀、无害化处理及消毒等综合性防治措施。

4.3.3 发生痒病时,应对羊群实施严格的隔离、封锁、扑杀、无害化处理及消毒综合性防治措施,还应追踪调查病羊的亲代和子代。

4.3.4 发生蓝舌病时,应扑杀病羊,检测血清学反应呈现抗体阳性,并不表现临床症状时,应采取清群和净化措施。

4.3.5 发生炭疽时,应焚毁并深埋病羊,并对可能的污染点、饲养用具、周边环境进行彻底消毒。

4.3.6 发生羊痘、布鲁氏菌病、梅迪/维斯纳病、山羊关节炎/脑炎疫病时,应对羊群实施清群和净化措施。

4.3.7 发生疫病时,应选相应的疫苗对疫点及受威胁区的羊进行紧急免疫接种。

4.3.8 全场进行彻底消毒,病死或淘汰羊的尸体应进行无害化处理。

4.4 疫病监测

4.4.1 应按照相关部门的规定,结合本场实际制定疫病监测计划,送当地相关单位监测,肉羊饲养场(户)应认真实施。

4.4.2 肉羊场常规监测的疫病应包括口蹄疫、布鲁氏菌病、小反刍兽、炭疽、羊痘、痒病、梅迪/维斯纳病、蓝舌病。根据当地实际情况,可选择其他疫病进行监测。

4.4.3 根据相关规定,免疫抗体合格率达不到70%的则应补免,病原学监测出现阳性的,疫情风险大,应加强防范并作流行病学调查。

4.5 羊的引进和运输

4.5.1 应坚持自繁自养的原则,不从有疫病及高风险的国家和地区引进羊只、精液、胚胎。

4.5.2 必须引进羊只时,按照相关规定,应从非疫区引进,进行产地检测并有检疫合格证明。

4.5.3 羊只在装运及运输过程中,应按照相关规定进行审批和检疫,运输车辆运前、运后应做过彻底清洗消毒。为了避免长途运输而引起的应激、发病,宜在启运前1周添加广谱抗菌药物和抗应激药物。运输途中,不宜在城镇和集市停留、饮水和饲喂。

4.5.4 羊只引入后应至少隔离饲养30 d,在此期间进行观察、检疫、免疫,确认健康方可混群饲养。

4.6 羊驱虫

主要驱杀羊的各种绦虫、消化道线虫、羊狂蝇蛆、包虫和螨等寄生虫。抗寄生虫药的选择使用应符合NY 5030的规定,选择高效、低毒、低残留并安全的驱虫药。驱虫的具体技术要求和驱虫药应符合GB/T 19526的规定。羊场中饲养的犬应驱虫。

4.6.1 驱(浴)前的准备

羊驱虫宜安排在春季和秋季进行,视各地情况可适当调整。驱(浴)前,先小群驱(浴),确认安全后方可大群驱(浴)。羊驱虫应在清晨,空腹投药;药浴羊应提前饮足水;实行整群全驱、全浴、不漏驱(浴)分散羊。

4.6.2 体内驱虫

4.6.2.1 第1次春季驱虫应在成虫期进行驱虫,第2次秋冬季驱虫应在感染后期驱治(羊绦虫病在虫体未成熟前驱虫,羊消化道线虫在幼虫感染高峰期时进行,而羊狂蝇蛆应在幼虫滞育期驱虫)。

4.6.2.2 消化道线虫宜用丙硫苯咪唑驱治,绦虫宜用吡喹酮驱治,各种驱虫药使用方法及剂量按说明书规定操作。

4.6.3 体外驱虫

一年驱治2次,视驱治效果可作调整。常用的药品有阿维菌素和伊维菌素片剂及针剂,使用方法及剂量按说明书规定操作。驱虫后1 d~3 d,应安置羊群在经过消毒的临时羊舍或棚圈内,1 d~3 d后即可返回到经过彻底消毒的羊舍或棚圈。

4.6.4 加强饲养管理

4.6.4.1 应有计划地实行划区轮牧制度,保护草场和减少寄生虫感染。

4.6.4.2 不应饮用低洼地带的积水或死水,建立清洁的饮水地点。

4.6.4.3 病羊应及时隔离治疗,严禁混群放牧饲养,以防感染传播。尽量消灭蚊蝇,圈舍粪便应及时清除,粪便定点集中堆积发酵处理,利用生物热杀灭各类虫体和虫卵。

4.6.4.4 药浴后的废药液应按照 GB 18596 的规定处理。病害肉尸及废弃物按相关规定无害化处理。

4.7 兽药使用

4.7.1 保证良好的饲养管理,尽量减少疾病的发生,减少药物的使用。确需使用兽药时,应在执业兽医指导下进行。兽药使用按照 NY/T 5030 的规定执行。

4.7.2 无论临床用药还是在饲料中按规定使用饲料添加剂,应严格执行休药期,特别是出栏前的肉羊,没有达到休药期的不应出栏、屠宰和上市。

4.7.3 建立并保存全部用药的记录,治疗用药记录包括肉羊编号、发病时间及症状、治疗用药物名称(商品名及有效成分)、给药剂量、疗程。

4.7.4 所用兽药应符合相关的规定,不应使用禁用药物或人用药物。所用兽药应来自取得生产许可证并通过农业部 GMP 认证的、具有药品批准文号的兽药生产企业。

4.8 羊场环境与条件

4.8.1 羊场环境应符合 NY/T 5151 的规定。

4.8.2 场址用地应符合当地草场、土地利用规划的要求,充分考虑羊场的放牧和饲草、饲料条件,羊场应建在地势高燥、排水良好、通风、易于组织防疫的地方。

4.8.3 羊场周围 3 km 以内无大型化工厂、采矿场、皮革厂、肉品加工厂、屠宰场或其他畜禽养殖场等污染源。羊场距离干线公路、铁路、居民区和公共场所 1 km 以上,远离高压电线。羊场周围有围墙、围栏或防疫沟。

4.8.4 羊场应合理分区,舍饲场区应划分为生活区、生产区及污染区,放牧羊场中生活建筑、草料贮存场所、圈舍和粪污堆积区宜有固定设施分离。生活区宜在主风向的最上风;羊场生产区宜布置在管理区主风向的下风或侧风向;羊舍或棚圈宜布置在生产区的上风向;隔离羊舍(圈)、污水、粪便处理设施和病、死羊处理区布置在生产区主风向的下风或侧风向。

4.8.5 羊场内应净道和污道分开,不宜饲养其他经济用途动物。

4.8.6 按性别、畜龄、生长阶段设计羊舍和棚圈,可建成封闭式、半封闭式或开放式的,应考虑防寒、通风和采光良好。

4.8.7 羊场应设有废弃物处理设施和场所。羊场废弃物主要包括羊粪、尿、尸体及相关组织、垫料、过期兽药、残余疫苗及疫苗瓶、一次性使用的畜牧兽医器械及包装物和污水。

4.9 防疫记录

4.9.1 应建立免疫程序并保存免疫记录。免疫记录主要包括羊的存栏数、免疫数、补免数、免疫病种、免疫日期、疫苗种类、疫苗厂家及批号、防疫人员签字。

4.9.2 应建立消毒制度并保存消毒记录。消毒记录包括消毒剂种类和名称、消毒日期、消毒频次、消毒方法、消毒液浓度配比、消毒场地及器具、消毒人员签字。

4.9.3 应建立并保存肉羊全部兽医处方和用药记录。用药记录包括病羊编号、发病时间及诊断、药物名称、给药途径和剂量、疗程、休药期等。饲料中含有药物添加剂的应特别记录药物名称、含量及休药期。

4.9.4 应建立并保存羊场的生产记录。生产记录包括饲养数量、采食量、配种情况、育肥时间、称重记录、出栏时间、进场和出场记录、调入羊隔离记录、销售地记录。

4.9.5 以上记录保存至少 3 年。

ICS 65.020.30
B 45

DB15

内蒙古自治区地方标准

DB15/T 1765—2019

“呼伦贝尔羊肉”加工技术规范

“Hulunbuir mutton” processing technical specification

2019-11-14 发布　　2019-12-14 实施

内蒙古自治区市场监督管理局　发布

前 言

本标准按照GB/T 1.1—2009给出的规则起草。

本标准由呼伦贝尔市市场监督管理局提出。

本标准由内蒙古自治区肉制品标准化技术委员会(SAM/TC 03)归口。

本标准起草单位:内蒙古自治区标准化院、呼伦贝尔学院、内蒙古伊赫塔拉牧业股份有限公司、中国科学院遗传与发育生物学研究所、中国科学院大连化学物理研究所。

本标准主要起草人:贾双文、朱晓春、张铎、蒋柠、籍江波、吕绪清、吕燕卿、穆子龙、宋晓蕾、侯帆、毕晓宇、高飞、张博雅、贾安、段子渊、张志超、靳艳、刘及东、王小琪、闫山林、张丽梅。

“呼伦贝尔羊肉”加工技术规范

1 范围

本标准规定了“呼伦贝尔羊肉”加工技术规范的基本要求、产品加工、分割羊肉品种、速冻、包装标识、贮藏和运输。

本标准适用于“呼伦贝尔羊肉”的加工。

2 规范性引用文件

下列文件对于本文件的应用是必不可少的。凡是注日期的引用文件，仅注日期的版本适用于本文件。凡是不注日期的引用文件，其最新版本(包括所有的修改单)适用于本文件。

GB 5749 生活饮用水卫生标准

GB 14881 食品安全国家标准 食品生产通用卫生规范

GB/T 17237 畜类屠宰加工通用技术条件

NY/T 1056—2006 绿色食品 贮藏运输准则

NY/T 1564 羊肉分割技术规范

NY/T 3383 畜禽产品包装与标识

SB/T 10730 易腐食品冷藏链技术要求 禽畜肉

SB/T 10731 易腐食品冷藏链操作规范 畜禽肉

3 术语和定义

NY/T 1564 中界定的术语和定义适用于本文件。

4 基本要求

4.1 加工过程应尽可能地保持产品的营养成分和原有属性。

4.2 羊肉加工厂应符合 GB 14881 的规定。

4.3 羊肉产品加工应考虑不对环境产生负面影响或将负面影响减少到最低。

4.4 不应破坏羊肉制品的主要营养成分，可以采用机械、冷冻、加热、微波、烟熏等处理方法及微生物发酵工艺。

4.5 加工用水应符合 GB 5749 的规定。

4.6 在加工和储藏过程中不应采用辐照处理。

5 产品加工

5.1 屠宰

5.1.1 屠宰前准备

5.1.1.1 待宰羊应来自非疫区，并具有产地《动物检疫合格证明》。进厂后由检疫员观察活羊外观，初步确认是否健康，若有异常，应拒收。

5.1.1.2 待宰活羊宰前应静养观察，停食 24 h，宰前 2 h～3 h 停止饮水。

5.1.2 宰杀放血

采用吊挂断三管方式刺杀屠宰，放血完全，无淤血。

5.1.3 剥皮

沿放血刀口处将头割下，将食管扎紧，防止内容物流出，沿后腿内侧中线向下挑开羊皮左右两侧，剥离至尾根部割掉左后蹄，沿前腿内侧中线向上挑开羊皮左右两侧，剥离至胸部去掉左右前蹄，羊皮及右后蹄剥掉。皮应不带膘、不带肉，皮张不破。

5.1.4 出腔

从胸软骨处下刀，沿胸中线向下贴着气管和食管边缘将胸腔切开，将取出的白脏肚、胃肠、脾挂到同步检验轨道，心、肝、肺和肾挂到同步检验轨道进入内脏间。

5.1.5 胴体修整

取出腰油放入容器内，修去胴体表面的淤血、淋巴、污物和浮毛等不洁物，保持肌膜和胴体的完整。用温水由上到下冲洗整个胴体内侧及锯口、刀口处。

5.2 冷却排酸

羊胴体经清洗冷却后进入排酸间，进入前排酸间温度应先降到－2 ℃～0 ℃，推入胴体。胴体间距保持不少于 10 cm，启动冷风机，使排酸间温度保持在 0 ℃～4 ℃，相对湿度保持在 85%～90%，时间应控制在不少于 18 h。

6 分割羊肉品种

6.1 带骨羊肉

带骨羊肉品种见表 1。

表 1 带骨羊肉品种

序号	品种	图片	说明
1	羊胴体		活羊屠宰放血后，去掉毛、头、蹄、尾和内脏的带皮或去皮躯体
2	羊前腿		包括肩胛骨、肩胛软骨、肱骨、尺骨、桡骨、腕骨及其相关联的肌肉群
3	羊后腿		包括跟骨管、跗骨、胫骨、膝关节、膝盖骨、股骨及其相关联的肌肉群
4	羊前腿腱		包括桡骨及其相关联的肌肉群

表 1（续）

序号	品种	图片	说明
5	羊后腿腱		包括胫骨及其相关联的肌肉群
6	去腱羊前腿		包括肩胛骨、肩胛脊、肩胛软骨、肱骨及其相关联的肌肉群
7	去腱羊后腿		包括膝关节、膝盖骨、股骨及其相关联的肌肉群
8	羊尾芯		去除羊尾脂的带肉尾椎。
9	草原羊排		不含胸骨及脊椎骨的肋骨及其相关联的肌肉群
10	龙骨(羊蝎子)		去除里脊、外脊后的胸椎、腰椎
11	颈肉(羊脖子)		第 1～7 节颈椎及其相关联的肌肉群
12	方肩		包括肩胛骨、肋骨、肱骨、颈椎、胸椎、部分桡尺骨和部分腱子肉
13	鞍背		包括第 1～6 节腰椎及其肉群以及从肋骨弓外援最高点至膝关节连线上部的腹肉

6.2 去骨羊肉

去骨羊肉品种见表 2。

表 2　去骨羊肉品种

序号	品种	图片	说明
1	去骨肋排		剔除肋骨的羊排肉
2	去骨羊前腿肉		去掉前腿腱、肩胛骨、肩胛软骨、肱骨、尺骨、桡骨和腕骨的腿肉
3	去骨羊后腿肉		去掉后腿腱、跟骨管、跗骨、胫骨、膝关节、膝盖骨和股骨的腿肉
4	腰窝肉		包括背腰最长肌(眼肌)，由腰肉剔骨而成。分割时沿腰荐结合处向前切割至第 1 腰椎，除去脊排和肋排

表 2（续）

序号	品种	图片	说明
5	里脊		主要位于腰椎腹侧面和髂骨外侧的腰大肌
6	外脊		主要由沿颈椎棘突和横突、胸椎和腰椎分布的肌肉组成
7	特级羔羊肉		第 6～10 节胸椎的外脊眼肉
8	一级羔羊肉		取自当年羔羊脖颈后、脊骨两侧、肋条前的肉
注 1：特级羔羊肉选自胴体重 14 kg 以上的当年羔羊，所选取部位的肉富有形似大理石花纹的外观。 注 2：表中 1、2、3、4、8 项均可加工为肉卷或肉坯。 注 3：以上所有去骨羊肉均应剔除软骨、板筋、淋巴结及血污。			

6.3 精加工羊肉

精加工羊肉品种见表 3。

表 3 精加工羊肉品种

序号	品种	图片	说明
1	蝴蝶排		包括第 1～6 节腰椎及其肉群以及从肋骨弓外援最高点至膝关节连线上部的腹肉，腹肉向腰椎内侧盘卷，冷冻后切成 15 mm～20 mm 的切片
2	颈片		带骨颈肉经速冻后，切成 15 mm～20 mm 的切片
3	寸排		将单根肋骨的排骨切成 35 mm～45 mm 的排段
4	法式肋排		包括肋骨、升胸肌等，由胸腹腩第 2 肋骨与胸骨结合处直切至第 10 肋骨，除去腹肋肉并进行修整而成
5	法式后腿		在羊后腿的基础上去除跟骨管、跗骨及部分胫骨上的肉，露出部分胫骨
6	法式腿腱		由羊前腿腱、羊后腿腱去除部分肌肉，露出桡骨、胫骨

7 速冻

将包装成型的羊肉品种置于−30 ℃～−38 ℃的速冻库中,速冻 24 h 后肉体中心温度应在−18 ℃以下。

8 包装和标识

应符合 NY/T 3383 的规定。

9 贮藏和运输

9.1 贮藏

应符合 GB/T 17237 和 NY/T 1056—2006 中 3.1 的规定。

9.2 运输

应符合 SB/T 10730 和 SB/T 10731 的规定。

ICS 67.120.10
B 45

DB15

内 蒙 古 自 治 区 地 方 标 准

DB15/T 1766—2019

呼 伦 贝 尔 羊 肉

Hulunbuir mutton

2019-11-14 发布 2019-12-14 实施

内蒙古自治区市场监督管理局 发 布

前　言

本标准按照GB/T 1.1—2009给出的规则起草。

本标准由呼伦贝尔市市场监督管理局提出。

本标准由内蒙古自治区肉制品标准化技术委员会(SAM/TC 03)归口。

本标准起草单位:呼伦贝尔学院、内蒙古伊赫塔拉牧业股份有限公司、内蒙古自治区标准化院、呼伦贝尔市畜牧工作站、呼伦贝尔市草原工作站、呼伦贝尔职业技术学院、呼伦贝尔市动物疫病预防控制中心。

本标准主要起草人:刘及东、闫山林、张丽梅、穆子龙、籍江波、董淑霞、尤金成、杨立宏、杨德良、贾双文、朱晓春、蒋柠、张铎、吕燕卿、贾安、侯帆、宋晓蕾、高洁、李耀鑫。

呼伦贝尔羊肉

1 范围

本标准规定了“呼伦贝尔羊肉”的技术要求、质量要求、检验方法、检验规则及标识、包装、贮存、运输和追溯。

本标准适用于“呼伦贝尔羊肉”。

2 规范性引用文件

下列文件对于本文件的应用是必不可少的。凡是注日期的引用文件，仅注日期的版本适用于本文件。凡是不注日期的引用文件，其最新版本(包括所有的修改单)适用于本文件。

GB/T 191 包装储运图示标志

GB 2762 食品安全国家标准 食品中污染物限量

GB 4789.2 食品安全国家标准 食品微生物学检验 菌落总数测定

GB 4789.3 食品安全国家标准 食品微生物学检验 大肠菌群计数

GB 4789.4 食品安全国家标准 食品微生物学检验 沙门氏菌检验

GB 4789.6 食品安全国家标准 食品微生物学检验 致泻大肠埃希氏菌检验

GB 5009.3 食品安全国家标准 食品中水分的测定

GB 5009.5 食品安全国家标准 食品中蛋白质的测定

GB 5009.11 食品安全国家标准 食品中总砷及无机砷的测定

GB 5009.12 食品安全国家标准 食品中铅的测定

GB 5009.15 食品安全国家标准 食品中镉的测定

GB 5009.17 食品安全国家标准 食品中总汞及有机汞的测定

GB 5009.44 食品安全国家标准 食品中氯化物的测定

GB 5009.123 食品安全国家标准 食品中铬的测定

GB 5009.228 食品安全国家标准 食品中挥发性盐基氮的测定

GB/T 6388 运输包装收发货标志

GB 7718 食品安全国家标准 预包装食品标签通则

GB/T 9695.19 肉与肉制品 取样方法

GB/T 17237 畜类屠宰加工通用技术条件

GB 20756 可食动物肌肉、肝脏和水产品中氯霉素、甲砜霉素和氟苯尼考残留量的测定 液相色谱-串联质谱法

GB 20759 畜禽肉中十六种磺胺类药物残留量的测定 液相色谱-串联质谱法

GB 20762 畜禽肉中林可霉素、竹桃霉素、红霉素、替米考星、泰乐菌素、克林霉素、螺旋霉素、吉它霉素、交沙霉素残留量的测定 液相色谱-串联质谱法

GB 21312 动物源性食品中14种喹诺酮药物残留检测方法 液相色谱-质谱/质谱法

GB 21317 动物源性食品中四环素类兽药残留量检测方法 液相色谱-质谱/质谱法与高效液相色谱法

GB 21320 动物源性食品中阿维菌素类药物残留量的测定 液相色谱-串联质谱法

GB/T 22286　动物源性食品中多种β-受体激动剂残留量的测定　液相色谱串联质谱法
GB/T 26613　呼伦贝尔羊
GB/T 36061　电子商务交易产品可追溯性通用规范
NY/T 1056—2006　绿色食品　贮藏运输准则
NY/T 1764　农产品质量安全追溯操作规程　畜肉
NY/T 2799　绿色食品　畜肉
NY/T 3383　畜禽产品包装与标识
SB/T 10730　易腐食品冷藏链技术要求　禽畜肉
SB/T 10731　易腐食品冷藏链操作规范　畜禽肉
DB15/T 863　基于射频识别的畜产品追溯标签技术要求
DB15/T 864　基于射频识别的畜产品追溯读写器技术要求
DB15/T 865　基于射频识别的畜产品追溯数据格式要求
DB15/T 866　基于物联网的畜产品追溯服务流程
DB15/T 867　基于物联网的畜产品追溯应用平台结构
DB15/T 975　畜产品牛羊肉中碳、氮同位素丰度比检测方法
DB15/T 1466　草原短尾羊
DB15/T 1763　“呼伦贝尔羊”产地环境要求
DB15/T 1764　“呼伦贝尔羊”饲养管理技术规程
DB15/T 1765　“呼伦贝尔羊肉”加工技术规范

3　术语和定义

下列术语和定义适用于本文件。

3.1

呼伦贝尔羊肉　hulunbuir mutton

呼伦贝尔市行政区域内以天然方式饲养的“呼伦贝尔羊”(包括草原短尾羊),并按照 DB15/T 1765 规定屠宰加工的羊肉。

4　技术要求

4.1　原料要求

4.1.1　品种

应符合 GB/T 26613、DB15/T 1466 规定的呼伦贝尔羊及草原短尾羊。

4.1.2　产地环境条件

应符合 DB15/T 1763 的规定。

4.1.3　饲养方式

应符合 DB15/T 1764 的规定。

4.2　屠宰加工要求

应符合 DB15/T 1765 的规定。

5 质量要求

5.1 感官指标

感官指标应符合表1的规定。

表1 感官指标

项目	鲜羊肉	冻羊肉
色泽	肌肉色泽鲜红或有光泽;脂肪呈乳白色	肌肉有光泽,色鲜艳;脂肪呈乳白色
弹性(组织状态)	肌纤维致密,坚实,有弹性,指压后的凹陷立即恢复	肉质紧密,有坚实感,肌纤维韧性强
黏度	外表微干或有风干膜,不黏手	外表微干或有风干膜,或湿润不黏手
滋味、气味	具有新鲜羊肉正常气味。煮沸后肉汤透明澄清,脂肪团聚于液面,肉质口感鲜嫩	具有羊肉正常气味。煮沸后肉汤透明澄清,脂肪团聚于液面,具有香气肉质口感鲜嫩
杂质	不应检出	不应检出

5.2 理化指标

鲜羊肉理化指标应符合表2的规定。

表2 鲜羊肉理化指标

项目	鲜、冻羊肉
水分/%	≤77
蛋白质/(g/100 g)	≥18
挥发性盐基氮/(mg/100 g)	≤15

5.3 稳定同位素丰度值指标

稳定同位素丰度值指标应符合表3的规定。

表3 稳定同位素丰度值指标

项目	鲜、冻羊肉
δ13C(干燥脱脂)	−19.80～−29.70
δ15N(干燥脱脂)	3.85～13.20

5.4 卫生要求

5.4.1 微生物限量

微生物限量应符合 NY/T 2799 的规定。

5.4.2 污染物限量

应符合 GB 2762 的规定。

5.4.3 兽药残留限量

应符合 NY/T 2799 的规定。

6 检验方法

6.1 感官指标检验

6.1.1 色泽:目测。
6.1.2 黏度、弹性(组织状态):手触、目测。
6.1.3 滋味、气味:感官检验。
6.1.4 煮沸后的肉汤:按照 GB 5009.44 的规定检验。
6.1.5 杂质:将被检样品置于白瓷盘中,凭目测检验其是否有肉眼可见杂质。

6.2 理化指标检验

6.2.1 水分

按照 GB 5009.3 的规定执行。

6.2.2 蛋白质

按照 GB 5009.5 的规定执行。

6.2.3 挥发性盐基氮

按照 GB 5009.228 的规定执行。

6.2.4 稳定同位素丰度值

按照 DB15/T 975 的规定执行。

6.3 卫生指标检验

6.3.1 微生物

按照 GB 4789.2、GB 4789.3、GB 4789.4、GB 4789.6 的规定执行。

6.3.2 污染物

按照 GB 5009.11、GB 5009.12、GB 5009.15、GB 5009.17、GB 5009.44 、GB 5009.123 的规定执行。

6.3.3 兽药残留量

按照 GB 20756、GB 20759、GB 20762、GB 21312、GB 21317、GB 21320、GB/T 22286 的规定执行。

7 检验规则

7.1 组批

同一班次、同一规格的产品为一批。

7.2 抽样

按照 GB/T 9695.19 的规定执行。

7.3 产品检验

7.3.1 型式检验

7.3.1.1 每年至少进行 1 次。有下列情况之一的应进行型式检验：

a) 长期停产再恢复生产时；

b) 出厂检验结果与上次型式检验有较大差异时；

c) 主管部门提出型式检验要求时。

7.3.1.2 型式检验项目为本标准规定的全部项目。

7.3.2 出厂检验

7.3.2.1 每批出厂产品应检验合格，出具《检验合格证书》方能出厂。

7.3.2.2 出厂检验项目为感官指标、标签和包装。

7.3.2.3 判定规则：检验项目结果全部符合本标准，判为合格品。若有 1 项或 1 项以上指标（微生物指标除外）不符合本标准要求时，可在同批次产品中加倍抽样进行复验。复验结果合格，则判为合格品，如复验结果中仍有 1 项或 1 项以上指标不符合本标准，则判该批次为不合格品。

8 标识、包装、贮存、运输

8.1 标识

8.1.1 销售包装产品标签按照 GB 7718 的规定执行。

8.1.2 运输包装上的图形标志应符合 GB/T 191 和 GB/T 6388 的规定。

8.2 包装

应符合 NY/T 3383 的规定。

8.3 贮存

应符合 GB/T 17237 和 NY/T 1056—2006 中 3.1 的规定。

8.4 运输

应符合 SB/T 10730 和 SB/T 10731 的规定。

9 追溯

应按照 DB15/T 863、DB15/T 864、DB15/T 865、DB15/T 866、DB15/T 867、NY/T 1764 和 GB/T 36061 的规定执行。

ICS 67.120.10
X 22

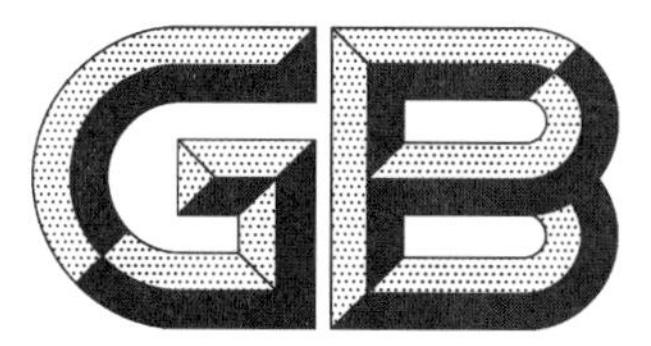

中华人民共和国国家标准

GB 18393—2001

牛羊屠宰产品品质检验规程

Code for product quality inspection for cattle or sheep in slaughtering

2001-07-20 发布　　2001-12-01 实施

中华人民共和国国家质量监督检验检疫总局 发布

前　　言

本标准的5.5及附录A为强制性条文，其余为推荐性条文。

本标准的4.1.1、4.1.2、4.3.1、4.4.2、第5章、5.4和5.5采用了CAC/RCP12—1976《屠宰牲畜宰前宰后卫生实施法规》的15(a)、16(b)、17(a)、26、34和59(a)。

本标准不涉及传染病和寄生虫病的检验及处理。传染病和寄生虫病按照1959年农业部、卫生部、对外贸易部、商业部联合颁发的《肉品卫生检验试行规程》和GB 16548—1996《畜禽病害肉尸及其产品无害化处理规程》的规定执行。

本标准的附录A是标准的附录。

本标准由国家国内贸易局提出。

本标准起草单位：国家国内贸易局肉禽蛋食品质量检测中心(北京)。

本标准主要起草人：毓厚基、阮炳琪、金社胜、刘志仁、曹贤钦、王贯际。

中华人民共和国国家标准

牛羊屠宰产品品质检验规程

GB 18393—2001

Code for product quality inspection
for cattle or sheep in slaughtering

1 范围

本标准规定了牛、羊屠宰加工的宰前检验及处理、宰后检验及处理。

本标准适用于牛、羊屠宰加工厂(场)。

2 引用标准

下列标准所包含的条文,通过在本标准中引用而构成为本标准的条文。本标准出版时,所示版本均为有效。所有标准都会被修订,使用本标准的各方应探讨使用下列标准最新版本的可能性。

CAC/RCP 12—1976《屠宰牲畜宰前宰后卫生实施法规》

3 定义

本标准采用下列定义。

3.1 牛羊屠宰产品 product of cattle or sheep

牛、羊屠宰后的胴体、内脏、头、蹄、尾,以及血、骨、毛、皮。

3.2 牛羊屠宰产品品质 quality of cattle or sheep product

牛、羊屠宰产品的卫生质量和感官性状。

4 宰前检验及处理

宰前检验包括验收检验、待宰检验和送宰检验。宰前检验应采用看、听、摸、检等方法。

4.1 验收检验

4.1.1 卸车前应索取产地动物防疫监督机构开具的检疫合格证明,并临车观察,未见异常,证货相符时准予卸车。

4.1.2 卸车后应观察牛、羊的健康状况,按检查结果进行分圈管理。

a) 合格的牛、羊送待宰圈;

b) 可疑病畜送隔离圈观察,通过饮水、休息后,恢复正常的,并入待宰圈;

c) 病畜和伤残的牛、羊送急宰间处理。

4.2 待宰检验

4.2.1 待宰期间检验人员应定时观察,发现病畜送急宰间处理。

4.2.2 待宰牛、羊送宰前应停食静养 12 h～24 h、宰前 3 h 停止饮水。

4.3 送宰检验

4.3.1 牛、羊送宰前,应进行一次群检。

4.3.2 牛还应赶入测温巷道逐头测量体温(牛的正常体温是 37.5℃～39.5℃)。

中华人民共和国国家质量监督检验检疫总局 2001-07-20 批准　　2001-12-01 实施

4.3.3 羊可以进行抽测(羊的正常体温是38.5℃～40.0℃)。

4.3.4 经检验合格的牛、羊,由宰前检验人员签发《宰前检验合格证》,注明畜种、送宰头(只)数和产地,屠宰车间凭证屠宰。

4.3.5 体温高、无病态的,可最后送宰。

4.3.6 病畜由检验人员签发急宰证明,送急宰间处理。

4.4 急宰牛、羊的处理

4.4.1 急宰间凭宰前检验人员签发的急宰证明,及时屠宰检验。在检验过程中发现难于确诊的病变时,应请检验负责人会诊和处理。

4.4.2 死畜不得屠宰,应送非食用处理间处理。

5 宰后检验和处理

宰后检验包括头部检验、内脏检验、胴体检验和复验盖章。宰后检验采用视、触、嗅等感官检验方法。头、屠体、内脏和皮张应统一编号,对照检验。

5.1 头部检验

5.1.1 牛头部检验

a)剥皮后,将舌体拉出,角朝下,下颌朝上,置于传送装置上或检验台上备检;

b)对牛头进行全面观察,并依次检验两侧颌下淋巴结,耳下淋巴结和内外咬肌;

c)检验咽背内外淋巴结,并触检舌体,观察口腔粘膜和扁桃体;

d)将甲状腺割除干净;

e)对患有开放性骨瘤且有脓性分泌物的或在舌体上生有类似肿块的牛头做非食用处理;

f)对多数淋巴结化脓、干酪变性或有钙化结节的;头颈部和淋巴结水肿的;咬肌上见有灰白色或淡黄绿色病变的;肌肉中有寄生性病变的将牛头扣留,按号通知胴体检验人,将该胴体推入病肉岔道进行对照检验和处理。

5.1.2 羊头部检验

a)发现皮肤上生有脓泡疹或口鼻部生疮的连同胴体按非食用处理;

b)正常的将附于气管两侧的甲状腺割除。

5.2 内脏检验

在屠体剖腹前后检验人员应观察被摘除的乳房、生殖器官和膀胱有无异常。随后对相继摘出的胃肠和心肝肺进行全面对照观察和触检,当发现有化脓性乳房炎,生殖器官肿瘤和其他病变时,将该胴体连同内脏等推入病肉岔道,由专人进行对照检验和处理。

5.2.1 胃肠检验

a)先进行全面观察,注意浆膜面上有无淡褐色绒毛状或结节状增生物、有无创伤性胃炎、脾脏是否正常;

b)然后将小肠展开,检验全部肠系膜淋巴结有无肿大、出血和干酪变性等变化,食管有无异常;

c)当发现可疑肿瘤、白血病和其他病变时,连同心肝肺将该胴体推入病肉岔道进行对照检验和处理;

d)胃肠于清洗后还要对胃肠粘膜面进行检验和处理;

e)当发现脾脏显著肿大、色泽黑紫、质地柔软时,应控制好现场,请检验负责人会诊和处理。

5.2.2 心肝肺检验:与胃肠先后做对照检验。

a)心脏检验

1)检验心包和心脏,有无创伤性心包炎、心肌炎、心外膜出血。

2)必要时切检右心室,检验有无心内膜炎、心内膜出血、心肌脓疡和寄生性病变。

3)当发现心脏上生有蕈状肿瘤或见红白相间、隆起于心肌表面的白血病病变时,应将该胴体推入病肉岔道处理。

4）当发现心脏上有神经纤维瘤时，及时通知胴体检验人员，切检腋下神经丛。

b）肝脏检验

1）观察肝脏的色泽、大小是否正常，并触检其弹性。

2）对肿大的肝门淋巴结和粗大的胆管，应切开检查，检验有无肝瘀血、混浊肿胀、肝硬变、肝脓疡、坏死性肝炎、寄生性病变、肝富脉斑和锯屑肝。

3）当发现可疑肝癌、胆管癌和其他肿瘤时，应将该胴体推入病肉岔道处理。

c）肺脏检验

1）观察其色泽、大小是否正常，并进行触检。

2）切检每一硬变部分。

3）检验纵膈淋巴结和支气管淋巴结，有无肿大、出血、干酪变性和钙化结节病灶。

4）检验有无肺呛血、肺瘀血、肺水肿、小叶性肺炎和大叶性肺炎，有无异物性肺炎、肺脓疡和寄生性病变。

5）当发现肺有肿瘤或纵膈淋巴结等异常肿大时，应通知胴体检验人员将该胴体推入病肉岔道处理。

5.3 胴体检验

5.3.1 牛的胴体检验在剥皮后，按以下程序进行：

a）观察其整体和四肢有无异常，有无瘀血、出血和化脓病灶，腰背部和前胸有无寄生性病变。臀部有无注射痕迹，发现后将注射部位的深部组织和残留物挖除干净。

b）检验两侧髂下淋巴结、腹股沟深淋巴结和肩前淋巴结是否正常，有无肿大、出血、瘀血、化脓、干酪变性和钙化结节病灶。

c）检验股部内侧肌、内腰肌和肩胛外侧肌有无瘀血、水肿、出血、变性等变状，有无囊泡状或细小的寄生性病变。

d）检验肾脏是否正常，有无充血、出血、变性、坏死和肿瘤等病变。并将肾上腺割除掉。

e）检验腹腔中有无腹膜炎，脂肪坏死和黄染。

f）检验胸腔中有无肋膜炎和结节状增生物，胸腺有无变状，最后观察颈部有无血污和其他污染。

5.3.2 羊的胴体检验以肉眼观察为主，触检为辅。

a）观察体表有无病变和带毛情况；

b）胸腹腔内有无炎症和肿瘤病变；

c）有无寄生性病灶；

d）肾脏有无病变；

e）触检髂下和肩前淋巴结有无异常。

5.4 胴体复验与盖章

5.4.1 牛的胴体复验于劈半后进行，复验人员结合初验的结果，进行一次全面复查。

a）检查有无漏检；

b）有无未修割干净的内外伤和胆汁污染部分；

c）椎骨中有无化脓灶和钙化灶，骨髓有无褐变和溶血现象；

d）肌肉组织有无水肿，变性等变状；

e）膈肌有无肿瘤和白血病病变；

f）肾上腺是否摘除。

5.4.2 羊的胴体不劈半，按初检程序复查。

a）检查有无病变漏检；

b）肾脏是否正常；

c）有无内外伤修割不净和带毛情况。

5.4.3 盖章

a）复验合格的，在胴体上加盖本厂（场）的肉品品质检验合格印章（见附录A中的图A1），准予出厂；

b）对检出的病肉按照5.5的规定分别盖上相应的检验处理印章（见附录A，图A2～图A5）。

5.5 不合格肉品的处理

5.5.1 创伤性心包炎

根据病变程度，分别处理。

a）心包膜增厚，心包囊极度扩张，其中沉积有多量的淡黄色纤维蛋白或脓性渗出物、有恶臭，胸、腹腔中均有炎症，且膈肌、肝、脾上有脓疡的，应全部做非食用或销毁；

b）心包极度增厚，被绒毛样纤维蛋白所覆盖，与周围组织膈肌、肝发生粘连的，割除病变组织后，应高温处理后出厂（场）；

c）心包增厚被绒毛样纤维蛋白所覆盖，与膈肌和网胃愈着的，将病变部分割除后，不受限制出厂（场）。

5.5.2 神经纤维瘤

牛的神经纤维瘤首先见于心脏，当发现心脏四周神经粗大如白线，向心尖处聚集或呈索状延伸时，应切检腋下神经丛，并根据切检情况，分别处理。

a）见腋下神经粗大、水肿呈黄色时，将有病变的神经组织切除干净，肉可用于复制加工原料；

b）腋下神经丛粗大如板，呈灰白色，切检时有韧性，并生有囊泡，在无色的囊液中浮有杏黄色的核，这种病变见于两腋下，粗大的神经分别向两端延伸，腰荐神经和坐骨神经均有相似病变。应全部做非食用或销毁。

5.5.3 牛的脂肪坏死

在肾脏和胰脏周围、大网膜和肠管等处，见有手指大到拳头大的、呈不透明灰白色或黄褐色的脂肪坏死凝块，其中含有钙化灶和结晶体等。将脂肪坏死凝块修割干净后，肉可不受限制出厂（场）。

5.5.4 骨血素病（卟淋沉着症）

全身骨骼均呈淡红褐色、褐色或暗褐色，但骨膜、软骨、关结软骨、韧带均不受害。有病变的骨骼或肝、肾等应做工业用，肉可以作为复制品原料。

5.5.5 白血病

全身淋巴结均显著肿大、切面呈鱼肉样、质地脆弱、指压易碎，实质脏器肝、脾、肾均见肿大，脾脏的滤泡肿胀，呈西米脾样，骨髓呈灰红色。应整体销毁。

注：在宰后检验中，发现可疑肿瘤，有结节状的或弥漫性增生的，单凭肉眼常常难于确诊，发现后应将胴体及其产品先行隔离冷藏，取病料送病理学检验，按检验结果再作出处理。

5.5.6 种公牛、种公羊

健康无病且有性气味的，不应鲜销，应做复制品加工原料。

5.5.7 有下列情况之一的病畜及其产品应全部做非食用或销毁。

a）脓毒症；

b）尿毒症；

c）急性及慢性中毒；

d）恶性肿瘤、全身性肿瘤；

e）过度瘠瘦及肌肉变质、高度水肿的。

5.5.8 组织和器官仅有下列病变之一的，应将有病变的局部或全部做非食用或销毁处理。

a）局部化脓；

b）创伤部分；

c）皮肤发炎部分；

d）严重充血与出血部分；

e）浮肿部分；

f）病理性肥大或萎缩部分；

g）变质钙化部分；

h）寄生虫损害部分；

i）非恶性肿瘤部分；

j）带异色、异味及异臭部分；

k）其他有碍食肉卫生部分。

5.5.9 检验结果登记

每天检验工作完毕，应将当天的屠宰头（只）数、产地、货主、宰前和宰后检验查出的病畜和不合格肉的处理情况进行登记。

附　录　A
（标准的附录）
检验处理章印模

A1　检验合格印章印模，见图 A1，直径 75 mm，上线距圆心 5 mm，下线距圆心 10 mm，“××××”为厂或场名，要刻制全称，字体为宋体，铜制材料，日期可调换。

A2　无害化处理章印模

A2.1　高温处理章印模，等边三角形，边长 45 mm，见图 A2。

A2.2　非食用处理章印模，长 80 mm，宽 37 mm，见图 A3。

A2.3　复制处理章印模，菱形，长轴 60 mm，短轴 30 mm，见图 A4。

A2.4　销毁处理章印模，对角线长 60 mm，见图 A5。

图 A1　检验合格印章印模

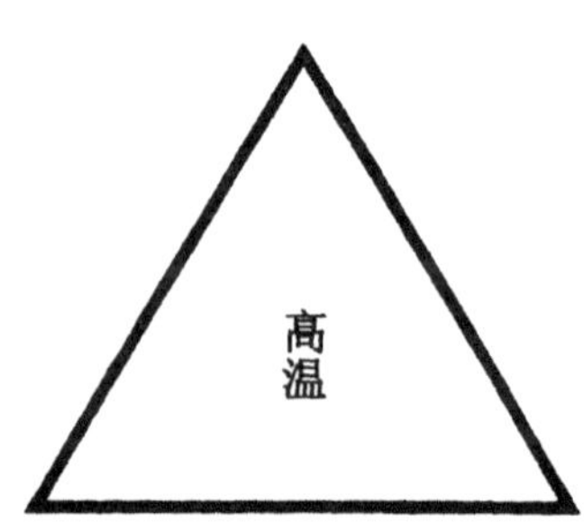

图 A2　高温处理章印模

图 A3　非食用处理章印模

图 A4　复制处理章印模

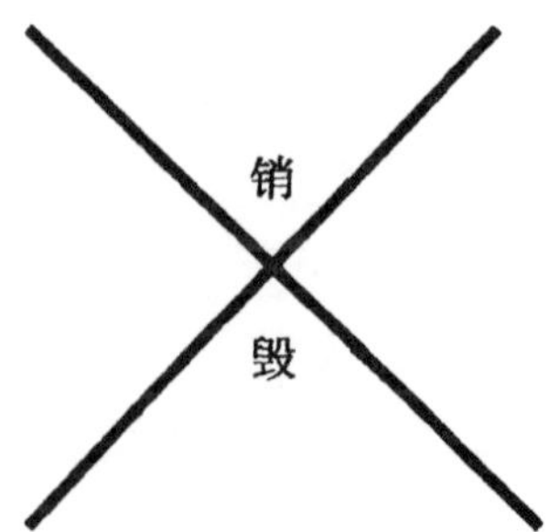

图 A5　销毁处理章印模

ICS 67.120.10
X 22

DB15

内蒙古自治区地方标准

DB15/T 975—2016

畜产品牛羊肉中碳、氮同位素丰度比检测方法

Determination of isotopic abundance ratio of carbon and nitrogen in beef and mutton

2016-03-20 发布　　　　2016-06-20 实施

内蒙古自治区质量技术监督局　发布

前　言

本标准按照GB/T 1.1—2009给出的规则起草。

本标准由国家乳制品及肉类产品质量监督检验中心提出。

本标准由内蒙古自治区质量技术监督局归口。

本标准起草单位:国家乳制品及肉类产品质量监督检验中心。

本标准主要起草人:郑玉山、高杨、陈育红、徐鹏。

畜产品牛羊肉中碳、氮同位素丰度比检测方法

1 范围

本标准规定了畜产品牛羊肉中碳、氮同位素丰度比的检测方法。

本标准适用于畜产品牛羊肉中碳、氮同位素丰度比的测定。

2 规范性引用文件

下列文件对于本文件的应用是必不可少的。凡是注日期的引用文件，仅注日期的版本适用于本文件。凡是不注日期的引用文件，其最新版本(包括所有的修改单)适用于本文件。

GB/T 6682—2008 分析实验室用水规格和试验方法

3 原理

牛羊肉经过绞碎，索氏提取脱脂干燥后，采用稳定同位素质谱仪测定脱脂牛羊肉中稳定性碳、氮同位素。

4 试剂与材料

4.1 除非另有说明，在分析中仅使用确认为分析纯的试剂和 GB/T 6682—2008 中规定的一级水。

4.1 石油醚(30 ℃～60 ℃沸程)。

4.2 滤纸：经脱脂。

4.3 脱脂棉。

4.4 锡箔杯。

5 仪器与设备

5.1 稳定同位素质谱仪[a]。

5.2 干燥箱：可控温 103 ℃±2 ℃。

5.3 分析天平：感量 0.000 1 g。

5.4 绞肉机：多孔板的孔径不超过 4 mm 的绞肉机。

5.5 索氏抽提器：接收瓶体积为 250 mL。

5.6 100 目筛。

5.7 称量瓶：直径不小于 40 mm。

---

[a] 所列仪器为 Thermo Scientific Orbitrap Elite 型稳定同位素质谱仪，此处所列出的实验用型号仅是为了提供参考，并不涉及商业目的，鼓励标准使用者尝试不同厂家和型号的仪器。

6 分析方法

6.1 试样前处理

将样品用绞肉机绞碎后，称取 3 g～5 g 试样，置于干燥箱中完全干燥后，移入滤纸筒中，用石油醚进行索氏抽提器脱脂 6 h～8 h，收集剩余残渣(主要成分为粗蛋白)于称量瓶中，在干燥箱中烘干，冷却后过 100 目筛备用。

6.2 同位素测定

6.2.1 稳定同位素质谱仪工作参数

进样器氦气吹扫流量为 200 mL/min，燃烧炉温度为 1 000 ℃，还原炉温度为 650 ℃，载气 He 流量为 90 mL/min～100 mL/min。He 稀释压力为 0.6 bar，CO_2 参考气压力为 0.6 bar，N_2 参考气压力为 1.0 bar。用 USGS24($\delta^{13}C_{PDB}=-16.00‰$)标定 CO_2 钢瓶，用 IAEAN($\delta^{15}N_{air}=0.4‰$)标定 CO_2 钢瓶，用标定的钢瓶器作为标准。

6.2.2 样品测定

称取适量备用样品放入锡箔杯中(称样量由仪器峰值大小决定)，通过稳定同位素质谱仪进行测定稳定性碳、氮同位素。平行测定样品。

6.2.3 结果计算

稳定性碳、氮同位素比率分别用 $\delta^{13}C$ ‰、$\delta^{15}N$ ‰表示，其中 $\delta^{13}C$ 的相对标准为 V-PDB，$\delta^{15}N$ 的相对标准为空气。计算方式见式(1)。

$$\delta(‰)=\left(\frac{R_{样品}}{R_{标准}}-1\right)\times 1\ 000 \qquad (1)$$

式中：

$\delta(‰)$——稳定性同位素比率；

$R_{样品}$ ——所测样品同位素与轻同位素丰度比，即 $^{13}C/^{12}C$、$^{15}N/^{14}N$；

$R_{标准}$ ——标准同位素与轻同位素丰度比，即 $^{13}C/^{12}C$、$^{15}N/^{14}N$。

7 精密度

每个样品应重复测定 3 次，取平均值，碳、氮同位素的测定精度均大于或等于 0.2‰。

在重复性条件下获得的 2 次独立测定结果的绝对差值不应超过算术平均值的 20%。

 内蒙古自治区高标准体系建设项目系列图书 8

河套小麦标准体系

内蒙古自治区市场监督管理局◎编著

中国质量标准出版传媒有限公司
中 国 标 准 出 版 社

北 京

图书在版编目(CIP)数据

河套小麦标准体系/内蒙古自治区市场监督管理局编著.—北京:中国标准出版社,2020.6
(内蒙古自治区高标准体系建设项目系列图书)
ISBN 978-7-5066-9573-2

Ⅰ.①内… Ⅱ.①内… Ⅲ.①小麦—质量管理—标准体系—内蒙古 Ⅳ.①S512.1-65

中国版本图书馆 CIP 数据核字(2020)第 044459 号

中国标准出版社出版发行
北京市朝阳区和平里西街甲 2 号(100029)
北京市西城区三里河北街 16 号(100045)

网址 www.spc.net.cn
总编室:(010)68533533 发行中心:(010)51780238
读者服务部:(010)68523946

中国标准出版社秦皇岛印刷厂印刷
各地新华书店经销

*

开本 880×1230 1/16 印张 3.5 字数 108 千字
2020 年 6 月第一版 2020 年 6 月第一次印刷

*

定价(全十册) 225.00 元

图书编委会

本书编写组

主　　编　白清元

执行主编　冯　晔

副 主 编　董玉霞　刘保华　贾双文　赵永君　奥林虎

　　　　　青格勒巴图　段如文

成　　员　胡彩虹　朱晓春　宋　鑫　李　青　吕慧枝

　　　　　张培培　王燕妮

序言

“中国将积极实施标准化战略，以标准助力创新发展、协调发展、绿色发展、开放发展、共享发展”“中国高度重视标准化工作，积极推广应用国际标准，以高标准助力高技术创新，促进高水平开放，引领高质量发展”。习近平总书记在庆祝第39届国际标准化组织（ISO）大会、第83届国际电工委员会（IEC）大会开幕的贺信中，对标准及实施标准化战略的重要性作出了精辟阐述，为新形势下推动标准化工作持续健康发展提供了重要指引。实践证明，标准化在支撑产业发展、促进科技进步、推进国家治理能力现代化等方面的基础性、战略性作用越发凸显。

2019年是全面贯彻落实习近平总书记“扎实推动经济高质量发展”承上启下的关键一年，内蒙古自治区市场监管局协调有关行业部门、企事业单位，立足实际，围绕标准引领、质量提升、品牌培育重点工作积极作为，大力实施标准化战略，持续推进标准提升，深化标准化工作改革和创新，聚焦关键、突出重点，努力为全区高质量发展作出更大贡献。针对自治区标准体系建设不完善、高水平标准少的实际，内蒙古自治区市场监督管理局出台《内蒙古自治区标准化提升行动计划（2018—2020年）》，开展第一批锡林郭勒羊肉等11项特色产业高标准体系建设项目，共梳理出各类标准429项，提出立项标准建议156项，开展高标准体系试点示范项目14个，为9个产业的“蒙”字标产品认证要求及团体标准制定提供了技术支撑。经过努力，自治区标准化工作成效显著：截至2019年10月，全区累计建成标准化试点示范项目384个，主导或参与制修订各类标准3 900多项，组织制定了稀土和纺织行业国际标准、大型矿用自卸车国家标准、羊产业团体标准等；全面推进标准国际化，内蒙古标准化院建立了“蒙古国标准化（内蒙古）研究中心”，聚焦“一带一路”建设，加强标准化合作研究；包头市政府开展了“标准国际化创新型城市”创建工作；与中建集团共同推动中国7项标准被蒙古国互认、举办第3届中蒙博览会中蒙经贸活动标准化论坛、承办国际标准化组织ISO/TC 275的2019年全体会议，进一步扩大了自治区对中蒙俄标准化研究的国际影响力。

建设适应高质量发展的标准体系是今后标准化工作的重中之重。围绕自治区优势特色产业，立足高质量高效益，制定全产业链的高标准体系将成为市场监管部门和各行业主管部门、有关企事业单位的重要职责任务。这套《内蒙古自治区高标准体系建设项目系列图书》的编印

是自治区建设高标准体系工作的一个开端。自治区及各盟市市场监督管理部门、标准化工作战线的同志们要锐意进取、开拓创新，以推动高质量发展为动力，积极构建支撑高质量发展的标准体系；要不断挖掘内蒙古优势特色产业，加快制定一批亟需的高水平标准，让高标准成为高质量发展的“引擎”，助推“蒙”字标等质量品牌建设；要瞄准国际国内先进标准，选择重点行业、重点企业开展对标达标活动，推动自治区优势特色技术标准成为国家标准或国际标准；要加强标准实施与监督，建立健全标准评价机制，进一步发挥标准化项目的辐射带动作用，助推内蒙古自治区经济高质量发展。

编著者

2020 年 5 月

前言

2019年是“标准体系建设”之年，加快建设推动高质量发展的标准体系是标准化工作的重中之重。内蒙古自治区市场监督管理局深入开展“标准化提升行动”，不断提升标准水平，完善标准体系，助力高质量发展。

2019年7月，自治区市场监管局与自治区农牧厅、林草局联合下发《关于开展2019年自治区农牧业产业标准体系建设项目的通知》（内市监标准字〔2019〕163号）和《关于开展2019年林草产业标准体系建设项目的通知》（内市监标准字〔2019〕164号），紧紧围绕自治区特色农林牧产业开展标准体系建设。各相关盟市旗县政府、科研机构、高校、龙头企业、专业技术人员等广泛参与，保证了标准体系的科学性、合理性和先进性。

这是自治区第一批高标准体系建设项目，本着“从田间到餐桌”全产业链的标准化要求，覆盖了产品种（养）植的地域、环境要求、品种和种养加工过程控制、产品品质和储运包装等关键环节。立足高质量要求，体现原料天然无污染、种养过程绿色有机、产品品质优质等要素，为促进产业高质量发展、打造“蒙”字标区域公用品牌提供了标准化支撑。

本书将兴安盟大米、呼伦贝尔牛肉、乌兰察布马铃薯、科尔沁牛肉、锡林郭勒羊肉、赤峰小米、呼伦贝尔羊肉、河套小麦、内蒙古大兴安岭黑木耳、通辽黄玉米10个产业标准体系及相关标准集结成册，旨在方便生产、加工、检测、认证人员及广大读者使用，以更好地指导实践。在本丛书编写过程中得到了相关部门、企业和多位专家的大力支持，在此表示衷心感谢！由于编写水平和时间有限，书中内容难免会有错漏，恳请读者提出宝贵意见，以便我们改进和完善。

编著者

2020年5月

目录

 河套小麦标准体系框架图 // 1

 河套小麦标准体系明细表 // 3

 河套小麦标准体系标准统计表 // 7

 河套小麦标准体系关键标准 // 9

DB15/T 1755—2019 “河套小麦”产地环境要求 // 10

DB15/T 1756—2019 “河套小麦”品种选用及种子质量要求 // 15

DB15/T 1757—2019 “河套小麦”生产气象条件要求 // 19

DB15/T 1759—2019 “河套小麦”栽培技术规程 // 25

DB15/T 1758—2019 “河套小麦”原粮及小麦粉 // 29

GB/T 20571—2006 小麦储存品质判定规则 // 37

壹

河套小麦标准体系框架图

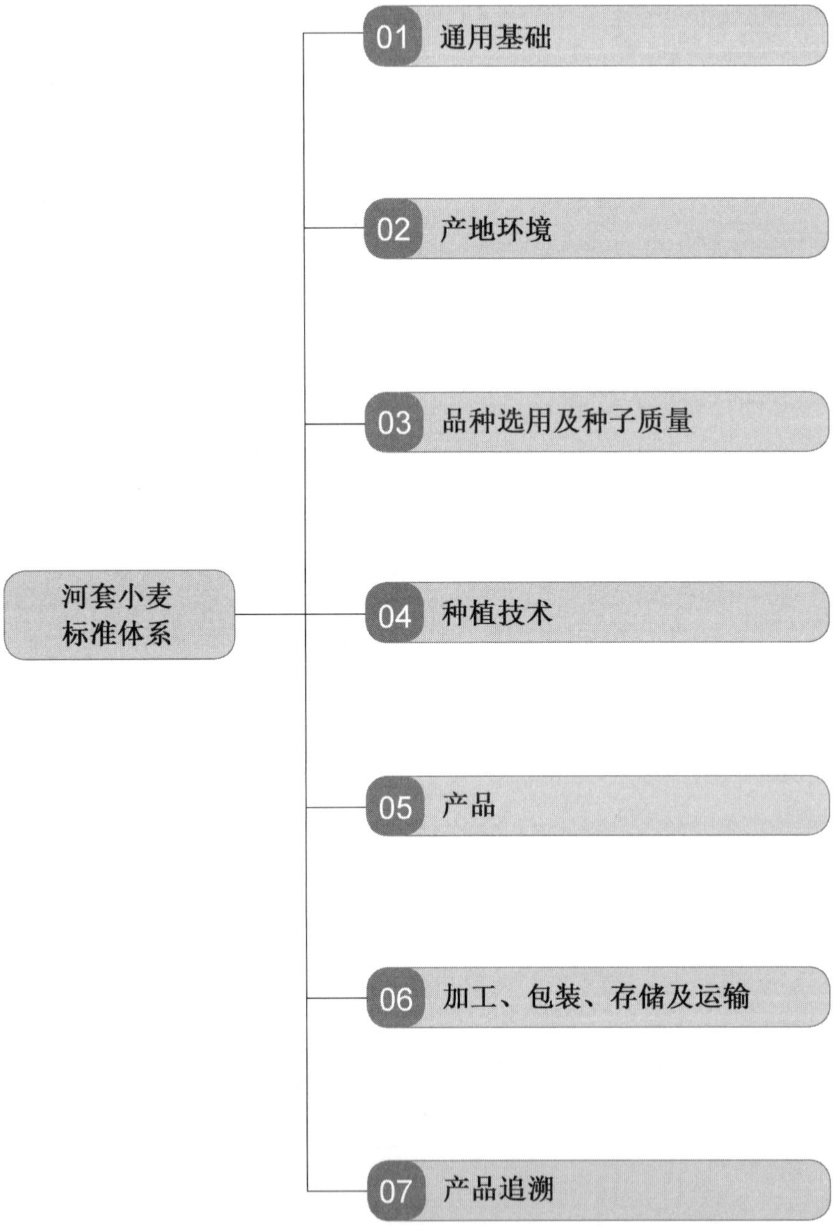

河套小麦
标准体系

- 01 通用基础
- 02 产地环境
- 03 品种选用及种子质量
- 04 种植技术
- 05 产品
- 06 加工、包装、存储及运输
- 07 产品追溯

贰

河套小麦标准体系明细表

序号	标准名称	标准编号	级别	实施日期	状态
01　通用基础					
1	有机产品　生产、加工、标识与管理体系要求	GB/T 19630—2019	国家标准	2020-01-01	现行
02　产地环境					
1	绿色食品　产地环境质量	NY/T 391—2013	行业标准	2014-04-01	现行
2	“河套小麦”产地环境要求	DB15/T 1755—2019	地方标准	2019-12-05	现行
03　品种选用及种子质量					
1	小麦品种品质分类	GB/T 17320—2013	国家标准	2013-12-06	现行
2	粮食作物种子　第1部分：禾谷类	GB 4404.1—2008	国家标准	2008-09-01	现行
3	“河套小麦”品种选用及种子质量要求	DB15/T 1756—2019	地方标准	2019-12-05	现行
04　种植技术					
1	绿色食品　肥料使用准则	NY/T 394—2013	行业标准	2014-04-01	现行
2	绿色食品　农药使用准则	NY/T 393—2013	行业标准	2014-04-01	现行
3	小麦主要病虫害全生育期综合防治技术规程	NY/T 3302—2018	行业标准	2018-12-01	现行
4	内蒙古河套灌区小麦套种向日葵栽培技术规程	DB15/T 516—2012	地方标准	2012-11-30	现行
5	小麦有机栽培技术规程	DB1508/T 84—2019	地方标准	2019-07-30	现行
6	“河套小麦”生产气象条件要求	DB15/T 1757—2019	地方标准	2019-12-05	现行
7	“河套小麦”栽培技术规程	DB15/T 1759—2019	地方标准	2019-12-05	现行
05　产品					
1	绿色食品　小麦及小麦粉	NY/T 421—2012	行业标准	2013-03-01	现行
2	小麦	GB 1351—2008	国家标准	2008-05-01	现行
3	“河套小麦”原粮及小麦粉	DB15/T 1758—2019	地方标准	2019-12-05	现行
06　加工、包装、存储和运输					
1	食品安全国家标准　食品生产通用卫生规范	GB 14881—2013	国家标准	2014-06-01	现行
2	绿色食品　食品添加剂使用准则	NY/T 392—2013	行业标准	2014-04-01	现行
3	小麦储存品质判定规则	GB/T 20571—2006	国家标准	2006-12-01	现行
4	食品安全国家标准　预包装食品标签通则	GB 7718—2011	国家标准	2012-04-20	现行
5	食品安全国家标准　预包装食品营养标签通则	GB 28050—2011	国家标准	2013-01-01	现行
6	定量包装商品净含量计量检验规则　小麦粉	JJF 1070.2—2011	计量检定标准	2011-12-14	现行

序号	标准名称	标准编号	级别	实施日期	状态
7	绿色食品　贮藏运输准则	NY/T 1056—2006	行业标准	2006-04-01	现行
07　产品追溯					
1	农产品质量安全追溯操作规程　小麦粉及面条	NY/T 1994—2011	行业标准	2011-12-01	现行
2	农产品质量安全追溯操作规程　通则	NY/T 1761—2009	行业标准	2009-05-20	现行

河套小麦标准体系标准统计表

序号	标准类别	标准数量/项			
		国家标准	行业标准	地方标准	总计
1	通用基础	1	0	0	1
2	产地环境	0	1	1	2
3	品种选用及种子质量	2	0	1	3
4	种植技术	0	3	4	7
5	产品	1	1	1	3
6	加工、包装、存储和运输	4	3	0	7
7	产品追溯	0	2	0	2
合计		8	10	7	25

肆

河套小麦标准体系关键标准

ICS 65.020.01
B 05

DB15

内蒙古自治区地方标准

DB15/T 1755—2019

“河套小麦”产地环境要求

Requirements of production area quality for “Hetao wheat”

2019-11-05 发布

2019-12-05 实施

内蒙古自治区市场监督管理局 发布

前　言

本标准按照GB/T 1.1—2009给出的规则起草。

本标准由巴彦淖尔市市场监督管理局提出。

本标准由内蒙古自治区农业标准化技术委员会(SAM/TC 20)归口。

本标准起草单位:巴彦淖尔市农牧业技术推广中心、巴彦淖尔市农畜产品质量安全监督管理中心、巴彦淖尔市小麦农业气象服务中心。

本标准主要起草人:马军成、张志忠、高飞翔、李颖、张顺、钟远兵、郑志刚、王春梅、韩海军、刘宝玉、薄中华、王宁。

“河套小麦”产地环境要求

1 范围

本标准规定了“河套小麦”产地的生态环境、空气质量、水质要求和土壤质量等。

本标准适用于“河套小麦”生产。

2 规范性引用文件

下列文件对于本文件的应用是必不可少的。凡是注日期的引用文件，仅注日期的版本适用于本文件。凡是不注日期的引用文件，其最新版本(包括所有的修改单)适用于本文件。

GB/T 6920 水质 pH 值的测定 玻璃电极法

GB/T 7467 水质 六价铬的测定 二苯碳酰二肼分光光度法

GB/T 7475 水质 铜、锌、铅、镉的测定 原子吸收分光光度法

GB/T 7484 水质 氟化物的测定 离子选择电极法

GB/T 7485 水质 总砷的测定 二乙基二硫代氨基甲酸银分光光度法

GB 11914 水质 化学需氧量的测定 重铬酸盐法

GB/T 15432 环境空气 总悬浮颗粒物的测定 重量法

GB/T 17138 土壤质量 铜、锌的测定 火焰原子吸收分光光度法

GB/T 17141 土壤质量 铅、镉的测定 石墨炉原子吸收分光光度法

GB/T 22105.1 土壤质量 总汞、总砷、总铅的测定 原子荧光法 第1部分:土壤中总汞的测定

GB/T 22105.2 土壤质量 总汞、总砷、总铅的测定 原子荧光法 第2部分:土壤中总砷的测定

HJ 479 环境空气 氮氧化物(一氧化氮和二氧化氮)的测定 盐酸萘乙二胺分光光度法

HJ 482 环境空气 二氧化硫的测定 甲醛吸收-副玫瑰苯胺分光光度法

HJ 491 土壤和沉积物 铜、锌、铅、镍、铬的测定 火焰原子吸收分光光度法

HJ 597 水质 总汞的测定 冷原子吸收分光光度法

HJ 637 水质 石油类和动植物油类的测定 红外分光光度法

HJ 704 土壤 有效磷的测定 碳酸氢钠浸提-钼锑抗分光光度法

NY/T 53 土壤全氮测定法(半微量开氏法)

NY/T 889 土壤速效钾和缓效钾含量的测定

NY/T 1121.5 土壤检测 第5部分:石灰性土壤阳离子交换量的测定

NY/T 1121.6 土壤检测 第6部分:土壤有机质的测定

NY/T 1377 土壤 pH 的测定

3 适宜气候条件

3月至7月小麦生长季内，日平均气温为16 ℃～19 ℃，日较差为13 ℃～14 ℃。≥0 ℃积温为2 200 ℃～2 500 ℃，日照时数为1 400 h～1 500 h，年降水量为60 mm～111 mm。

4 生态环境

选择内蒙古巴彦淖尔市境内河套灌区生态环境良好、无污染的地区。

5 空气质量

空气质量应符合表1的要求。

表1 空气质量要求

项目	平均时间	指标	检测方法
总悬浮颗粒物/(mg/m^3)	日平均	≤0.3	GB/T 15432
	年平均	≤0.2	
二氧化硫/(mg/m^3)	日平均	≤0.15	HJ 482
	年平均	≤0.06	
二氧化氮/(mg/m^3)	日平均	≤0.08	HJ 479
	年平均	≤0.04	
氟化物/(μg/m^3)	日平均	≤3.5	HJ 480
	年平均	≤7.5	

6 水质要求

农田灌溉用水应符合表2的要求。

表2 农田灌溉水质要求

项目	指标	检测方法
pH	5.5～8.5	GB/T 6920
总汞/(mg/L)	≤0.001	HJ 597
总镉/(mg/L)	≤0.005	GB/T 7475
总砷/(mg/L)	≤0.05	GB/T 7485
总铅/(mg/L)	≤0.1	GB/T 7475
六价铬/(mg/L)	≤0.1	GB/T 7467
氟化物/(mg/L)	≤2.0	GB/T 7484
化学需氧量/(mg/L)	≤20	GB 11914
石油类	≤0.05	HJ 637

7 土壤质量

7.1 土壤环境质量要求

土壤环境质量应符合表3的要求。

表3 土壤环境质量要求

项目	指标	检测方法
pH	7.5～8.5	NY/T 1377
总镉/(mg/kg)	≤0.4	GB/T 17141
总汞/(mg/kg)	≤0.4	GB/T 22105.1
总砷/(mg/kg)	≤15	GB/T 22105.2
总铅/(mg/kg)	≤50	GB/T 17141
总铬/(mg/kg)	≤120	HJ 491
总铜/(mg/kg)	≤60	GB/T 17138

7.2 土壤肥力要求

土壤肥力应符合表4的要求。

表4 土壤肥力要求

项目	指标	检测方法
有机质/(g/kg)	＞13	NY/T 1121.6
全氮/(g/kg)	＞0.7	NY/T 53
速效钾/(mg/kg)	＞180	NY/T 889
有效磷/(mg/kg)	＞15	HJ 704
阳离子交换量/[cmol(＋)/kg]	15～20	NY/T 1121.5

ICS 65.020.01
B 21

DB15

内蒙古自治区地方标准

DB15/T 1756—2019

“河套小麦”品种选用及种子质量要求

Selection of varieties and seed quality requirements for Hetao wheat

2019-11-05 发布　　　　2019-12-05 实施

内蒙古自治区市场监督管理局　发布

前　言

本标准按照 GB/T 1.1—2009 给出的规则起草。

本标准由巴彦淖尔市市场监督管理局提出。

本标准由内蒙古自治区农业标准化技术委员会(SAM/TC 20)归口。

本标准主要起草单位:巴彦淖尔市农牧业科学研究院、内蒙古自治区杭锦后旗气象局。

本标准主要起草人:闫文芝、温埃清、杨蕾、张建成、赵宇新、赵春芝、张汇娟、张宏旭、张培智、刘畅。

"河套小麦"品种选用及种子质量要求

1 范围

本标准规定了"河套小麦"栽培前小麦品种选用要求、种子质量要求。

本标准适用于河套地区春小麦生产。

2 规范性引用文件

下列文件对于本文件的应用是必不可少的。凡是注日期的引用文件，仅注日期的版本适用于本文件。凡是不注日期的引用文件，其最新版本(包括所有的修改单)适用于本文件。

GB 4404.1 粮食作物种子 第1部分:禾谷类

GB/T 5498 粮油检验 容重测定

GB/T 5506.2 小麦和小麦粉 面筋含量 第2部分:仪器法测定湿面筋

GB/T 14614 粮油检验 小麦粉面团流变学特性测试 粉质仪法

GB/T 17320 小麦品种品质分类

GB/T 21119 小麦 沉降指数测定法 Zeleny试验

GB/T 35875 粮油检验 小麦粉面条加工品质评价

NY/T 3 谷类、豆类作物种子粗蛋白测定法(半微量凯氏法)

NY/T 1739 小麦抗穗发芽性检测方法

3 品种选用要求

3.1 一般要求

3.1.1 品种范围

应选用通过国家或内蒙古自治区品种审定委员会审定(或引种备案)，适宜河套灌区种植的春小麦品种。

3.1.2 品种抗病性

应达到《内蒙古自治区主要农作物品种审定标准》中相关要求。

3.1.3 抗穗发芽能力

白皮小麦穗发芽抗性应达到NY/T 1739中抗(MR)以上级别。

3.2 品质要求

品质应达到GB/T 17320中筋以上品质指标要求，并满足表1的要求。

表1 品种品质要求

项目		指标
籽粒	容重/(g/L)	≥790
	粗蛋白质(干基)/%	≥13.0
实验磨粉	面筋质(以湿基计)/%	≥28.5
	沉淀值(zeleny法)/mL	≥30
	面团稳定时间/min	≥4.5
	面条评分/分	≥80

4 种子质量要求

种子质量应符合GB 4404.1中对小麦种子质量要求。原种种子纯度≥99.9%,净度≥99.0%,芽率≥85%,水分≤13%;大田用种种子纯度≥99.0%,净度≥99.0%,芽率≥85%,水分≤13%。

5 检测方法

5.1 容重

按照GB/T 5498的规定执行。

5.2 粗蛋白质

按照NY/T 3的规定执行。

5.3 面筋质

按照GB/T 5506.2的规定执行。

5.4 沉淀值

按照GB/T 21119的规定执行。

5.5 面团稳定时间

按照GB/T 14614的规定执行。

5.6 面条评分

按照GB/T 35875的规定执行。

ICS 07.060
B 18

DB15

内蒙古自治区地方标准

DB15/T 1757—2019

“河套小麦”生产气象条件要求

Meteorological conditions for Hetao wheat production

2019-11-05 发布　　2019-12-05 实施

内蒙古自治区市场监督管理局　发布

前　言

本标准按照GB/T 1.1—2009给出的规则起草。

本标准由巴彦淖尔市市场监督局提出。

本标准由内蒙古自治区农牧业标委会(SAM/TC 19)归口。

本标准主要起草单位:巴彦淖尔市小麦农业气象服务中心、巴彦淖尔市农业气象试验站。

本标准主要起草人:高飞翔、杨松、孙向伟、钟远兵、郑志刚、武永华、赵宇新、高嘉博、李敏、李元龄。

“河套小麦”生产气象条件要求

1 范围

本标准规定了“河套小麦”主要生育阶段农业气象条件要求、重要农事活动农业气象条件要求及主要灾害发生的条件。

本标准适用于“河套小麦”生产。

2 术语和定义

下列术语和定义适用于本文件。

2.1

活动积温 active accumulated temperature

作物某一发育期或整个生育期中高于生物学下限温度的每日平均气温的总和。

2.2

有效积温 effective accumulated temperature

每日平均气温减去生物学下限温度所得的温度总和。

2.3

潮塌 the soil surface water supersaturation on soil thawing

内蒙古河套地区3月中下旬气温稳定通过0 ℃时，耕层土壤表层解冻，下层尚未化冻，土壤水分向上输送导致表层土壤水分含量出现饱和状态，造成土壤过湿，不能进行耕作的现象。

2.4

干热风 hot-dry wind

一种高温、低湿并伴随一定风力的大气干旱现象。

2.5

气温距平 temperature bias

某地某时(某一时段平均)气温与当地同一时间(时段)气候标准值的差值。

注：本标准中用℃表示，取1位小数，气温大于标准值为正距平，小于标准值为负距平。

3 主要生育阶段农业气象条件要求

主要生育阶段农业气象条件指标见表1。

表1 主要生育阶段农业气象条件指标

	平均温度/℃	适宜积温/℃	日照时数/h	降水量/mm	土壤湿度/%
播种—出苗	5～6	120～130	—	<1	60～80
出苗—三叶	10～12	160～180	8～9	<3	60～70
分蘖—拔节	14～16	300～320	9～10	<20	60～75

表 1（续）

	平均温度/℃	适宜积温/℃	日照时数/h	降水量/mm	土壤湿度/%
拔节—开花	19～20	300～310	9～10	<20	70～80
灌浆期	20～22	120～150	9～10	<50	70～80
开花期	22～24	650～680	10～11	<50	70～80

4 重要农事活动农业气象条件要求

4.1 秋浇

秋浇一般应在日平均气温 15 ℃左右开始，或不早于 9 月 15 日；一般应在日平均气温 5 ℃左右结束，或在 10 月 25 日前结束，最晚不应晚于日平均气温在 0 ℃左右结束，或 11 月 10 日前结束。

4.2 整地播种

当日平均气温连续 3 天稳定在－4 ℃～－2 ℃时，适宜整地；当日平均气温稳定在－2 ℃～0 ℃时，适宜播种。

4.3 浇水

4.3.1 分蘖水

小麦三叶期至分蘖期，平均气温距平≤2 ℃时适宜正常浇水；平均气温距平≥－2 ℃，浇水量应减少；平均气温距平≥2 ℃，浇水量应增加。

4.3.2 拔节水、抽穗水

平均气温距平≤2 ℃时适宜正常浇水；平均气温距平≥－2 ℃，浇水量应减少；平均气温距平≥2 ℃，浇水量应增加。

4.3.3 灌浆水

平均气温距平≤2 ℃时适宜正常浇水；平均气温距平≥2 ℃，浇水量应增加；平均气温距平≥－2 ℃或发育期晚 5 d～10 d，应减少水量，或不浇水；最大风力≥6 级，不宜浇水；降水量≥10 mm、风力≥5 级，不宜浇水。

4.4 喷药

晴朗无风的天气适宜喷药，有高温天气时，宜在 17:00 以后用药。日最高气温≥35 ℃或最大风力≥6 级或降水量≥1 mm，不宜喷药。

4.5 收获

在收获期内，降水<1 mm 时，适宜收获。

4.6 晾晒

小麦收获后，降水量>1 mm 时，不适宜晾晒。

5 主要灾害发生条件

5.1 潮塌

日平均气温稳定通过 1 ℃、持续 7 d 以上；或日平均气温在 0 ℃以上持续 3 d，降水≥3 mm；或日平均气温迅速上升到 5 ℃以上，持续 3 d～6 d，农田起潮。

5.2 干热风

干热风分为轻干热风、重干热风，发生条件为：

a) 轻干热风日：日最高气温≥32 ℃，14:00 时相对湿度≤30%，风速≥2 m/s；

b) 重干热风日：日最高气温≥34 ℃，14:00 时相对湿度≤25%，风速≥3 m/s。

参 考 文 献

[1] QX/T 143—2011 潮塌等级
[2] QX/T 82—2007 小麦干热风灾害等级

ICS 65.020.01
B 05

DB15

内蒙古自治区地方标准

DB15/T 1759—2019

“河套小麦”栽培技术规程

Technical regulations for cultivation of “Hetao wheat”

2019-11-05 发布　　2019-12-05 实施

内蒙古自治区市场监督管理局　发布

前　言

本标准按照GB/T 1.1—2009给出的规则起草。

本标准由巴彦淖尔市市场监督管理局提出。

本标准由内蒙古自治区农业标准化技术委员会(SAM/TC 20)归口。

本标准起草单位:巴彦淖尔市农牧业技术推广中心、巴彦淖尔市农畜产品质量安全监督管理中心。

本标准主要起草人:马军成、张继平、王春梅、王桂梅、王宁、李颖、韩海军、刘宝玉、武敏。

“河套小麦”栽培技术规程

1 范围

本标准规定了“河套小麦”产地条件、选地与整地、播种、田间管理、收获等栽培技术要求。

本标准适用于巴彦淖尔市河套灌区小麦生产。

2 规范性引用文件

下列文件对于本文件的应用是必不可少的。凡是注日期的引用文件，仅注日期的版本适用于本文件。凡是不注日期的引用文件，其最新版本(包括所有的修改单)适用于本文件。

GB 4404.1 粮食作物种子 第1部分：禾谷类

DB15/T 1755 “河套小麦”产地环境要求

DB15/T 1756 “河套小麦”品种选用及种子质量要求

DB15/T 1757 “河套小麦”生产气象条件要求

DB15/T 1758 “河套小麦”原粮及小麦粉

3 术语和定义

下列术语和定义适用于本文件。

3.1

河套小麦 Hetao wheat

符合DB15/T 1755、DB15/T 1756、DB15/T 1757、DB15/T 1758等规定，在巴彦淖尔市河套灌区生产的小麦。

4 产地条件

符合DB15/T 1755的规定。

5 选地与整地要求

5.1 选地

选择耕层深厚、结构良好、有机质含量1%以上，且前茬未施用高毒、高残留农药的中等肥力以上地块。

5.2 秋整地与基肥

秋耕翻18 cm～24 cm，每隔3年深松35 cm以上或深翻25 cm以上一次深度。结合耕翻，1亩($666.7\ m^2$)施腐熟有机肥2 500 kg～3 000 kg；封冻前进行浇水蓄墒。

5.3 播前整地

2 月下旬至 3 月上旬，当日平均气温稳定在－4 ℃～－2 ℃时，适时耙磨整地，达到地平土碎。

6 播种

6.1 选用良种

选择适应当地生态条件，优质、抗病、抗倒、适应性强的品种，种子质量应符合 GB 4404.1 中良种以上和 DB15/T 1756 的要求。

6.2 种子处理

用福美双可湿性粉剂或粉锈宁，按使用说明拌种，预防黑穗病和根腐病。

6.3 播种期

当日平均气温稳定在 0 ℃～－2 ℃，表土层解冻 3 cm～5 cm，及时播种。

6.4 播种

选用种肥分层播种机播种，亩播量 22.5 kg～25 kg；亩随机施种肥磷酸二铵 22.5 kg～25 kg 或缓控释肥(养分含量 46％以上)50 kg；行距 10 cm～15 cm，播深 3 cm～5 cm。

7 田间管理

7.1 水肥管理

小麦 3 叶到 4 叶及时浇分蘖水，亩灌水 40 m^3～50 m^3，结合浇水每亩追施尿素 10 kg～15 kg(施用缓控释肥的不用追肥)。在一水后及时除草。小麦 6 叶到 7 叶露尖，适时浇拔节水，亩灌水 50 m^3～60 m^3，弱苗地块每亩追 5 kg～7.5 kg 尿素。抽穗期每亩灌水 50 m^3～60 m^3，灌浆期每亩灌水 40 m^3～50 m^3，在无风天进行。

7.2 病虫害防治

当蚜虫、黏虫发生达到防治指标时，用抗蚜威或苦参碱植物农药，按说明防治，禁用“氧化乐果”等高毒、高残留农药。

8 收获

在蜡熟末期适时进行机械收割，分品种单收、单晒、单贮。

ICS 65.020.01
B 22

DB15

内蒙古自治区地方标准

DB15/T 1758—2019

“河套小麦”原粮及小麦粉

“Hetao wheat” grain and wheat flour

2019-11-05 发布　　2019-12-05 实施

内蒙古自治区市场监督管理局　发布

前　言

本标准按照GB/T 1.1—2009给出的规则起草。

本标准由巴彦淖尔市市场监督管理局提出。

本标准由内蒙古自治区农业标准化技术委员会(SAM/TC 20)归口。

本标准起草单位:内蒙古兆丰河套面业有限公司、内蒙古河套小麦产业化研究院。

本标准主要起草人:李国强、高翠霞、刘劼、王建忠、苏建兵、何金、史佳宇、王艳茹、李青。

“河套小麦”原粮及小麦粉

1 范围

本标准规定了“河套小麦”原粮及小麦粉的技术要求、卫生要求、检验方法、检验规则、标志和标签、贮藏运输等要求。

本标准适用于“河套小麦”原粮及小麦粉。

2 规范性引用文件

下列文件对于本文件的应用是必不可少的。凡是注日期的引用文件，仅注日期的版本适用于本文件。凡是不注日期的引用文件，其最新版本(包括所有的修改单)适用于本文件。

GB 2715 食品安全国家标准 粮食
GB 2760 食品安全国家标准 食品添加剂使用标准
GB 2761 食品安全国家标准 食品中真菌毒素限量
GB 2762 食品安全国家标准 食品中污染物限量
GB 2763 食品安全国家标准 食品中农药最大残留限量
GB 5009.3 食品安全国家标准 食品中水分的测定
GB 5009.4 食品安全国家标准 食品中灰分的测定
GB 5009.5 食品安全国家标准 食品中蛋白质的测定
GB 5009.22 食品安全国家标准 食品中黄曲霉毒素B族和G族的测定
GB 5009.111 食品安全国家标准 食品中脱氧雪腐镰刀菌烯醇及其乙酰化衍生物的测定
GB/T 5490 粮油检验 一般规则
GB/T 5491 粮食、油料检验 扦样、分样法
GB/T 5492 粮油检验 粮食、油料的色泽、气味、口味鉴定
GB/T 5494 粮油检验 粮食、油料的杂质、不完善粒检验
GB/T 5498 粮油检验 容重测定
GB/T 5504 粮油检验 小麦粉加工精度检验
GB/T 5506.2 小麦和小麦粉 面筋含量 第2部分:仪器法测定湿面筋
GB/T 5507 粮油检验 粉类粗细度测定
GB/T 5508 粮油检验 粉类粮食含砂量测定
GB/T 5509 粮油检验 粉类磁性金属物测定
GB/T 5510 粮油检验 粮食、油料脂肪酸值测定
GB 7718 食品安全国家标准 预包装食品标签通则
GB/T 10361 小麦、黑麦及其面粉，杜伦麦及其粗粒粉 降落数值的测定 Hagberg-Perten法
GB/T 14614 粮油检验 小麦粉面团流变学特性测定 粉质仪法
GB/T 14615 粮油检验 小麦粉面团流变学特性测试 拉伸仪法
GB 14880 食品安全国家标准 食品营养强化剂使用标准
GB/T 17109 粮食销售包装

GB/T 24905　粮食包装　小麦粉袋
GB 28050　食品安全国家标准　预包装食品营养标签通则
LS/T 3202　面条用小麦粉
NY/T 421　绿色食品　小麦及小麦粉
NY/T 1056　绿色食品　贮藏运输准则
JJF 1070　定量包装商品净含量计量检验规则

3　术语和定义

下列术语和定义适用于本文件。

3.1

实验磨粉　experimental milling

为了检测一批小麦的品质指标，用实验磨粉机按规定要求将该小麦磨成的面粉。

4　技术要求

4.1　感官要求

4.1.1　原粮应符合 GB 2715 的规定。

4.1.2　小麦粉应符合 NY/T 421 的规定。

4.2　质量要求

应符合表 1、表 2 的规定。

表 1　原粮质量要求

项目			指标	
			一等	二等
籽粒	容重/(g/L)		≥790	≥770
	水分/%		≤12.5	
	不完善粒/%		≤6.0	
	杂质/%	总量	≤1.0	
		矿物质	≤0.5	
	降落数值/s		≥260	
	粗蛋白质(以干基计)/%		≥14	≥13
	色泽、气味		正常	
实验磨粉	湿面筋含量/%		≥30	≥28
	面团稳定时间/min		≥8	≥4
	最大拉伸阻力/EU		≥350	≥220
	能量/cm^2		≥90	≥65

表2 小麦粉质量要求

项目	指标		
	等级		
	一级	二级	三级
灰分(以干基计)/%	≤0.60	≤0.75	≤1.4
湿面筋/%	≥30.0		
面筋指数/%	≥75		≥65
蛋白质(以干基计)/%	≥12.5		
稳定时间/min	≥5.0		≥3.0
面条品尝评分/分	≥85	≥75	—
加工精度	按实物标样		
粗细度	全通CB36号筛,留存CB42号筛≤10%	全通CB30筛,留存CB36号筛≤10%	全通CQ20号筛%
含砂量/%	≤0.02		
磁性金属物/(g/kg)	≤0.003		
水分/%	≤14.5		
脂肪酸值/mg,KOH/100 g(以湿基计)	≤80		
气味、口味	正常		

4.3 净含量

定量包装小麦粉净含量应符合国家相关规定。

5 卫生要求

5.1 真菌毒素限量指标

应符合GB 2761和NY/T 421的规定,其中,脱氧雪腐镰刀菌烯醇(呕吐毒素)和黄曲霉毒素B_1应符合表3的要求。

表3 脱氧雪腐镰刀菌烯醇(呕吐毒素)、黄曲霉毒素B_1要求

项目	单位	指标
脱氧雪腐镰刀菌烯醇(呕吐毒素)	μg/kg	≤500
黄曲霉毒素B_1	μg/kg	≤3

5.2 污染物限量

应符合GB 2762和NY/T 421的规定。

5.3 农药最大残留限量

应符合 GB 2763 和 NY/T 421 的规定。

5.4 食品添加剂

应符合 GB 2760、NY/T 421 的规定。

5.5 营养强化剂

应符合 GB 14880 的规定。

6 检验方法

6.1 容重

应符合 GB/T 5498 的规定。

6.2 水分测定

应符合 GB 5009.3 的规定。

6.3 杂质、不完善粒

应符合 GB/T 5494 的规定。

6.4 降落数值

应符合 GB/T 10361 的规定。

6.5 蛋白质

应符合 GB 5009.5 的规定。

6.6 湿面筋

应符合 GB/T 5506.2 的规定。

6.7 稳定时间

应符合 GB/T 14614 的规定。

6.8 最大拉伸阻力

6.8.1 试验磨粉的制备应符合 GB/T 10361 的规定。

6.8.2 最大拉伸阻力应符合 GB/T 14615 的规定。

6.9 灰分

应符合 GB 5009.4 的规定。

6.10 面条品尝评分

应符合 LS/T 3202 的规定。

6.11 小麦粉加工精度

应符合 GB/T 5504 的规定。

6.12 粉类粗细度

应符合 GB/T 5507 的规定。

6.13 粉类粮食含砂量

应符合 GB/T 5508 的规定。

6.14 粉类磁性金属物

应符合 GB/T 5509 的规定。

6.15 脂肪酸值

应符合 GB/T 5510 的规定。

6.16 色泽、气味、口味

应符合 GB/T 5492 的规定。

6.17 脱氧雪腐镰刀菌烯醇(呕吐毒素)

应符合 GB 5009.111 的规定。

6.18 黄曲霉毒素 B_1

应符合 GB 5009.22 的规定。

6.19 净含量

应符合 JJF 1070 的规定。

7 检验规则

7.1 产品组批

同原料、同工艺、同设备、同班次加工的同种产品为一批。

7.2 抽样

应符合 GB 5490 和 GB 5491 规定的方法抽样。

7.3 出厂检验

7.3.1 每批小麦粉产品出厂应进行检验,产品检验合格后方可出厂。

7.3.2 小麦粉出厂检验项目包括:灰分、水分、湿面筋、蛋白质、加工精度、粗细度、气味口味。

7.4 型式检验

有下列情况之一的应进行型式检验:

a) 原料工艺有较大变化,可能影响产品质量时;

b） 出厂检验结果与上次型式检验有较大差异时；

c） 国家市场监督管理或主管部门提出进行型式检验要求时。

7.5 判定规则

7.5.1 出厂检验时，与划分等级有关的指标有不合格，该批产品应作下一等级处理；低于最低等级、符合卫生标准的产品判为等外产品。

7.5.2 型式检验时，有一项指标不合格，应判为不合格产品。

8 标志和标签

应符合 GB 7718 和 GB 28050 的规定。

9 包装、贮藏运输要求

9.1 包装

应符合 GB/T 17109 和 GB/T 24905 的规定。

9.2 贮藏运输

应符合 NY/T 1056 的规定。

ICS 67.060
B 20

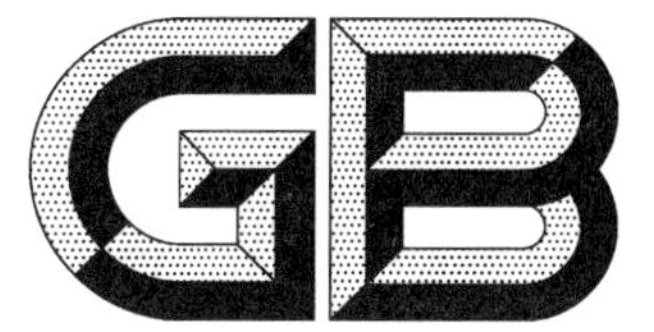

中华人民共和国国家标准

GB/T 20571—2006

小麦储存品质判定规则

Guidelines for evaluation of wheat storage character

2006-11-02 发布　　2006-12-01 实施

中华人民共和国国家质量监督检验检疫总局
中国国家标准化管理委员会　发布

前 言

本标准是在参考了2000年有关部门颁布的《小麦储存品质判定规则》和相关标准的基础上制定的。

本标准的附录A是规范性附录。

本标准由国家粮食局提出并归口。

本标准负责起草单位:国家粮食局标准质量中心、国家粮食局科学研究院。

本标准参加起草单位:中国农业大学、农业部谷物品质监督检验测试中心(北京)、山东省粮油检测站、江苏省粮食局粮油质量监测所、重庆市粮油质量监督检验站、安徽省粮油产品质量监督检测站、河南省粮油饲料产品监督检验站、河北省粮油质量检测中心、黑龙江省粮油卫生检验监测站。

本标准主要起草人:杜政、唐瑞明、龙伶俐、朱之光、孙辉、姜薇莉、林家永、田晓红、李保云、周桂英、杜向东、顾雅贤、邹勇、季一顺、李荣启、赵建敏、徐向颖。

小麦储存品质判定规则

1 范围

本标准规定了小麦储存品质判定的术语和定义、分类、储存品质指标、检验方法、检验规则及判定规则。

本标准适用于评价在安全储存水分和正常储存条件下小麦的储存品质，指导小麦的储存和适时出库。

2 规范性引用文件

下列文件中的条款通过本标准的引用而成为本标准的条款。凡是注日期的引用文件，其随后所有的修改单(不包括勘误的内容)或修订版均不适用于本标准，然而，鼓励根据本标准达成协议的各方研究是否可使用这些文件的最新版本。凡是不注日期的引用文件，其最新版本适用于本标准。

GB/T 5490 粮食、油料及植物油脂检验 一般规则

GB 5491 粮食、油料检验 扦样、分样法

GB/T 14607 小麦粉干面筋测定法

GB/T 14608 小麦粉湿面筋测定法

GB/T 20569 稻谷储存品质判定规则

3 术语和定义

GB/T 20569 确立的以及下列术语和定义适用于本标准。

3.1

色泽 color

小麦加工成符合 A.3.3 规定的小麦粉后，在规定条件下小麦粉样品的颜色和光泽。

3.2

气味 odor

小麦加工成符合 A.3.3 规定的小麦粉后，在规定条件下小麦粉样品的气味。

3.3

面筋吸水量 water absorption of gluten

每百克干面筋吸收水分的克数。

3.4

蒸煮品评 cooking quality evaluation

小麦按照规定条件加工成小麦粉后，按照规定的方法制成馒头，对其气味、色泽、食味、弹性、韧性、粘性和比容进行品质评定的试验。品评结果用品尝评分值表示。

3.5

品尝评分值 tasting assessment value

馒头的气味、色泽、食味、弹性、韧性、粘性和比容等的综合评分值。

4 储存品质分类

按储存品质的优劣将小麦分为宜存、轻度不宜存和重度不宜存三类。

5 储存品质指标

小麦储存品质指标见表1。

表1 小麦储存品质指标

项目	宜存	轻度不宜存	重度不宜存
色泽、气味	正常	正常	基本正常
面筋吸水量/%	≥180	<180	—
品尝评分值/分	≥70	≥60且<70	<60

6 检验方法

6.1 色泽、气味评定按第A.4章执行。

6.2 面筋吸水量的测定按照GB/T 14607和GB/T 14608洗面筋仪洗涤法用全麦粉测定干、湿面筋的含量，按照式(1)计算面筋吸水量(M)，数值以%计。

$$M = \frac{M_2 - M_1}{M_1} \times 100 \quad \cdots\cdots(1)$$

式中：

M_1——样品干面筋含量，%；

M_2——样品湿面筋含量，%。

6.3 品评试验方法按附录A执行。

7 检验规则

7.1 一般规则

按GB/T 5490执行。

7.2 抽样、分样

按GB 5491执行。

7.3 储存品质指标检验

7.3.1 入库前，应逐批次抽取样品进行检验，并出具检验报告，作为入库的技术依据；入仓时，应随机抽取样品进行检验，并出具检验报告，取平均值作为该仓(垛、囤、货位)建立质量档案的原始技术依据。

7.3.2 储存中，应定期、逐仓(垛、囤、货位)取样进行检验，并出具检验报告，作为质量档案记录和出库的技术依据。

8 判定规则

8.1 宜存

色泽、气味、面筋吸水量和品尝评分值均符合表1"宜存"标准的，判定为宜存小麦，适宜继续储存。

8.2 轻度不宜存

色泽、气味正常，面筋吸水量和品尝评分值有一项符合表1"轻度不宜存"标准的，判定为轻度不宜存小麦，应尽快轮换处理。

8.3 重度不宜存

色泽、气味和品尝评分值中有一项符合表1"重度不宜存"标准的，判定为重度不宜存小麦，应立即安排出库。因色泽、气味判定为重度不宜存的，还应报告品尝评分值检验结果。

附 录 A
(规范性附录)
小麦蒸煮品质评定试验方法

A.1 原理

小麦按照规定条件,经过润麦、制粉,直接评定其色泽、气味;再分取一定量的小麦粉,在一定条件下制成馒头,经品评人员感官评定馒头的气味、色泽、食味、弹性、韧性、粘性,综合馒头比容得分,结果以蒸煮品尝评分值表示。

A.2 原料、设备与用具

A.2.1 低糖型高活性干酵母:活力在 900~1 000 之间。推荐使用法国燕牌(红燕)或国产安琪低糖酵母,也可使用其他具有同等活力的酵母1)。

A.2.2 蒸馏水。

A.2.3 实验磨粉机:有皮磨、心磨系统的实验磨粉机。

A.2.4 和面机:每次和面量为 200 g~300 g 面粉的针式和面机或其他类型的和面机。

A.2.5 恒温恒湿醒发箱:能够使温度保持在 30℃±1℃,相对湿度保持在 80%~90%。

A.2.6 压片机:面辊间距可以调节的类型。

A.2.7 发酵盆:直径为 12 cm~14 cm 的无盖瓷盆或不锈钢盆。

A.2.8 蒸锅:直径 26 cm~28 cm,单层。

A.2.9 电炉:1 000 W,或相应功率的电磁炉。

A.2.10 天平:感量 0.01 g,称量范围不小于 100 g。

A.2.11 面包、馒头体积测量仪:测量范围为 100 mL~500 mL,刻度单位为 5 mL。

A.3 小麦制粉

A.3.1 润麦总则

取 1 000 g 小麦,将其中的杂质挑出,用湿布擦去麦粒表面的灰尘,晾干;测定小麦的角质率和水分;加入适量的水,使硬麦的入磨水分达到 16%,软麦达到 14%,中间类型的小麦达到 15%。充分搅拌 10 min~15 min 直至水分完全渗入麦粒;放入密闭容器中润麦 18 h~36 h,具体润麦时间根据小麦类型的不同而定,其中,硬麦 36 h,软麦 18 h,中间类型 24 h。

A.3.2 润麦加水

A.3.2.1 润麦加水量(V)按照式(A.1)计算,单位为毫升(mL):

$$V=\frac{W\times(M_2-M_1)}{100-M_2} \qquad \cdots\cdots(A.1)$$

式中:

W——样品质量,单位为千克(kg);

M_1——样品原始水分,%;

M_2——样品欲达到的入磨水分,%。

A.3.2.2 润麦加水量也可以直接从表 A.1 中查到。表 A.1 列出了 1 000 g 小麦达到适宜入磨水分所

1) 给出这一信息是为了方便本标准的使用者,并不表示对该产品的认可。如果其他产品能有相同的效果,则可使用这些等效的产品。

需要的加水量。

表 A.1 润麦水分调节表

原始水分/%	欲达到的入磨水分/(%)			原始水分/%	欲达到的入磨水分/(%)			原始水分/%	欲达到的入磨水分/(%)		
	14.0	15.0	16.0		14.0	15.0	16.0		14.0	15.0	16.0
7.0	81.4	94.1	107.1	10.0	46.5	58.8	71.4	13.0	11.6	23.5	35.7
7.1	80.2	92.9	105.9	10.1	45.3	57.6	70.2	13.1	10.5	22.3	34.5
7.2	79.0	91.7	104.7	10.2	44.1	56.3	69.1	13.2	9.3	21.1	33.3
7.3	77.8	90.5	103.5	10.3	42.9	55.1	67.9	13.3	8.1	19.9	32.0
7.4	76.6	89.3	102.3	10.4	41.8	53.9	66.7	13.4	6.9	18.7	30.8
7.5	75.4	88.1	101.0	10.5	40.7	52.7	65.5	13.5	5.8	17.5	29.6
7.6	74.3	86.8	99.8	10.6	39.6	51.5	64.3	13.6	4.6	16.4	28.4
7.7	73.2	85.6	98.6	10.7	38.4	50.4	63.1	13.7	3.5	15.2	27.2
7.8	72.0	84.5	97.4	10.8	37.2	49.3	61.9	13.8	2.3	14.0	26.0
7.9	70.8	83.4	96.3	10.9	36.0	48.2	60.7	13.9	1.2	12.9	24.9
8.0	69.7	82.3	95.2	11.0	34.9	47.1	59.3	14.0		11.8	23.8
8.1	68.6	81.1	94.0	11.1	33.7	45.8	58.5	14.1		10.6	22.6
8.2	67.5	79.9	92.9	11.2	32.5	44.6	57.0	14.2		9.4	21.4
8.3	66.3	78.7	91.7	11.3	31.3	43.4	55.8	14.3		8.2	20.2
8.4	65.2	77.5	90.5	11.4	30.1	42.2	54.5	14.4		7.0	19.0
8.5	64.0	76.3	89.3	11.5	28.9	41.1	53.3	14.5		5.9	17.8
8.6	62.8	75.1	88.1	11.6	27.7	39.7	52.0	14.6		4.7	16.6
8.7	61.6	73.9	86.9	11.7	26.6	38.6	50.8	14.7		3.5	15.4
8.8	60.4	72.7	85.7	11.8	25.5	37.5	49.8	14.8		2.3	14.3
8.9	59.2	71.6	84.5	11.9	24.4	36.4	48.7	14.9		1.2	13.1
9.0	58.1	70.5	83.3	12.0	23.3	35.3	47.6	15.0			11.9
9.1	57.0	69.4	82.1	12.1	22.1	34.1	46.3	15.1			10.7
9.2	55.8	68.2	81.0	12.2	20.9	32.9	45.1	15.2			9.5
9.3	54.6	67.0	79.8	12.3	19.7	31.7	43.9	15.3			8.3
9.4	53.4	65.9	78.6	12.4	18.5	30.4	42.6	15.4			7.1
9.5	52.3	64.7	77.4	12.5	17.3	29.2	41.4	15.5			6.0
9.6	51.2	63.5	76.2	12.6	16.2	28.0	40.2	15.6			4.8
9.7	50.1	62.3	75.0	12.7	15.0	26.8	39.0	15.7			3.6
9.8	48.9	61.1	73.8	12.8	13.8	25.7	37.9	15.8			2.4
9.9	47.7	60.0	72.6	12.9	12.7	24.6	36.8	15.9			1.2

A.3.3 制粉

将完成润麦的小麦倒入磨粉机中制粉，所得小麦粉的出粉率控制在65%～75%，粗细度全部通过CB30号筛，留存在CB36号筛的不超过10.0%。制粉实验室中不应有任何散发异味的物品。

A.4 色泽、气味评定

取制备好的小麦粉样品，在符合品评试验条件的实验室内，对其整体色泽和气味进行感官检验。样品整体色泽明显发暗，并有显著异味的，判定为重度不宜存小麦。

对品评人员、品评实验室的要求和小麦蒸煮品质评定试验要求相同，见第A.7章。

A.5 样品编号

为了客观反映样品蒸煮品质，减小感官品评误差，试样应随机编号，避免规律性编号。

A.6 馒头的制备

A.6.1 称样

新磨制的小麦粉放置一周后进行馒头制备。称取 200 g 小麦粉倒入和面机的和面钵中，将 1.6 g 酵母溶于 40 mL 38℃的蒸馏水中，加入和面钵，再加入适量的蒸馏水(一般加水量为 45 mL～55 mL，根据面团的吸水状况进行调整)。

A.6.2 和面

启动和面机开始搅拌，至面筋初步形成取出，记录和面时间。和好的面团温度应为 30℃±1℃。面团温度主要通过调整和面的水温和室内温度来调整和控制。

A.6.3 发酵

将面团稍作整理，使之形成一个光滑的表面，放入醒发箱，温度为 30℃±1℃，湿度为 80%～90%，发酵时间为 45 min。

A.6.4 压片与成型

取出面团，在压片机上依次在面辊间距为 0.8 cm、0.5 cm、0.4 cm 处分别压 4 次、3 次、3 次赶气，然后平均分割成两块，手揉 15 次～20 次成型，成型高度为 6 cm。

A.6.5 醒发

将已成型的馒头胚放入温度为 30℃±1℃，湿度为 80%～90%的醒发箱内醒发 15 min。

A.6.6 蒸煮

向蒸锅内加入 1 L 自来水，用电炉(或电磁炉)加热至沸腾。将醒好的馒头胚放在锅屉上汽蒸 20 min。取出馒头，盖上纱布冷却 60 min 后测量。

A.6.7 测量

用天平称量馒头质量，用体积仪测量馒头体积，按式(A.2)计算比容 λ，单位为毫升/克(mL/g)：

$$\lambda=\frac{V}{m} \qquad \cdots\cdots(\text{A.2})$$

式中：

V——馒头体积，单位为毫升，mL；

m——馒头质量，单位为克，g。

A.6.8 品评

将蒸好的一组馒头样品放入电炉(或电磁炉)中复热 15 min，取出，每个馒头按照品评人数平均分成小块，每人一份，放在搪瓷盘内，趁热品尝。

A.7 品评的基本要求

A.7.1 品评人员

馒头品评是依靠人的感觉器官，对馒头的色、香、味进行品尝，以评定馒头品质的优劣，因此要求品评人员具有较敏锐的感觉器官和鉴别能力。在开始进行品尝评定之前，应通过鉴别试验来挑选感官灵敏度高的人员。品评人员应由不同性别、不同年龄档次的人员组成。

按标准规定蒸制 4 份馒头，其中有 2 份馒头是同一试样蒸制成的，同时按标准规定进行品评，要求品评人员鉴别找出相同的 2 份馒头来，记录见表 A.2。

表 A.2　品评结果登记表

品评人：　　　　　　　　　　　　　　　　　　　　　　　　　　　　日期：

试样号	鉴别结果
1	
2	
3	
4	
注：在相同两份馒头的编号后打“√”。	

鉴别试验应重复两次，结果登记于表 A.3。答对者打“√”，答错者打“×”，如果两次都答错的人员，则表明其品评鉴尝灵敏度太低，应予淘汰。

表 A.3　品评人员成绩登记表

品评人员编号	鉴别试验结果		成绩
	1	2	
P1			
P2			
P3			
P4			
P5			
P6			

品评小组一般由 5 人～10 人组成，品评人员在品评前 1h 内不吸烟，不吃东西，但可以喝水；品评期间具有正常的生理状态，不能饥饿或过饱；品评期间不使用化妆品或其他有明显气味的用品。

A.7.2　品评实验室

品评应在专用实验室进行。实验室应由样品制备室和品评室组成，两者应独立。品评室应充分换气，避免有异味或残留气体的干扰，室温 20℃～25℃，无强噪音，有足够的光线强度，室内色彩柔和，避免强对比色彩。品评人员应相互隔离。

A.7.3　其他

品评时间应在饭前 1h 或饭后 2h 进行。品评前品评人员应用温开水漱口，把口中残留物去净。品评试样应一人一份，每次品评不宜超过 8 份样品。品评时应保持室内和环境安静，无干扰。评分时不能讨论，以免相互影响，主持人不应向品评人员说明与试样质量有关的情况。

A.7.4　样品品评

A.7.4.1　品评内容

按表 A.4 对馒头进行品评并做记录。

表 A.4 馒头品尝评分记录表

时间： 品评员：

项目	得分标准	样品编号							
		1	2	3	4	5	6	7	8
比容/(mL/g)(15分)	比容大于或等于2.3得满分15分； 比容每下降0.1扣1.0分。								
表面色泽(15分)	正常：12分～15分； 稍暗：6分～11分； 灰暗：0分～5分。								
弹性(10分)	手指按压回弹性好：8分～10分； 手指按压回弹弱：5分～7分； 手指按压不回弹或按压困难：0分～4分。								
气味(20分)	正常发酵麦香味：16分～20分；气味平淡，无香味：13分～15分；有轻微异味：10分～12分；明显异味：1分～9分；有严重异味：0分。								
食味(20分)	正常小麦固有的香味：16分～20分；滋味平淡：13分～15分；有轻微异味：10分～12分；明显异味：1分～9分；有严重异味：0分。								
韧性(10分)	咬劲强：8分～10分； 咬劲一般：5分～7分 咬劲差，切时掉渣或咀嚼干硬：0分～4分。								
粘性(10分)	爽口不粘牙：8分～10分； 稍粘：5分～7分； 咀嚼不爽口，很粘：0分～4分。								
品尝评分值									

A.7.4.2 品评顺序

表A.4中，由测量获得比容分值。对馒头样品，应先观察其表面色泽；然后切开馒头，评定其弹性；再用手掰开，闻其气味；放入嘴里咀嚼，评定其食味、韧性和粘性。

A.7.4.3 评分

根据馒头的气味、色泽、食味和弹性、韧性和粘性，对照参考样品（A.7.5.1）进行评分，并与比容得分值相加，作为样品的品尝评分值。

A.7.4.4 结果计算

根据每个品评人员的品尝评分结果计算平均值，个别品评误差超过平均值10分以上的数据应舍弃，舍弃后重新计算平均值。最后以品尝评分的平均值作为小麦蒸煮品尝评分值，计算结果取整数。

A.7.5 参考样品

A.7.5.1 样品选择

以标定品尝评分值的小麦粉为参考样品。

A.7.5.2 样品保存

参考样品应密封保存在4℃左右的冰箱中，保证其品质不发生变化。

内蒙古大兴安岭黑木耳标准体系

内蒙古自治区市场监督管理局◎编著

中国质量标准出版传媒有限公司
中 国 标 准 出 版 社

北 京

图书在版编目(CIP)数据

内蒙古大兴安岭黑木耳标准体系/内蒙古自治区市场监督管理局编著.—北京:中国标准出版社,2020.6
(内蒙古自治区高标准体系建设项目系列图书)
ISBN 978-7-5066-9573-2

Ⅰ.①内… Ⅱ.①内… Ⅲ.①大兴安岭—木耳—质量管理—标准体系—内蒙古 Ⅳ.①S646.6-65

中国版本图书馆 CIP 数据核字(2020)第 044449 号

中国标准出版社出版发行
北京市朝阳区和平里西街甲 2 号(100029)
北京市西城区三里河北街 16 号(100045)
网址 www.spc.net.cn
总编室:(010)68533533 发行中心:(010)51780238
读者服务部:(010)68523946
中国标准出版社秦皇岛印刷厂印刷
各地新华书店经销
*
开本 880×1230 1/16 印张 4.25 字数 132 千字
2020 年 6 月第一版 2020 年 6 月第一次印刷
*
定价(全十册) 225.00 元

图书编委会

本书编写组

主　　编　白清元

执行主编　冯　晔

副 主 编　董玉霞　张爱军　刘保华　贾双文　张文军

　　　　　崔　健　李伟旭　王嘉夫

成　　员　胡彩虹　朱晓春　李世繁　陈爱国　李秀梅

　　　　　张　娟　王秋霞

序言

“中国将积极实施标准化战略，以标准助力创新发展、协调发展、绿色发展、开放发展、共享发展”“中国高度重视标准化工作，积极推广应用国际标准，以高标准助力高技术创新，促进高水平开放，引领高质量发展”。习近平总书记在庆祝第39届国际标准化组织（ISO）大会、第83届国际电工委员会（IEC）大会开幕的贺信中，对标准及实施标准化战略的重要性作出了精辟阐述，为新形势下推动标准化工作持续健康发展提供了重要指引。实践证明，标准化在支撑产业发展、促进科技进步、推进国家治理能力现代化等方面的基础性、战略性作用越发凸显。

2019年是全面贯彻落实习近平总书记“扎实推动经济高质量发展”承上启下的关键一年，内蒙古自治区市场监管局协调有关行业部门、企事业单位，立足实际，围绕标准引领、质量提升、品牌培育重点工作积极作为，大力实施标准化战略，持续推进标准提升，深化标准化工作改革和创新，聚焦关键、突出重点，努力为全区高质量发展作出更大贡献。针对自治区标准体系建设不完善、高水平标准少的实际，内蒙古自治区市场监督管理局出台《内蒙古自治区标准化提升行动计划（2018—2020年）》，开展第一批锡林郭勒羊肉等11项特色产业高标准体系建设项目，共梳理出各类标准429项，提出立项标准建议156项，开展高标准体系试点示范项目14个，为9个产业的“蒙”字标产品认证要求及团体标准制定提供了技术支撑。经过努力，自治区标准化工作成效显著：截至2019年10月，全区累计建成标准化试点示范项目384个，主导或参与制修订各类标准3 900多项，组织制定了稀土和纺织行业国际标准、大型矿用自卸车国家标准、羊产业团体标准等；全面推进标准国际化，内蒙古标准化院建立了“蒙古国标准化（内蒙古）研究中心”，聚焦“一带一路”建设，加强标准化合作研究；包头市政府开展了“标准国际化创新型城市”创建工作；与中建集团共同推动中国7项标准被蒙古国互认、举办第3届中蒙博览会中蒙经贸活动标准化论坛、承办国际标准化组织ISO/TC 275的2019年全体会议，进一步扩大了自治区对中蒙俄标准化研究的国际影响力。

建设适应高质量发展的标准体系是今后标准化工作的重中之重。围绕自治区优势特色产业，立足高质量高效益，制定全产业链的高标准体系将成为市场监管部门和各行业主管部门、有关企事业单位的重要职责任务。这套《内蒙古自治区高标准体系建设项目系列图书》的编印

是自治区建设高标准体系工作的一个开端。自治区及各盟市市场监督管理部门、标准化工作战线的同志们要锐意进取、开拓创新，以推动高质量发展为动力，积极构建支撑高质量发展的标准体系；要不断挖掘内蒙古优势特色产业，加快制定一批亟需的高水平标准，让高标准成为高质量发展的“引擎”，助推“蒙”字标等质量品牌建设；要瞄准国际国内先进标准，选择重点行业、重点企业开展对标达标活动，推动自治区优势特色技术标准成为国家标准或国际标准；要加强标准实施与监督，建立健全标准评价机制，进一步发挥标准化项目的辐射带动作用，助推内蒙古自治区经济高质量发展。

编著者

2020 年 5 月

前言

2019年是“标准体系建设”之年，加快建设推动高质量发展的标准体系是标准化工作的重中之重。内蒙古自治区市场监督管理局深入开展“标准化提升行动”，不断提升标准水平，完善标准体系，助力高质量发展。

2019年7月，自治区市场监管局与自治区农牧厅、林草局联合下发《关于开展2019年自治区农牧业产业标准体系建设项目的通知》（内市监标准字〔2019〕163号）和《关于开展2019年林草产业标准体系建设项目的通知》（内市监标准字〔2019〕164号），紧紧围绕自治区特色农林牧产业开展标准体系建设。各相关盟市旗县政府、科研机构、高校、龙头企业、专业技术人员等广泛参与，保证了标准体系的科学性、合理性和先进性。

这是自治区第一批高标准体系建设项目，本着“从田间到餐桌”全产业链的标准化要求，覆盖了产品种（养）植的地域、环境要求、品种和种养加工过程控制、产品品质和储运包装等关键环节。立足高质量要求，体现原料天然无污染、种养过程绿色有机、产品品质优质等要素，为促进产业高质量发展、打造“蒙”字标区域公用品牌提供了标准化支撑。

本书将兴安盟大米、呼伦贝尔牛肉、乌兰察布马铃薯、科尔沁牛肉、锡林郭勒羊肉、赤峰小米、呼伦贝尔羊肉、河套小麦、内蒙古大兴安岭黑木耳、通辽黄玉米10个产业标准体系及相关标准集结成册，旨在方便生产、加工、检测、认证人员及广大读者使用，以更好地指导实践。在本丛书编写过程中得到了相关部门、企业和多位专家的大力支持，在此表示衷心感谢！由于编写水平和时间有限，书中内容难免会有错漏，恳请读者提出宝贵意见，以便我们改进和完善。

编著者

2020年5月

目录

 内蒙古大兴安岭黑木耳标准体系框架图 // 1

 内蒙古大兴安岭黑木耳标准体系明细表 // 3

 内蒙古大兴安岭黑木耳标准体系标准统计表 // 7

 内蒙古大兴安岭黑木耳标准体系关键标准 // 9

DB15/T 1710—2019 “内蒙古大兴安岭黑木耳”产地环境要求// 10

NY/T 1935—2010 食用菌栽培基质质量安全要求// 14

NY/T 1846—2010 食用菌菌种检验规程// 18

DB15/T 1713—2019 “内蒙古大兴安岭黑木耳”菌种生产技术规程 // 25

DB15/T 1711—2019 “内蒙古大兴安岭黑木耳”出耳管理技术规程 // 30

DB15/T 1712—2019 “内蒙古大兴安岭黑木耳”加工技术规程 // 34

DB15/T 1709—2019 内蒙古大兴安岭黑木耳 // 38

NY/T 3220—2018 食用菌包装及储运技术规程 // 45

DB15/T 1714—2019 “内蒙古大兴安岭黑木耳”菌种贮存运输技术要求 // 55

壹

内蒙古大兴安岭黑木耳标准体系框架图

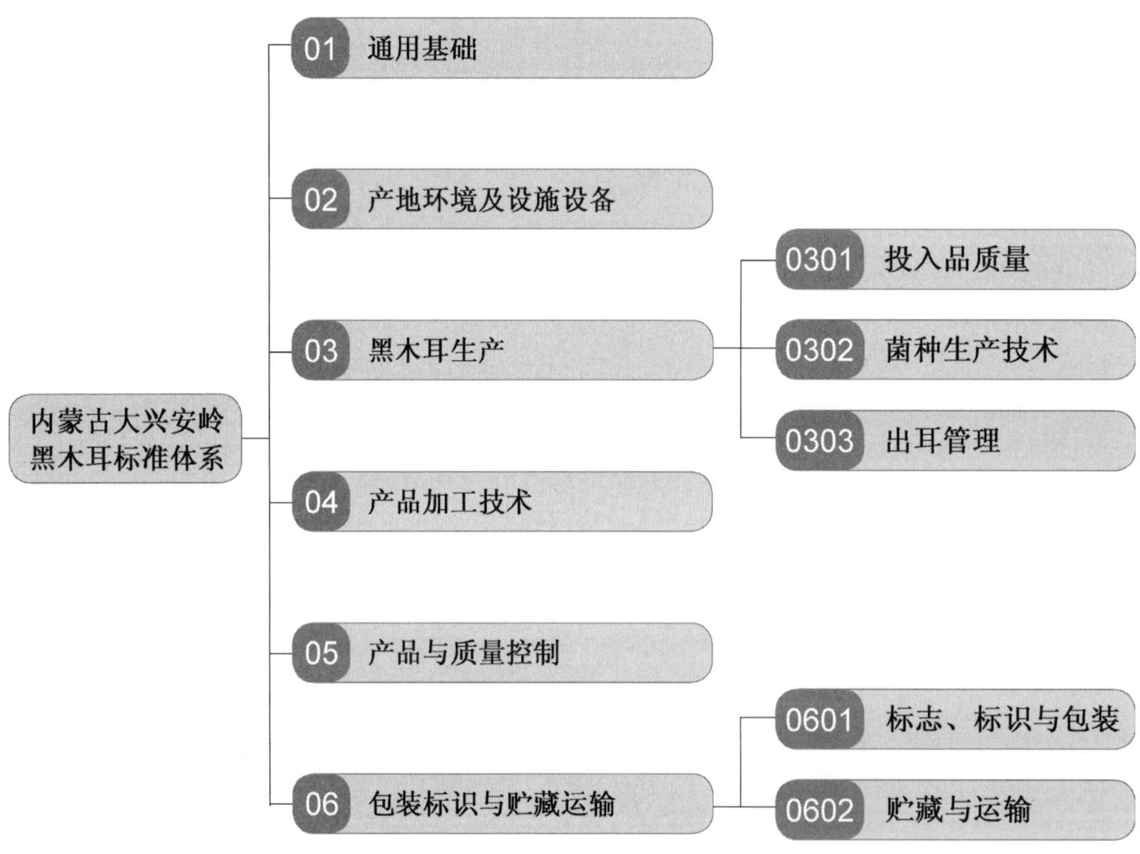

内蒙古大兴安岭黑木耳标准体系
01 通用基础
02 产地环境及设施设备
03 黑木耳生产
0301 投入品质量
0302 菌种生产技术
0303 出耳管理
04 产品加工技术
05 产品与质量控制
06 包装标识与贮藏运输
0601 标志、标识与包装
0602 贮藏与运输

贰

内蒙古大兴安岭黑木耳标准体系明细表

序号	标准名称	标准编号	级别	实施日期	状态
01　通用基础					
1	食品安全国家标准 食品中污染物限量	GB 2762—2017	国家标准	2017-09-17	现行
2	食用菌术语	GB/T 12728—2006	国家标准	2006-12-01	现行
3	黑木耳等级规格	NY/T 1838—2010	行业标准	2010-09-01	现行
4	食用菌菌种通用技术要求	NY/T 1742—2009	行业标准	2009-05-20	现行
02　产地环境及设施设备					
1	"内蒙古大兴安岭黑木耳" 产地环境要求	DB15/T 1710—2019	地方标准	2019-12-05	现行
03　黑木耳生产					
0301　投入品质量					
1	黑木耳菌种	GB 19169—2003	国家标准	2003-12-01	现行
2	食用菌品种选育技术规范	GB/T 21125—2007	国家标准	2008-04-01	现行
3	绿色食品　农药使用准则	NY/T 393—2013	行业标准	2014-04-01	现行
4	食用菌栽培基质质量安全要求	NY/T 1935—2010	行业标准	2010-12-01	现行
0302　菌种生产技术					
	食用菌菌种检验规程	NY/T 1846—2010	行业标准	2010-09-01	现行
1	"内蒙古大兴安岭黑木耳" 菌种生产技术规程	DB15/T 1713—2019	地方标准	2019-12-05	现行
0303　出耳管理					
1	"内蒙古大兴安岭黑木耳" 出耳管理技术规程	DB15/T 1711—2019	地方标准	2019-12-05	现行
04　产品加工技术					
1	食品安全国家标准 食品生产通用卫生规范	GB 14881—2013	国家标准	2014-06-01	现行
2	"内蒙古大兴安岭黑木耳" 加工技术规程	DB15/T 1712—2019	地方标准	2019-12-05	现行
05　产品与质量控制					
1	内蒙古大兴安岭黑木耳	DB15/T 1709—2019	地方标准	2019-12-05	现行
06　包装标识与贮藏运输					
0601　标志、标识与包装					
1	食品安全国家标准 预包装食品标签通则	GB 7718—2011	国家标准	2012-04-20	现行
2	食品安全国家标准 预包装食品营养标签通则	GB 28050—2011	国家标准	2013-01-01	现行

序号	标准名称	标准编号	级别	实施日期	状态
3	食用菌包装及储运技术规范	NY/T 3220—2018	行业标准	2018-06-01	现行
0602 贮藏与运输					
1	“内蒙古大兴安岭黑木耳”菌种贮存运输技术要求	DB15/T 1714—2019	地方标准	2019-12-05	现行

叁

内蒙古大兴安岭黑木耳标准体系标准统计表

序号	标准类别	标准数量/项			
		国家标准	行业标准	地方标准	总计
1	通用基础	2	2	0	4
2	产地环境及设施设备	0	0	1	1
3	黑木耳生产	2	3	2	7
4	产品加工技术	1	0	1	2
5	产品与质量控制	0	0	1	1
6	包装标识与贮藏运输	2	1	1	4
合计		7	6	6	19

肆

内蒙古大兴安岭黑木耳标准体系关键标准

ICS 67.080.20
B 31

DB15

内蒙古自治区地方标准

DB15/T 1710—2019

“内蒙古大兴安岭黑木耳”产地环境要求

Environmental requirements for producing area of *Auricularia auricula* in Greater Hinggan Mountains in Inner Mongolia

2019-11-05 发布　　2019-12-05 实施

内蒙古自治区市场监督管理局　发布

前　言

本标准按照 GB/T 1.1—2009 给出的规则起草。

本标准由内蒙古大兴安岭重点国有林管理局提出。

本标准由内蒙古自治区林业标准化技术委员会(SAM/TC 18)归口。

本标准起草单位:中国内蒙古森林工业集团有限责任公司、内蒙古大兴安岭林业科学技术研究所、内蒙古自治区林业科学研究院、根河市满归森华食用菌种植农民专业合作社、内蒙古克一河林业局、内蒙古阿里河林业局、呼伦贝尔市奥谱检测技术服务有限公司、呼伦贝尔市市场监督管理局、内蒙古自治区园艺研究院、内蒙古自治区标准化院。

本标准主要起草人:宋希明、刘炜、王辉、李秀梅、王志权、徐晓峰、陈士杰、张福禄、张幼军、武虹、岳永祥、王秋霞、陈静、张娟。

“内蒙古大兴安岭黑木耳”产地环境要求

1 范围

本标准规定了“内蒙古大兴安岭黑木耳”的地域要求、环境要求及选址。

本标准适用于“内蒙古大兴安岭黑木耳”。

2 规范性引用文件

下列文件对于本文件的应用是必不可少的。凡是注日期的引用文件，仅注日期的版本适用于本文件。凡是不注日期的引用文件，其最新版本(包括所有的修改单)适用于本文件。

GB/T 5750.4 生活饮用水标准检验方法 感官性状和物理指标

GB/T 5750.6 生活饮用水标准检验方法 金属指标

GB 8538 食品安全国家标准 饮用天然矿泉水检验方法

GB/T 15432 环境空气 总悬浮颗粒物的测定 重量法

HJ 479 环境空气 氮氧化物(一氧化氮和二氧化氮)的测定 盐酸萘乙二胺分光光度法

HJ 482 环境空气 二氧化硫的测定 甲醛吸收-副玫瑰苯胺分光光度法

HJ 955 环境空气 氟化的测定 滤膜采样/氟离子选择电极法

NY/T 391 绿色食品 产地环境质量

3 地域要求

内蒙古大兴安岭生态功能区地理位置为东经119°36′30″～125°24′00″，北纬47°03′40″～53°20′00″。

4 环境要求

4.1 温度

10 ℃以上的年平均积温为1 800 ℃～2 200 ℃，年平均温度为－5 ℃～3 ℃，昼夜温差为8 ℃～15 ℃。

4.2 日照

年平均日照时数为2 100 h～2 700 h。

4.3 降水

年降水量在340 mm～550 mm，7～9月的降水量占全年降水量的75%左右，生长期降水充足。

4.4 水质量要求

4.4.1 水源选择

生产用水为内蒙古大兴安岭生态功能区地下水。

4.4.2 水质要求

水质应符合表 1 的要求。

表 1 水质要求

序号	项目	指标值	检测方法
1	pH	6.0～8.5	GB/T 5750.4
2	混浊度(NTU)	≤1	GB/T 5750.4
3	汞/(mg/L)	≤0.001	GB/T 5750.6
4	锰/(mg/L)	≤0.1	GB/T 5750.6
5	砷/(mg/L)	≤0.005	GB/T 5750.6
6	铅/(mg/L)	≤0.005	GB/T 5750.6
7	锶/(mg/L)	≤0.5	GB 8538

4.5 空气质量要求

空气质量应符合表 2 的要求。

表 2 空气质量要求

序号	项目	指标值		检测方法
		日平均[a]	一小时[b]	
1	总悬浮颗粒物/(μg/m³)	≤200	—	GB/T 15432
2	二氧化硫/(μg/m³)	≤10	≤50	HJ 482
3	二氧化氮/(μg/m³)	≤10	≤50	HJ 479
4	氟化物/(μg/m³)	≤6	≤15	HJ 955

[a] 日平均指任何一日的平均指标；

[b] 一小时指任何一小时的指标。

5 选址

生产场地选择应符合 NY/T 391 的要求。

ICS 67.080
B 31

中华人民共和国农业行业标准

NY/T 1935—2010

食用菌栽培基质质量安全要求

Quality and safety requirements of cultivar substrate for edible fungi

2010-05-20 发布　　2010-09-01 实施

中华人民共和国农业部　发布

前　言

本标准遵照GB/T 1.1—2009给出的规则起草。

本标准由中华人民共和国农业部种植业管理司提出。

本标准由全国蔬菜标准化技术委员会(SAC/TC 467)归口。

本标准起草单位:农业部食品质量监督检验测试中心(佳木斯)。

本标准主要起草人:王南云、张海珍、李珍、孙东立、王艳玲、卢宝华、訾健康、段余君、韩国。

食用菌栽培基质质量安全要求

1 范围

本标准规定了食用菌栽培基质的术语和定义、要求、包装、运输和贮存。

本标准适用于各种栽培食用菌的固体栽培基质。

2 规范性引用文件

下列文件对于本文件的应用是必不可少的。凡是注日期的引用文件，仅注日期的版本适用于本文件。凡是不注日期的引用文件，其最新版本(包括所有的修改单)适用于本文件。

GB 5749　生活饮用水

GB/T 12728—2006　食用菌术语

NY 5099—2002　无公害食品　食用菌栽培基质安全技术要求

NY 5358—2007　无公害食品　食用菌产地环境条件

3 术语和定义

GB/T 12728—2006 界定的以及下列术语和定义适用于本文件。

3.1

栽培基质　cultivar substrate

食用菌栽培过程中，为食用菌生长繁殖提供营养的物质。

4 要求

4.1 原辅材料

4.1.1　原辅材料在放置过程中应注意通风换气，保持贮藏环境干燥，防止原辅材料滋生虫蛆和霉烂变质。原辅材料使用前应在阳光下翻晒，将霉变、虫蛀严重的原辅材料拣出并做无害化处理。食用菌对木屑等原料的堆制期有特殊要求的，应按照生产实际进行处置。在加工粉碎过程中避免带来机油等外源污染。保持原料新鲜、洁净、干燥、无虫、无霉、无异味。

4.1.2　主料：除桉、樟、槐、苦楝等含有害物质树种外的阔叶树木屑；自然堆积六个月以上的针叶树种的木屑；稻草、麦秸、玉米芯、玉米秸、高粱秸、棉籽壳、废棉、棉秸、豆秸、花生秸、花生壳、甘蔗渣等农作物秸秆皮壳；糠醛渣、酒糟、醋糟等。

4.1.3　辅料：麦麸、米糠、饼肥(粕)、玉米粉、大豆粉、禽畜粪等。

4.2 生产用水

应符合 GB 5749 的规定。不应随意加入药剂、肥料或成分不明的物质。

4.3 化学投入品

4.3.1　化学添加剂应符合 NY 5099—2002 中附录 A 的规定。栽培基质中不应随意或超量加入化学添加剂，不应使用未经有关部门做安全性评价的添加剂。

4.3.2　化学药剂应符合 NY 5099—2002 中附录 B 的规定。应使用具有有效农药登记证、允许在食用菌生产上使用的农药。

4.4　覆土

应符合 NY 5358—2007 中 3.3 的规定。应使用天然的、未受污染的泥炭土、草炭土、林地腐殖土或农田耕作层以下的壤土。

4.5　栽培基质制备

4.5.1　栽培基质可根据生产用不同菌种的实际需要，设计科学合理的配方进行配制。

4.5.2　为防止栽培过程中杂菌滋生和虫害发生，应严格按照高温高压灭菌、常压灭菌、前后发酵、覆土消毒等生产工艺进行。需要灭菌处理的，应灭菌彻底；需要发酵处理的，应发酵全面、均匀，应使用已取得微生物肥料登记证或省级以上农业主管部门颁发的推广证、允许在食用菌生产中使用的微生物发酵剂。各种原辅材料的加工、分装和灭菌应尽快完成。灭菌后的基质应达到无菌状态。

4.5.3　栽培基质制备过程中使用的设备和工具应保持清洁，不应对栽培基质造成污染。灭菌设备应符合国家相关标准规定，并由具有相关资质人员操作，定期检修。

4.5.4　使用的塑料制品，宜选择聚乙烯、聚丙烯或聚碳酸酯类产品，质量符合国家相关卫生标准，并在使用后集中无害化处理。不宜使用聚氯类产品。

5　包装、运输和贮存

5.1　包装

食用菌栽培基质的包装材料应清洁、干燥、无毒、无异味，牢固无破损。包装形式可以散装、袋装或按用户要求包装。

5.2　运输

食用菌栽培基质的运输工具应清洁、干燥，有防雨防晒措施。不应与有毒、有害、有腐蚀性或其他有污染的物品混运。

5.3　贮存

食用菌栽培基质应贮存在阴凉、通风、干燥处。不应与有毒、有害物质混放。

ICS 65.020
B 61

中华人民共和国农业行业标准

NY/T 1846—2010

食用菌菌种检验规程

Code of practice for spawn testing of edible mushroom

2010-05-20 发布 2010-09-01 实施

中华人民共和国农业部 发布

前　言

本标准由农业部种植业管理司提出并归口。

本标准起草单位:中国农业科学院农业资源与农业区划研究所、农业部微生物肥料和食用菌菌种质量监督检验测试中心。

本标准主要起草人:张金霞、黄晨阳、高巍、郑素月、张瑞颖、胡清秀、陈强。

食用菌菌种检验规程

1 范围

本标准规定了各类食用菌菌种质量的检验内容和方法以及抽样、判定规则等要求。

本标准适用于各类食用菌各级菌种质量的检验。

2 规范性引用文件

下列文件对于本文件的应用是必不可少的，凡是注日期的引用文件，仅注日期的版本适用于本文件。凡是不注日期的引用文件，其最新版本(包括所有的修改单)适用于本文件。

GB/T 191 包装储运图示标志(GB/T 191—2008 ISO 780:1997,MOD)

GB/T 4789.28 食品卫生微生物学检验染色法、培养基和试剂

GB 19169 黑木耳菌种

GB 19170 香菇菌种

GB 19171 双孢蘑菇菌种

GB 19172 平菇菌种

GB/T 23599 草菇菌种

NY/T 528—2002 食用菌菌种生产技术规程

NY 862 杏鲍菇和白灵菇菌种

NY/T 1097 食用菌菌种真实性鉴定酯酶同工酶电泳法

NY/T 1730 食用菌菌种真实性鉴定 ISSR 法

NY/T 1742 食用菌菌种通用技术要求

NY/T 1743 食用菌菌种真实性鉴定 RAPD 法

NY/T 1845—2010 食用菌菌种区别性鉴定 拮抗反应

3 术语和定义

下列术语和定义适用于本标准。

3.1

送检样品 submitted sample

送到菌种检验机构待检验的、达到规定数量的样品。

3.2

试验样品 working sample

在实验室中从送检样品中分出的部分样品，供测定某一检验项目之用。

4 检验内容和方法

4.1 感官检验

4.1.1 母种

4.1.1.1 容器

用米尺测量试管外径和管底至管口的长度,肉眼观察试管有无破损。

4.1.1.2 棉塞(无棉塑料盖)

手触是否干燥;肉眼观察是否洁净,对着光源仔细观察是否有粉状物;松紧度以手提起棉塞或拔出棉塞的状况检查;棉塞透气性和滤菌性以观察塞入试管口内或露出试管口外棉塞的长度检查。

4.1.1.3 斜面长度

用米尺测量斜面顶端到棉塞的距离。

4.1.1.4 斜面背面外观

肉眼观察培养基边缘是否与试管壁分离,同时观察培养基的颜色。

4.1.1.5 母种外观其他各项

肉眼观察菌丝有无其他色泽及异常,有无螨类,必要时用5倍放大镜观察。

4.1.1.6 气味

在无菌条件下拔出棉塞,将试管口置于距鼻5 cm～10 cm处,屏住呼吸,用清洗干净、酒精棉球擦拭过的手在试管口上方轻轻煽动,顺风鼻闻。

4.1.2 原种和栽培种

4.1.2.1 容器

肉眼观察有无破损。

4.1.2.2 棉塞(无棉塑料盖)

按照4.1.1.2的要求。

4.1.2.3 培养基上表面距瓶(袋)口的距离

用米尺测量。

4.1.2.4 接种量

原种用米尺测量接种块大小,栽培种检查生产记录。

4.1.2.5 杂菌菌落

肉眼观察,必要时用5倍放大镜观察。

4.1.2.6 菌种外观其他各项

肉眼观察菌丝有无其他色泽及异常，有无螨类，必要时用5倍放大镜观察。

4.1.2.7 气味

按照4.1.1.6的要求。

4.2 菌丝微观特征检验

4.2.1 插片培养法

挑取试验样品中少量菌丝分别接种于2个PDA平板上，25 ℃培养3 d，在菌落边缘处插入无菌盖片，继续在25 ℃下培养2 d～3 d，取出盖片，盖于载玻片的水滴上，显微镜下观察。先用10倍物镜观察菌丝是否粗壮、丰满、均匀，再转到40倍物镜下观察菌丝的细微结构。需要测量菌丝粗细的可在目镜内装好测微尺，对菌丝直径进行测量。同时观察有无锁状联合、形态结构和特征。每一试检样品应检查不少于30个视野。

4.2.2 水封片观察法

取干净载玻片，滴一滴无菌水，用无菌操作方法挑取试验样品中少量菌丝于水滴中，挑散菌丝，盖上盖玻片，先用10倍物镜观察菌丝是否粗壮、丰满、均匀，再转到40倍物镜下观察菌丝的细微结构。需要测量菌丝粗细的可在目镜内装好测微尺，对菌丝直径进行测量。同时观察有无锁状联合、形态结构和特征。每一试检样品应检查不少于30个视野。

4.3 霉菌检验

从试验样品中挑出3 mm×3 mm～5 mm×5 mm大小的菌种块，在无菌条件下接种于PDA培养基上，置于25 ℃～28 ℃温度下培养，5 d～7 d后取出，在光线充足的条件下对比观察。检查菌落是否外观均匀、边沿整齐，是否具有该菌种的固有色泽；有无绿、黑、黄、红、灰等颜色的粉状分生孢子或异常。

4.4 细菌检验

4.4.1 液体培养基检验法

从试验样品中挑3 mm×3 mm～5 mm×5 mm大小的菌种块，在无菌条件下接种于GB/T 4789.28，4.8规定的细菌营养肉汤培养基中，置于摇床上在28 ℃下振荡培养1 d～2 d后取下，在光线充足的条件下对比观察。检查培养基是否仍呈半透明状，还是出现浑浊或具有异味。

4.4.2 固体培养基检验法

从试验样品中挑出3 mm×3 mm～5 mm×5 mm大小的菌种块，在无菌条件下接种于PDA斜面上，置于28 ℃下培养1 d～2 d后取出，在光线充足的条件下对比观察。检查菌落外观色泽是否呈一致的白色、边沿整齐否；培养物接种块周围菌丝是否均匀，是否萌发少、稀疏；接种块周围有无糊状的细菌菌落。

4.5 菌丝生长速度测定

4.5.1 母种

用直径90 mm的培养皿干热灭菌后，在无菌条件下倒入规定使用的培养基20 mL，自然凝固制成平板。取斜面上位一半处 3 mm×3 mm～5 mm×5 mm 菌种一块，菌丝朝上接种于平板中央，接种平板 5 个，置于 25 ℃±1 ℃下培养。48 h 后观察是否有污染发生，如无污染，PDA 培养基培养 6 d 后再观察，如尚未长满，以后每日观察，直至 11 d；PDPYA 培养基培养 8 d 后再观察，如尚未长满，以后每日观察，直至第 10 d。观察并记录长满平板天数。

4.5.2 原种和栽培种

使用符合 NY/T 528 中 4.7.1.3、4.7.1.4 规定的食用菌原种、栽培种的菌种瓶(袋)，根据不同的种类，选择附录 B 中适宜的培养基，装 6 瓶(袋)灭菌冷却后备用。取供检菌种按接种量要求接入，在适温下恒温培养。接种后 3 d～5 d 进行首次观察，以后每隔 5 d～7 d 观察 1 次，菌丝长满前 7 d 应每天观察，记录长满瓶(袋)的天数。

4.6 真实性鉴定

按照 NY/T 1097、NY/T 1730、NY/T 1743、NY/T 1845—2010 方法执行。异宗结合种类任选其中 3 种方法，同宗结合种类应选用除拮抗反应之外的 3 种方法。

4.7 母种农艺性状和商品性状

4.7.1 制作原种

以送检母种作为种源，选择适宜的原种培养基配方，制菌瓶(袋)45 个，分 3 组；以法定认可的标准菌株或留样菌种为对照菌种，采用同样方法进行制种管理。

4.7.2 栽培

根据送检菌种类别，选择不同的栽培培养基配方，制作菌袋 45 个(床、块栽培 9 m^2)，接种后，分 3 组进行常规管理，做好栽培记录，统计结果。依据不同的菌种，分别按标准 GB 19169、GB 19170、GB 19171、GB 19172、GB/T 23599、NY 862 或 NY/T 1742 中相关规定执行。

4.8 包装、标签、标志检验

按照 GB 19169、GB 19170、GB 19171、GB 19172、GB/T 23599、NY 862 或 NY/T 1742 中相关要求检验。

5 抽样

5.1 抽样方法

采取随机抽样，从批次中抽取具代表性的送检样品。

5.2 抽样数量

母种、原种、栽培种的抽样量分别为该批次菌种的 10%、5%、1%。但每批次抽样量不得少于 10 支(瓶、袋)；超过 100 支(瓶、袋)的，可进行两级抽样。

6 判定规则

6.1 菌种真实性

按照 NY/T 197、NY/T 1730、NY/T 1743 三个鉴定方法，三种方法的鉴定结果都与对照品种相同的，为品种相同，判定为菌种真实。

按照NY/T 1097、NY/T 1730、NY/T 1743三个鉴定方法，三种方法的鉴定结果都与对照品种不同的，为品种不同，判定为菌种不真实。

按照NY/T 1845—2010鉴定的异宗结合种类，与对照品种有拮抗反应的，为品种不同，判定为菌种不真实。

6.2 合格菌种

菌种具真实性，菌丝微观形态、培养特征、杂菌和虫（螨）体、菌丝生长速度、母种栽培性状、标签及感官中的菌种外观、斜面背面外观、气味等项均符合标准要求的，为合格菌种。

6.3 不合格菌种

菌种的真实性、菌丝微观形态、培养特征、杂菌和虫（螨）体、菌丝生长速度、母种栽培性状、标签及感官中的菌种外观、斜面背面外观、气味等任何一项不符合标准要求的，为不合格菌种。

ICS 67.080.20
B 31

DB15

内 蒙 古 自 治 区 地 方 标 准

DB15/T 1713—2019

“内蒙古大兴安岭黑木耳”菌种生产技术规程

Technical regulations for production of *auricularia auricula* species in Greater Hinggan Mountains in Inner Mongolia

2019-11-05 发布 2019-12-05 实施

内蒙古自治区市场监督管理局 发 布

前　言

本标准按照 GB/T 1.1—2009 给出的规则起草。

本标准由内蒙古大兴安岭重点国有林管理局提出。

本标准由内蒙古自治区林业标准化技术委员会(SAM/TC 18)归口。

本标准起草单位:中国内蒙古森林工业集团有限责任公司、内蒙古大兴安岭林业科学技术研究所、内蒙古自治区林业科学研究院、根河市满归森华食用菌种植农民专业合作社、内蒙古克一河林业局、内蒙古阿里河林业局、阿荣旗卫生和健康委员会、根河市利民食用菌产销专业合作社、内蒙古自治区园艺研究院、内蒙古自治区标准化院。

本标准主要起草人:赵旭、李杰、李慧、张幼军、王志臣、胡世德、李世繁、韩怀彦、李楠楠、姜娜、余涛、韩立明、印迪、张娟。

“内蒙古大兴安岭黑木耳”菌种
生产技术规程

1 范围

本标准规定了“内蒙古大兴安岭黑木耳”一级菌种、液态菌种、三级菌种。

本标准适用于“内蒙古大兴安岭黑木耳”各级菌种生产。

2 一级菌种

2.1 常用配方

水 1 000 mL、麦麸 50 g、去皮马铃薯 200 g、蛋白胨 2 g、维生素 B_2 10 mg、磷酸二氢钾 2 g、葡萄糖 20 g、硫酸镁 0.5 g～1 g、琼脂 10 g～20 g。

2.2 灭菌

压力升至 0.11 MPa～0.13 MPa，稳定 25 min～30 min，温度降至 80 ℃以下，取出试管摆斜面。

2.3 接种培养

在无菌环境下进行操作，25 ℃恒温暗培养 10 d～15 d。

3 液态菌种

3.1 摇瓶制作

3.1.1 常用配方

水 1 000 mL、麦麸 50 g、去皮马铃薯 200 g、蛋白胨 2 g、维生素 B_2 10 mg、磷酸二氢钾 2 g、葡萄糖 10 g、硫酸镁 2 g、赤砂糖 15 g、消泡剂 1 滴。

3.1.2 灭菌

压力升至 0.11 MPa～0.13 MPa，稳定 25 min～30 min，温度降至 90 ℃以下，取出三角瓶。

3.1.3 接种培养

在无菌环境下进行，每 100 mL 摇瓶中加入 2 mm～3 mm 一级菌种块 7～10 块，120 r/min～150 r/min，25 ℃恒温暗摇 7 d。

3.2 液态菌罐

3.2.1 常用配方（罐容量 600 L，接菌数 25 000 袋～30 000 袋）

菌罐加水 2/3，面粉 0.67%、豆粉 2 650 g、赤砂糖 4 000 g、消泡剂 100 mL、磷酸二氢钾 0.1%、硫酸镁 0.05%。

3.2.2 制作过程

按下列步骤完成：

a) 菌罐内注水 2/3，加温至 40 ℃时适当放出水与培养基一起用搅拌机搅拌均匀；

b) 水温到 90 ℃后倒入搅拌均匀的培养基、消泡剂，菌罐盖封紧，加热至 121 ℃～123 ℃后保持 50 min；

c) 菌罐夹层里注入凉水降温，罐内温度降到 28 ℃时开始接菌，接菌前房间应净化杀菌；

d) 菌罐的注料口处用酒精棉圈套好点燃棉圈，在燃烧状态下快速倒入两瓶三角瓶菌种，封闭注料口熄灭火焰；

e) 菌罐温度 24 ℃～26 ℃，洁净培养 4 d～6 d；

f) 每天观察菌球的生长状态是否正常，正常的继续培养，不正常的终止培养。

4 三级菌种

4.1 常用配方

柞桦木屑 79%、麦麸 16%、豆粉 3%、白灰 1%、石膏 1%。

4.2 制作

培养基选料和配制上应把握好以下两点：

a) 边搅拌边加水，搅拌均匀后含水量 60%～62%，pH7.5～8.5，装袋灭菌；

b) 菌包要装实，上下松紧一致，料面平整无散料，袋料紧贴，料袋无褶皱。

4.3 灭菌

高温蒸汽灭菌包含如下内容：

a) 常压蒸汽灭菌：温度 100 ℃保持 8 h～10 h，焖锅 2 h～3 h；移入冷却室冷却；

b) 高压灭菌：温度 121 ℃～123 ℃保持 2.5 h～3 h；自然降温至 80 ℃以下，出锅冷却。

4.4 接菌

4.4.1 基本要求

4.4.1.1 接菌室的基本要求：

a) 接菌室设在灭菌室与培养室之间，高 2.5 m，接菌室外设缓冲间，供工作人员换衣、帽、鞋、等；

b) 接菌室墙壁、屋顶、地面应平整、光滑、密封，便于彻底消毒，接菌室与缓冲室上方各装 1 只 30 W 的紫外线灯，接种前后照射 30 min～60 min。

4.4.1.2 接种人员卫生要求：

a) 工作人员取得《健康合格证》后方可上岗；

b) 进入接菌室时应穿戴整洁的工作服、鞋、帽、戴胶套，不得化妆、佩戴饰品、喷洒香水。

4.4.2 接菌前准备

按以下步骤完成：

a) 接菌室清扫卫生后，将菌种、消毒棉、丁腈手套、海绵塞、接种工具等所用物品全部拿入室内，打开紫外线灯后人员退出；

b) 1 h 后，关闭紫外线灯，打开排气设备 10 min 后，工作人员进行接菌。

4.4.3 接菌

按以下步骤完成：

a) 先用酒精浸泡后的消毒棉擦拭接菌枪头，在酒精灯火焰上均匀烧片刻，开始接菌，每段菌袋注入液态菌量准确控制在 15 mL～20 mL；

b) 在接菌过程中，每完成一管，应在酒精灯火焰上消毒接菌枪，避免菌枪被杂菌污染；

c) 接菌枪枪头探进袋底，准确注入 15 mL～20 mL 液态菌后，快速收回，塞好棉塞，操作人员做到相互配合、动作连贯。

4.5 培养环境要求

应符合以下要求：

a) 接菌后的三级菌袋要迅速移入培养车间，车间上、下方设有通风口、换气窗；

b) 三级菌袋整齐地摆放在培养架上，保证菌袋间通气均匀；

c) 培养初期菌袋间温度应控制在 25 ℃～28 ℃；

d) 培养中期(11 d～20 d)袋温应控制在 23 ℃左右；

e) 培养后期(菌丝长满 2/3 袋)袋温应控制在 20 ℃左右；

f) 培养过程中，发现有杂菌感染的菌袋应取出，并另行处理；

g) 每天上午打开换气窗通风 30 min，保证发菌均匀；

h) 三级菌袋培养过程中，保证黑暗保温、定时通风。

4.6 优质菌种判定

判定应符合以下标准：

a) 菌丝洁白无杂菌，棉塞纸盖均无霉点，菌丝长满袋后，表面分泌茶色液滴，有少数原基形成，可视为正常；

b) 打开海绵塞有黑木耳独特的香味，无霉味和酸臭味；

c) 从菌袋中随机挖取一块菌种，成块而有韧性，不松散；

d) 菌种块接于新的培养基上，在 25 ℃下培养 24 h～28 h 菌种块萌发正常。

ICS 67.080.20
B 31

DB15

内蒙古自治区地方标准

DB15/T 1711—2019

“内蒙古大兴安岭黑木耳”出耳管理技术规程

Technical regulations for the management of *auricularia auricula* in Greater Hinggan Mountains in Inner Mongolia

2019-11-05 发布 2019-12-05 实施

内蒙古自治区市场监督管理局 发布

前言

本标准按照 GB/T 1.1—2009 给出的规则起草。

本标准由内蒙古大兴安岭重点国有林管理局提出。

本标准由内蒙古自治区林业标准化技术委员会(SAM/TC 18)归口。

本标准起草单位:中国内蒙古森林工业集团有限责任公司、内蒙古大兴安岭林业科学技术研究所、内蒙古自治区林业科学研究院、根河市满归森华食用菌种植农民专业合作社、内蒙古克一河林业局、内蒙古阿里河林业局、内蒙古满归林业局、内蒙古自治区园艺研究院、内蒙古自治区标准化院。

本标准主要起草人:张福禄、孙晓艳、陈爱国、王玉芝、王嘉夫、余涛、李杰、孙翠杰、吴喜林、向道丽、李玉清、郭成文、张博尧、张娟。

“内蒙古大兴安岭黑木耳”出耳管理技术规程

1 范围

本标准规定了“内蒙古大兴安岭黑木耳”出耳环境要求、出耳管理、采摘、晾晒管理、菌糠处理。

本标准适用于“内蒙古大兴安岭黑木耳”出耳阶段的管理。

2 出耳场地要求

地势平坦、排水通畅、水电齐全、水源洁净、交通便利、远离污染源。

3 出耳环境要求

3.1 空气要求

空气清新、通风良好。

3.2 温度

最适温度 18 ℃～22 ℃，最低不低于 5 ℃，最高不超过 28 ℃。

3.3 湿度

出耳场地空气相对湿度保持在 75%以上，子实体原基诱导期空气相对湿度保持在 80%。

3.4 光照

自然全光照，光照强度以 400 Lx～1 000 Lx 为宜。

4 出耳阶段管理

4.1 子实体分化期

4.1.1 空气相对湿度 80%～90%范围内，保持木耳原基表面不干燥。

4.1.2 保持空气流通，利于子实体的分化。

4.2 子实体生长期

4.2.1 相对湿度 80%～90%范围内，保持通风。

4.2.2 干湿交替：每天早晚浇透水，做到“干长菌丝，湿长木耳”。

4.2.3 白天气温高于 25 ℃时不浇水，并加强通风，避免高温、高湿条件下出现流耳或受到霉菌污染。

4.2.4 子实体生长阶段要有足够的光照，满足对光照的要求。

4.3 成熟期

4.3.1 当耳片展开，边缘由硬变软，耳根收缩，出现白色粉状物(孢子)前，即时采摘。

4.3.2 在耳片即将成熟阶段，应加大通风，防止霉菌或细菌侵染造成流耳。

5 采摘

5.1 采收要求

耳片直径达到 3 cm～5 cm，到成熟期及时采摘。

5.2 采收方法

5.2.1 用手指将整朵耳片连同基部一起捏住，稍扭动，将耳片完整采下。
5.2.2 耳根采摘干净，以免残根溃烂，引起病虫害。

6 晾晒管理

使用防雨设施的晾晒棚，木耳采收后，及时摊放在晾晒网上，厚度不大于 3 cm。上下翻动耳片，耳片全部达到半干时，收集成小堆，用手轻揉成形，当含水量降到 13％以下装袋入库。

7 菌糠处理

7.1 菌糠通过菌包分离粉碎一体机分离粉碎后，用于苗圃培育幼苗肥料。
7.2 代替燃煤取暖。
7.3 用作下一年种植菇类原料。

ICS 67.080.20
B 31

DB15

内蒙古自治区地方标准

DB15/T 1712—2019

“内蒙古大兴安岭黑木耳”加工技术规程

Technical regulations for processing of *auricularia auricula* in Greater Hinggan Mountains in Inner Mongolia

2019-11-05 发布 2019-12-05 实施

内蒙古自治区市场监督管理局 发布

前 言

本标准按照 GB/T 1.1—2009 给出的规则起草。

本标准由内蒙古大兴安岭重点国有林管理局提出。

本标准由内蒙古自治区林业标准化技术委员会(SAM/TC 18)归口。

本标准起草单位:中国内蒙古森林工业集团有限责任公司、内蒙古大兴安岭林业科学技术研究所、内蒙古自治区林业科学研究院、根河市满归森华食用菌种植农民专业合作社、内蒙古克一河林业局、内蒙古阿里河林业局、大兴安岭诺敏绿业有限公司、中经网数据有限公司、内蒙古自治区园艺研究院、内蒙古自治区标准化院。

本标准主要起草人:陈士杰、高炜琼、王玉芝、陈爱国、王志臣、王嘉夫、宋希明、闫启安、周敏庆、王辉、刘秀霞、岳永祥、张娟。

“内蒙古大兴安岭黑木耳”加工技术规程

1 范围

本标准规定了“内蒙古大兴安岭黑木耳”加工车间、库房、人员要求、设施设备、加工流程。

本标准适用于“内蒙古大兴安岭黑木耳”产品加工。

2 规范性引用文件

下列文件对于本文件的应用是必不可少的。凡是注日期的引用文件，仅注日期的版本适用于本文件。凡是不注日期的引用文件，其最新版本(包括所有的修改单)适用于本文件。

GB/T 6192—2019 黑木耳

NY/T 658 绿色食品 包装通用准则

NY/T 1056 绿色食品 贮藏运输准则

3 加工车间

3.1 全封闭或相对独立的加工区域，人员进入清洁区走专用通道。

3.2 加工品通过流槽、传送带、管道等机械方式或者由人工通过物料窗口传递到清洁区加工。

3.3 生产工器具、环境清洁与消毒应符合清洁卫生管理要求。

3.4 制定相关管理制度和操作规程。

3.5 设有清洁卫生的盥洗间。

4 库房

4.1 安全、卫生、通风、避光、干燥。

4.2 金属或塑料货架，应具备防鼠、防虫措施。

5 人员要求

5.1 从业人员应身体健康，无传染病，每年进行定期体检，持有《健康证》方能上岗。

5.2 从业人员需经培训考核合格上岗，每年进行定期培训，并保存培训记录。

6 设施设备

6.1 加工设施包括：质检室、工作间、贮藏间、更衣室、库房等。

6.2 加工设备包括：挑选台、筛选机、烘干机、真空包装机、全自动封口机、打码机等。

7 加工流程

7.1 原料准备

耳片完整均匀，有光泽，具有黑木耳应有的气味。

7.2 分级

人工剔除虫蛀、霉烂耳片、杂质，摘除残留耳根，按表1的要求进行分级。

表1 感官指标

项目	指标		
	一级	二级	三级
形态大小	耳片完整均匀，耳瓣舒展或自然卷曲，能通过直径2.0 cm、不能通过直径1.0 cm的筛眼	耳片较完整均匀，耳瓣自然卷曲，能通过直径3.0 cm、不能通过直径0.8 cm的筛眼	耳片较完整均匀，能通过直径4.0 cm、不能通过直径0.4 cm的筛眼
色泽	耳片正面为黑色或黑褐色，有光泽。背面略呈暗灰色，有绒毛，正背面分明	耳片正面为黑色或黑褐色，有光泽，背面灰色	耳片灰色或浅棕色至褐色
气味	具有黑木耳应有的气味，无异味		
耳片厚度/mm	≥1.2	≥0.8	—
最大直径/cm	$0.8 \leq \phi_{max} \leq 2.5$	$0.8 \leq \phi_{max} \leq 3.5$	$0.5 \leq \phi_{max} \leq 4.5$
霉烂耳	不允许		
虫蛀耳	不允许		
杂质/%	≤0.2	≤0.4	≤0.6
	不应出现毛发、金属碎屑、玻璃		

7.3 烘干杀菌

利用微波烘干杀菌工艺，使含水率达到11%以下。

7.4 包装

按照NY/T 658的要求执行。

7.5 交收检验

按照GB/T 6192—2019中7.2.1的要求执行。

7.6 运输、贮存

按照NY/T 1056的要求执行。

ICS 67.080.20
B 31

DB15

内蒙古自治区地方标准

DB15/T 1709—2019

内蒙古大兴安岭黑木耳

Auricularia auricula in Greater Hinggan Mountains in Inner Mongolia

2019-11-05 发布 2019-12-05 实施

内蒙古自治区市场监督管理局 发布

前　言

本标准按照 GB/T 1.1—2009 给出的规则起草。

本标准由内蒙古大兴安岭重点国有林管理局提出。

本标准由内蒙古自治区林业标准化技术委员会(SAM/TC 18)归口。

本标准起草单位:中国内蒙古森林工业集团有限责任公司、内蒙古大兴安岭林业科学技术研究所、内蒙古自治区林业科学研究院、根河市满归森华食用菌种植农民专业合作社、内蒙古克一河林业局、内蒙古阿里河林业局、呼伦贝尔市奥谱检测技术服务有限公司、内蒙古大兴安岭航空护林局、大兴安岭诺敏绿业有限公司、内蒙古自治区园艺研究院、内蒙古自治区标准化院。

本标准主要起草人:王嘉夫、周敏庆、闫志刚、高昇、李杰、李世繁、赵旭、张幼军、陈士杰、赵学双、陈静、贺洪军、刘秀霞、张娟。

内蒙古大兴安岭黑木耳

1 范围

本标准界定了“内蒙古大兴安岭黑木耳”的术语和定义，规定了地域要求、品质要求、取样、检测方法、检验规则及包装、标志、标签、运输和贮存。

本标准适用于内蒙古大兴安岭黑木耳。

2 规范性引用文件

下列文件对于本文件的应用是必不可少的。凡是注日期的引用文件，仅注日期的版本适用于本文件。凡是不注日期的引用文件，其最新版本(包括所有的修改单)适用于本文件。

GB 5009.3　食品安全国家标准　食品中水分的测定

GB 5009.4　食品安全国家标准　食品中灰分的测定

GB 5009.5　食品安全国家标准　食品中蛋白质的测定

GB 5009.6　食品安全国家标准　食品中脂肪的测定

GB 5009.11　食品安全国家标准　食品中总砷及无机砷的测定

GB 5009.12　食品安全国家标准　食品中铅的测定

GB 5009.15　食品安全国家标准　食品中镉的测定

GB 5009.17　食品安全国家标准　食品中总汞及有机汞的测定

GB/T 5009.19　食品中有机氯农药多组分残留量的测定

GB 5009.34　食品安全国家标准　食品中二氧化硫的测定

GB/T 5009.10　植物类食品中粗纤维的测定

GB/T 6192　黑木耳

GB 14883.3　食品安全国家标准　食品中放射性物质锶-89 和锶-90 的测定

GB/T 15672　食用菌中总糖含量的测定

JJF 1070　定量包装商品净含量计量检验规则

NY/T 658　绿色食品　包装通用准则

NY/T 1056　绿色食品　贮藏运输准则

3 术语和定义

GB/T 6192 界定的以及下列术语和定义适用于本文件。

3.1

内蒙古大兴安岭黑木耳　*auricularia auricula* in Greater Hinggan mountains in inner mongolia

产自内蒙古大兴安岭生态功能区域，以蒙古栎、桦木林业生产剩余物粉碎后为原料生产的、含有锶元素的黑木耳。

3.2

霉烂耳　spoiled auricularia auricula

有肉眼可见的霉菌侵染或腐烂的黑木耳。

3.3

虫蛀耳　maggot damaged auricularia auricula

带虫或有虫害痕迹的黑木耳。

4　地域要求

内蒙古大兴安岭生态功能区地理位置为东经 119°36′30″～125°24′00″,北纬 47°03′40″～53°20′00″。

5　品质要求

5.1　感官指标

5.1.1　感官指标应符合表 1 的要求。

表 1　感官指标

项目	指标		
	一级	二级	三级
形态大小	耳片完整均匀,耳瓣舒展或自然卷曲,能通过直径 2 cm、不能通过直径 1 cm 的筛眼	耳片较完整均匀,耳瓣自然卷曲,能通过直径 3 cm、不能通过直径 0.8 cm 的筛眼	耳片较完整均匀,能通过直径 4 cm、不能通过直径 0.4 cm 的筛眼
色泽	耳片正面为黑色或黑褐色,有光泽。背面略呈暗灰色,有绒毛,正背面分明	耳片正面为黑色或黑褐色,有光泽,背面灰色	耳片灰色或浅棕色至褐色
气味	具有黑木耳应有的气味,无异味		
耳片厚度/mm	≥1.2	≥0.8	—
最大直径/cm	$0.8 \leqslant \phi_{max} \leqslant 2.5$	$0.8 \leqslant \phi_{max} \leqslant 3.5$	$0.5 \leqslant \phi_{max} \leqslant 4.5$
霉烂耳	不允许		
虫蛀耳	不允许		
杂质/%	≤0.2	≤0.4	≤0.6
	不应出现毛发、金属碎屑、玻璃		

5.1.2　等级的允许误差范围包括:

a)　一级允许有 2%的产品不符合该等级的要求,但应符合二级的要求;

b)　二级允许有 2%的产品不符合该等级的要求,但应符合三级的要求;

c)　三级最大直径允许有 2%的产品不符合该等级的要求。

5.2　理化指标

理化指标应符合表 2 的要求。

表 2 理化指标

项目	要求	检测方法
干湿比	≥1∶12	GB/T 6192
水分/%	≤11	GB 5009.3
灰分/%	≤4.5	GB 5009.4
总糖(以转化糖计)%	≥25	GB/T 15672
粗蛋白/%	≥10	GB 5009.5
粗纤维/%	3.0～6.0	GB/T 5009.10
粗脂肪/%	≥1	GB 5009.6
锶/(mg/kg)	0.001～0.04	GB 14883.3

5.3 卫生指标

卫生指标应符合表 3 的要求。

表 3 卫生要求

项目	要求	检测方法
总砷/(mg/kg)	≤0.5	GB 5009.11
铅/(mg/kg)	≤1.0	GB 5009.12
总汞/(mg/kg)	≤0.1	GB 5009.17
镉/(mg/kg)	≤0.5	GB 5009.15
二氧化硫/(g/kg)	≤0.04	GB 5009.34
六六六/(mg/kg)	≤0.05	GB/T 5009.19
滴滴涕/(mg/kg)	≤0.05	GB/T 5009.19
注:如食品安全国家系列标准及相关国家规定中对上述项目或未尽指标有调整,且严于本标准规定,则按照最新国家标准及相关规定执行。		

5.4 净含量

应符合《定量包装商品计量监督管理办法》的规定。

6 取样

6.1 包装产品取样

在整批货物中,包装产品以同类货物的小包装袋(盒、箱等)为基数,按下列整批货物件数随机取样:

a) 整批货物≤100 件,取 2 件;

b) 整批货物 101～500 件,取 3 件;

c) 整批货物 1 000 件,每增加 100 件(不足 100 件者按 100 件计)增取 1 件。

注:小包装质量不足检验所需质量时,适当增大取样量。

6.2 散装产品取样

散装产品以同类货物的质量(kg)为基数,从不同位置随机取样,取样 3～5 份,每份 0.5 kg～1 kg。

6.3 实验室产品取样

将样品均匀地平铺成方形,用对角线定位取样法,每次随机抽取至少 0.5 kg,平均分成 2 份,1 份为检样,1 份为存样。

7 检测方法

7.1 感官指标

7.1.1 形态大小、色泽、霉烂耳、虫蛀耳、气味

肉眼观察形态、色泽、霉烂耳、虫蛀耳,鼻嗅判断气味。

7.1.2 耳片厚度

随机抽取不少于 10 片黑木耳,用游标卡尺测量每片黑木耳厚度,计算平均值。

7.1.3 最大直径

随机抽取不少于 10 片黑木耳,用游标卡尺测量每片黑木耳最大直径,计算平均值。

7.1.4 杂质

按照 GB/T 6192 规定的方法测定。

7.2 净含量

按照 JJF 1070 规定的方法测定。

8 检验规则

8.1 组批规则

同一产地、同一批次作为一个检验批次。

8.2 检验分类

8.2.1 型式检验

型式检验应包含第 4 章规定的全部项目。有下列情形之一时,应进行型式检验:

a) 国家市场监管机构或行业主管部门提出型式检验要求;
b) 前后 2 次抽样检验结果差异较大;
c) 因人为或自然因素使生产技术和生产环境发生较大变化。

8.2.2 出厂检验

8.2.2.1 每批产品出厂时,均应由企业质量检验部门检验合格并签发合格证。

8.2.2.2 出厂检验项目包括:杂质、灰分、色泽、气味。

8.3 判定规则

8.3.1 形态、色泽、最大直径、耳片厚度、杂质感官指标规定确定受检批次产品的等级。

8.3.2 气味、霉烂耳、干湿比指标中任何一项不符合要求的，即判定该批次产品不合格。其他指标如有不合格的，允许在同批次产品中加倍抽样，对不合格项目进行复检，若仍有一项不合格，则判定该批次产品不合格。

8.3.3 批次样品的标志、包装、净含量不合格时，允许生产者进行整改后再申请复检1次；复检仍按原要求，以复检结果作为最终判定依据。

9 包装、标志、标签、运输和贮存

9.1 包装、标志、标签

包装、标志、标签应符合 NY/T 658 的要求。

9.2 运输和贮存

运输和贮存应符合 NY/T 1056 的要求。

ICS 67.080.20
B 31

中华人民共和国农业行业标准

NY/T 3220—2018

食用菌包装及储运技术规程

Technical code of practice for packaging, storage and transportation of edible fungi

2018-03-15 发布　　2018-06-01 实施

中华人民共和国农业部　发布

前　言

本标准按照 GB/T 1.1—2009 给出的规则起草。

本标准由农业部农产品加工局提出并归口。

本标准起草单位：浙江省农业科学院［农业部农产品及转基因产品质量安全监督检验测试中心（杭州）］、浙江省庆元县食用菌科学技术研究中心、浙江天和食品有限公司、浙江万成食业有限公司。

本标准主要起草人：徐丽红、李蓉、吴应淼、叶长文、陈杭君、郑蔚然、赵钰燕、戴芬、于国光、吕捷。

食用菌包装及储运技术规程

1 范围

本标准规定了12种食用菌的人员、场地和设施、采收和质量要求、鲜菇冷藏、干菇储藏、库房要求、储藏管理、包装、出库、运输、试验方法等技术要求。

本标准适用于10种食用菌(香菇、平菇、金针菇、双孢蘑菇、杏鲍菇、鸡腿菇、白灵菇、秀珍菇、茶树菇、猴头菇)鲜菇、干菇以及干品(黑木耳、银耳)的包装与储运。

2 规范性引用文件

下列文件对于本文件的应用是必不可少的。凡是注日期的引用文件,仅注日期的版本适用于本文件。凡是不注日期的引用文件,其最新版本(包括所有的修改单)适用于本文件。

GB/T 191 包装储运图示标志

GB 4806.7 食品安全国家标准 食品接触用塑料材料及制品

GB 5009.3 食品安全国家标准 食品中水分的测定

GB 5009.189 食品安全国家标准 食品中米酵菌酸的测定

GB/T 5600 铁道火车通用技术条件

GB/T 5737 食品塑料周转箱

GB/T 6543 运输包装用单瓦楞纸箱和双瓦楞纸箱

GB 7096 食品安全国家标准 食用菌及其制品

GB/T 7392 集装箱的技术要求和试验方法 保温集装箱

GB 7718 食品安全国家标准 预包装食品标签通则

GB/T 8855 新鲜水果和蔬菜 取样方法(ISO 874:1980,IDT)

GB/T 8946 塑料编织袋通用技术要求

GB/T 12728 食用菌术语

GB/T 30134 冷库管理规范

GB 50072 冷库设计规范

JT/T 650 冷藏保温厢式挂车通用技术条件

LY/T 2132 森林食品 猴头菇干制品

NY/T 1061 香菇等级规格

NY/T 1790 双孢蘑菇等级规格

NY/T 1836 白灵菇等级规格

NY/T 1838 黑木耳等级规格

NY/T 2715 平菇等级规格

QC/T 449 保温车、冷藏车技术条件及试验方法

SB/T 10728—2012 易腐食品冷链技术要求 果蔬类

SB/T 11099—2014 食用菌流通规范

中华人民共和国农业部令2006年第70号 农产品包装和标识管理办法

国家质量监督检验检疫总局令2005年第75号 定量包装商品计量监督管理办法

3 术语和定义

GB/T 12728 界定的以及下列术语和定义适用于本文件。

3.1

预冷 pre-cooling

食用菌采收后及时将其冷却到适宜温度的过程。

注：改写 SB/T 10728—2012，定义 3.3。

3.2

有害杂质 harmful impurity

混入食用菌中对人体有害和有碍卫生的物质，包括玻璃、金属、矿物质、毛发、昆虫尸体、塑料等。

4 人员、场地和设施

4.1 工作人员要求

4.1.1 生产操作人员

生产操作人员应保持个人卫生，上岗前应经过培训，掌握采收、加工技术和操作技能。

4.1.2 包装人员

包装人员进入工作场所前应洗手、更衣、换鞋、戴帽和口罩后进入车间。离开车间时应换下工作衣、帽和鞋，存放在更衣室内。

4.2 场地要求

4.2.1 栽培场地

生产场地应清洁卫生、地势平坦、排灌方便，有饮用水源，生态环境良好。

4.2.2 包装场地

包装厂区要清洁卫生、合理布局，各功能区域划分明显。

4.3 场所要求

4.3.1 生产场所

生产场所应根据场地特点和生产要求合理布局，生产区与原料库、成品库、生活区应分开。

4.3.2 包装场所

包装场所应设有供水、排水、清洁消毒、照明、仓储等设施。

5 采收和质量要求

5.1 采收

5.1.1 采收要求

根据产品用途确定采收标准，及时采收，随手修整、分级，剔除附带的培养基质、泥土等杂质。

5.1.2 采收方法

采收时戴干净、清洁的手套，用手指捏紧菇柄或耳片的基部，先左右旋转，再轻轻向上拔起。注意减少损伤。

5.2 质量要求

5.2.1 感官指标

用于入库储藏的食用菌感官指标及检测方法应符合表1的规定。

表1 感官指标

项目	要求		检测方法
	鲜品	干品	
外观形状	菇形正常、饱满有弹性	菇形正常/菇片均匀，或菌颗粒粗细均匀，或压缩食用菌块状规整	目测法
色泽、气味	具有该食用菌固有的色泽和香味，无异味		目测和鼻闻法
有害杂质	无		目测法
霉烂菇	无		目测法
虫蛀菇	无		目测法
破损菇%	≤5	≤10	目测法

5.2.2 理化指标

用于入库储藏的食用菌理化指标及检测方法应符合表2的规定。

表2 理化指标

项目	要求		检测方法
	鲜品	干品	
水分，%	鲜食用菌≤91.0 鲜双孢蘑菇、鲜平菇、鲜茶树菇、鲜香菇≤92.0 鲜花菇≤86.0	干香菇、干茶树菇≤13.0 干黑木耳≤14.0 干银耳≤15.0 其他食用菌干品≤12.0	GB 5009.3
米酵菌酸，mg/kg	银耳≤0.25		GB 5009.189

5.2.3 卫生指标

卫生指标应符合GB 7096的规定。

5.3 净含量

应符合国家质量监督检验检疫总局令2005年第75号的规定。

6 鲜菇冷藏

6.1 分级

香菇分级标准按照NY/T 1061的规定执行，双孢蘑菇分级标准按照NY/T 1790的规定执行，平菇分级标准按照NY/T 2715的规定执行，白灵菇分级标准按照NY/T 1836的规定执行，金针菇分级标准按照SB/T 11099—2014中表4的规定执行，其他菇类分级标准根据客户要求或市场需求执行。

6.2 包装

应采用聚乙烯或聚丙烯薄膜包装，或根据客户要求进行包装。

6.3 预冷

6.3.1 预冷要求

采摘后及时预冷。采摘温度在0 ℃～15 ℃时，宜在采后4 h内实施预冷；当采摘温度在15 ℃～30 ℃时，宜在采后2 h内实施预冷；当采摘温度超过30 ℃，宜在采后1 h内实施预冷。

6.3.2 预冷方法

采用强制通风预冷等预冷方式。

6.3.3 预冷温度

预冷温度设置为0 ℃～2 ℃，待菇体温度降至适宜储藏温度(参见附录A)方可搬运。

6.4 储藏

储藏温度参见附录A的规定。

7 干菇储藏

7.1 干制

采用晒干、热风烘干等方法进行干制。含水量应符合表2的要求。

7.2 除尘

将干制后的菇体进行剪柄、除尘、去除异物。

7.3 分级

香菇分级标准按照NY/T 1061的规定执行，黑木耳分级标准按照NY/T 1838的规定执行，猴头菇分级标准按照LY/T 2132的规定执行，其他菇类分级标准根据客户要求或市场需求执行。

7.4 包装

应采用聚乙烯或聚丙烯薄膜包装，或根据客户要求进行包装。干黑木耳包装需留透气孔。

7.5 冷藏

干菇适宜储藏温度为3 ℃～5 ℃。存放时间在12个月以下可采用常温储藏。

8 库房要求

8.1 冷库设计

冷库设计应符合 GB 50072 的规定。

8.2 冷库管理

冷库管理应符合 GB/T 30134 的规定。

8.3 库房预冷

检查和调试库房制冷系统，食用菌入库前 1 d～2 d 将库温降至 0 ℃～2 ℃，温度应分布均匀。

8.4 入库

入库量根据冷库制冷能力或库温变化进行调节。

9 储藏管理

9.1 码垛

9.1.1 鲜菇码垛

叠筐码垛，垛高不超过 6 层，离冷风机不少于 1.5 m，离库边 0.2 m～0.3 m，垛间距 0.6 m～0.7 m，通道宽 2 m 为宜。

9.1.2 干菇码垛

聚乙烯、聚丙烯薄膜袋储藏“井”字形码垛，瓦楞纸箱储藏层叠码垛，垛高不超过 6 层，离冷风机不少于 0.5 m，垛间距 0.6 m～0.7 m，通道宽 2 m，垛底垫 15 cm 高塑料套板等。垛顶与库顶之间应留 1.0 m 空间层。

9.1.3 储藏要求

储藏期间不能与有毒或有异味物混合储藏。干菇要轻搬轻放，堆垛要留空隙和走道，垛底垫塑料套板等，受潮后要及时进行干燥处理。

9.2 检查

9.2.1 鲜菇储藏期间定期检查有无冷害、腐烂等异常情况，出现异常及时处理。

9.2.2 干菇储藏期间定期检查有无受潮、虫蛀等异常情况，出现异常及时处理。

10 包装

10.1 包装材料要求

10.1.1 内包装材料应符合 GB 4806.7 的要求。

10.1.2 外包装瓦楞纸箱应符合 GB/T 6543 的要求，塑料编织袋应符合 GB/T 8946 的要求、周转筐应符合 GB/T 5737 的要求。

10.2 包装其他要求

10.2.1 内外包装均应有合格证，外箱合格证贴在箱外，纸箱上应有防雨、向上以及生产单位名称、地址、电话等标志。

10.2.2 合格证上应包括以下内容：产品名称、产品规格、批号、数量、重量、生产日期、工号、装箱数量、检验员章、产品生产单位名称。

10.2.3 标志应符合 GB/T 191、中华人民共和国农业部令 2006 年第 70 号的要求。

10.2.4 标签应符合 GB 7718 的要求。

10.2.5 具有一定规模的企业生产的产品应推行“二维码”追溯管理。

10.2.6 同一包装袋内的食用菌产品必须是同一等级，不允许混级包装。

11 出库

11.1 采用先进先出的原则出库，鲜菇发现冷害、腐烂等异常菇应剔除。轻拿轻放，避免机械损伤。

11.2 干菇在出库时需进行水分等检测后方可出库。检测应符合表 1、表 2 的要求。

12 运输

12.1 鲜菇在气温 0 ℃～15 ℃时，宜采用普通货车运输，超过 3 d 的长途运输要用冷藏车；低于 0 ℃或高于 15 ℃时宜采用冷藏车运输。冷藏车温度 2 ℃～8 ℃。

12.2 干菇宜采用普通货车运输。

12.3 运输工具应清洁、卫生、无污染物、无杂物。冷藏集装箱应符合 GB/T 7392 的规定，铁路冷藏车应符合 GB/T 5600 的规定，冷藏汽车应符合 QC/T 449 的规定；冷藏厢式挂车应符合 JT/T 650 的规定。

12.4 不同容器分开装车，不能与有毒或有异味物混装，轻装轻卸、快装快运、防止碰撞和挤压。应有防晒、防热、防冻、防雨淋措施。

12.5 运输行车应平稳，减少颠簸和剧烈振荡。码垛稳固。

13 试验方法

13.1 鲜品抽样

鲜品抽样按 GB/T 8855 的规定执行。

13.2 干品抽样

13.2.1 抽样数量

在整批货物中，包装产品以同类货物的小包装袋(盒、箱等)为基数，散装产品以同类货物的质量(kg)或件数为基数，按下列基数进行随机取样：

——整批货物 50 件以下，抽样基数为 2 件；

——整批货物 50 件～100 件，抽样基数为 4 件；

——整批货物 101 件～200 件，抽样基数为 5 件；

——整批货物 201 件以上，以 6 件为最低限度，每增加 50 件加 1 件。

小包装质量不足检验所需质量时，适当加大抽样量。

13.2.2 抽样方法

在整批货物的按级别堆垛中，随机抽取所需样品，每次随机抽取样品 1 000 g，其中 500 g 作为检样，500 g 作为存样。型式检验应从交收检验合格的产品中抽取。

13.3 虫蛀菇、破损菇、霉烂菇检验方法

随机抽取样品 100 g(精确度至±0.1 g)，分别拣出破碎菇、虫蛀菇、霉烂菇。用精度为 0.1 g 的天平称其质量，按式(1)分别计算其占样品的百分率，计算结果精确到小数点后一位。

$$X=\frac{m_1}{m}\times 100 \quad\cdots\cdots(1)$$

式中：

X ——样品中破碎菇、虫蛀菇、霉烂菇的百分率，单位为百分率(%)；

m_1——样品中破碎菇、虫蛀菇、霉烂菇的质量，单位为克(g)；

m ——样品的质量，单位为克(g)。

附　录　A
（资料性附录）
主栽食用菌鲜品在薄膜包装下的适宜储藏温度、预期储藏期

主栽食用菌鲜品在薄膜包装下的适宜储藏温度、预期储藏期见表 A.1。

表 A.1　主栽食用菌鲜品在薄膜包装下的适宜储藏温度、预期储藏期

鲜菇类别	适宜储藏温度,℃	预期储藏期,d
双孢蘑菇	2～4	5～10
香　菇	0～4	7～15
平　菇	0～4	5～7
秀珍菇	2～4	7～10
茶树菇	0～3	10～15
白灵菇	0～3	15～20
金针菇	0～4	8～15
鸡腿菇	0～3	5～7
猴头菇	0～3	10～14
杏鲍菇	1～4	10～30

ICS 67.080.20
B 31

DB15

内蒙古自治区地方标准

DB15/T 1714—2019

“内蒙古大兴安岭黑木耳”菌种贮存运输技术要求

Technical requirements for storage and transportation of *Auricularia auricula* species in Greater Hinggan Mountains in Inner Mongolia

2019-11-05 发布　　2019-12-05 实施

内蒙古自治区市场监督管理局　发布

前　言

本标准按照 GB/T 1.1—2009 给出的规则起草。

本标准由内蒙古大兴安岭重点国有林管理局提出。

本标准由内蒙古自治区林业标准化技术委员会(SAM/TC 18)归口。

本标准起草单位:中国内蒙古森林工业集团有限责任公司、内蒙古大兴安岭林业科学技术研究所、内蒙古自治区林业科学研究院、根河市满归森华食用菌种植农民专业合作社、内蒙古克一河林业局、内蒙古阿里河林业局、根河市利民食用菌产销专业合作社、大兴安岭诺敏绿业有限公司、呼伦贝尔市奥谱检测技术服务有限公司、内蒙古自治区园艺研究院、内蒙古自治区标准化院。

本标准主要起草人:赵学双、李荣魁、韩立明、高昇、徐春民、于忠海、王玉芝、王秋霞、张博尧、陈士杰、崔剑瑛、尚慧玉、王志权、张娟。

“内蒙古大兴安岭黑木耳”菌种贮存运输技术要求

1 范围

本标准规定了“内蒙古大兴安岭黑木耳”菌种的贮存、运输、管理要求。

本标准适用于“内蒙古大兴安岭黑木耳”菌种贮存运输。

2 规范性引用文件

下列文件对于本文件的应用是必不可少的。凡是注日期的引用文件，仅注日期的版本适用于本文件。凡是不注日期的引用文件，其最新版本(包括所有的修改单)适用于本文件。

GB 19169—2003 黑木耳菌种

3 贮存

按照GB 19169—2003中8.4的要求执行。

4 运输

4.1 运输工具

4.1.1 应根据菌种的类型、特性、运输季节、距离以及贮藏要求，选择不同的运输工具。

4.1.2 运输工具提前进行杀菌灭虫处理。

4.2 运输管理

4.2.1 不得与有毒、有害、有异味物品混装混运。

4.2.2 防雨淋、防日晒、防高温(低于25 ℃以下运输)，不可裸露运输。

4.2.3 运输时轻装、轻卸，避免挤压及机械损伤。

内蒙古自治区高标准体系建设项目系列图书 10

通辽黄玉米标准体系

内蒙古自治区市场监督管理局◎编著

中国质量标准出版传媒有限公司
中 国 标 准 出 版 社

北 京

图书在版编目(CIP)数据

通辽黄玉米标准体系/内蒙古自治区市场监督管理局编著.—北京:中国标准出版社,2020.6
(内蒙古自治区高标准体系建设项目系列图书)
ISBN 978-7-5066-9573-2

Ⅰ.①内… Ⅱ.①内… Ⅲ.①玉米—质量管理—标准体系—通辽 Ⅳ.①S513-65

中国版本图书馆 CIP 数据核字(2020)第 044458 号

中国标准出版社出版发行
北京市朝阳区和平里西街甲 2 号(100029)
北京市西城区三里河北街 16 号(100045)
网址 www.spc.net.cn
总编室:(010)68533533 发行中心:(010)51780238
读者服务部:(010)68523946
中国标准出版社秦皇岛印刷厂印刷
各地新华书店经销
*
开本 880×1230 1/16 印张 3.25 字数 100 千字
2020 年 6 月第一版 2020 年 6 月第一次印刷
*
定价(全十册) 225.00 元

图书编委会

本书编写组

主　　编　白清元

执行主编　冯　晔

副 主 编　董玉霞　刘保华　贾双文　孙树军　姜晓东

　　　　　李勇智　包思沁夫

成　　员　胡彩虹　朱晓春　蒋　柠　徐晓强　蔡红卫

　　　　　张莹华　王　晶

序言

“中国将积极实施标准化战略，以标准助力创新发展、协调发展、绿色发展、开放发展、共享发展”“中国高度重视标准化工作，积极推广应用国际标准，以高标准助力高技术创新，促进高水平开放，引领高质量发展”。习近平总书记在庆祝第39届国际标准化组织（ISO）大会、第83届国际电工委员会（IEC）大会开幕的贺信中，对标准及实施标准化战略的重要性作出了精辟阐述，为新形势下推动标准化工作持续健康发展提供了重要指引。实践证明，标准化在支撑产业发展、促进科技进步、推进国家治理能力现代化等方面的基础性、战略性作用越发凸显。

2019年是全面贯彻落实习近平总书记“扎实推动经济高质量发展”承上启下的关键一年，内蒙古自治区市场监管局协调有关行业部门、企事业单位，立足实际，围绕标准引领、质量提升、品牌培育重点工作积极作为，大力实施标准化战略，持续推进标准提升，深化标准化工作改革和创新，聚焦关键、突出重点，努力为全区高质量发展作出更大贡献。针对自治区标准体系建设不完善、高水平标准少的实际，内蒙古自治区市场监督管理局出台《内蒙古自治区标准化提升行动计划（2018—2020年）》，开展第一批锡林郭勒羊肉等11项特色产业高标准体系建设项目，共梳理出各类标准429项，提出立项标准建议156项，开展高标准体系试点示范项目14个，为9个产业的“蒙”字标产品认证要求及团体标准制定提供了技术支撑。经过努力，自治区标准化工作成效显著：截至2019年10月，全区累计建成标准化试点示范项目384个，主导或参与制修订各类标准3 900多项，组织制定了稀土和纺织行业国际标准、大型矿用自卸车国家标准、羊产业团体标准等；全面推进标准国际化，内蒙古标准化院建立了“蒙古国标准化（内蒙古）研究中心”，聚焦“一带一路”建设，加强标准化合作研究；包头市政府开展了“标准国际化创新型城市”创建工作；与中建集团共同推动中国7项标准被蒙古国互认、举办第3届中蒙博览会中蒙经贸活动标准化论坛、承办国际标准化组织ISO/TC 275的2019年全体会议，进一步扩大了自治区对中蒙俄标准化研究的国际影响力。

建设适应高质量发展的标准体系是今后标准化工作的重中之重。围绕自治区优势特色产业，立足高质量高效益，制定全产业链的高标准体系将成为市场监管部门和各行业主管部门、有关企事业单位的重要职责任务。这套《内蒙古自治区高标准体系建设项目系列图书》的编印

是自治区建设高标准体系工作的一个开端。自治区及各盟市市场监督管理部门、标准化工作战线的同志们要锐意进取、开拓创新，以推动高质量发展为动力，积极构建支撑高质量发展的标准体系；要不断挖掘内蒙古优势特色产业，加快制定一批亟需的高水平标准，让高标准成为高质量发展的“引擎”，助推“蒙”字标等质量品牌建设；要瞄准国际国内先进标准，选择重点行业、重点企业开展对标达标活动，推动自治区优势特色技术标准成为国家标准或国际标准；要加强标准实施与监督，建立健全标准评价机制，进一步发挥标准化项目的辐射带动作用，助推内蒙古自治区经济高质量发展。

编著者

2020 年 5 月

前言

2019年是“标准体系建设”之年，加快建设推动高质量发展的标准体系是标准化工作的重中之重。内蒙古自治区市场监督管理局深入开展“标准化提升行动”，不断提升标准水平，完善标准体系，助力高质量发展。

2019年7月，自治区市场监管局与自治区农牧厅、林草局联合下发《关于开展2019年自治区农牧业产业标准体系建设项目的通知》（内市监标准字〔2019〕163号）和《关于开展2019年林草产业标准体系建设项目的通知》（内市监标准字〔2019〕164号），紧紧围绕自治区特色农林牧产业开展标准体系建设。各相关盟市旗县政府、科研机构、高校、龙头企业、专业技术人员等广泛参与，保证了标准体系的科学性、合理性和先进性。

这是自治区第一批高标准体系建设项目，本着“从田间到餐桌”全产业链的标准化要求，覆盖了产品种（养）植的地域、环境要求、品种和种养加工过程控制、产品品质和储运包装等关键环节。立足高质量要求，体现原料天然无污染、种养过程绿色有机、产品品质优质等要素，为促进产业高质量发展、打造“蒙”字标区域公用品牌提供了标准化支撑。

本书将兴安盟大米、呼伦贝尔牛肉、乌兰察布马铃薯、科尔沁牛肉、锡林郭勒羊肉、赤峰小米、呼伦贝尔羊肉、河套小麦、内蒙古大兴安岭黑木耳、通辽黄玉米10个产业标准体系及相关标准集结成册，旨在方便生产、加工、检测、认证人员及广大读者使用，以更好地指导实践。在本丛书编写过程中得到了相关部门、企业和多位专家的大力支持，在此表示衷心感谢！由于编写水平和时间有限，书中内容难免会有错漏，恳请读者提出宝贵意见，以便我们改进和完善。

编著者

2020年5月

目录

 通辽黄玉米标准体系框架图 // 1

 通辽黄玉米标准体系明细表 // 3

 通辽黄玉米标准体系标准统计表 // 7

肆 通辽黄玉米标准体系关键标准 // 9

DB15/T 1751—2019 “通辽黄玉米”产地环境要求 // 10

DB15/T 1335—2018 玉米无膜浅埋滴灌水肥一体化技术规范 // 14

DB15/T 1752—2019 “通辽黄玉米”包装规范 // 22

DB15/T 1753—2019 “通辽黄玉米”脱粒干燥仓储运输规范 // 26

DB15/T 1754—2019 “通辽黄玉米”购销管理规范 // 30

DB 1505/T 001—2014 通辽黄玉米 // 36

通辽黄玉米标准体系框架图

通辽黄玉米
标准体系
01 通用基础
02 产地环境
03 种子质量
04 生产
0401 种植、灌溉
0402 病虫草害防治
0403 农业投入品
05 包装与标识
06 贮藏运输
07 购销
08 产品
09 检验
0901 种子检验
0902 产品检验
10 产品追溯

贰

通辽黄玉米标准体系明细表

序号	标准名称	标准编号	标准级别	实施日期	执行情况
01　通用基础					
1	粮油名词术语　粮食、油料及其加工产品	GB/T 22515—2008	国家标准	2009-01-20	现行
2	粮食作物名字术语	NY/T 1961—2010	国家标准	2011-02-01	现行
02　产地环境					
1	“通辽黄玉米”产地环境要求	DB15/T 1751—2019	地方标准	2019-12-05	现行
2	农田废弃物回收规范	DB1505/T 015—2014	地方标准	2014-06-10	现行
3	西辽河灌区玉米秸秆过腹还田技术规程	DB15/T 1361—2018	地方标准	2018-06-30	现行
4	耕地地力保持与提升技术规范	DB15/T 1085—2016	地方标准	2017-03-25	现行
03　种子质量					
1	玉米生产用种选择准则	DB1505/T 006—2014	地方标准	2014-06-10	现行
04　生产					
0401 种植、灌溉					
1	玉米无膜浅埋滴灌水肥一体化技术规范	DB15/T 1335—2018	地方标准	2018-05-05	现行
2	西辽河平原灌区玉米全程机械化生产技术规程	DB15/T 900—2015	地方标准	2015-11-30	现行
3	内蒙古东部玉米保护性耕作节水丰产栽培技术规程	DB15/T 1181—2017	地方标准	2017-06-10	现行
4	旱作区玉米全膜覆盖双垄沟播生产技术规程	DB1505/T 018—2014	地方标准	2014-06-10	现行
5	平原灌区玉米膜下滴灌生产技术规程	DB1505/T 017—2014	地方标准	2014-06-10	现行
0402 病虫草害防治					
1	玉米草害综合防控技术规程	DB1505/T 008—2014	地方标准	2014-06-10	现行
2	玉米病害综合防控技术规程	DB1505/T 009—2014	地方标准	2014-06-10	现行
3	玉米地下害虫综合防控技术规程	DB1505/T 010—2014	地方标准	2014-06-10	现行
4	玉米螟综合防控技术规程	DB1505/T 011—2014	地方标准	2014-06-10	现行
5	粘虫综合防控技术规程	DB1505/T 012—2014	地方标准	2014-06-10	现行
6	蝗虫综合防控技术规程	DB1505/T 013—2014	地方标准	2014-06-10	现行
7	草地螟综合防控技术规程	DB1505/T 014—2014	地方标准	2014-06-10	现行
0403 农业投入品					
1	绿色食品　肥料使用准则	NY/T 394—2013	行业标准	2014-04-01	现行
2	玉米肥料施用技术规程	DB1505/T 007—2014	地方标准	2014-06-10	现行
3	西辽河灌区玉米缓/控释肥施用技术规程	DB15/T 1360—2018	地方标准	2018-06-30	现行
4	绿色食品　农药使用准则	NY/T 393—2013	行业标准	2014-04-01	现行
5	玉米收获机　安全操作规程	NY/T 3016—2016	行业标准	2017-04-01	现行
6	玉米收获机作业质量	NY/T 1355—2007	行业标准	2007-07-01	现行

序号	标准名称	标准编号	标准级别	实施日期	执行情况
7	农用塑料薄膜安全使用控制技术规范	NY/T 1224—2006	行业标准	2007-02-01	现行
05　包装与标识					
1	“通辽黄玉米”包装规范	DB15/T 1752—2019	地方标准	2019-12-05	现行
06　贮藏运输					
1	“通辽黄玉米”脱粒干燥仓储运输规范	DB15/T 1753—2019	地方标准	2019-12-05	现行
07　购销					
1	“通辽黄玉米”购销管理规范	DB15/T 1754—2019	地方标准	2019-12-05	现行
08　产品					
1	通辽黄玉米	DB1505/T 001—2014	地方标准	2014-06-10	现行
09　检验					
0901 种子检验					
1	农作物种子检验规程　总则	GB/T 3543.1—1995	国家标准	1996-06-01	现行
2	农作物种子检验规程　扦样	GB/T 3543.2—1995	国家标准	1996-06-01	现行
3	农作物种子检验规程　净度分析	GB/T 3543.3—1995	国家标准	1996-06-01	现行
4	农作物种子检验规程　发芽试验	GB/T 3543.4—1995	国家标准	1996-06-01	现行
5	农作物种子检验规程　真实性和品种纯度鉴定	GB/T 3543.5—1995	国家标准	1996-06-01	现行
6	农作物种子检验规程　水分测定	GB/T 3543.6—1995	国家标准	1996-06-01	现行
0902 产品检验					
1	绿色食品　产品抽样准则	NY/T 896—2015	行业标准	2015-08-01	现行
2	绿色食品　产品检验规则	NY/T 1055—2015	行业标准	2015-08-01	现行
10　产品追溯					
1	农产品质量安全追溯操作规程　通则	NY/T 1761—2009	行业标准	2009-05-20	现行
2	粮食流通电子标识数据规范	LS/T 1819—2018	行业标准	2018-03-01	现行

通辽黄玉米标准体系标准统计表

序号	标准类别	标准数量/项			
		国家标准	行业标准	地方标准	总计
1	通用基础	1	1	0	2
2	产地环境	0	0	4	4
3	种子质量	0	0	1	1
4	生产	0	5	14	19
5	包装与标识	0	0	1	1
6	贮藏运输	0	0	1	1
7	购销	0	0	1	1
8	产品	0	0	1	1
9	检验	6	2	0	8
10	产品追溯	0	2	0	2
合计		7	10	23	40

肆

通辽黄玉米标准体系关键标准

ICS 67.060
B 22

DB15

内蒙古自治区地方标准

DB15/T 1751—2019

“通辽黄玉米”产地环境要求

Environmental Standards for the Origin of Tongliao Yellow Maize

2019-11-05 发布　　2019-12-05 实施

内蒙古自治区市场监督管理局　发布

前　言

本标准按照 GB/T 1.1—2009 给出的规则起草。

本标准由通辽市市场监督管理局提出。

本标准由内蒙古自治区农业标准化技术委员会(SAM/TC 20)归口。

本标准起草单位:通辽市土壤肥料工作站、内蒙古民族大学。

本标准主要起草人:古成祥、杨恒山、刘桂华、纪凤辉、姚锦秋、邰继承、王雅君、王艺嘉。

“通辽黄玉米”产地环境要求

1 范围

本标准规定了“通辽黄玉米”产地环境的术语与定义、环境条件要求、采样和监测方法。

本标准适用于通辽市行政区域内种植生产的黄玉米。

2 规范性引用文件

下列文件对于本文件的应用是必不可少的。凡是注日期的引用文件，仅注日期的版本适用于本文件。凡是不注日期的引用文件，其最新版本（包括所有的修改单）适用于本文件。

GB 3095 环境空气质量标准

GB 5084 农田灌溉水质标准

GB/T 22339 农、畜、水产品产地环境监测的登记、统计、评价与探索规范

NY/T 395 农田土壤环境质量监测技术规范

NY/T 396 农田水源环境质量监测技术规范

NY/T 397 农田环境空气质量监测技术规范

3 术语和定义

下列术语和定义适用于本文件。

3.1

通辽黄玉米 Tongliao Yellow Maize

产自通辽市行政区域内的，种皮为黄色或略带红色的籽粒不低于95%的玉米。

4 环境质量

4.1 产地的选择

选择空气、水质、土壤无污染，远离污染源，并具有可持续生产能力的农业生产区域。

4.2 产地环境空气质量

产地环境空气质量符合 GB 3095 的规定。

4.3 农田灌溉水质量

通辽黄玉米产地灌溉水中各项污染物含量不超过 GB 5084 所列浓度限值。

4.4 土壤环境质量

根据通辽黄玉米产地土壤 pH 的不同，将土壤分为三种情况，不同情况执行不同标注。通辽黄玉米产地土壤各项污染物含量不超过表1所列的含量限值。

表 1 土壤环境质量指标

单位:mg/kg

耕作方式	旱作区			灌溉区		
pH	≤6.5	6.5~7.5	>7.5	≤6.5	6.5~7.5	>7.5
镉	0.30	0.30	0.40	0.40	0.30	0.40
汞	0.25	0.30	0.35	0.35	0.40	0.40
砷	25	20	20	20	20	15
铅	50	50	50	50	50	50
铬	120	120	120	120	120	120
铜	50	60	60	60	60	60

4.5 土壤肥力

通辽黄玉米生产时,土壤养分要达到:有机质≥5.0 g/kg,全氮≥0.5 g/kg,有效磷≥10.0 mg/kg,速效钾≥70.0 mg/kg。

5 采样和监测方法

5.1 环境空气质量的采样和分析监测按照 NY/T 397 执行。

5.2 农田灌溉水质量的采样和分析监测按照 NY/T 396 执行。

5.3 土壤环境质量采样和分析监测按照 NY/T 395 执行。

5.4 产地环境监测的登记、评价按照 GB/T 22339 执行。

ICS 65.020.20
B 22
备案号：58073—2018

DB15

内 蒙 古 自 治 区 地 方 标 准

DB15/T 1335—2018

玉米无膜浅埋滴灌水肥一体化技术规范

Technical specification for shallow buried drip irrigation of maize

2018-02-05 发布　　2018-05-05 实施

内蒙古自治区质量技术监督局　发 布

前　言

本标准按照 GB/T 1.1—2009 给出的规则起草。

本标准由通辽市农牧业局和通辽市农业技术推广站提出。

本标准由通辽市质量技术监督局归口。

本标准起草单位:通辽市农业技术推广站、科尔沁左翼中旗农业技术推广中心、科尔沁左翼后旗农业技术推广中心、内蒙古民族大学。

本标准主要起草人:李金琴、梅园雪、孙宝忠、王立文、马日亮、包立华、王守波、王宇飞、杨恒山、冯玉涛、郝宏、潘峰、彭晓红、聂丽娜、姚影、薛永杰、杨荣华、吕岩。

玉米无膜浅埋滴灌水肥一体化技术规范

1 范围

本标准规定了玉米无膜浅埋滴灌水肥一体化技术的整地、播种、铺管、水肥管理及收获等技术要求。

本标准适用于内蒙古自治区玉米无膜浅埋滴灌水肥一体化技术生产。

2 规范性引用文件

下列文件对于本文件的应用是必不可少的。凡是注日期的引用文件，仅注日期的版本适用于本文件。凡是不注日期的引用文件，其最新版本(包括所有的修改单)适用于本文件。

GB 3095 环境空气质量标准

GB 4404.1 粮食作物种子 第1部分：禾谷类

GB 5084 农田灌溉水质标准

GB/T 8321 农药合理使用准则

GB 15618 土壤环境质量标准

GB/T 19812.1 塑料节水灌溉器材 第1部分：单翼迷宫式滴灌带

GB/T 20203 管道输水灌溉工程技术规范

GB/T 23391 玉米大小斑病和玉米螟防治技术规范

GB/T 50625 机井技术规范

NY/T 496 肥料合理使用准则通则

NY/T 1118 测土配方施肥技术规范

NY/T 1276 农药安全使用规范总则

SL 236 喷灌与微灌工程技术管理规程

3 术语和定义

下列术语和定义适用于本文件。

3.1

玉米无膜浅埋滴灌技术 shallow buried drip irrigation of maize

在不覆地膜的前提下，采用宽窄行种植模式，将滴灌带埋设于窄行中间深度2 cm～4 cm处，利用输水管道将具有一定压力的水经滴灌带以水滴的形式缓慢而均匀地滴入植物根部附近土壤的一种灌溉技术。

4 产地环境条件

土壤环境质量符合GB 15618规定，农田灌溉水质符合GB 5084规定，环境空气质量符合GB 3095规定。

5 滴灌管网工程建设要求

5.1 水源设施、滴灌管网工程建设

5.1.1 原有膜下滴灌设施利用

可以利用已有的膜下滴灌田间水利设施,进行无膜浅埋滴灌。

5.1.2 新建水肥一体化滴灌系统

5.1.2.1 系统配置

根据地下水水质分析报告、出水流量测试报告等进行设计。水肥一体化系统主要配置设备有:机电井、首部、管路、其他附件。

首部系统组成:水泵、压力罐等或其他动力源,离心网式过滤器或碟片过滤器,控制阀与测量仪表,施肥罐。

管路包括干管、支管、毛管以及必要的调节设备如压力表、闸阀、流量调节器、其他附件等设施进行组装。

5.1.2.2 配置要求

首部枢纽应将加压、过滤、施肥、安全保护和量测控设备等集中安装,化肥和农药注入口应安装在过滤器进水管上。枢纽房屋应满足机电设备、过滤器、施肥装置等安装和操作要求。新建滴灌水肥一体化系统工程应在播种之前完成。

5.2 管带铺设

5.2.1 管网布局

田间管带铺设应事先科学设计管网系统,形成田间布局图纸,为以后铺设管网、管理、灌溉施肥提供指导标准。

5.2.2 滴灌带选择

滴灌带选择应符合 GB/T 19812.1 要求。

5.2.3 管带铺设方法

5.2.3.1 毛管铺设

毛管铺设采用无膜浅埋滴灌精量播种铺带一体机与播种同步进行,符合 GB/T 20203、GB/T 50625、SL 236 要求。

5.2.3.2 田间主管道与支管铺设

播种结束后立即铺设地上给水主管道,在主管道上连接支管道,支管垂直于垄向铺设,间隔 100 m～120 m 垄长铺设一道支管。

5.2.3.3 滴灌管带安装

将所有滴灌带与支管道连接好,见附录 A。

5.2.3.4 灌溉单元设置

主管道上每根支管道交接处前端设置控制阀,分单元浇灌。根据井控面积或首部控制面积及地块实际情况科学设置单次滴灌面积,一般以 15 亩[1)] ~20 亩左右为 1 个灌溉单元。

6 栽培技术要求

6.1 选地与整地

6.1.1 选地

选择具有灌溉条件的玉米种植区,并符合产地环境条件要求。

6.1.2 整地

每亩施入腐熟农家肥 2 000 kg~3 000 kg。播种前春旋耕 15 cm 左右。要求耕堑直,百米直线度≤15 cm,耕幅一致。达到上虚下实、土碎无块结。

6.2 种子选择

6.2.1 品种选择

选择通过国家或内蒙古自治区审定或引种备案的,适宜内蒙古地区种植的高产、优质、多抗、耐密、适于机械化种植的品种。

6.2.2 种子质量

纯度达到 96%、净度 98%,发芽率达到 93%以上。

6.2.3 种子包衣

如若种子无包衣则需要进行种子包衣处理,选用符合 GB/T 8321 的包衣剂。人员安全符合 NY/T 1276。

6.3 播种

6.3.1 播期

4 月下旬~5 月上旬,当 5 cm~10 cm 土层温度稳定 8 ℃~10 ℃时,即可播种。

6.3.2 播种量

每亩用种量 1.5 kg~2.5 kg,精量播种。

6.3.3 种植模式

采用宽窄行种植模式。一般窄行 35 cm~40 cm,宽行 80 cm~85 cm,株距根据密度确定。

6.3.4 种植密度

原则上根据品种特性、土壤肥力状况和积温条件确定种植密度。一般中上等肥力地块播种密度

1) 1 亩≈666.7 m^2。

5 000 株/亩～5 500 株/亩；中低产田播种密度 4 500 株/亩～5 000 株/亩。

6.3.5 播种机选择

选用无膜浅埋滴灌精量播种铺带一体机，也可利用改装的宽窄行播种机或者膜下滴灌播种机。

6.3.6 播种方法

播种的同时将滴灌带埋入窄行中间 2 cm～4 cm 沟内，同时完成施种肥、播种、覆土、镇压等作业。质地黏重的土壤播深 3 cm～4 cm，沙质土 5 cm～6 cm，深浅一致，覆土均匀。

6.3.7 种肥

以 800 kg/亩～1 000 kg/亩为产量目标，施种肥量为纯 N 3 kg/亩～5 kg/亩、P_2O_5 6 kg/亩～8 kg/亩、K_2O 2.5 kg/亩～4 kg/亩。侧深施 10 cm～15 cm，严禁种、肥混合。

6.4 水肥管理

6.4.1 灌水

6.4.1.1 灌溉定额及灌溉次数

有效降雨量在 300 mm 以上的地区，保水保肥良好的地块，整个生育期一般滴灌 6 次～7 次，灌溉定额为 130 m^3/亩～160 m^3/亩；保水保肥差的地块，整个生育期滴灌 8 次左右，灌溉定额为 160 m^3/亩～180 m^3/亩。有效降雨量在 200 mm 左右的地区，灌溉定额为 200 m^3/亩左右。

6.4.1.2 适时灌水

播种结束后及时滴出苗水，保证种子发芽出苗，如遇极端低温，应躲过低温滴水。生育期内，灌水次数视降雨量情况而定。一般 6 月中旬滴拔节水，水量 25 m^3/亩～30 m^3/亩，以后田间持水量低于 70% 时及时灌水，每次滴灌 20 m^3/亩左右，9 月中旬停水。滴灌启动 30 min 内检查滴灌系统一切正常后继续滴灌，毛管两侧 30 cm 土壤润湿即可。

6.4.2 随水追肥

6.4.2.1 追肥时间及数量

追肥以氮肥为主配施微肥，氮肥遵循前控、中促、后补的原则，整个生育期追肥 3 次，施入纯 N 15 kg/亩～18 kg/亩。第一次拔节期施入纯 N 9 kg/亩～11 kg/亩；第二次抽雄前施入纯 N 3 kg/亩～4 kg/亩；第三次灌浆期施入剩余氮肥。每次追肥时可额外添加 Kh_2PO_4 1 kg。

6.4.2.2 追肥方法

追肥结合滴水进行，施肥前先滴清水 30 min 以上，待滴灌带得到充分清洗，检查田间给水一切正常后开始施肥。施肥结束后，再连续滴灌 30 min 以上，将管道中残留的肥液冲净，防止化肥残留结晶阻塞滴灌毛孔。

7 化学除草

播后苗前选择符合 GB/T 8321 要求的除草剂防除杂草。除草剂使用人员安全符合 NY/T 1276 要求。

8 宽行中耕

苗期第一次中耕，深度 10 cm；拔节期第二次中耕，深度 15 cm～20 cm。

9 病虫害综合防治

生育期间及时防治玉米螟、黏虫、红蜘蛛、蚜虫、大小斑病、丝黑穗等病虫害。农药使用应符合 GB/T 8321 的规定；农药使用人员安全应符合 NY/T 1276 的规定。

10 收获

10.1 回收滴灌带

收获前回收滴灌带。

10.2 收获时间

9 月末～10 月初玉米生理成熟一周后即可收获。

10.3 收获方法

选用适宜的玉米收获机械，作业包括摘穗、剥皮、集箱以及茎秆粉碎还田作业。一般果穗损失率≤3%，籽粒破碎率≤1%，苞叶剥净率≥85%。

11 秋整地

11.1 秸秆粉碎

收获后结合秋整地进行秸秆还田，如果秸秆过长，还田前需要二次粉碎、茎秆粉碎长度 3 cm～5 cm、抛洒均匀。

11.2 撒施秸秆腐熟剂

每亩按照 2.5 kg 秸秆腐熟剂加 5 kg 尿素喷洒在作物秸秆上。

11.3 深耕还田

采用深翻机进行深翻作业，深度 25 cm 以上，将粉碎的玉米秸秆全部翻入土壤下层。土壤黏重地块深松 30 cm 以上。

11.4 冬灌

在有条件的地区，秸秆翻入土壤后，可以进行冬灌。

附 录 A
（资料性附录）
玉米无膜浅埋滴灌水肥一体化技术示意图

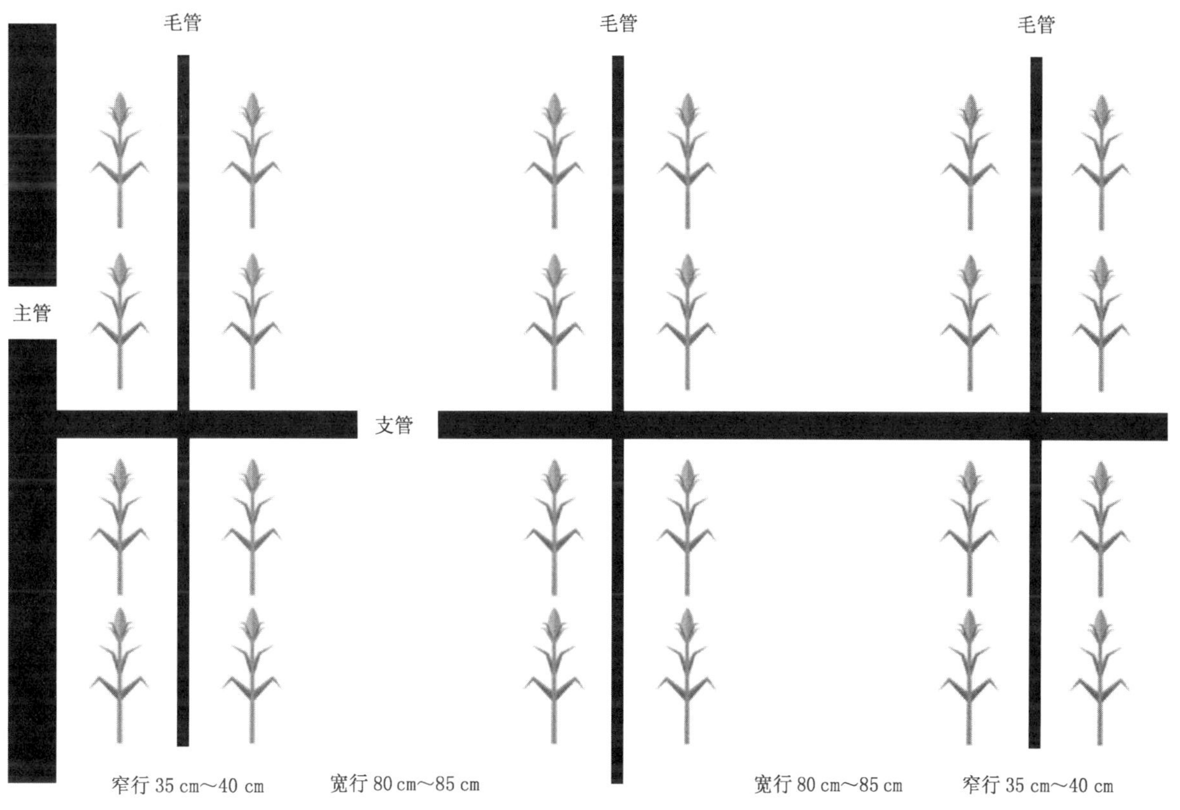

注：毛管浅埋于土壤 2 cm～4 cm 处。

图 A.1 玉米无膜浅埋滴灌水肥一体化技术示意图

ICS 65.020.01
B 08

DB15

内 蒙 古 自 治 区 地 方 标 准

DB15/T 1752—2019

“通辽黄玉米”包装规范

Packaging specification for Tongliao Yellow Maize

2019-11-05 发布 2019-12-05 实施

内蒙古自治区市场监督管理局 发 布

前 言

本标准按照 GB/T 1.1—2009 给出的规则起草。

本标准由通辽市市场监督管理局提出。

本标准由内蒙古自治区农业标准化技术委员会(SAM/TC 20)归口。

本标准起草单位:通辽市种子管理站、通辽市农业科学研究院。

本标准主要起草人:黄金龙、付哲、郭哲峰、李淑梅、刘兰芳、敖力布、石春焱、敦图、王磊、丛琳、韩慧娜、冯晓望、郑威、高丽辉、冯晔、王春雷、张超、金虎、丁宁。

“通辽黄玉米”包装规范

1 范围

本标准规定了“通辽黄玉米”的术语和定义、包装技术要求及标识内容。

本标准适用于“通辽黄玉米”包装标识及包装过程。

2 规范性引用文件

下列文件对于本文件的应用是必不可少的。凡是注日期的引用文件，仅注日期的版本适用于本文件。凡是不注日期的引用文件，其最新版本(包括所有的修改单)适用于本文件。

GB 1353 玉米

GB/T 4857.5 包装 运输包装件 跌落试验方法

GB 7718 食品安全国家标准 预包装食品标签通则

GB 9683 复合食品包装袋卫生标准

GB/T 17109 粮食销售包装

JJF 1070 定量包装商品净含量计量检验规则

NY/T 658 绿色食品 包装通用准则

3 术语和定义

下列术语和定义适用于本文件。

3.1

通辽黄玉米 Tongliao Yellow Maize

产自通辽地区的，种皮为黄色或略带红色的籽粒不低于95%的玉米。

4 包装技术

4.1 包装场地

4.1.1 具备通风、干燥、防雨、防潮的功能。

4.1.2 卫生符合洁净、无污染的条件。

4.2 包装

4.2.1 材料符合NY/T 658的规定。

4.2.2 容器符合GB/T 17109的规定。

4.2.3 包装规格采用25 kg、50 kg。包装质量符合GB/T 17109的规定要求。

4.2.4 包装强度符合GB/T 4857.5的要求。

4.2.5 复合包装袋卫生符合GB 9683的要求。

5 标识内容

5.1 地理标识

标注“通辽黄玉米”地理标识。

5.2 收获年份

标明原料玉米的收获年份。

5.3 产品等级

产品等级划分见表1。

表1 通辽黄玉米产品等级划分

等级	容重 g/L	淀粉含量 %	粗蛋白 %	不完善粒含量		杂质含量 %	水分含量 %	色泽气味
				总量	生霉粒			
1	≥720	≥75.0	—	≤4.0	—	—	—	黄玉米固有的色泽气味
2	≥700	≥74.0	≥8.0	≤6.0	≤2.0	≤1.0	≤14.0	
3	≥685	≥72.0	—	≤8.0	—	—	—	

5.4 净含量

标注的净含量为标准水分状态下的质量，符合JJF 1070的规定。

5.5 销售企业信息

注明销售企业名称、地址及电话。符合GB 7718的要求。

5.6 溯源

每个生产单元的玉米单收、单运、单堆放、单脱粒、单贮藏，标识明确，与玉米包装批次统一编号，唯一识别。

ICS 65.020.01
B 08

DB15

内蒙古自治区地方标准

DB15/T 1753—2019

“通辽黄玉米”脱粒干燥仓储运输规范

Specification for threshing, drying, storage and transportation of Tongliao Yellow Maize

2019-11-05 发布 2019-12-05 实施

内蒙古自治区市场监督管理局 发布

前　言

本标准按照 GB/T 1.1—2009 给出的规则起草。

本标准由通辽市市场监督管理局提出。

本标准由内蒙古自治区农业标准化技术委员会(SAM/TC 20)归口。

本标准起草单位:通辽市农业科学研究院、通辽市农业技术推广站。

本标准主要起草人:王东、张建华、郑威、王春雷、张超、包额尔敦嘎、高丽辉、冯晔、王丹、金虎、丁宁、李金琴、庄健楠。

“通辽黄玉米”脱粒干燥仓储运输规范

1 范围

本标准规定了“通辽黄玉米”脱粒干燥仓储运输的关键技术要求。

本标准适用于“通辽黄玉米”脱粒干燥仓储运输过程。

2 规范性引用文件

下列文件对于本文件的应用是必不可少的。凡是注日期的引用文件，仅注日期的版本适用于本文件。凡是不注日期的引用文件，其最新版本(包括所有的修改单)适用于本文件。

GB 1353 玉米

GB/T 21017 玉米干燥技术规范

GB/T 21962 玉米收获机械 技术条件

GB/T 29890 粮油储藏技术规范

JB/T 10749 玉米脱粒机

SB/T 10977 仓储作业规范

3 脱粒

3.1 果穗

3.1.1 果穗质量符合 GB/T 21962 规定。

3.1.2 籽粒乳线消失，基部出现黑层。

3.2 籽粒含水量

含水量小于或等于 25%。

3.3 脱粒机

脱粒机符合 JB/T 10749 的规定。

4 干燥

4.1 果穗的干燥

4.1.1 晾晒干燥

玉米果穗收获后，堆放在经过硬化处理的场所进行自然风干晾晒，堆放场所通风性好、光照好；呈长条形堆放，堆宽小于或等于 2 m，堆高小于或等于 1 m。

4.1.2 设备干燥

采用干燥设备将玉米果穗进行干燥。

4.2 籽粒干燥

按照 GB/T 21017 执行。

5 仓储

5.1 通辽黄玉米籽粒符合 GB 1353 的质量要求;仓储规范按照 GB/T 29890 的要求执行;仓储作业按照 SB/T 10977 的规定执行。

5.2 仓库内设置机械通风系统、粮情检测系统,保持清洁、干燥、防雨、防潮、防虫、防鼠、无异味,不得与有毒有害物质或水分较高的物质混存,达到准低温储粮标准。

6 运输

使用符合卫生要求的运输工具和容器运送,运输过程中注意防水、防潮、防污染。

ICS 65.020.01
B 01

DB15

内蒙古自治区地方标准

DB15/T 1754—2019

“通辽黄玉米”购销管理规范

Management standard of purchase and sale of Tongliao Yellow Maize

2019-11-05 发布　　2019-12-05 实施

内蒙古自治区市场监督管理局　发布

前言

本标准按照GB/T 1.1—2009给出的规则起草。

本标准由通辽市市场监督管理局提出。

本标准由内蒙古自治区农业标准化技术委员会(SAM/TC 20)归口。

本标准起草单位:通辽粮食行业商会、通辽市农业科学研究院。

本标准主要起草人:白福泉、李春元、马玉琢、张石、刘秀琴、郑威、高丽辉、冯晔、王春雷、丁宁、张超、王丹、金虎。

“通辽黄玉米”购销管理规范

1 范围

本标准规定了“通辽黄玉米”购销管理关键技术要求。

本标准适用于“通辽黄玉米”购销全过程。

2 规范性引用文件

下列文件对于本文件的应用是必不可少的。凡是注日期的引用文件，仅注日期的版本适用于本文件。凡是不注日期的引用文件，其最新版本(包括所有的修改单)适用于本文件。

GB 1353 玉米

GB 5009.3 食品安全国家标准 食品中水分的测定

GB/T 5490 粮油检验 一般规则

GB/T 5491 粮食、油料检验 扦样、分样法

GB/T 5492 粮油检验 粮食、油料的色泽、气味、口味鉴定

GB/T 5493 粮油检验 类型及互混检验

GB/T 5494 粮油检验 粮食、油料的杂质、不完善粒检验

GB/T 5498 粮油检验 容重测定

GB/T 8613 淀粉发酵工业用玉米

GB 13078 饲料卫生标准

GB/T 17890 饲料用玉米

3 玉米收购

3.1 产地及外观

产自通辽市行政区域内的玉米，种皮为黄色或略带红色籽粒大于或等于95%的玉米。

3.2 收购

3.2.1 执行GB 1353规定和《关于执行粮油质量国家标准有关问题的规定》(国粮发[2010]178号)，不符合国家食品安全标准的玉米，不作为食用及饲料用粮收购。

3.2.2 收购的玉米不符合“通辽黄玉米”标准的应整理达到标准。

3.3 收购方式

采取直接向农民收购或批量合同采购等多种方式进行粮食收购。

3.4 具体收购指标

3.4.1 色泽、外形及等级质量指标

“通辽黄玉米”籽粒类型为半马齿型，长度≥10 mm，表皮光泽鲜亮；整体色泽为黄色、胚部两侧胚乳

及背板处色泽稍暗、略带红色、半透明、有类果冻半透明角质物。收购质量指标在国家等级标准三等(容重≥660 g/L)以上,销售等级质量指标执行 GB 1353 规定,粮食、油料的杂质、不完善粒检验方法执行 GB/T 5494 规定、食品中水分的测定方法执行 GB 5009.3 规定,容重测定方法执行 GB/T 5498 规定。

3.4.2 收购品质指标

详见表 1。

表 1 收购品质质量指标

项 目	指 标 要 求
色泽、气味	正常
脂肪酸值(KOH/干基) mg/100 g	≤40
品尝评分值/分	≥85

3.4.3 营养物质指标

详见表 2。

表 2 收购营养物质指标

粗淀粉含量(干基) %	粗蛋白含量(干基) %
≥72.0	≥8.5

3.4.4 卫生指标

详见表 3。

表 3 收购真菌毒素和农残限量

黄曲霉毒素 B1 μg/kg	赭曲霉毒素 A μg/kg	玉米赤霉烯酮 μg/kg	脱氧雪腐镰刀菌烯醇(呕吐毒素) μg/kg	六六六 (HCH 合计) mg/kg	滴滴涕 (DDE、DDT 合计) mg/kg
≤10	≤40	≤40	≤500	≤0.05	≤0.02

3.4.5 重金属残留限量

镉、铅、汞、砷残留限量执行 GB 13078 规定。

3.5 检验

3.5.1 检化验仪器、计量器具等设备要经过市场监督管理部门定期检测,鉴定合格后方可使用,做到检验、计量准确无误。

3.5.2 收购检验要保证最少两名检验员在现场检化验,分为主检、副检,同时对扦取样品进行平行检验，保证质量检验结果真实、可靠。

3.5.3 收购时扦取样品执行 GB/T 5490、GB/T 5491 的规定。

3.6 入库

3.6.1 未达到标准水分要求的玉米，如实记录粮食等级、水分、外温、时间等内容。

3.6.2 收购时按等级划分(一等、二等、三等)，水分相差 3%以上分别存放。

3.6.3 形成货位后，要及时插检温探，填制储粮卡片，落实安全储粮责任人。

3.6.4 收购时要登记详细质量检验信息，留存完整的质量原始记录，做到质量可追溯性。

4 销售

4.1 销售规定

执行 GB 1353 规定和《关于执行粮油质量国家标准有关问题的规定》(国粮发[2010]178 号)。所有“通辽黄玉米”经营者在从事粮食销售时签订规范的粮油购销合同，明确双方的权利和义务。

4.2 售后跟踪和追溯

严把食品安全关，所有粮食购销经营者对其销售的“通辽黄玉米”进行售后跟踪；发现毒素超标、重金属超标等不合格玉米进行追溯。

4.3 建立购销相关信息

对销售的“通辽黄玉米”设立购销台账，售后定期收集信息、详细记载，并对发现的问题及时处理，涉及生产过程中的质量问题及时反馈给生产者。

4.4 质量、营养物质、真菌毒素和农残指标

4.4.1 色泽、外形及质量指标

籽粒类型为半马齿型，长度≥10 mm，表皮光泽鲜亮；整体色泽为黄色、胚部两侧胚乳及背板处色泽稍暗、略带红色、半透明、有类果冻半透明角质物，销售质量指标在国家等级标准三等(容重≥660 g/L)以上，销售等级质量指标执行 GB 1353 规定，粮食、油料的杂质、不完善粒检验方法执行 GB/T 5494 规定，食品中水分的测定方法执行 GB 5009.3 规定，容重测定方法执行 GB/T 5498 规定。

4.4.2 品质质量指标

详见表 4。

表 4 销售品质质量指标

项 目	指 标 要 求
色泽、气味	正常
脂肪酸值(KOH/干基) mg/100 g	≤55
品尝评分值/分	≥80

4.4.3 营养物质指标

详见表5。

表5 销售营养物质指标

粗淀粉含量(干基) %	粗蛋白含量(干基) %
≥72.0	≥8.5

4.4.4 卫生指标

详见表6。

表6 销售真菌毒素和农残限量

黄曲霉毒素 B1 μg/kg	赭曲霉毒素 A μg/kg	玉米赤霉烯酮 μg/kg	脱氧雪腐镰刀菌烯醇(呕吐毒素) μg/kg	六六六 (HCH 合计) mg/kg	滴滴涕 (DDE、DDT 合计) mg/kg
≤15	≤60	≤50	≤700	≤0.05	≤0.02

4.4.5 重金属残留限量

镉、铅、汞、砷残留限量执行 GB 13078 规定。

ICS 65.020.20
B 22

DB1505

通 辽 市 农 业 地 方 标 准

DB1505/T 001—2014

通 辽 黄 玉 米

Tongliao Yellow Maize

2014-05-10 发布　　2014-06-10 实施

通辽市质量技术监督局　发 布

前　　言

本标准按照 GB/T 1.1—2009 给出的规则起草。

本标准与 GB 1353 的主要差异：

——容重，2 级≥685 调整为≥700，3 级≥650 调整为≥685。

——增加了淀粉含量、粗蛋白含量。

本标准由通辽市农牧业局和通辽市质量技术监督局提出。

本标准由通辽市农牧业局归口。

本标准起草单位：通辽市农业技术推广站、通辽市牧股谷养道有限公司、通辽市谷道粮原科技股份有限公司、通辽市农牧业局。

本标准主要起草人：李金琴、肖华、王宇飞、李茜、薛永杰、鲁利春、辛欣、葛星。

通 辽 黄 玉 米

1 范围

本标准规定了通辽黄玉米的术语和定义、质量指标和卫生要求、检验方法、检验规则、标识、包装、运输、贮存的要求。

本标准适用于收购、储存、运输、加工和销售的通辽地区种植生产的黄玉米。

2 规范性引用文件

下列文件对于本文件的应用是必不可少的。凡是注日期的引用文件，仅注日期的版本适用于本文件。凡是不注日期的引用文件，其最新版本(包括所有的修改单)适用于本文件。

GB 1353 玉米

GB 2715 粮食卫生标准

GB/T 5490 粮油检验 一般规则

GB 5491 粮食、油料检验 扦样、分样法

GB/T 5492 粮油检验 粮食、油料的色泽、气味、口味鉴定

GB/T 5493 粮油检验 类型及互混检验

GB/T 5494 粮油检验 粮食、油料的杂质、不完善粒检验

GB/T 5498 粮食、油料检验 容重测定法

GB 13078 饲料卫生标准

LS/T 6103 粮油检验 粮食水分测定 水浸悬浮法

3 术语和定义

下列术语和定义适用于本标准。

3.1 容重

玉米籽粒在单位容器内的质量，以克/升(g/L)表示。

3.2 不完善粒

受到损伤但尚有使用价值的玉米颗粒。包括虫蚀粒、病斑粒、破碎粒、生芽粒、生霉粒和热损伤粒。

3.2.1 虫蚀粒

被虫蛀蚀，并形成蛀孔或隧道的颗粒。

3.2.2 病斑粒

粒面带有病斑，伤及胚或胚乳的颗粒。

3.2.3 破碎粒

籽粒破碎达本颗粒体积五分之一(含)以上的颗粒。

3.2.4 生芽粒

芽或幼根突破表皮,或芽或幼根虽未突破表皮但胚部表皮已破裂或明显隆起,有生芽痕迹的颗粒。

3.2.5 生霉粒

表面生霉的颗粒。

3.2.6 热损伤粒

受热后籽粒显著变色或受到损伤的颗粒,包括自然热损伤粒和烘干热损伤粒。

3.2.6.1 自然热损伤粒

储存期间因过度呼吸,胚部或胚乳显著变色的颗粒。

3.2.6.2 烘干热损伤粒

加热烘干时引起的表皮或胚或胚乳显著变色,籽粒变形或膨胀隆起的颗粒。

3.3 杂质

除玉米粒以外的其他物质,包括筛下物、无机杂质和有机杂质。

3.3.1 筛下物

通过直径3.0 mm圆孔筛的物质。

3.3.2 无机杂质

泥土、砂石、砖瓦块及其他无机物质。

3.3.3 有机杂质

无使用价值的玉米粒、异种类粮粒及其他有机物质。

3.4 色泽、气味

一批玉米固有的综合颜色、光泽和气味。

3.5 黄玉米

产自通辽市行政区域内的种皮为黄色,或略带红色的籽粒不低于95%的玉米。

4 质量要求和卫生要求

4.1 质量要求

质量要求应符合表1的规定。

表 1 质量要求

等级	容重 g/L	淀粉含量 %	粗蛋白 %	不完善粒含量%		杂质含量 %	水分含量 %	色泽气味
				总量	其中,生霉粒			
1	≥720	≥75.0	≥8.0	≤4.0	≤2.0	≤1.0	≤14.0	黄玉米固有的色泽气味
2	≥700	≥74.0		≤6.0				
3	≥685	≥72.0		≤8.0				

4.2 卫生要求

4.2.1 食用玉米按 GB 2715 及和国家有关规定执行。

4.2.2 饲料用玉米按 GB/T 13078 和国家有关规定执行。

4.2.3 植物检疫按国家有关标准和规定执行。

5 检验方法

5.1 质量要求检验

5.1.1 扦样、分样:按 GB 5491 的要求执行。

5.1.2 色泽、气味检验:按 GB/T 5492 的要求执行。

5.1.3 杂质、不完善粒检验:按 GB/T 5494 的要求执行。

5.1.4 水分检验:按 LS/T 6103 的要求执行。

5.1.5 容重测定:按 GB/T 5498 的要求执行。

5.2 卫生要求检验按有关规定方法执行。

6 检验规则

6.1 检验的一般规则按 GB/T 5490 的要求执行。

6.2 检验批次为同种类、同产地、同收获年份、同运输单元、同储存单元的玉米。

6.3 判定规则:质量要求和卫生要求中的全部检验项目符合本标准相关要求时,判定该批产品为合格品。若容重、不完善粒总量不符合相应等级要求时,应降至相应的等级。

7 标识、包装、运输、储存

7.1 标识

玉米包装标识应符合国家食品包装与标识的有关标准和规定。

7.2 包装

玉米包装应清洁、牢固、无破损,缝口严密、结实,不得造成产品撒漏。不得给产品带来污染和异常气味。

7.3 运输

使用符合卫生标准的运输工具和容器运送,运输过程中应避免雨淋和被污染。

7.4 储存

储存在清洁、干燥、防雨、防潮、防虫、防鼠、无异味的仓库内，不得与有毒有害物质或水分较高的物质混存。